U0205943

承编单位　教育部人文社会科学重点研究基地、国家哲学社会科学创新研究基地

中国海洋大学海洋发展研究院

中国海洋大学海洋文化研究所

支持单位　国家海洋局宣传教育中心

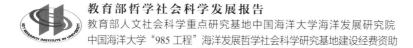

教育部哲学社会科学发展报告
教育部人文社会科学重点研究基地中国海洋大学海洋发展研究院
中国海洋大学"985工程"海洋发展哲学社会科学研究基地建设经费资助

中国海洋文化
发展报告

REPORT ON THE DEVELOPMENT OF CHINA'S MARITIME CULTURE

（2013 年卷）

曲金良／主编

社会科学文献出版社
SOCIAL SCIENCES ACADEMIC PRESS (CHINA)

《中国海洋文化发展报告（2013年卷）》

主要执笔人（按目录内容先后）：

曲金良　中国海洋大学教授、博士生导师，海洋文化研究所所长，中韩海洋文化中心主任

张开城　广东海洋大学教授，海洋文化研究所所长

赵宗金　中国海洋大学法政学院副教授

曹文振　中国海洋大学法政学院教授

修　斌　中国海洋大学教授，日本研究中心主任

王　琪　中国海洋大学教授、博士生导师，法政学院副院长

赵成国　中国海洋大学副教授，海洋文化研究所副所长

薛永武　中国海洋大学教授、博士生导师，文学与新闻传播学院院长，国家文化产业中心主任

摘　要

　　这是教育部立项的《中国海洋文化发展报告》的首部报告。基于"首部"的基础性与前瞻性需要，本报告集中于这样三个层面：一是对中国海洋文化本体的实际状况，包括历史、现状的研究把握，以及对其未来的展望；二是对中国海洋文化研究的学术史梳理、现状批评与理论建构；三是对中国海洋文化应该怎样发展、以什么理念发展、朝向哪里发展、向什么目标发展等规划性、操作性层面的问题的研究把握和对策思考。包括1篇综合报告、12篇专题报告、1篇附录。

　　综合报告对中国海洋文化发展所面临的亟须解决的基础理论、发展理念与道路抉择问题作出回顾、阐述与展望。这关乎中国海洋文化发展的理论自觉、本体自尊、道路自信问题。理论自觉，即中国立场、中国话语、中国特色海洋文化的理论建构探索；本体自尊，即对中国历史悠久、内涵丰富、灿烂辉煌、足可使我们引为自豪的海洋文化历史及其遗产本体的价值认同；道路自信，即坚信中国文化、中华文明整体中的中国海洋文化及其价值取向、发展道路及其目标定位不但最适合于中国的海洋和谐发展，而且最适合于世界的海洋和平构建。

　　12篇专题报告，是对综合报告即主报告所及具体、专门问题的细化或未及问题的专论，类分为四个主题。一是对学界"海洋文化"的概念与内涵体系已有研究的综述与评价；二是在世界海洋强国兴衰史和国际局势参照下对我国"海洋强国"发展理念、导向、目标抉择的文化思考；三是对我国应如何认知和保护海洋文化遗产、传承利用海洋文化资源的专题探索；四是关于我国建设海洋强国、繁荣海洋文化的主体——国民的海洋素质教育与海洋专业人才发展问题的现状分析与对策建议。

　　书后附录，是我国海洋文化发展的近期信息举要，以供读者参考。

前　言

《中国海洋文化发展报告》作为"教育部哲学社会科学系列发展报告"之一，是关于我国海洋文化理论与实践研究、海洋文化观念与思想建设、海洋文化发展与繁荣问题的综合性发展报告。

我国是世界上历史最为悠久的海洋大国，拥有中华文明特色显著的海洋文化发展传统。近些年来，我国海洋文化建设发展问题越来越引起国家、相关部门、各沿海地方、学界和社会各界的重视。如何在世界海洋竞争日趋激烈的国际环境中、在我国文化强国发展战略和海洋强国发展战略中继承我国海洋文化优秀传统，规划和促进我国当代海洋文化的大发展大繁荣，已经成为我国当代学界、政府和社会各界面临的艰巨而光荣的历史使命。

《中国海洋文化发展报告》以我国文化强国战略、海洋强国战略为研究与服务目标，以繁荣我国文化研究、促进我国文化发展、提升国民海洋观念、服务全国和沿海各地的海洋文化大发展大繁荣为己任，及时反映我国海洋文化理论与实践研究和在国家层面、地方和社会层面建设发展的基本状况，分析、总结其发展趋势与存在问题，提出相关理论思考与对策建议，为国家和地方政府部门、海洋文化相关各界和相关企事业单位提供决策与实践参考。

《中国海洋文化发展报告》为年度报告，设综合报告、专题报告以及附录等既相对固定又灵活开放的板块内容，由教育部人文社会科学重点研究基地、国家哲学社会科学创新基地中国海洋大学海洋发展研究院、中国海洋大学海洋文化研究所承编，于每年年底完成并交稿，次年初提交报送和发行面世。

《中国海洋文化发展报告》2013年度报告，基于首度报告的基础性与前瞻性需要，发布1篇综合报告、12篇专题报告、1篇附录，对中国海洋文化发展面临的基本认知问题、重大或重点领域问题作了选择报告。报告的这些"问题"包括三个层面：一是我们对学界中国海洋文化研究的学术史梳理、现状批评和学术建构；二是我们对中国海洋文化本体本身的实际状况，包括历史、现状的研究把握，以及对其未来的展望；三是我们对中国海洋文化应该怎么样发展，政府、学界、民间应该为此做什么、怎样做等规划设计性、管理操作性层面的问题的研究把握和对策思考，希望能够为学界和政府部门、相关各界提供建议性参考。

本年度报告所集中关注、报告的这些基本问题或重大、重点问题，有些不能在短时期内完全解决，甚至永远都是基本问题或重大、重点问题，我们会在今后的年度报告中一直关注并提供报告，但每个年度、每个时期会有不同的侧重点、热点、难点或关键点。

本年度报告是集体研究的成果，主要执笔人分别是（按目录内容先后为序）：

曲金良：综合报告、专题六、专题七、专题九、专题十；

张开城：专题一；

赵宗金：专题二；

曹文振：专题三；

修　斌：专题四；

王　琪：专题五、专题十一；

赵成国：专题八；

薛永武：专题十二；

附录由国家海洋局宣传教育中心和中国海洋大学海洋文化研究所整理提供。

本报告从立项到内容设计、组织调研和编写、修改完稿，历经两年有余，篇目内容大多是相关执笔人基于本报告项目或其主持承担的国家社会科学基金、教育部社会科学基金等项目的阶段性研究成果写成的，原拟 2012 年底即可出版，后经不断补充完善，并及时跟进了 2013 年新的研究内容。在这一过程中，有些内容已应时发表或上报。由执笔人在其项目参与者合作下完成的内容，请恕难以在书中一一具名，特此说明。

还需说明的是，本报告各篇内容作为一个整体，在统编中，根据各篇内容文字的逻辑顺序、篇幅繁简、有无重复、行文风格、观点侧重等情况作过大小不一的修订处理，并不一定符合各篇执笔人的原文原义。如有不当，由主编负责。

感谢教育部社会科学司对本发展报告的立项支持，感谢国家海洋局宣传教育中心的编写支持与合作，感谢中国海洋大学海洋发展研究院、中国海洋大学文科处的全方位重视，感谢社会科学文献出版社的大力支持暨张晓莉副总编、张倩郢编辑令我感佩的精心工作。

还要在此对本报告各位执笔人及其合作者的智慧和辛劳深致谢忱。

中国的国家海洋强国战略、文化强国战略正在实施，中国作为世界海洋大国对内建构海洋和谐社会、对外建构海洋和平秩序的发展理念、目标指向及其国家形象、世界地位从未像今天这样凸显、重要，中国海洋文化作为中国文化的重要组成部分从未像今天这样受到国家和社会各界尤其是学界的广泛认同、高度重视和国际社会的高度关注。《中国海洋文化发展报告》的编写正当其时，不可阙如。我们定将不负重托，不辱使命。

恳请各有关方面给予更多的支持、批评与帮助。

曲金良

2013 年 12 月

主题二　中国海洋强国战略的道路与对策思考

目 录

综合报告

专题报告

主题一 中国海洋文化研究与海洋意识现状分析

综合报告

中国海洋文化理论与发展问题的
研究回顾与思考

当今时代已经进入一个前所未有的海洋时代。

海洋占地球面积的71%还多，可以说，全人类都生活在大大小小的"岛屿"上。世界上大多数国家和地区都在沿海，世界人口的60%以上居住、生活在100公里宽度的沿海地带即"海岸带"上。目前，世界上约有2/3的人口居住在狭长的沿海地带。全世界50%以上的人口生活在沿海大约60km的范围内。世界上不同地区、不同民族所依托的海洋资源和海洋环境的具体条件不同，经历的社会历史条件不同，所创造和发展起来的思想文化、制度文化和生活文化模式也必然不同；随着当今时代以西方观念和发展模式主导的世界经济"全球化"竞争时代的到来，世界各国对海洋的资源利用价值、环境空间价值、网络通道价值、海权控制价值、国家安全价值等都给予了从来没过的高度重视。世界沿海各国早就普遍将21世纪视为"海洋世纪"，其实世界已经进入的海洋发展大势，远非一个21世纪的问题，这是一个全球性的"海洋时代"：全球性以海洋科技为手段、海洋军事为保障的海洋经济、海洋资源、海洋权益竞争浪潮一浪高过一浪。几乎每一片海水、每一块礁石、每一块底土都成了各国竞争、抢夺的对象和引发冲突的焦点。一方面，在国与国之间，海洋划界纠纷、岛屿纠纷、海洋资源开发纠纷等此起彼伏，为此而以军事相威胁的案例屡见不鲜，由此引发的军备竞赛愈演愈烈；另一方面，各国内部，经济至上、物质主义价值观、发展观甚嚣尘上，竭泽而渔、寅吃卯粮，海洋过度开发导致资源枯竭，海洋环境包括海洋水体环境和海滨海岸带环境极度恶化。"海洋圈地运动"在国际上导致纷争四起，在国内导致渔民失渔、失海，岛民上岸，贫富差距拉大，社会问题显现，这一现象在世界上普遍存在，在中国亦然——长此以往，人类自身发展将面临越来越多的威胁，当今世界海洋发展模式的不和平性、不和谐性、不可持续性将逐渐暴露。无疑，这是西方世界强调海洋占有、主张海洋竞争、崇尚海权争霸的海洋文化传统主导世界的结果，中国也深受其影响而"不得不"被其裹挟。

中国作为一个海洋大国，其自身的海洋文化传统与西方是不同的。面对当今世界海洋发展模式的不和平性、不和谐性、不可持续性，中国有责任不仅为自己的海洋发展找到一条和平的、和谐的、可持续的道路，同时也对世界的海洋发展模式的抉择，起到有益的启示、导向和引领作用。而这条道路的基础，就在中国海洋文化历史悠久、博大精深的传统智慧这里。

一　中国海洋文化研究的回顾与展望

1. 中国海洋文化研究的学术历程回顾

中国人文社会科学界将"海洋"自觉纳入自己的学科与学术视野，始于20 世纪 90 年代初，自此改变了中国海洋文化相关研究长期分散于各个学科的无意识状态，并渐次成为学界和社会各界关注的热点。其主要促发因素及学术历程约略如下：

一是我国自 20 世纪 70 年代末 80 年代初开始推行进一步改革开放政策，随着国门的对外大开，沿海率先经济崛起的同时，西方的思想观念开始涌入，并很快成为思潮。引进西方观念的前提是承认西方先进，由此引发了对西方靠海上发展、海洋竞争、海外霸权起家的文化模式的认同与赞赏，西方理念、理论和话语体系，自觉不自觉地进入了中国的学术语境。

二是 1988 年电视政论片《河殇》播出，大褒西方的"蓝色文化"，大贬中国的"黄土文化"，在打开人们视野的同时，其片面的民族虚无主义导向，使不少向怀拳拳爱国之心的学者，逐渐开始了对"中国是否也有海洋文化"，"海洋文化是不是西方专利"的思考。

三是对 20 世纪末至 21 世纪初台湾学界受当时"台独"势力影响将台湾文化论证为"海洋文化"、强调"海洋台湾"与"大陆中国"对立、分割、分离的回应，"中国不仅是内陆大国，也是海洋大国""中国有中国的海洋文化"，开始成为不少大陆学者明确的学术理念和研究命题。但仍然有人坚持认为"古代航海的中国人绝对不是靠海吃饭的中国人""大海在中国没有主体"。①

四是 1982 年出台的《联合国海洋法公约》于 1996 年在我国生效，这一把双刃剑一面被用来保护各国的海洋权益，一面导致了国家间更大规模、更为激烈的海洋权益竞争。由于我国的海洋权益受到周边国家的多方面挑战，维护国家海洋权益，迅速成为国人包括学界关注的热点。由此而关注中西方历史上的海洋意识包括"海权"意识的消长及其作为一种"文化"的积淀，成为我国人文社会科学界的自觉。

五是 1996 年"世界海洋和平大会"在北京举行、联合国确定 1998 年为"国际海洋年"并以"海洋——人类的共同遗产"为主题、我国发布《中国海洋事业的发展》白皮书和《中国海洋 21 世纪议程》并为迎接"海洋年"举办各类大规模活动等一系列"海洋大事"，都促发了学界对海洋人文社会问题的关注。

六是随着国际社会和我国对海洋开发的重视，沿海省市纷纷提出建设海上（海洋）大市、海上（海洋）大省，人们的海洋发展意识普遍得到提升，国家海洋部门、沿海地方政府和社会各界也纷纷开始了对海洋文化层面建设的重视。《中国海洋报》副刊于 1991~1993 年开设了 23 期"中国海洋文化论坛"；广东炎黄文化研究会自 1995 年在多个沿海城市举办海洋文化笔会、研讨会，并自 1997 年结集出版多本《岭峤春秋·海洋文化论集》；自此，全国性和沿海各地海洋文化论坛、海洋文化节会、综合性和专题性学术研讨会（如中国海洋文化节暨海洋文化论坛、妈祖文化节暨学术研讨会、郑和下西洋纪念活动暨学术研讨会、历史古港与海上丝绸之路研讨会等）纷纷举办，浙江省海洋文化研究会、福建省海洋文化中心、舟山群岛中国海洋文化研究中心等沿海团体组织也先后成立，由舟山日报社发起主办的"中国海洋文化在线"等网站也产生了广泛影响。

七是我国海洋文化研究专门机构纷纷成立，标志着海洋文化研究正式进入学科建设视野。1997 年，中国海洋大学成立全国首家海洋文化研究所，1998 年开设"海洋文化概论"课程，1999 年出版《海洋文化概论》，并自同年开始出版《中国海洋文化研究》集刊，受到学界和其他社会各界广泛重视。

---

① 倪健民、宋宜昌主编《海洋中国：文明重心东移与国家利益空间》第 3 册，中国国际广播出版社，1997，第 1593、1594 页。

1998 年之后，浙江海洋学院海洋文化研究所、广东海洋大学（原湛江海洋大学）海洋文化研究所、上海海事大学海洋文化研究所、大连海洋大学海洋文化研究所等相继成立，台湾海洋大学也成立了海洋文化研究所。还有不少高校成立了海洋文化相关领域的研究机构，如大连海事大学航海历史文化研究中心、上海海事大学海洋经济与文化研究中心、福州大学闽商文化研究院、厦门大学海洋文明与战略发展研究中心等，海洋文化研究及相关研究纳入了高校学科建设与人才培养的轨道，队伍建设不断加强，系统性研究成果大量问世。

八是 2005 年郑和下西洋 600 周年，中央高度重视，全国各地举行了一系列大规模的纪念活动和学术研讨活动，郑和研究以及造船史、航海史、外交史等相关多个方面的研究，自此成为学界热点，促进了中国海洋文化相关的诸多史实研究的开展。

九是随着国际国内对海洋开发、海洋发展、海洋权益以及海洋资源枯竭与环境恶化等相关问题的重视，用什么样的海洋文化理念指导人们的海洋实践，成为人们越来越关注的问题，几乎每年全国两会代表都有呼吁、提案，为此，国家海洋局高度重视，作为国家政府部门主抓海洋文化研究和建设，2006 年开始进行全国性海洋文化研究和建设发展的现状调研，对中国海洋文化研究和建设发展极为重视；2007 年召开了作为国家政府部门主办的全国"建设和弘扬海洋文化研讨会"，并将优秀论文结集出版；① 自 2008 年，国家海洋局、教育部、团中央为贯彻落实胡锦涛同志"要增强海洋意识"的重要指示精神，逐年在全国范围内联合开展"全国大中学生海洋知识竞赛"活动，中央媒体广泛报道。国家海洋局为此成立专门机构，2010 年成立了国家海洋局宣传教育中心。

十是随着全球性文化多样性呼声的日益高涨，文化遗产保护及申报世界文化遗产成为各国热点，我国作为一个海洋文化历史悠久的大国，一方面海洋文化遗产申报一直是弱项，一方面沿海各地纷纷举办古港、"海丝"遗产研讨，"南海一号"等重大海洋遗产也不断出水，推进了社会和相关部门的重视程度，也推动了相关研究的进展。目前，我国的海洋水下考古、水下文化遗产保护已经受到全社会关注。

---

① 国家海洋局直属机关党委办公室编《中国海洋文化论文选编》，海洋出版社，2009。

以上只是举述，挂一漏万，尚非系统梳理总结，但已足以表明中国海洋文化研究在全国暨各地受到的重视。尽管在中国传统史学、文化学、文明史研究中，长期以来都没有中国海洋文化研究的学术地位，"海洋文化研究"尚未形成系统的"海洋文化学"，在学科目录中还没有"海洋文化学"的"户口"，但如上所述，由于中国海洋文化历史悠久、内涵丰富，学界在传统学科视野下的长期研究中，对诸如郑和下西洋等海外交通史，中国水运史包括港口、海运、航海史，海外贸易史，海洋渔业史、盐业史，海洋经济社会史，海洋学史等的大量研究，特别是自20世纪90年代中后期以来在中国海洋文化研究自觉意识下的大量成果，已经较充分地奠定了"海洋文化学"，即整体把握和明确回答海洋文化基本问题，并对中国和世界海洋文化的历史、现状与未来进行系统解读的学术基础。

2. 中国海洋文化研究存在的理论误区

关于中国海洋文化，如上所述，20世纪八九十年代之前很少有人谈论，在整体观念上几乎一片空白；20世纪80年代在解放思想的旗号下，西化思潮呈一时之风，受黑格尔等"欧洲中心论"西方思想观念和理论体系的影响，以《河殇》为代表的"精英理论"借助媒体影响广泛，"西方文化是海洋文化"——"海洋文化是先进文化"——"中国文化是农耕文化即黄土文化"——"农耕文化即黄土文化是封建保守的落后文化"，几呈一片"共识"。但这样的民族虚无主义思潮不得长久，未几人们就开始了对"中国也有海洋文化"，"海洋文化不是西方专利"等观念的探索和认知。进入20世纪90年代后，"海洋文化"渐入学术研究视野，尤其是对中国海洋文化传统的相关研究和认同，逐渐成为学界等社会各界关注的热点。

但是，由于受学科分野、观念体系和学术惯性的限制，中国海洋文化的自觉研究只能在传统史学、文化学、文化史研究的夹缝中"生长"，处于学科边缘，至今尚未进入学术主流；还由于中国海洋文化研究的内涵体系十分庞大，必以历史学、海洋学、文化学为主体进行多学科交叉整合研究才能整体把握、得其要领，而这种整合需要时间，需要相关学界的共同努力，既要取得观念上的系统突破，又要取得实证上的系统把握，不可能在短时期内一蹴而就。因此，就目前中国海洋文化研究的总体学术状态而言，在对中国海洋文化及其历史的价值判断上，已经取得了学界的基本认同，那种西方派论者的"西有东无"观，尤其是黑格尔《历史哲学》所断定的中国没有海洋文化、海洋没有影响中国文化的"高论"已少有市场，自我无视、自我贬损中国海洋文化的"流行"观念已不再流行。但在对什么是海洋文化，中国海洋文化有哪些特色、边界与内涵如何、历史进程怎样、对之需如何定位、如何发展，依然是众说纷纭，有的观念、观点甚至大相径庭。

毋庸讳言，关于中国海洋文化、海洋文化历史传统与现代建设发展的认识，在许多重要的、带有根本性的问题上，至今仍然有许多"未解之谜"；一些近代以来受西方观念和理论体系及其话语权影响所形成的带有普遍性的观念和认识，现在还没有澄清，还没有"拨乱反正"；一些被近代以来的学术界长期有意无意忽视、遮蔽的历史事实，还没有得到揭示和解释；一些明显站不住脚的错误理论，例如黑格尔关于中国没有海洋文化、海洋没有影响中国的文化的论述，尽管已市场不大，但至今还没有得到认真清理，时见固执其说，存在很多误区。这里略举数端。

第一，关于海洋文化的基本观念。到底什么是海洋文化？世界上的海洋文化有没有一个标准的模式？如何理解世界各沿海国家和地区、岛屿国家和地区的不同文化模式所呈现的文化、文明的多样性？对于这些世界海洋文化、文明的多样性，我们的价值判断应该采用什么样的标准，即应该有什么样的世界观和方法论？

第二，关于西方海洋文化。这是我们认识、评价中国海洋文化的参照。有比较才有鉴别。翻开西方文化的历史就会发现，西方的文化是一些此起彼伏的文明体你争我夺、不断吞并、不断"你方唱罢我登场"所形成的短命文化。其被古希腊罗马神话传说与后来的考古发掘所"证明"存在的"古典时期"，在历史的长河中只是昙花一现，自罗马时代被肢解，在"黑暗的中世纪"中几乎变得无影无踪，只剩下北欧的海盗文化；近代以来欧洲的崛起，主要表现在其"大航海""地理大发现"亦即世界大殖民、大掠夺，包括"发现"了东方，实施了对中国的大侵略、大掠夺上，表现在"海权论"思想支配下的世界海洋霸权争夺上。这就是我们称之为西方"海洋文化"的基本发展道路。我们对此应如何看待、如何评价？这关乎我们如何对自己与西方不同的海洋文化发展模式的认识和评价。

第三，关于中国海洋文化。虽然总体来看，说"中国没有海洋文化"已经没有市场，但中国的海洋文化是什么样的海洋文化？为什么和西方的不一样？不少人至今仍认为中国的海洋文化只是边缘化的"东南沿海"的"边区文化"、地方文化、区域文化，甚至只是与官府对立、与儒家传统对立、被历代王朝限制和打击的海盗、海商文化。如说："所谓海洋文化，其实也是地域文化，主要指中国东南沿海一带的别具特色的文化。同时，也包括台、港、澳地区以及海外众多华人地区的文化。"①"凡是滨海的地域，海陆相交，长期生活在这里的劳动人民、知识分子，一代又一代……逐步形成了独特的海洋文化。"② 甚至从流域文化研究的角度出发，认为东、南方的某江文化就是中国的海洋文化，与黄河文化、长江文化判然有别，一起并称为三大文化源流。③ 如此等等，应如何正确看待，应形成怎样的正确认识？这种观念和视域较为普遍，关注的是区域的、具象的文化事项，同时强调其在中国和世界上的地位与作用。

第四，关于中国海洋文化的内涵和外延。近些年的不少研究，着重的是地方海洋社会、海洋经济贸易、有无海权意识、历史上的禁海与开海之争，即使像郑和下西洋这样的世界最大规模的航海壮举，旨在传播中国文化、建构以中国为主导的世界和平秩序的成功壮举，也有不少人只把评价标准定位在其下西洋本身是赔本还是赚钱的经济效益上。中国海洋文化最本质、最重要、最富有中国特色的政治文化、制度文化、社会文化，是被忽视、遮蔽的。

第五，关于中国海洋文化与大陆文化或曰农耕文化的概念分野。在不少研究者那里，海洋文化与大陆文化似乎是对立的，水火不相容的。但这不能说明中国海洋文化与大陆文化的相互关系。也有些学者认为中国海洋文化是具有"农业性"的"蓝色文化"，是"海洋农业文化"，认为："蓝色文化在东方和西方的表现是不同的，作为东方蓝色文化重要代表的中国古代海洋文化确实与西方传统的海洋文化有着巨大的差异，中国海洋文化有着鲜明的农业性，其基本内涵是'以海为田'。""如果把西方的海洋文化称做海洋商业文化，那末中

---

① 李天平：《海洋文化的当代思考》，广东炎黄文化研究会编《岭峤春秋——海洋文化论集》，广东人民出版社，1997。
② 林彦举：《开拓海洋文化研究的思考》，广东炎黄文化研究会编《岭峤春秋——海洋文化论集》。
③ 参见广东省珠江文化研究会等合编《"海上丝绸之路"与中国海洋文化》，《中国评论》2002年7月号；司徒尚纪：《中国南海海洋文化》，中山大学出版社，2009；广东省珠江文化研究会组编，黄伟宗、司徒尚纪主编《中国珠江文化史》，广东教育出版社，2010；等等。

国古代海洋文化应为海洋农业文化，两者均是世界海洋文化的基本模式。"①

第六，关于中国海洋文化发展历史的基本认识。尽管像黑格尔那样否认中国有海洋文化的西方论调，现已逐渐为人不齿②；但在对中国海洋文化及其历史的价值判断上，至今还存在着严重扭曲的观念。即使对郑和下西洋这样的中国航海的世界壮举，至今仍有学者大不认同，而认为它是历史上的"荒唐之举""浩大灾难"，"不可思议"。如有学者在"纪念郑和下西洋 600 周年"之际的一篇讲演①中，认为"郑和七下西洋，是一个伟大时代的结束"，郑和下西洋是明朝政府的"无知""狂妄"。该讲演对郑和下西洋的批判，在 6000 多

---

① 宋正海：《东方蓝色文化——中国海洋文化传统》，广东教育出版社，1995。

② 黑格尔说过什么，这里不妨将其"上下文"多一点引录："占有耕地的人民仍然闭关自守，并没有分享海洋所赋予的文明。既然他们的航海——不管这种航海发展到怎样的程度——没有影响他们的文化，所以他们和世界历史其他部分的关系，完全只是由于被其他民族寻找、发现和研究出来的缘故……大海给了我们茫茫无定、浩浩无际和渺渺无限的观念；人类在大海的无限里感到他自己的无限的时候，他们就被激起了勇气，要去超越那有限的一切。大海邀请人类从事征服，从事掠夺，但是同时也鼓励人类追求利润，从事商业。平凡的土地、平凡的平原流域把人类束缚在土地上，把他卷入无穷的依赖性里边，但是大海却挟着人类超越了那些思想和行动的有限的圈子。航海的人都想获利，然而他们所用的手段却是缘木求鱼，因为他们是冒了生命财产的危险来求利的。因此，他们所用的手段和他们所追求的目标恰巧相反。这一层关系使他们的营利、他们的职业，有超过了营利和职业而成了勇敢的、高尚的事情的可能。从事贸易必须要有勇气，智慧必须与勇敢结合在一起。因为勇敢的人们到了海上，就不得不应付那奸诈的、最不可靠的、最诡秘的元素，所以他们同时必须具有权谋——机警。这片横无边际的水面是绝对柔顺的——它对于任何压力，即使一丝的风息，也是不抵抗的。它表面上看起来是十分无邪、驯服、和蔼、可亲；然而，正是这种驯服的性质，将海洋变做了最危险、最激烈的元素。人类仅仅靠着一叶扁舟，来对付这种欺诈和暴力；他所依靠的完全是他的沉着与勇敢；他便是这样，从一片巩固的陆地上，移到一片不稳的水面上，随身带着他那人造的地盘——船，这个海上的天鹅，它以敏捷而巧妙的动作，破浪而前，凌波以行。——这一种工具的发明，是人类胆力和理智的最大光荣。这种超越土地限制、渡过大海的活动，是亚细亚各国所没有的，就算他们有多么壮丽的政治建筑，他们自己也只以大海为界——就像中国就是一个例子。在他们看来，海洋只是陆地的中断，陆地的天限；他们和海洋不发生积极的关系。"（黑格尔：《历史哲学》，三联书店，1956，第135页。）黑格尔这样的逻辑及其系统的理论、观念，由于作者被抬高的地位，在相关学界和思想界有根深蒂固的影响，影响了众多只会鹦鹉学舌的"学者"们的观念和话语系统，贻害无穷。

① 《郑和远航与文明的转折》，《解放日报》2005 年 6 月 19 日。在此之前，该文作者的观点似乎还不致如此"极致"，见其《光荣或梦想：郑和下西洋祭》，《书屋》2004 年第 12 期，第 6～13 页。另一位学者也持同一观点，其在"纪念郑和下西洋 600 周年"之际发表过《论郑和下西洋对中国海外开拓事业的破坏——兼论朝贡制度的虚假性》，《厦门大学学报》（哲学社会科学版）2005 年第 3 期，等等。

字的篇幅中，竟用了 7 个"荒唐"。而就是这样一篇文字，竟被不断转载，甚至成为《帮你学语文·阅读训练（高考总复习）》中的范文，[①] 不断出现在高考模拟试题中。[②] 这样用否定历史的办法来"纪念"历史，只能贬损中国人海洋发展自尊心和自信力，对青少年只能起到以崇洋媚外唯是的毒害作用。事实上，郑和下西洋作为中国大规模航海外域的国家使团，密切了中国与海外诸国的关系，保障了中国海外世界的和平，增进了中国和亚非人民的传统友谊。通过发展海洋建构和平世界，这是中国海洋文明史的基本模式和走向。

第七，关于中国历史上明清时期的海禁问题，更是一直被不少人诟病。如何客观地找到这一问题的答案？是站在走私商人、海盗、倭寇的立场上，抑或西方殖民者的立场上，批评中国明清政府闭关锁国、封建保守；还是站在明清政府严禁海上走私、海盗侵扰、倭寇来犯和人民群众希望天下太平、安居乐业的立场上，肯定国家的海禁政策？对此，我们认为应该采取历史的态度，立体地从国家、精英、民众等不同层面的立场，从维护国家和平安全、社会和谐稳定以及历史当时的利弊价值观及社会伦理观等立场上，全方位地分析认识这一问题。只要实事求是地还原历史，我们就会发现，所谓"明清海禁"，是被夸大、歪曲、妖魔化了的问题。其实，"海禁"是古今中外许多国家在许多历史时期根据其政治、经济、军事时局经常采取的维护本国利益的政策措施，如西方欧洲不同时期的多个国家政权，东方朝鲜半岛、日本列岛不同时期的多个国家政权，都实施过不同程度的"海禁"和"锁国"；中国在明清之前尽管尚未"危险来自海上"，但在一些政权交替、海盗骚扰、分割政权对峙时期也同样实施过不同程度的"海禁"，这完全是作为国家政权的自卫和御敌方式，何以只有任凭敌人攻灭、颠覆就是对的，而采取自卫和御敌措施就是错的？更何况，即使明清海禁，也只发生在明清两朝的几个时期、有限时段，一因明代的倭寇骚扰，一因明清换代之际的海上反清势力；一旦海面平静，即行开海。而对西方人大规模的前来贸易，明清政府对之实行的并不是海禁政策，而是有效

---

① 编写组：《帮你学语文阅读训练（高考总复习）》，科学普及出版社，2008。

② 如"天津市 2006 年高考语文模拟试卷"（http://www.ht88.com/downinfo/106240.html 2008 - 9 - 25）、周培发转发"2007 年高考语文模拟试卷"（http://blog.zhyww.cn/u/112700/archives/2007/145633.html）等。

的国家管理的贸易保护政策。历史上也好，今天也好，世界上任何一个政府有效的主权国家，都不会面对海盗骚扰和外来侵略而国门大开，鼓掌欢迎，引狼入室；都不会对海外贸易不加管理，放任自流，更不会对虎视眈眈、大有虎狼之心、以侵吞掠夺别国的财产乃至国土为本性的西方"列强"提出的一切"贸易"需要有求必应。事实上明清政府根据国际时局的变化及时采取的海禁政策，是任何一个国家政权维护国家主权、保护人民不受外敌侵害的必然抉择。直到清末，西方海盗式、殖民式侵略势力的冒死东来，希图得到的，仍然是中国的丰富财富和巨大市场。中国明清商品经济的发展为世所有目共睹，这其中海洋渔盐经济的发展、国内海运的发达和海洋贸易的发展、对外海洋贸易的发展，同样为世所有目共睹，这既可以在已为李约瑟、弗兰克等不少西方学者和滨下武志等不少东方学者一再研究论证的明清东亚贸易圈的发达历史中得到证明①，也可以在近年来已为松浦章、汤熙勇、刘序枫、谢必震等中外学者所大量搜集和研究的东亚海域漂风难船的海量史料中得到证明，还可以在明清中国与东南亚之间的海洋贸易网络和海外移民的发展历史中得到证明，同样也可以从西方不断派船出海探寻东方之路、不断派使臣前来递交国书，乃至不断或真心实意或虚情假意甚至坑蒙拐骗地称臣纳贡的历史中得到证明。"中国海洋文化为什么会走向衰落呢？有人将之归咎于清初实行的海禁，以至于形成一种封闭性的农业文化。这种说法不符合历史事实。""中国海洋文化真正走向衰落是在鸦片战争

---

① 西方学者如〔英〕李约瑟《中国科学技术史》（科学出版社，1990）、〔美〕L. S. 斯塔夫里阿诺斯《全球通史：1500 年以后的世界》（上海社会科学院出版社，1999）、〔美〕彭慕兰《大分流：欧洲、中国及现代世界经济的发展》（江苏人民出版社，2003）、〔美〕罗伯特·B. 马克斯《现代世界的起源——全球的、生态的述说》（夏继果译，商务印书馆，2006）、〔美〕孟德卫《1500～1800：中西方的伟大相遇》（江文君、姚霏译，新星出版社，2007）、〔德〕贡德·弗兰克《白银资本：重视经济全球化中的东方》（刘北成译，中央编译出版社，2008）等，乃至脱胎于英国剑桥大学与美国哈佛大学，对"欧洲中心论"和"英国现代化道路的普遍性意义"提出学术挑战的整个"加州学派"；日本学者如滨下武志《近代中国的国际契机：朝贡贸易体系与近代亚洲经济圈》（朱荫贵、欧阳菲译，中国社会科学出版社，1999）、滨下武志《中国近代经济史研究：清末海关财政与通商口岸市场圈》（高淑娟、孙彬译，江苏人民出版社，2006）、滨下武志《中国、东亚与全球经济：区域和历史的视角》（王玉茹等译，社会科学文献出版社，2009）等；中国学者的相关著述更多。各种各样的外国学说传入中国学界，且上述著作都有中文译本，不少人深受影响，但尚未使国人的根深蒂固的"中国社会落后论（尤其是明清'闭关锁国'）""中国文化落后论（尤其是明清'从海洋退却'）"观念得到改变，可见积重难返。

之后"。① 明乎此，对于所谓"明清海禁"，已有的认识和观念就应该改变。

第八，关于中国历史上是不是不重商、不重海（海外贸易）？历史上"应该"如何做？我们研究积累的初步认识是：其一，说中国历史上不重商、不重海（海外贸易），是对历史的误解。中国的商品经济、商业贸易、商业文化是长期发展繁荣的，正如贡德·弗兰克《白银资本》所说："作为中央之国的中国，不仅是东亚朝贡贸易体系的中心，而且在整个世界经济中即使不是中心，也占据支配地位。"② 中国历代强调重农抑商，往往是因为商业过度发展，到了不保农本不行的地步。其二，历史时期的经济主体是自然经济、实体经济，中国自身幅员、人口、经济总量长期占全世界的 1/3～1/5，对外贸易的主动需求方不是中国，而是外国。因此，中国历代政府一直不像外国那样"主动"要求进行大规模的贸易，面对外国的贪婪的商品需求，总是采取贸易保护主义。其三，中国历代政府实行贸易保护主义，并不是主张闭关锁国。非但不是如此，而且事实上，从整体来讲，中国历代政府是一贯适度开放的。中国历代的开放都是适度开放——选择确定数个对外开放的港口，反对走私贸易，一方面保证适度税收，一方面实行一定程度的贸易保护主义。为什么中国历代王朝代代如此？其中大有文章，然而至今没有人做过解答。看一看中国历史上民间海外贸易尤其是走私贸易的几个高潮时期对社会经济和人民生活的影响，就会懂得国家保持贸易平衡的重要性。历史上只要对外贸易长期逆差，就会造成中国钱荒；只要存在过度的贸易顺差，就会大量流入外国货币，本金的价值就往往受损，长此以往，就会出现货币贬值，通货膨胀。明代隆庆之后即16 世纪中叶之后出现的银币制度即所谓"白银经济"和物价飞涨，就是政府对民间海外贸易失控的产物。因此，我们的主要观点是，不能将历史上国家实行贸易保护主义一概说成是闭关锁国，也不能将历史上国家没有条件对外开放或者对外开放显然吃亏的时期看成是历代王朝一贯的闭关锁国国策。对外贸易应该保持一个合适的"度"，即适度，即平衡，而不是越开放越好，不设国门、让外国人来得越多越好，越满足外国人的胃口越好，把中国的商品

---

① 李金明：《郑和下西洋与中国海洋文化的发展》，《文化杂志》2005 年第 22 期。

② 〔德〕贡德·弗兰克：《白银资本：重视经济全球化中的东方》前言，刘北成译，中央编译出版社，2008。

货物都运走、都送给外国人、都换成白银或鸦片更好。这关乎国家利益、民生利益、经济安全，乃至主权安全。至今世界上的国家贸易保护主义仍然普遍存在，欧美大国亦然，虽然遭到要求与之贸易的国家的反对，但对于其自身而言，其对本国的国家利益、民生利益、经济安全乃至主权安全的考量，是不言而喻的。

第九，鉴于如上，只强调海洋文化中航海文化的海外贸易文化功能，存在很大的片面性。文化的主体构成可分为物质文化、思想文化、制度文化、社会文化、艺术文化等；航海贸易，只是物质流通的一种手段，一种方式。一者，中国历代政府的航海文化包括海洋经营、海疆管理、海外政治空间的建构及其拓展和发展，是中国历代政府主导建构环中国海乃至环印度洋区域和谐"世界秩序"的重要途径，是中国海洋文化中最重要的制度文化智慧。二者，中国自古长期繁荣发达的渔业经济、盐业经济和舟楫海运经济，丰富了包括沿海地区和内陆地区在内的日用饮食文化，譬如海产百错成为中国饮食文化的重要内容；由于渔产、盐产本身具有作为商品的天然属性，其与幅员辽阔的内陆地区丰富物产的商业交换，形成的就是商业文化——这是作为海洋文化最为基础的经济文化。因此，中国作为一个世界大国，海外贸易文化在整个海–陆商业文化中，必然只能占较小的比重。三者，航海贸易的实质，是跨海陆地之间的商业连接。就中西比较而论，由于中国疆域幅员比整个欧洲都大，欧洲各国的贸易动辄即跨出国门而成为"国际贸易"，而中国南北沿海之间的海上贸易连江通河，深入内地，即使其距离之远超过整个欧洲的四至，也仍然未出国门，仍然是"国内贸易"，其总量之大，天下无可匹敌。因此，中国与欧洲的"海外贸易"即跨海"国际贸易"是两个完全没有可比性的不同概念，拿西方动辄即需的"海外贸易"即跨海"国际贸易"的"发达"与中国历史上"海外贸易"即跨海"国际贸易"的"不发达"相"比"，是十分荒谬的。中国在世界上一直是一个物质相对最为丰富、经济相对最为发达的大国，根本不可能和西方小国那样倾一国之力搞"海外贸易"；最正确的选择，只能是将"海外贸易"作为本国经济、国民生活的一种有机补充和调节部分，起到沟通海内外，调剂、拓展和丰富经济生活的作用。这是中国自古就是一个世界大国的历史现实使然。"海外贸易"一旦被片面强调，就容易走火入魔，唯西方海盗式、殖民式侵占世界市场的"海洋文化"为是，就容易歪曲和玷污中国发展海洋文明的历史，歪曲和玷污中国海洋文化的基本性质。以我为主，为我所需，海内外互通，既对外开放，又对内搞活，不对外依赖，一直是中国的国策，至今依然。

何以造成如上这些理念、观念问题？除了近代以来受西方影响形成的世界观问题，受西方影响形成的方法论问题也是重要原因。这里着重指出三点。

其一，一个普遍的现象是，由于学科的分野，在不少研究那里，中国海洋文化是被长期切割的，肢解的，没有还原其自身、没有还原其灵魂的。比如造船史、航海史、中外关系史等，本来是互为一体的，却被分割在不同学科之中。不搞多学科交叉、集体攻关，就不能形成完整的认识。

其二，历史的发生，多有必然，也多有偶然。历史进程不是科学实验，是不可以重复的。近年来的环境史研究往往使人们"忽然发现"，决定一场战争胜负进而影响历史的，有时竟是一场瘟疫，或一场台风，一次海啸（风暴潮），一次地震，甚至一个炮膛里发出的哑弹，一个战略家的偶然失误，一次偶然的走漏风声，一个指挥官的突然病倒、突然牺牲。这些偶然因素，多被忽略，近代以来，我们的因果论思维的教条主义方式，往往要去分析、排列"更深层次"的社会、政治、制度原因，其"结论"看起来似乎头头是道，却往往似是而非，与事实相去甚远。中外已有众多论者指出，西方的近代航海和崛起不是历史的必然，而是偶然，不是历史的常态，而是一个"例外"。但至今我们还是有不少人把西方这一时期的发展模式包括制度模式和文化模式视为其"海洋文化"的"必然"，而且说得似乎头头是道，却避而不答西方文化为什么在近代之前从未"走出地中海"，一直在一千多年的中世纪的"黑暗里摸索"。其中世纪之前若何？是一个个小文明体"山头林立"，在环地中海一带不断地相互拼杀，此起彼伏地"兴起"与"衰落"——时而克里特文明，时而迈锡尼文明，时而古雅典文明、古罗马文明，时而都灰飞烟灭；直至中世纪之后，左冲右突，好不容易"走出地中海"，则像是奔出了"潘多拉"的盒子，开始的是靠武力侵占世界的历史，不断拼杀，此起彼伏地"兴起"与"衰落"交替，时而"海上马车夫"，时而"日不落帝国"，又时而灰飞烟灭，各种各样时髦的"先进"像走马灯似的，"盛"行一时便一闪而过，又缩回了自己的老窝——冠冕堂皇地说，是"回归到了自己的本土"。

其三，近代以来我们的教条主义思维方式还表现在，我们接受了马克思主义关于社会发展"五个阶段"的进化论学说，一方面，认为凡是资本主义就一定胜过封建主义，凡是资本主义的东西就一定比封建主义的东西好，因而就对中国长期的几千年的"封建主义社会"几乎一概否定，大加口诛笔伐（其实就连中国近现代之前的社会从何时算是"封建主义社会"、到底是不是"封建主义社会"，至今学术界还在研究、争论），对中国的海洋文化也加以否定，而将西方的资本主义美化成好的制度，将西方近代靠海上争夺、霸权、殖民崛起所形成的"海洋文化"美化成"优秀"的甚至是"先进"的文化，却对马克思主义所猛烈抨击批判的资本主义及其海洋发展的血腥的本质不加理会，歪曲了马克思主义要埋葬资本主义、建构社会主义社会的理论实质。另一方面，由于这种"东方不如西方"的东方"原罪"意识及其思维方式和"理论体系"，尽管不少学者在中国历史中生拉硬拽地"找到"了所谓"资本主义的萌芽"，有人找到了明代，有人找到了唐宋，甚至有人找到了汉代乃至先秦，对"资本主义的萌芽"始终没有发展成"资本主义的社会"而痛心疾首，其进行的"合理解释"是中国的"封建主义"制度过于强大，而对于中国的"封建主义"制度为什么会如此强大，对于中国文化、中国文明的历史为什么会绵延几千年而不衰、在世界上一直是最强大最强盛的文明体；对于为什么马克思主义预言刚刚在西方诞生两三百年的资本主义很快就将灭亡，无产阶级就是资本主义的掘墓人；对于西方主导的世界性"现代化"和"全球化"新潮流所导致的世界性激烈竞争、资源枯竭、环境污染、贫富差距、危机四伏等等，这些史学家、理论家们却无言以对，因而三缄其口。由此可见，对西方的文化包括海洋文化不可漫加美化，对中国的文化包括海洋文化不可动辄贬损。在当今世界"现代化""全球化"潮流下，全球性的海洋权益竞争、海洋资源枯竭、海洋环境破坏愈演愈烈，海洋和平、和谐、可持续发展危机四伏的严峻形势，无疑是西方文化包括其以海洋竞争、海洋霸权为核心内容的海洋文化主导、影响了这个世界的恶果。谁能拯救这个世界？既然中西方关于海洋发展的资源与环境基础、社会历史基础、精神导向、道德伦理、人生观、价值观、发展观、生活观等海洋文化要素是不同的，那么，在当今世界西方海洋文化发展模式已经千疮百孔、难以为继的困局面前，中西海洋文化，谁应主沉浮、谁能主沉浮？这是摆在中国也是摆在世界面前的严峻课题。

鉴于如上分析，我们必须承认，关于中国海洋文化是什么、怎么样、为什么等这些基本的然而又是根本的关键性问题，我们至今尚未形成应有的认知。诚然，这些年来我们的学界等社会各界对海洋文化重视了，但如果对中国海洋文化是什么、怎么样、为什么等这些基本的而又是根本的关键问题不好好解决，观念陈旧、方法老套，即使对海洋文化再喊多少口号，再写多少文章、出多少书，不管是鸿篇"大著"，还是泱泱"丛书"，也仍然解决不了中国和世界所亟须回答的问题；如果写出来的"中国海洋文化史"抑或"中国海洋文明史"仍然是肯定历史上沿海一部分边民商贩如何走私、如何偷渡、如何与朝廷对抗、如何与西方侵华力量相勾结的海盗史、汉奸史、走私贸易史，如果写出来的"中国海洋文化理论"仍然是一些宣扬"东方不如西方"，主张要像西方那样实行海洋霸权的国家政策、像西方那样加强世界海洋竞争，用西方的衡量标准比我们国家的"指标""指数"，认为中国历史上没有像西方那样去征服和殖民就是"愚蠢""可笑""荒唐""可恨"，因而主张用西方的海洋思想理念、文化模式、发展主张来主导、支配、支撑我们的海洋发展，那么，这样的"海洋文化研究"做得越多，危害越大。

3. 中国海洋文化研究亟需系统的理论建设

针对当今世界海洋发展形势和我国海洋强国战略发展对我国认知海洋文化历史、繁荣海洋文化当下和未来提出的时代需求，对中国海洋文化做出整体系统的理论研究，全面、系统地回答中国海洋文化是什么、怎么样、为什么、应如何等基本理论、基础"知识"，以正视听，已经是时不我待的根本性问题。

开展对中国海洋文化系统的理论研究，可改变中国海洋文化研究在中国学术界的边缘化现象。

中国是世界上最大的沿海文明古国，中国沿海地区与黄河流域、长江流域同样，也是中国文明的摇篮之一。在考古已知的中国先民 8000 年生活的历史上[①]，

---

① 考古学文化距今有 8000 年乃至更早的历史，近一二十年来在沿海地区的发现已有很多。如在环渤海、山东半岛、浙东地区、闽海地区、粤东地区等。其中沿海中北部区域的考古学文化系统比较完整，文化面貌有自己的特点，昭示出其相对独立的文化区特点。

勤劳智慧的中华民族自古在认识海洋、利用海洋、与海洋和谐相处中创造了丰富灿烂而又自成系统、对内对外都具有强大辐射力、渗透力、影响力的海洋物质文化、精神文化和制度文化财富。但长期以来，由于学术界受传统大陆文化观、农耕文化观的影响，中国的海洋文化的历史是被遮蔽的，尽管近些年来学术界对中国海洋文化的相关研究越来越多，却在主流学术界至今尚未形成中国海洋文化系统研究的学术自觉。

中国海洋文化研究是一个丰富、庞大和复杂的系统工程。学术界对中国海洋文化相关内容的微观研究，向来已久，积累丰厚，但都分散在人文社会科学的诸多学科之中，呈现着"集体无意识"的状态。有明确的"海洋文化"学术意识，对中国海洋文化理论和海洋文化历史与现实发展问题展开研究，开始于世界和中国都在向海洋进军、即将步入"海洋世纪"的 20 世纪 90 年代。自此以来，许多学者大力倡导并身体力行，许多高校和学术单位乃至政府部门和社会组织不断成立诸如"海洋文化研究""海洋历史文化研究""海洋经济文化研究"等综合性和诸如"徐福研究""妈祖研究""郑和研究""航海研究""海上丝绸之路研究"以及某一重要海洋人物事件研究或某一海洋文化地域研究等专门性的学术机构和学术团体，出现了一大批基础性研究和应用性研究的成果，并在近年来呈现出越来越热、遍地开花的可喜势头。但截至目前，对中国海洋文化基础理论的整体、系统研究还远远不够，导致对中国海洋文化诸多问题的认知把握缺乏基本的理论参照，众说纷纭，一方面呈现出繁荣，一方面显示着浮躁，因而影响了中国海洋文化研究在相关理论的深入和相关实践的进行，进而也影响了中国主流学术界海洋人文意识、观念与视野在相关学术领域中的渗透与体现。

开展对中国海洋文化系统的理论研究，可改变对中国海洋文化缺乏整体认知的历史。

中国海洋文化是个丰富、庞大和复杂的内容系统，方方面面的问题浩如烟海，方方面面的资料汗牛充栋，中外学术界的相关研究著述已有很多很多。但我们要问：为什么中国海洋文化的相关研究论文已发表了不计其数，著作已出版了不计其数，但关于中国海洋文化到底是什么、怎么样、为什么这样等一些最基本也是最根本、最重要、最关键的问题，却仍然没有得到解决，还一直困扰着人们？人们现在所迫切需要的，主要不再是停留在对浩如烟海的研究史料作穷尽式搜集整理（这不可能），和对浩如烟海的具体内容作更多的分门别类的研究描述（已有很多）这样重复的、微观的、叠床架屋式的研究，而是在已有研究的基础上，针对以往靠单一学者、单一学派、单一学科容易存在一叶障目难以发现和解决更为庞大更为复杂问题的弊端，在已有研究的基础上，多学科、多视角地梳理把握、提炼概括，集中研究、阐明中国海洋文化的诸如时空边界、核心内涵、主要形态、基本性质、标志性成就、历史作用、世界地位、当代发展等一系列"是什么""怎么样""为什么""应如何"等最基本也最根本的重要关键问题，改变对中国海洋文化缺乏整体认知的历史，奠定中国海洋文化研究繁荣发展的认知基础。

开展对中国海洋文化系统的理论研究，可增强对中华民族自身和中国文化传统的自豪与自信。

正如有论者指出的那样，"由于我国近代落后于西方，现代科学的概念、理论系统和解释工具都来自西方，因而在我国文化的各个领域都产生严重的'失语症'，不但没有自己的语词概念，更是没有自己的理论体系和说理工具，因而在很长的历史内，人们开口希腊，闭口罗马；在理论上，完全照搬本文（西方）的模式，因而，对中国哲学、中国文学乃至中国文化的研究进入教条主义的死胡同。"① 毋庸讳言，在近代以来学术界的中国文化研究和书写中，由于受"海洋文化是西方文化"的观念影响和西方"海洋文化"论说的概念体系与话语系统的制约，中国海洋文化在中国文化中一直是缺席、失语的，其结果是造成人们对中国文化整体的误读，得出的是一些似是而非的错误认识，由此形成了一些似是而非的错误观念。问题恰恰在于，这些似是而非的错误认识和观念，却往往被当成了似乎不可颠覆的"常识"、似乎不可改变的"正统"，而一旦对中国文化进行整体思考和深究发问，就会碰到一系列难以回答的"谜团"。譬如，既然说中国文化是"农业文化"，却为什么中国的造船技术和航海能力曾经在数千年的长期历史上独步世界？既然说中国文化是"小农经济"，却为什么中国的商业包括海洋贸易和商品经济曾经在数千年的长期

---

① 陈德述：《读〈中国道教科学技术史·导论〉》，四川大学宗教文化论坛，http：//scdxzjwhlt.blog.163.com/blog/static/18255852520115183851372/。

历史上最为发达？既然说中国文化是"保守"的、"不开放"的、"闭关锁国"的，却为什么中国文化是世界上唯一得以长期延续发展的文化，而且在长达数千年的发展中通过海洋网络构成了整个东亚的"中国文化圈"？

毫无疑问，中国既是一个陆地大国，又是一个海洋大国。远在史前的石器时代，生活在中国漫长海岸带上的祖先，就创造了海洋捕捞、养殖、制盐、航海、商贸、审美等丰富灿烂的海洋文化。大量的贝丘遗址、两城镇、河姆渡等一个个考古文化的发现，不断丰富着人们对中国海洋文化起源的认知。在中国三代以降长期统一的政治格局中，中国文化一直是内陆与海洋互为依托、互补互动的，其中海洋文化对于中国文化整体的发展繁荣起到了重要的对内支撑作用和对外拓展作用。之所以中国文化中的"天下""四海"观念自古深入人心；之所以中国历史上的商品农业、手工业长期发达；之所以海上丝绸之路、陶瓷之路、茶叶之路长期高度发展；之所以海外世界对来华贸易长期如饥似渴；之所以中国的渔、盐、海内外贸易长期成为政府财税的支柱性来源；之所以内陆地区有着丰富的鱼盐海产和舶来洋货等生活必需品和奢侈品；之所以中国的造船业、航海业在历史上长期领先于世界，不但支撑着国家历代南北海运，而且沟通了世界贸易；之所以整个东亚环中国海地区成为世界上出现最早、长期稳定并不断丰富发展的大型文化圈——中国文化圈，且至今影响深远：所有这些，只有从中国不但有海洋文化，而且中国的海洋文化长期发达、对中国文化的整体发展一直起着巨大作用、对世界文化的交流进步一直作着巨大贡献中，才能找到答案。

由此可见，研究认知、评价和传承中国文化，不能再有对中国海洋文化整体的和具象的认知缺环。只有对中国文化及其历史遗产形成整体理解和认同，中华民族对自身及其文化传统的自豪与自信才会有实质性的内容。

开展对中国海洋文化系统的理论研究，将有助于人们树立正确的海洋发展意识和海洋文化理念，将中国海洋强国战略发展根植于自己的海洋文化根基，以中国海洋文化的历史智慧启迪中国的当代实践。

通过如上主要内容的研究，所应指向和实现的目标应该是：

第一，为中国海洋文化正名。名不正则言不顺。长期以来，中国海洋文化被无视、误读、歪曲不少。需要树立中华民族的海洋文化主体意识，系统研究阐明中国海洋文化的内涵实质、主体要素、基本模式、主要形态及其时空边界，以世界海洋文化的多种类型模式为宏观视野和比照尺度，并以其与中国内陆文化的相互关系为参照体系，准确地回答中国海洋文化"是什么""怎么样""为什么"等基本的也是根本性的关键问题。

第二，为中国海洋文化定位。总体把握、阐明中国海洋文化的起源、区域类型、要素分层、历史分期问题，改变中国海洋文化虽有史凿凿却久被遮蔽，其史如何一直不甚了了的状态；着眼于国家海洋发展战略和世界海洋发展中亟须解决的重大认识和观念问题，着眼于中国海洋文化遗产对当代海洋文化可持续发展的启示意义和借鉴价值，有针对性地系统总结归纳、分析评价中国海洋文化主要层面的基本内涵、基本特点、历史过程及其动力机制、主要功能、成就、贡献、在各个时期的世界海洋文化发展格局中的地位，研究阐述在当代社会条件下传承、发展和创新中国海洋文化的功能作用。

只要对中国海洋文化、海洋文化史持整体观，就会看到，中国的海洋文化既有自身生成与发展的动力机制和体系，又与内陆文化相互依存、相互支撑、互动互融，从而使海洋文化的元素体现在中国文化整体的各个层面之中；中国的海洋文化既有巨大的逐层拓展的海洋人文空间，又有幅员辽阔的大陆腹地支撑体系，从而构成了海－陆文化同构、高度融合的中国文化整体。世界上的文化多式多样，依托海洋生成和发展的文化即海洋文化同样多式多样，只有中国这样的陆－海一体化互动发展的文化，才具有相对稳健、和谐、可持续发展的文化的"天然"优越性。

第三，为中国海洋文化立传。系统梳理中国海洋文化主要层面的标志性的物质的和非物质的发明创造，发掘、评价其影响中国海洋文化乃至整个中国文化历史进程及其对于当代世界海洋文化乃至整个世界文明进程的意义，使之成为无论中外、无论何人，只要谈论中国海洋文化及其历史，就会像人人知道中国的李白、杜甫、"四大发明"一样，人人可知之，人人可诵之，人人击节赞赏之。如此，中国海洋文化才不但不会被忽视，而且会成为中国海洋文化现代发展可以借鉴、传承的具体遗产内涵；以此为基础，中国当代海洋文化的发展，也才会找到自身的民族的传统和基因。

第四，为中国海洋文化的发展立论。中国海洋文化基础理论研究的重大学术使命是，站在时代高度、国家需求、人类文化发展的学术前沿，因应国家海洋发展战略对人文社会科学的使命要求，站在中国、中华民族的本位立场上，从西方理论、观念影响下的"流行"话语系统及其西方中心论视野中解放出来，基于中国海洋文化整体的宏观视野，高屋建瓴地揭示出中国海洋文化的基本内涵及其历史发展的主要特点、主要精神、主要成就、主要动力机制、对中华民族和世界历史的主要贡献、对中国文化整体的主要作用及其历史地位等目前学术界尚未系统解决的最基本也是最根本性的重大关键问题，回答人们长期以来在中国海洋文化问题上的迷惑和追问，从而提高中华民族对自己的海洋文化历史及其价值的认同感、自豪感和自信心，在建设中国海洋强国和构建世界海洋和平秩序的当代进程中，建设和发展基于中国传统、富有中国特色、符合中国国情和当代海洋发展需要的中国海洋文化。

二 中国海洋文化的内涵与特性分析

针对当今时代世界海洋形势和我国海洋发展的国家战略需求，系统构建中国海洋文化的基础认知和评价体系，即系统回答"中国海洋文化"是什么、怎么样、为什么、应如何等基本问题，为我国海洋文化的现代建设发展提供基础理论参考，目标指向有三：一是树立中华民族的海洋文化主体意识，确立中国现代海洋文化建设发展的基本理论依据；二是展示中国海洋文化本体的悠久历史积淀和丰富内涵，奠定中国海洋文化传承创新的历史基础，增强中国作为国家意志发展海洋、建设海洋强国的民族自豪感、自信心；三是阐明中国现代海洋文化建设发展的应有目标指向，旨在实现以中国文化为主导、以建构国内海洋和谐社会和国际海洋和平秩序为宗旨的海洋可持续发展。这其中的基础，也是关键，是如何建构"中国海洋文化"本体的内涵体系。

要建构"中国海洋文化"的内涵体系，有一个必须明确、不可含混的前提，那就是对"中国海洋文化"本体是否认同的问题。同样是一种现象，一种事物，在世界观、价值观上对其认同与否，决定着对这种现象、这种事物的内涵的揭示与判断。例如在黑格尔那里，他明明知道中国是濒临海洋的大国，却认为不管中国的航海有多么发展，海洋也没有影响中国的文化。像这样的论者，若对"中国海洋文化"的内涵进行体认，那么他得出的结论必然是："中国海洋文化"的内涵是零，即中国没有海洋文化。

中国海洋文化的创造、传承、发展和享有、享用主体是中国人，是中华民族，不是什么"他者"；因而中国海洋文化的认同主体，也是中国人，中华民族，而不是什么他人。中国人、中华民族既然如此这般创造、传承、发展和享有、享用了如此这般的中国海洋文化，就是因为认同如此这般的海洋文化，而不是别人如彼那般的海洋文化。只有中国人、中华民族自己懂得中国海洋文化的底里和价值，就同只有西方人懂得西方海洋文化的底里和价值一样。国际上有不少"汉学家""中国学家"，其实连看中国书、说中国话都吃力得很，更谈不上对中国文化、中国社会"深得壶奥"；近现代中国学界有不少鼓吹西学的"专家"乃至"大家"，其实对西方也没有多少了解，大多是"以其昏昏使人昭昭"，只不过很少有人"点破"这一层"窗户纸"而已。

1. 关于"中国海洋文化"的概念界定

"文化"，是一个使用非常广泛、内涵十分丰富的概念。世界上不同的民族、不同的说者，乃至在不同的历史阶段、不同的语境中，使用"文化"一词，有着不尽相同的概念意涵。

统观东西方学界关于"文化"的概念与内涵的界定，总的看来，使用最广泛的是文化的"精神""物质"两分法。但这样的分法又嫌过于笼统；有的用三分法，即精神文化、行为文化、物质文化①，其"行为"也大而无当，即使它补足了"精神"与"物质"之间的"过渡"。除了仅仅存储于大脑的，什么不是行为？按这里的"行为文化"，应该主要是指"制度文化"。"制度"是累积的、规范的、约定俗成的、相对确定性的"行为"，而不是非确定性的、怎么样都可以、都被允许的行为。

这里，为了避免"文化"的两分法的过于笼统，同时又避免类分过细，我们对"文化"作四分法，表述如下：

"文化"，就是人类社会缘于自然资源和环境条件所创造和传承的物质的、

---

① 参见吴瑛《信息传播视角下的软权力生成机制研究》，《上海交通大学学报》（哲学社会科学版）2009 年第 3 期。

精神的、制度的、社会的生活方式及其表现形态。

这包括这样几层含义：

其一，"文化"，是人类社会不同于自然世界、甲社会不同于乙社会的"生活方式"；

其二，"文化"呈现为体现"生活方式"的丰富多彩的"表现形态"亦即生活形态；

其三，"文化"是人类社会"创造"的，这种"创造"既包括超越自然界的"新造"，也包括作用于"自然界"，赋予自然界"有意义"的"形式"；

其四，"文化"是"人类社会"的产物，"人类社会"尽管是由单个人组成的，但单个人的"创造"没有被社会认同的，不属于"文化"范畴；

其五，"文化"是"人类社会"创造出来并经传承的产物，虽经创造出来但没有得到传承，没有形成为某种物质的、精神的、制度的、社会的生活方式的，不属于"文化"范畴；

其六，人类社会的"文化"不是无源之水、空穴来风，而是基于其所依存的自然资源和环境条件创造和传承的；人类社会所处的自然资源环境条件不尽相同，其文化模式和样态也不尽一样；

其七，人类社会的"文化"创造和传承缘于自然资源和环境条件，而又不会完全受自然资源和环境条件的制约，表现了人类社会的"文化"创造和传承的能动性；但无论如何，都不能从根本上改变其文化传统缘于资源环境造成的"基因"，这就是人们通常所说的"民族文化特性"；

其八，"人类社会"是具体的，而不是抽象的；其所缘起、依托的自然资源和环境条件也是具体的，而不是抽象的；其所创造和传承的物质的、精神的、制度的和社会的生活方式也都是具体的，而不是抽象的。因此，古今中外所有的"文化"，都是具体的，而不是抽象的。人们虽然常说"文化"或"人类文化"如何如何，但具体的所指的"文化"，事实上按其空间边界，往往是"区域文化""国别文化""民族文化""地域文化"等；按其时间边界，往往是"史前文化""古代文化""现代文化"等；按其内容边界，往往是"精神文化""制度文化""物质文化""社会文化"等；按其主体边界，往往是"民族文化""国别文化""地方文化""社区文化""族群文化"等；按其形态边界，往往是"思想文化""政治文化""管理文化""军事文化""艺术文化""技术文化""生活文化"包括"民俗文化"等；按其所依存的物质基础亦即地理资源环境边界，往往是"内陆文化""海洋文化"等——其中"内陆文化"，又可分为"平原文化""山区文化""草原文化"等，再按其物质生产生活方式及其表现形态又可分为"农耕文化""游牧文化"等，按其人口集聚及生活形态分为"乡村文化""城市（镇）文化"等；"海洋文化"，又可分为"半岛文化""岛屿文化""港湾文化""海域文化""大洋文化"等，按其物质生产生活方式及其表现形态分为"渔业文化""盐业文化""航运文化"等，按其人口集聚及生活形态分为"渔村文化""港埠（城市）文化""（海商）商帮文化"等。

中国是历史悠久的世界大国，"中国文化"是世界文化中历史与民族内涵最丰富、地理与人文空间最大的一个区域系统。

"中国文化"，就是中华民族缘于幅员辽阔的大陆和海洋所创造和传承的物质的、精神的、制度的、社会的生活方式及其表现形态。

"中国文化"，在当代语境下，属于人类"文化"的"国别文化"系统；而历史地看来，则是一个以当代中国为主体区域的"区域文化"系统。由是，"中国文化"至少有如下意涵：

第一，中国是一个多民族国家，因此"中国文化"是多民族的文化，而不同于西方大多"民族国家"的单一民族文化。尽管世界上不少国家包括西方"民族国家"的人口也是由多民族构成的，但中国文化的多民族性特点在于，中国幅员辽阔，自中华文明之初就在长期的发展历史上形成了既以汉民族文化为主体辐射影响边疆民族文化，又以边疆民族文化辐射影响汉民族文化，同时保持着相对的民族文化个性的传统，因此"中国文化"是一种以汉民族文化为主体、多民族文化共存共荣的内涵丰富的"元多文化"的"共同体"，而不是一种单一文化。

第二，中国在长期的历史发展中一直是东亚地区幅员最大、最为发达和辉煌、对外最具吸引力和辐射力、影响面最广的国度，因而在东亚地区各国各地区的发展历史上，生成了长期以中国本土文化为中心的"中国文化圈"。在近代之后纷纷"独立"的东亚国家中，人们习惯于用"汉文化圈""儒家文化圈""汉字文化圈"相指称。

第三，在世界上的西方文化近代"崛起"之前，中国文化在长期的历史上一直是世界文化中幅员最为辽阔的多民族一体的区域文化。这不但是中国和东亚地区诸国在近代之前的认识，也是西方诸国在近代之前的认识；也就是说，这是近代之前的"世界共识"。

第四，中国文化是世界上绵延发展历史最为长久、自古至今连绵不断、一直保持着坚强旺盛的生命力的文化。世界上最为古老的"五大文明古国"的文化，包括中国文化、印度文化、希腊文化、巴比伦文化、埃及文化，除了中国文化，其他都消失或转型了，这充分说明了中国文化本身在此起彼伏的世界文化竞争的丛林中能够生存发展的独特的优势所在。

第五，中国文化在人与自然的主体认知上，是一种"天人合一"的文化。中国文化主张敬畏自然而不是破坏自然，主要表现为对自然的顺应，而不是一味地强调对自然的改造、战胜，因而在中国思想文化中保持着历史悠久的自然保护主义。中国文化中的自然观，是当今世界解决受西方文化引领、影响，用工业化包括高科技工业化等非自然的生产生活方式竞争发展造成的资源破坏、环境污染难题的思想文化宝库。

第六，中国文化在社会理想层面上，是一种追求"天下大同"的文化。而这种"天下大同"的内涵，是"以和为贵""天下共享太平之福"的和谐文化、和平文化。这是与西方文化的主要不同点。在中国文化中，实现这种"天下大同"的手段，是"以文教化"——这是中国历史话语系统中的"文化"的本意。中国早在夏商周三代，就实行政治体制的内封外服制度，自秦汉建立中央集权帝国之后，一直对内实行直辖和流官制度，对外实行分封和土司制度，如此历代沿袭，中国文化的地盘不断扩大，西被流沙，东括东海，南迄南洋，北至北极，都不是靠武力侵吞，而是声教所及、海外向化、遣使来朝的"以文教化"的结果。

第七，中国文化在精神理想层面上，是一种善与美的文化，即追求道德人心的向善与精神情感的向美。这表现为中国传统的儒家理论、思想与道家、释家理论与思想的融会互补，和以民间信仰、民间伦理为基础的社会信仰、社会伦理的杂糅相生，其核心意涵是普及、普遍的弃恶扬善、中庸中和、和谐吉祥、知足常乐的社会观、人生观和审美观。中国历史上几乎所有被奉为经典的思想家、文学家的著述，都贯穿着中国文化向善向美的这根主线。中国历史上几乎所有的国家祭祀和民间祭祀的神灵，都沟通着中国社会"善男信女"们向善向美的心灵世界。中国的汉字、音乐、绘画、诗词歌赋、小说戏曲，作为语言艺术形式，都承载着这样的向善与向美的教化功能和陶冶功能，既是向善与向美的艺术体现，也是向善与向美的生活体现。

第八，中国文化在制度层面上，是一种礼仪文化。这是中国自古就有"礼仪之邦"美誉的缘由。中国社会的基础层面，是靠"礼"来治理与运转的。诚然，中国也有法制，但中国的法制是建立在社会伦理和民俗基础之上、对礼仪不能解决的"超越"了礼仪规范的"犯罪"的惩罚制度，其实质，是礼制的补充和保障。因此，在这样一个以礼制文化建构为基础的社会，其基本主调是有矛盾靠礼仪调节、调解，使之化解、消弭在基层社会尤其是家庭、家族、乡里之中，而不是动辄打官司、告上法庭、"依法"断案、"依法"执行。这是和谐社会建构的基础。在中国当代和谐社会建设中，传统的礼仪文化无疑是不可忽视、需要发扬光大的法宝。

第九，中国文化在物质文化层面上，由于中国资源环境基础的陆海兼备，幅员辽阔，物产丰富多样，民俗风情万种，因而呈现出内涵丰富灿烂、形式琳琅满目的生活文化样态。比如，世界公认"吃在中国"，中国是"世界美食厨房"，上至历代宫廷御菜，下到不同地区、不同民族乃至同一地区、同一民族的不同地方的民间小吃，到处都有琳琅满目的吃的文化。

第十，中国文化，就其原生性主体文化的内涵而言，主要是指中国传统文化，即在中国有着悠久深厚的历史积淀、在中华民族的代代相传中延续发展的文化。

以上这些内涵与特点，都与西方文化在性质、旨趣、模式上明显不同。

我们不能不承认，近代以降，尤其是近百年中，中国传统文化遭到了史无前例的冲击和破坏。近些年来，人们又不断发出弘扬传统文化、传承传统文明的呼唤。即使不少西方人，也开始在东方文化中寻找救世良方。

对于"中国文化"的上述性质和内涵，近代以降，人们往往认为这是"内陆文化""农耕文化"的体现，而不是"海洋文化"的体现。事实上，这是对中国文化基本性质和内涵的误识。

第一，中国文化赖以创造和传承发展的资源与环境既有内陆又有海洋，因此，中国文化就其所依存的地理资源环境边界而言，是由"内陆文化"和"海洋文化"共同构成的。中国的"海洋文化"同样历史悠久，丰富灿烂，只是长期以来，在人们的观念视野里，忽略了"中国文化"中的"海洋文化"的存在，或者说没有从"海洋文化"的视角观照"中国文化"而已。

第二，即使就中国的"内陆文化"而言，它与中国的"海洋文化"也是"中国文化"整体中的不可分割的组成部分，两者是互融互动、互为腹地的；即使仅就中国的"农业文化"而言，其发展也是与"海洋文化"中的"渔业文化""盐业文化""商贸文化"等连为一体的。

第三，一个重要的问题是，"农业""农民""农村""农业经济"等涉"农"的概念，在中国传统的概念中，往往是从整体上包括"渔业""渔民""渔村""渔业经济"的。至今人口归类只分"农业人口""非农业人口"，对"农民"的统计口径依然包括"渔民"；"渔业"作为大"农业"的组成部分，依然归口于国家的"农业部"。如此等等，说明"农业文化"在很大程度上、很多层面和很多领域中是包括"海洋文化"的，只是一直没有单独分类加以强调而已。近十几年来人们对"海洋文化"的重视和强调，是世界海洋竞争和中国海洋发展进入了"海洋时代"的结果。

通过以上分析论述可知，"中国文化"与"中国海洋文化"既不是并列的两个概念，更不是相对立的两个概念；"中国海洋文化"是"中国文化"的一个重要的主体构成部分。因此，作为"中国文化"的基本精神，自然也就是作为"中国文化"主体构成部分的"中国海洋文化"的基本精神；"中国文化"的灵魂，同样也是"中国海洋文化"的灵魂。这是"中国文化"中"内陆文化"与"海洋文化"的共性；同时，"中国文化"中的"内陆文化"与"海洋文化"，又都呈现着各自的丰富的个性。

中国是世界上历史最为悠久的海洋大国，中华民族世世代代跟海洋打交道，即使仅仅统计生活在海岸带、海岛、海上直接跟海洋打交道的中国人，其人口数量也比得上世界上不知多少个小国，他们打鱼、制盐、造船、航海、贸易，同五洲四海的商人做生意，同万国来朝的海客交朋友，他们自己也航海闯荡世界，他们吃着海鲜，唱着渔歌，欣赏着海洋景观，感叹着海市蜃楼，探索着海洋的秘密，开发利用着海洋资源，创造了丰富灿烂的海洋文化；更何况中国至迟自夏商周三代即是幅员辽阔的泱泱大国，一直构建、实施着作为一个政治统一体的世界大国海洋管理制度体系，经营维护着一个世界大国的海洋权益包括海岛、海域、港口、海路、海洋资源等权益，维护着一个不断扩大的"天下"（主要是现今被称为"东亚"包括"东北亚"和"东南亚"）的海洋和平和安全秩序——这等等一切，就是中国的"海洋文化"。

但西方人往往不认为中国有海洋文化。他们往往以其近代历史说事，认为他们的航海发现、侵略殖民不仅是天经地义的，而且是开放、搞活、自由、冒险、竞争、进取的"海洋文化"，而东方包括中国，不仅没有像他们那样，而且被他们"发现"、侵略殖民了，他们找到的一个似乎理所当然、天经地义，因而理直气壮的"理由"，就是东方包括中国是"亚细亚生产方式"，是固守在内陆、不知"天外有天"的国度，其文化属于内陆文化、农耕文化、保守落后文化。"落后就要挨打"，说的似乎天经地义，暗含着"侵略有功""杀戮有理"，被侵略、被杀戮"活该倒霉"的荒唐的强盗逻辑。这种西方文化"先进论""优越论""有功论"在近代传入中国，自鸦片战争后滥觞，至五四前后甚嚣尘上，在20世纪八九十年代又以"思想解放"为幌子，大倡"河殇"，死灰复燃。因此，在我们的不少被视为"精英"的理论家、史学家、文化学家那里，在我们的不断重复的教科书那里，我们的中国文化被塑造成了"没有海洋文化"的文化。

20世纪八九十年代以来，如前所述，随着国际社会迅速升温的海洋资源与海洋空间的竞争、"海洋圈地运动"，随着大大小小的发达国家、发展中国家和地区的国家海洋发展战略的纷纷出台及其行动实施，国际上兴起了以西方海洋竞争意识和发展观念为主导标志的海洋文化浪潮。中国学术界在此影响下，加之对国内伴随"思想解放"而来的西化思潮的应对，迅速达成中国也有"海洋文化"的共识。经过这些年来越来越多的海洋文化学者的研究，谁要再认为中国没有海洋文化，谁就会成为笑柄。但是，对于"中国海洋文化"整体而言是什么、怎么样、为什么等基本问题，亦即对于"中国海洋文化"的基本概念、基本性质、基本内涵和外延边界，对于"中国海洋文化"之于"中国文化"的关系，对于"中国海洋文化"的历史与现实作用等问题，尚未形成共识性的答案。

这里，我们基于如上关于"文化""海洋文化""中国文化"的认识，对"中国海洋文化"的概念作出如下界定：

> 中国海洋文化，就是中华民族缘于海洋所创造和传承的物质的、精神的、制度的、社会的文明生活方式及其表现形态。

这里，我们依据对"中国海洋文化"的定义，对"中国海洋文化"内涵结构的四个层面表述如下：

"中国海洋文化"的物质文化层面，是指中华民族作为"经济文化体"面向海洋、发展海洋的物质生产、技术制造、流通消费方式，体现为中国面向海洋、发展海洋的物质生活风貌。

"中国海洋文化"的精神文化层面，是指中华民族这一"民族文化体"面向海洋、发展海洋的思想意识、价值观念与精神导向，体现为中国面向海洋、发展海洋的民族精神和国家意志。

"中国海洋文化"的制度文化层面，是指中华民族的历代国家和地方政权作为"政治文化体"面向海洋、发展海洋的行政制度、法规政策与组织管理，体现为中国面向海洋、发展海洋的制度设计与运行安排。

"中国海洋文化"的社会文化层面，是指中华民族这一"社会文化体"面向海洋、发展海洋的社会形态与民俗传承，体现为中国面向海洋、发展海洋的社会运营模式。这其中，其文化主体的基本构成，是中国幅员辽阔的沿海、岛屿地区直接与海洋打交道，并与内陆地区和海外地区关联互动的涉海民间社会。

如上四个层面，就是中国海洋文化内涵的主要构成。它们都是中华民族缘于海洋资源环境所创造和传承的。由此，从中国海洋文化的内涵结构上，我们也可以这样表述：

> 中国海洋文化，就是中华民族缘于海洋所创造和传承的物质文化、精神文化、制度文化和社会文化的总和。

需要指出的是，其中的每一个层面，依其"缘于海洋"的直接和密切程度，都有广义和狭义之分。狭义的中国海洋文化，即直接缘于海洋、关于海洋、与海洋密切相关的文化元素，这是中国海洋文化的基本内涵；广义的中国海洋文化，即与其基本内涵具有相互关联性、互为条件和因果，从而构成中国海洋文化整体系统的全部内涵。

显然，中国海洋文化作为中国文化的有机构成，是由于海洋资源环境与内陆资源环境是相互依存、互为腹地的。

2. 关于"中国海洋文化"的内涵构成

如前所论，我们从内涵结构上看，中国海洋文化主要包括这样四大块内容：中国海洋精神文化，中国海洋物质文化，中国海洋制度文化，中国海洋社会文化。而中国海洋精神文化是中国海洋文化整体中最为丰富、也是最为核心的内容，除了属于意识、观念、知识、思想等精神层面的内容之外，一个非常丰富、庞大的涵量"板块"是属于文学、艺术、鉴赏等审美愉悦层面的内容，因此，我们又可在"中国海洋思想文化"中专门列出"中国海洋审美文化"，是为"中国海洋文化"基本内涵构成的"五大板块"。

（1）中国海洋精神文化

海洋精神文化，就是人们对海洋的认知、感受和评价的知识、意识、观念和情感等精神体系。中华民族在悠久的海洋发展历史上创造形成了中华民族特有的对海洋认知、感受和评价的知识、意识、观念和情感等精神体系，构成了具有中国文化整体特色的海洋精神文化内涵。这是中国海洋文化整体系统中的高端系统——精神动力系统。其具体的载体有文本的、仪式的、口头的、制度的和物质的各个层面，体现在国家和社会各个社会构成体系之中，并通过海上交通和内陆网络，在中外传播传承。如何看待中国的海洋精神文化，能否形成对中国海洋精神文化的正确认知和认同，至关重要。

中国海洋文化中对海洋的意识感知，内容非常丰富。其中包括中华民族自古对海洋水体的意识感知，对海洋地貌的意识感知，对海洋生物的意识感知，对海洋气象的意识感知，对海洋物理现象的意识感知，对天体运行、水汽循环的意识感知，对海外世界的意识感知等等，几乎无所不在，无所不有。中国海洋意识感知创造了广泛丰富的关于海洋的生动形象、可知可感的知识系统，由此成为广泛丰富、深厚隽永的中国海洋思想文化内涵的构成元素。中华民族是擅长用形象思维感知世界的民族，中华民族几千年来的海洋意识感知积累，是中国海洋文化的宝贵精神财富。

海洋观念，即"海洋观"，是人类对海洋价值的认识、判断和取舍的观点及其标准，也是海洋思想意识在"价值"层面的具体体现，是海洋世界观的主要内涵。海洋观，有宏观、微观的不同内涵，主要包括：人类海洋观、国家海洋观、海洋权益观、海洋疆域观、海洋政治观、海洋军事观、海洋资源观、海洋环境观、海洋生态观、海洋历史观、海洋社会观、海洋发展观、海洋经济观、海洋科技观、海洋审美观等。中华民族海洋价值体系所构成的海洋观念，是中国海洋思想意识的主要内核。其中，中国海洋政治思想、海洋疆域思想、海洋权益思想、海洋防卫思想、海洋经济思想、海洋社会思想，海洋管理思想、海洋发展思想等海洋思想体系，是中国海洋价值观念的具体内涵。

海洋信仰，即人类将虔诚、敬畏之心托之于具体的海洋形象，并付之于崇拜和祭祀仪式的海洋文化现象，是海洋思想意识的重要表现形态。海洋信仰的对象即某一具体的海洋形象的来源，是人类对某一海洋具体事务的意识感知所获得的形象知识的选择性感情投射。人类对海洋事务的意识感知所获得的形象知识，感受和评价不同，投射的感情也不同。而海洋信仰，正是人们对那些他们认为值得虔诚敬畏、值得付诸感情，甚至值得给予崇拜和祭祀的某一个或某一些海洋形象的选择与传承。中国的海洋信仰的层级体系，是由国家海洋信仰、地方海洋信仰构成的。历史上叫做正祀和淫祀。国家海洋信仰的对象，正祀，是被国家列入祀典的极重要的海神，主要有两个系统：一是自然神系统，主要是自古传袭下来的四海海神，一直是由国家祭祀，佛教传入以后演化为四海龙王，自唐代被分别封王；其他自然神则在国家海洋信仰系统中时高时低，在国家祀典中时进时出，或因时因事而定；二是人神系统，古者如涛神伍子胥是也，到了宋代，开始敕封福建湄州妈祖，自此宋元明清历代敕封、祭祀，列为国家祀典，是宋元明清各代影响最大的海神，至今妈祖信仰和庙祀崇拜传承沿袭，且已是海内外华人的共同的普遍的信仰。中国海洋社会的民俗信仰，既是面向海洋生活的实用的教科书，又是人心向善、趋利避害、追求社会和谐安定和人生平安吉祥、慰平心灵创伤的传世良方。中国的海洋信仰体系，主要是传统海洋文化的内涵范畴，其在当代的传承，主要是靠其历史的积淀维系，其作为信仰的功能，已经走向衰微，目前所重视的，是它的作为文化遗产的价值，和作为旅游景观的功能。

（2）中国海洋物质文化

海洋物质文化，包括海洋物产实体本身和附着在物产实体上或以物产实体为形态展现出来的精神文化、制度文化和社会文化。海洋物产，包括直接取自海洋的食用和日用生活资料，通过海洋利用与海陆互动所交换而丰富了的物质资料，以及取用海洋生活资料和商贸交换所使用的工具；附着其上或以其为形态展现出来的精神文化、制度文化和社会文化，则包括一个国家、民族特有的物产观念，习性，喜好，社会道德伦理的、宗教的、审美的功能体认。中国传统的海洋物质生产及其相关产业，主要包括渔业、盐业、航海交通业等；中国现代海洋产业，有海洋渔业、海洋盐业、海洋交通运输业、海洋油气业、海洋矿业、海洋化工业、海洋生物医药业、海洋电力业、海水利用业、海洋船舶工业、海洋工程建筑业、滨海旅游业及海洋相关服务业。中国现代海洋产业的"文化"蕴涵尚需时代的沉淀，我们所说的中国海洋物质文化，主要是指中国传统的渔业文化、盐业文化、航海文化、商贸港市文化。系统了解中国的海洋物质文化的内涵与特色，就会认识中国海洋文化丰富而雄厚的物质基础，就会通过物质发展水平的可比性，判定中国海洋文化在世界海洋文化发展史上的地位，理解中国海洋文化为什么会与西方海洋文化不同，走的是和平、和谐的而不是外侵、掠夺的历史道路。

中国的海洋渔业，自古便十分发达，因而由此衍生的文化，不但源远流长，而且十分发达丰富，主要表现在五个方面。一是远自石器时代就对海洋渔业资源认识丰富，海洋捕捞品种多样，捕捞工具技术发达；二是自先秦时代就实行政府管理制度，既是国家税收的一大支柱性来源，又有利于渔业生产力在政府支持下的切磋交流与改进提高；三是海洋渔业不但成为沿海民生的主要生产生活方式，而且也成为海陆贸易的重要商品，丰富了远离海洋的内地人们的餐桌；四是对海洋渔产的加工烹调各地都有十分丰富的民俗知识传承，既讲求美味，又讲求营养（例如对海狗、海马等海洋药物的药用，对海参、鲍鱼等海洋珍品的营养的认同），丰富了中国美食和食疗的"天下厨房"；五是在海洋渔产得以美食、美用的同时，创造了丰富灿烂的渔业文化，包括捕捞信仰、海鱼信仰、船上信仰、海域信仰等渔业信仰，渔歌、号子、传说、故事等口头文学艺术，自古就有的鱼纹美饰、渔家剪纸等工艺美术，文人骚客的海量海错诗文，等等。

中国海洋盐业文化，与海洋渔业文化一样，自古就十分发达，主要表现在以下六个方面。一是远自石器时代就对海洋盐业资源认识丰富，海洋盐业生产工艺技术发达，中国的海洋经济中，海洋盐业历来就是大宗；二是海洋盐业不但成为沿海民生的重要生产生活方式，而且其作为人人一日三餐断不可少的特殊商品——生活必需品，与内地盐产一起，连接着全国的每一个社会角落。三是盐业自先秦时代就实行政府管理和专卖制度，如早在齐国管仲时期就实行了"官山海"制度，从盐场生产到食盐销售，从沿海到内地、从民间到中央编织着一个巨大的产销、赋税网络，在历史上不少时期都是往往占据国家税收中三分之一甚至半壁江山的支柱性来源；四是盐产与渔产美食密不可分，尤其是海产腌制品，通过贸易网络，丰富了从沿海到内地人们的餐桌；五是海洋盐产造就了中国历代庞大的盐商队伍，成为中国海洋文化的一大支系，成为中国商业文化、城市文化的重要支柱之一，例如运河文化、扬州文化的发达，盐商文化在其中扮演了重要角色；六是伴随着海洋盐业生产销售的历史发展，盐业科学与信仰、盐民盐商等社会生活习俗、盐业民间社会和文人骚客创作的海盐文学艺术，成为中国海洋文学艺术的重要组成部分。

中国海船文化。人类对海洋的开发利用，包括海上作业，包括跨海交通，都离不开最基本的工具——船。中国自古造船技术发达，心意文化和科技文化含量丰富，许多船形体大、坚固、稳牢，适应性强，应用广泛，建造和使用量大，许多方面在世界上长期居领先地位，被视为世界发明，并将信仰、审美等丰富的心意文化附着其上。我们完全可以说，中国自古就是船的国度，航海的国度。中国迄今出土的最早的独木舟距今 8000～7000 年。先秦时代的燕、齐、吴、楚、扬、越"以舟楫为舆马，以巨海为平道，是其所长"。汉唐时代海外商人、入朝使节往往搭乘中国的船舶，因其大而安全。宋朝出使高丽的"神舟""巍如山岳，浮动波上。锦帆鹢首，屈服蛟螭。所以晖赫皇华，震慑夷狄，超冠古今。是宜（高）丽人迎诏之日，倾国耸观而欢呼嘉叹也"。明初郑和七下西洋的盛事，把中国传统造船技术推进到空前的繁盛时期。以郑和宝船队为代表，中国造船业体现出船形巨大、设备完善，航海组织严密有序的特点。明初造船业和航海业最为突出的成就，是打造出了前无古人、后无来者的世界上最大规模的国家航海木帆船队，而且其中有前无古人、后无来者的世界上最大型制的郑和宝船，合今 138 米长、56 米宽，"体势巍然，巨无与比"，较之晚了近一个世纪的欧洲哥伦布"大航海"的"大船"，比不上郑和宝船尺寸的零头。中国造船技术早在汉唐时代就有若干项重大发明创新，在世界上具有领先地位。尤其是水密舱结构，是中国人为世界造船业和航海业作出的不可估量的贡献。中国人的航海技术发明，表现在许多方面。除了对高水平造船技术所提供的方便条件的利用之外，更多的是地文导航，天文导航，指南针导航，铅锤测海，航海针图制作利用等。

中国港口文化。港口，是陆域腹地和海外空间的枢纽，是跨经济文化交流乃至政治文化建构的节点；港口城市，因港口的发达而形成，既是一个海洋区域社会和海洋区域文化的集聚体，又是区域海–陆互动的中心，海内外经济文化交流乃至政治文化建构的重镇。一个国家、一个区域的海洋文化的社会景观呈现，主要集中在一个国家、一个区域的港口城市格局上。中国作为世界上历史最为悠久的最大海洋大国和内陆大国，其形成、发展一直没有离开沿海港口–城市的支撑。古代的徐闻、广州、泉州（刺桐）、宁波、太仓、密州、登州等，充分显示出了其在国家发展中的地位的重要。通过海洋交通进行的海洋贸易，通过海洋交流发展形成的幅员广阔的中国文化圈，都促进了中国和海外世界的互动发展，中国港市在其中所扮演的角色，无论怎么估计也不会过分。如今的中国沿海港口，更是对外贸易、对外友好往来的枢纽，也是对内海运物流的中心，"世界大港"林立，是国家外向型经济大动脉的支点，带动着城市与区域经济的发展，同时通过铁路、公路向内地纵深延展，拉动着内地外向型商品经济的发展。在一定意义上，港兴城兴，港荣城荣，古今中外，大略如此。当代中国海洋文化的发展，尤其是海洋经济文化和海洋文化产业的发展，无疑会更多地体现在当代中国港口及其港口城市文化的发展上。

（3）中国海洋制度文化

制度文化，这里指的是国家层面的制度文化。中国海洋制度文化，就是中国历代政府在国家层面上长期开发利用海洋、适应海洋、发展海洋而形成的制度传统。它作为国家面向海洋、发展海洋的制度设计和运行安排，体现的是国家的思想和意志。中国海洋制度文化包括海洋政治制度及其海洋行政制度的文化建构，体现的是中国海洋文化传统中最具有"中国特色"的高端内涵。中国海洋政治制度对内主要体现为政府的海洋政治主张和主导思想，对外主要体现为历代政府为维护国家海上安全和海外区域世界和平的政治制度构建，是中国海洋和平文化的最高体现。中国海洋行政制度是国家政治制度的行政体现，发挥着国家对海洋事务实施有效管理的制度功能，主要包括海洋疆域制度、海外屏藩制度、海洋军事制度、海洋交通制度、海洋贸易制度、海民管理制度等。如何认识和看待中国的海洋制度文化，关系到对中国海洋文化历史传统模式的正确理解和评价，同时关系到对中国海洋文化现代发展方向的高端设计与抉择。

（4）中国海洋社会文化

"海洋文化"最基础、基本的创造和传承主体是"海洋社会"。"海洋社会"有广义和狭义之分，这里我们观照的是狭义的"海洋社会"，相对于"国家"和"区域"的主体是"政府管辖"层面而言，是民间海洋社会。也如我们在前面已经分析过的，中国的海洋民间社会主体的构成，传统上主要有渔业社会、盐业社会、海商社会、港口社会等，现代有随着海洋领域的现代化发展而从事海洋开发、利用和服务的社会各个行业。这些以海洋产业为从业主体的海洋民间社会，以其行业性民间组织、行业规范、生产劳作关联度和生活聚落空间的社会结构及其家庭、亲族、社会组织的基本单元，构成国家海洋文化主体的社会基石。民间传统海洋社会的基本文化内涵及其形态，是海洋民俗文化。中国海洋社会的民俗文化，包括民俗生产、民俗生活、民俗信仰、民俗节会等主要成分。中国海洋社会民俗文化除了具有中国海洋文化的整体特征外，还具有作为基层社会民俗生活的鲜明的独具特征：一是地域性；二是行业性；三是传承性；四是交流性；五是和谐性。

（5）中国海洋审美文化

海洋审美意识，是人类以海洋为审美对象的审美活动的心理动机和审美成果。海洋审美主体（作为有差异的文化载体的人）、海洋审美动机、海洋审美对象（具体海洋事项）、海洋审美过程、海洋审美成果，与海洋审美观念包括审美评价标准一起，构成海洋审美体系的相关元素，这就是海洋审美文化的全部内涵。作为中国海洋审美文化的审美主体，中华民族是富有审美历史传统、富有审美感受力和表现力的伟大民族。作为中国审美文化的固化成果形态，是由审美主体创作的文字的、绘画的、雕塑等的空间艺术作品，口头的、音乐的、舞蹈的、表演的时间艺术作品，或是由审美主体赋之于审美对象而生成的艺术形象，包括人工的"按照美的规律创造"的海洋工艺景观形象，更包括大量的海洋自然景观形象。

中国海洋审美文化，不仅内容极为丰富，形式极为多样，而且赋之于海洋生活，使得海洋生活富有审美蕴涵和艺术的形态，成为"生活的艺术"，也是"艺术的生活"。中国自古尚文，是诗的国度，文的国度，艺术的国度，这同样体现在中国人对海洋意象的审美创造、海洋景观的审美铺写、海洋生活的艺术展示之中。早在汉代大赋中就每每有《观海赋》《览海赋》《游海赋》等对海洋的铺排扬厉；至于唐诗宋词，明清戏曲、小说、诗词，对海洋和海洋生活的意象塑造与吟咏铺写，无论是"浪漫主义"的还是"现实主义"的，则更是多姿多彩。

中国海洋文学的审美特色丰富，主要表现在：其一，中国是诗的大国，尤其抒情诗更为发达，这就使中国的海洋文学常以飞跃和奇幻的海洋想象来表现作家的海洋意识和审美情感，即使不是以诗歌形式表达，也充溢着十足的诗意。其二，中国的海洋文学充满着对海洋的赞美。尽管许多中国作家不一定有实际的海洋生活经历，但他们向往海洋，热爱海洋，悠久的诗歌传统使海洋文学作家常以多彩的语言和生动的形象表现大海的瑰丽景观，讴歌勇敢的闯海人群，并倾注真挚情怀，鲜明而真切地予以赞美。如许多海洋诗歌多以观海冠名，常以观海为其审美表现的基点，或写大海广阔无垠，或写海景壮美多彩，或写弄潮人历险搏涛，或写涉海风情奇趣丰富等等，多以尽情赞美为其艺术内容。赞海的特色在海赋作品中表现得更为突出。如班彪的《览海赋》、曹丕的《沧海赋》、陈子昂的《禜海文》和石岑的《海水不扬波赋》等，都以描绘壮阔海景为最大特色，气势雄浑。即使在明清的海洋题材小说描写中，以猎奇探险为谈资、赞叹海洋之非凡的特点也十分突出。其三，中华民族具有勤劳勇敢的精神，不畏艰难，敢于进取，这充分体现在中国海洋文学中。中国海洋文学作品内容丰富，形象多彩，大多透溢出不屈的刚毅精神。我们可以在表现瑰丽海景的作品中，把握到不言后退的精神；可以在再现闯海人生活的辞篇中，领略到坚毅刚勇的气势；可以在赞颂抗击外族海盗入侵的华章中，感染于英雄人物刚阿不屈的气节；可以在渔歌等海洋民间文学作品中，感动于普通劳动者吃苦耐劳的品格。这些都是中国海洋文学重要的审美特色。其四，中国海洋文学作家深受中国"天人合一"文化传统思想影响，崇尚中和的美学思想，既善于表现人与海洋和谐相融的思想内涵，更善于把海洋景象、海洋生活与作家的主观情怀相谐和，追求和美的海洋审美意境，充分呈现出和谐融汇的审美亮点。

中国海洋艺术，是指中华民族塑造表现海洋和反映涉海生活形象的艺术作品。根据塑造涉海形象的材料、方式和形式等的不同，中国海洋艺术可分为中国海洋绘画、中国海洋雕塑、中国海洋音乐、中国海洋舞蹈及中国海洋戏曲等艺术形态。

中国有着多姿多彩的海洋景观，形态多样，内蕴丰厚，许多海洋景观举世闻名，它们既充分反映出中国海洋景观的审美特点，也从不同角度体现了中国海洋文化的历史情貌和现代面貌。人类对多种海洋自然景象和自然力的审美把握，是人类对多种海洋自然景象和自然力的感受的结果，也就是人类自身发展的结果。就中国海洋自然景观而言，中国海岸漫长，海域宽广，海洋景象万千，呈现出无穷的变幻力量和多种的形态之美：有时涛声如雷惊天动地，怒涛齐山拍岸裂石；有时海面如镜碧海连天，明月悬海细浪汩汩；有时海天瑰丽神奇莫测，海市乍现虚幻缥缈……不同海洋景象有着不同的美，或壮美，或优美，或奇美，或柔美，人们会陶醉于奇伟美景，惊叹于神奇变化，获得多种美的享受，愉悦身心，陶冶性情。

中国海洋人文景观是指与中国海洋文化活动有关的景观形态，主要有海洋历史景观、海洋建筑与设施景观、海洋娱乐景观、海洋民俗景观、海洋节庆景观、海洋艺术景观等。现代海洋景观审美与传统的海洋景观审美的最大区别，是我国改变了传统海洋景观景点的管理和运行模式，运用经济手段实施管理，海洋景观景点的管理和经营已经普遍企业化，审美产业、旅游公司遍地开花，而产业企业是以营利为目的的，因此现代海洋景观审美已经变成了花钱买审美了。无疑，提供的服务多了，方便多了，但景观景点被"开发性破坏""建设性破坏"也多了，审美者被坑蒙拐骗也多了，不满也多了。如何使审美者更多地感受到审美对象的美，已经成为人们普遍重视的问题。

3. "中国海洋文化"的区域分布

中国是世界上历史最为悠久的海洋大国，中国海洋文化的区域空间，包括主体区域和延伸区域两个部分，或曰内圈和外圈两个圈层。延伸区域，亦即外部圈层，是环中国海的外环地区，历史上附属于中国中央王朝、近现代以来各自独立或被独立后的邻邦吞并但同属一个汉文化圈的半岛、岛屿区域；主体区域是中国海洋文化内涵的主体呈现，亦即内部圈层。内外圈层是通过航海网络的编织，即政治、经济、文化和人文往来的互动联结为一体的。

就中国海洋文化的主体区域即"内圈"而言，基于中国内海、外海即环中国海各海域的划分及其各自的区域性海洋文化特色，从北到南可划分为 3 个大区：黄渤海文化区、东海文化区、南海文化区。

（1）黄渤海文化区

黄渤海文化区包括两个亚区：渤海文化区和黄海文化区。

渤海文化区，其主要特点缘于渤海是中国的内海，自古是中国文化的重心区和中国"内海洋文化"的中心区。在中国历史上，夏分九州，青州、冀州环绕渤海。先秦时期是齐国和燕国的共同海区。秦代实行中央集权制，这里是南部有济北郡、临淄郡、胶东郡，西部有巨鹿郡、广阳郡、渔阳郡，北部有右北平郡、辽西郡、辽东郡，共 9 个郡的环海区域。汉代郡上设州刺史部，渤海则成为南部青州、北部幽州的共同海区。自先秦以降，渤海文化区作为中国文化的重心区和中国的"内海洋文化区"，其对外的拓展和联系通道是渤海海峡，以此连通着黄海，连通着海外世界。

黄海文化区，是上古时期东夷文化的主要区域。广义的"东夷"包括狭义的"东夷"（主要在胶东半岛）和"九夷"（今江淮地区），后狭义的"东夷"又称"莱夷"，"九夷"又称"淮夷"。依据学界训"夷"为"海"，"东夷"即"东海"（历史上的"东海"，是对今黄海和东海北部海域的统称；在今南海海域进入中原王朝的视野之前，甚至到了秦汉时代，今东海南部海域乃至整个东海多称"南海"），东夷文化就是东海文化。先秦时代，这一地区最为强势的文化是齐文化。齐文化是以今山东中东部地区亦即山东半岛地区为中心，以"北海"和"南海"为两翼发展起来的文化。山东半岛北环渤海，南环黄海，是渤海文化区和黄海文化区的融汇地区，渤海文化与黄海文化兼具。自先秦至明清，山东半岛沿海港口一直是中国海洋文化的重心，尤其是在唐代之前，如前所述，由于连通日本的"南线"海路尚未正式开通，中国与朝鲜半岛、日本列岛的海上连接，几乎全部靠的是山东半岛港口。

依据黄海文化区的海洋地理区域和社会历史几经变迁和文化积淀的特点，黄海文化区自北向南可分为环辽东半岛—朝鲜半岛文化区、环胶东半岛文化区、胶州湾文化区、海州湾文化区，南及东海文化区的北部区域——长江口暨长三角文化区。

黄渤海文化区的现代政区范围，在现代中国的省级行政区设置中，有渤海海岸线的，自北向南有辽宁、河北、天津、山东"三省一市"；有黄海海岸线的，自北向南有山东、江苏两省，抵邻上海市。现在，这一文化区的环渤海区域，已经形成了京津唐都市圈（也是经济圈）及作为北方国际航运中心的天津港、国家新开辟的天津滨海新区、大连东北亚国际航运中心等几个重要支点；跨渤海和黄海的山东半岛，正在打造"蓝色经济区"；海州湾地区的连云港，正在借助"欧亚大陆桥"东方出海口描绘着发展的蓝图。

（2）东海文化区

东海文化区，可分为长江口暨长三角文化区、浙东文化区、闽海文化区（包括台澎岛屿文化区）等。在这一文化区内直接沿、绕东海的，自北向南有上海、浙江、福建、台湾等省市和地区；这一文化区的东端，在日本侵占琉球群岛之前，是琉球群岛及其附近海域。琉球群岛自明朝成为中原王朝册封管辖的属国属地，甲午战争之前，被日本非法控制、侵占，后设为冲绳县，成为日本控制、侵占朝鲜半岛和台湾的前奏。中国晚清政府为琉球问题与日本谈判多年未果，后经历史多变，至今仍为悬案。

东海文化区的主要特点，是缘于这一区域位处"环东北亚地中海"区域主体的中国沿海大陆和中国海区南北之间的中部地带，其得天独厚的地理资源优势是，其内陆腹地不但有唐朝以降作为中国经济重心的江南，而且连通、伸入中国第一江河长江的整个流域；其海路辐射和连通的面向，向北有"环东北亚地中海"的整个区域，向南有"环东南亚地中海"以及环印度洋区域，并在长期的历史上直抵东非和南欧；近代以来，这一地区更借助于其天然的历史地理基础和"全球化"的海上网络，成为近现代海洋文化的重心地区。

在长江口暨长三角文化区，现代中心城市是上海。这一近代崛起的港口城市，现在是全国最大城市，也是世界著名的经济文化中心，向有"大上海"之誉。上海港是中国大陆最大的港口和东方国际航运中心。上海是依靠港口发展起来的城市，海洋文化是大上海文化的基本属性。上海海洋文化的发展，对整个长三角文化区和全国的海陆经济文化发展都起着巨大的带动和拉动作用。自20世纪末21世纪初开始建构的长三角经济圈和都市圈，已经显示出这一文化区经济社会和城市区域进一步发展的巨大潜力。

浙东文化区，以环杭州湾文化的江－海联动、舟山群岛文化的海－岛相融独具风貌。浙东文化区的地理空间，以现代政区划分而言，包括浙江省的嘉兴、杭州、绍兴、宁波、舟山、台州、温州7市。浙江省共有11个地区市，沿海就有7个，而且个个文化历史悠久，文化景观丰富。

浙东文化区，历史上是吴越文化的中心及其向外拓展的基地。夏分九州，这一地区是扬州的中心所在。先秦时代，这一地区是吴国、越国的基本地盘。秦代实行郡县制，这里设置为会稽郡，秦始皇巡海，曾多次幸临。两汉时期，一直袭置。三国时期，这一地区历经吴国作为中心地区的经营，海陆一体，而海洋发展特色突出。后经魏晋南朝，至唐代，这一地区的杭州、越州、明州、台州、温州，连同长江三角洲地区的扬州、苏州等，已经成为中国经济文化重心南移所至的主要地区。其中的明州，即包括今宁波地区和舟山群岛地区，是对内连接南方沿海地区和北方沿海地区，对外向北向东连通"东北亚地中海"即黄渤海外环的朝鲜半岛、日本列岛，向南经闽海东闽南地区和台湾海峡，与"东南亚地中海"即南海外环以及环印度洋世界相互动。

闽海文化区，包括台澎岛屿文化区，也可称之为闽台文化区。"闽海"，其自然地理义指福建所濒临的东海和台湾海峡海域，其文化地理义指环闽海的文化区。福建古为闽地，自《山海经》即有"闽在海中"之说。唐朝时分为福、建、泉、漳、汀五州；北宋时分为福、建、泉、漳、汀、南剑六州和邵武、兴化二军；南宋分为福、泉、漳、汀、南剑五州，建宁一府，邵武、兴化二军；至元代设为福州、兴化、建宁、延平、汀州、邵武、泉州、漳州八路，因有"八闽"之称。

闽海文化区之北面有闽东，西面有闽南，东面即海峡对岸有台澎。闽东以福州为中心，闽南以漳、泉为中心，都历史悠久，海洋文化特色显明。闽商即福建商帮，有航海族群之称，自古活跃在中外海洋与内河之上。闽海是其"海上大本营"，福州港、泉州港和近代兴起的厦门港是其主要集散地，东海、黄海、渤海、南海、印度洋，都是他们的舞台，他们北上、南下、东进，构筑了遍布于中国大陆南北沿海和运河水网港口区域，往返于朝鲜半岛、日本列岛、琉球群岛、台湾－澎湖列岛、南海东南亚诸岛乃至环印度洋甚至更远的海陆地区之间。尤其是，自宋代他们创造了妈祖，更传承、传播了妈祖，使妈祖庙（天妃庙、天后宫、娘娘庙）几乎遍布闽台海峡两岸和整个大陆沿海，并向内沿江溯河分布在港口商埠，向外漂洋过海分布在东北亚、东南亚乃至欧、美世界。海峡对岸的台湾－澎湖地区，海洋文化历史悠久，其文化圈层以台澎环海为中心，历史上就与中国大陆沿海、东北亚、东南亚、南亚、欧洲、非洲之间跨海连通，长期以来发挥着其位处东亚海上要冲的重要作用。

需要指出的是，闽海文化区在近代之前是包括台湾东北海域中的琉球群岛地区的，明朝中国、琉球人时称中琉之间的海域为"闽海"。琉球群岛自治政权自 1372 年遣使明朝，成为中国的属国地区，不久"闽人三十六姓"即受明朝政府派遣移民于此，与中国本土尤其是福建地区政治经济文化关系密切，共同发展成为"书同文，车同轨"的中国文化圈中的一个多民族文化区。琉球自 1872 年被日本武力侵占，清政府与日本一直到甲午战争前谈判未果，至今仍为悬案。

（3）南海文化区

南海文化区，即环中国海的中国海洋文化区，可分为潮汕文化区、珠江口暨珠三角文化区、雷州半岛文化区、北部湾文化区、海南岛文化区、三沙（中沙－西沙－南沙群岛）文化区。其中也还可以再做细分。南海古称粤海，因而也可称为粤海文化区。其最主要的特点就是，这是中国的一个热带海洋文化区；这一文化区的基础一方面是热带海洋与热带大陆地理环境资源的互动，一方面是它以中国大陆为腹地依托，在长期的历史上面向的是整个东南亚的互动，并沟通连接着亚－澳－非－欧－美整个世界。

南海文化区的现代中国政区范围，主要包括广东、广西、海南三个省、自治区，香港、澳门两个特别行政区，以及作为横跨东海文化区和南海文化区的台湾－澎湖地区。如上均包括这些政区的海域。

潮汕文化区，以现在广东潮州、汕头、揭阳三市为中心，是潮州土著文化、中原文化和海外文化相融汇的文化区。潮汕地区历史上的土著，主要有古代越族中的僚、俚、畲等。潮汕现有的居民，其先祖大多是由中原地方先后移入的，随之移入的是中原文化。随着潮汕地区在历史发展中地狭人稠、人口与资源和环境矛盾的凸显，社会竞争激烈，同时这种环境培养了潮汕人的创造、开拓和冒险精神，出海做生意、到海外谋生，逐渐形成社会风气。自唐宋至明清，特别是近代汕头开埠以后，潮汕人不断向海外各地移居，形成了潮汕文化面向海洋、与海外世界构成经济贸易和人口网络的整体文化特性。

珠江三角洲，简称珠三角，旧称粤江平原，是珠江在广东中部入海处冲积成的三角洲。它由西江、北江和东江冲积的三个小三角洲组成，以东江三角洲为主体，面积1万多平方公里。珠江三角洲上有160多个基岩残丘，原是距今约6000～2000年时浅海湾中的岛屿。多岛屿的浅海湾有利于泥沙滞积，因此2000年来三角洲发展较快。唐代《元和郡县志》说"广州正南去大海七十里"，可见当时的海岸线在今沙湾、顺德间一带。平原陆地，成为珠江的赐予。这些原来的岛屿变为残丘，海拔约300～500米，有些现在成为秀丽的风景区，如西樵山、五桂山、崖山等。珠江分别由八个口门入海，入海处常有残丘夹峙，形势险要，称为"门"，著名的有虎门、磨刀门、崖门等。三角洲上较大的水道有近百条，较小的港汊更多，交织成网。珠江水系年均输沙量近1亿吨，河口附近三角洲仍在向南海延伸。各个口门由于分水分沙的条件不同，淤涨速度也不一致。河口区平均每年可伸展10～120米。

珠三角正面大海，背靠大陆，水网密布，自古便具有对外开放的历史传统，如广州就是中国南方历史最为悠久的主要对外通商口岸，有时甚至是整个国家唯一的官方对外口岸。由于这一地区与海外世界的联系密切，历史上，从这里漂洋过海的人口众多，足迹遍及港澳、东南亚甚至太平洋彼岸，是著名的侨乡地区。

以现代行政区划，珠江三角洲包括广东省的惠州、深圳、东莞、广州、中山、珠海、佛山、江门、肇庆 9 个市，以及香港、澳门两个特别行政区，是中国人口密度最高的地区之一，也是中国南部的经济和金融中心。其中广州发展最早，澳门、香港次之，深圳、珠海等是现代崛起。目前珠三角已成为全球主要大都市圈之一。这一区域的广州港、深圳港、香港港，不仅是该地区的主要港口，也是全国在南方的港口群落汇聚，在世界大港排名中都位居前列，其中的香港港，更是东方世界大港。

雷州半岛文化区，缘于其中国大陆伸入南海的一个半岛，有独具的地理特点和文化风情。

北部湾文化区，以广西的北海为中心，其独具的地理特点和发展优势，主要在于其基于历史的与中南半岛地区构成的十分紧密的共同"拥湾"关系。中南半岛地区历史上长期是中国的直辖或自治地区，直到近代被西方殖民，至 20 世纪才先后纷纷独立为多个现代国家。

中南半岛向南延伸部分称为马来半岛，又称马六甲半岛，今分属缅甸、泰国及马来西亚。马六甲半岛历史上的满剌加王国，自 14 世纪早期郑和下西洋时成为中国属国。1511 年葡萄牙入侵，之后荷兰与英国相继在此殖民，并控制马六甲海峡。20 世纪上半叶第二次世界大战时被日军占据，战后为英属马来亚联邦，20 世纪 60 年代后先是新加坡独立，其后马来西亚独立。

自中国宋朝开始，尤其是明清两朝，大量中国人移民南洋，马来半岛的中国人超过一半。清乾隆四十二年（1777），广东梅州人罗芳伯在婆罗洲（Borneo，中国史籍称为"婆利""勃泥""渤泥""婆罗"等，今称 Kalimantan Island，译为加里曼丹岛，是世界第三大岛）建立兰芳共和国（意为中国的"南方共和国"），立国之初就立即向清朝称臣，派员前往北京朝贡，成为中国的一部分。势力最大时辖有整个婆罗洲。国以坤甸（东万律）为首都，元首称大唐总长或大唐客长，意为华人客居海外的首长，"国之大事皆众咨议而行"，以类似于民主选举和禅让的形式传承，前后历任 12 位总长。1884 年，荷兰入侵兰芳共和国，因惧清政府作出反应，不敢公开占领，另立傀儡政权控制。直到 1912 年清朝灭亡、中华民国成立后，荷兰才宣布对兰芳地区的占领，兰芳自此国灭。

海南岛文化区，位处"海南"——南海之中，作为中国第二大岛，自身幅员辽阔，资源丰富，且港口条件优良，不但是中国南方与外部世界海上连接的"驿站"，而且在现代条件下，对全世界都有"中国热带岛屿海洋风光"及其文化内涵的独具魅力。海南岛作为"国际旅游岛"的开辟和建设，已经成为国家战略，就基于此。

三沙（中沙－西沙－南沙群岛）文化区，作为中国南海文化区的重要内涵构成，在近代之前，是环南中国海大文化区的中枢区域；近代以来，东南亚地区在经历了西方殖民、日本殖民等复杂情况后纷纷独立为多个现代国家，但南中国海依然是中国的历史海域，三沙群岛及整个南海九段线之内的海域，依然是中国南海渔民文化生存发展的空间所在、海洋资源开发利用的空间所在、商舶航海网络拓展的空间所在、中国南海主权和相关海洋权益的行使空间所在。

如上我们确定的是中国海洋文化基础层面的"内圈"的"边界"。必须说明，这远远不是"中国海洋文化"区域分布的全部。除了"内圈"，还有其不可或缺的"外圈"。其"外圈"有两个扇面：一个是向海的，一个是向陆的。这也可视为中国海洋文化内圈的两个外延圈层。向海的，即自"内圈"向海外世界的延伸扩展和由这种扩展而与"内圈"的互动所形成的环中国海的外缘扇面，历史上就是"中国文化圈"中中国本土之外的全部区域；向陆的，即自"内圈"向中国本土内陆腹地的延伸扩展和由这种扩展而与"内圈"互动所形成的"中华大地"的广袤腹地扇面。这两个外缘圈层或曰扇面，同时都是内圈的"腹地"扇面。"海洋文化"绝不是与陆地文化无缘，而是不可分割地联系在一起的。正如布罗代尔在其"地中海与地中海世界"研究中所认知的地中海与地中海文化那样：

> 地中海甚至不只是一个海，而是"群海的联合体"。那里岛屿星罗棋布，半岛穿插其间，四周的海岸连绵不绝。地中海的生活同陆地结合在一起。地中海的诗歌多半表现乡村的田野风光。地中海的水手有时兼事农耕。地中海既是油橄榄和葡萄园的海也是狭长桨船和圆形商船的海。地中海的历史同包围它的陆地世界不可分割，就像不能从正在塑像的匠人手中

把黏土拿走一样。普罗旺斯的谚语说："赞美海洋吧，但要留在陆地上。"因此我们不下功夫就无法知道地中海到底是怎样一个"历史人物"。①

中国海由台湾海峡以北和以南两个"地中海"组成，我们认知中国的海洋和海洋文化，更应该作如是观。

中国海洋文化从其"内圈"向海外的延展与互动和同构，历史上主要是通过中国海的纵横网络通道与海外世界互动构成环中国海汉文化圈；从其"内圈"向内陆的延展与互动和同构，历史上主要是由沿海地区和海口－内河水网航运－沿江沿河城镇－内陆中心城市－京城和京畿地区这样的线性和网状"管道"，与内陆腹地互动构成海陆同体的中国政治、经济、社会和文化疆域。

4. "中国海洋文化"的主体构成

谁是中国海洋文化的主体？才是目前研究论说"海洋文化"、在理解把握"海洋文化"的整体概念时往往忽视、缺乏分析的问题，然而却是至关重要的问题。

目前对"海洋文化"的主体往往作狭义的理解，一般认为只有与海洋直接打交道、从事海洋生产生活的社会人群的所思所想所为，亦即狭义的"海洋社会"，才是创造和传承"海洋文化"的主体。这样的窄化认知是片面的，由此"推导"出来的相关认知和相关理论往往也是错误的，因为事实上这样"纯粹"的"海洋文化"是不存在的。沿海和岛屿地区的渔业、盐业、航海业、造船业等从业人员的确是海民，但他们的衣食住行等基本生活需求不可能仅仅吃鱼吃盐，他们必须吃粮食、蔬菜，必须穿衣、住房、用器皿，因而就必须同时在陆地上从事农业、工业等生产经营活动，或者与陆地社群进行商品交换，实现物质流通。"海上丝绸之路"虽然"路"在海上，船在海上，但其运载的丝绸、陶瓷、茶叶、香料等船货商品，却并非产于海中，而是来自陆上。几乎所有的沿海、岛屿聚落社会都兼具渔民社会和农民社会双重身份；几乎所有的商品流通网络及其商人社会都难以切割得清谁是海商谁是陆商；上至国

---

① 〔法〕布罗代尔：《菲利普二世时代的地中海和地中海世界（二卷本）》第一版序言，唐家龙、曾培耿译，商务印书馆，1996。

家、中至地方、下至基层的政府管理及其制度文化，除了狭义的渔业管理、盐业管理和港口商税管理，面向的都是海陆一体的整体社会。就沿海和岛屿区域而言，这个总体的"社会"及其一切文化成果，既可视之为广义上的"内陆文化"，也可视之为广义上的"海洋文化"，不同的认知把握及其"结论"只是因为论者的观察视角、分析工具、论说用意与目的不同而已。即看你在说什么——你是说其中的"海洋"元素，还是在说其中的"内陆"元素。从广义的"海洋社会"和广义的"海洋文化"论之，不跟内陆社会互动、联结的"海洋社会"及其纯而又纯的"海洋文化"是不存在的。

自有人类社会以来，任何人都是社会人，即都是"社会集团"的人，其最高层的"社会集团"就是具有完全主权的"国家"及其政权。只要是沿海国家，拥有一定的海域和沿海而居、依海而生的人口，无论这个国家面积很小，还是很大，这个国家的国家政权即"政府"这个层面，都会通盘考量、通盘管理、通盘运筹海民社会（包括狭义的和广义的）、海洋渔业、海洋盐业、海洋交通、海洋贸易、海疆管理、海陆互补互动等问题，使之作为一个海陆同体国家的"国家战略""国家管理""国家发展"问题；即使它无论如何强调发展农耕抑或发展海洋，它的总体的国家文化、民族文化也都不会是狭义的、纯粹的"农耕文化"抑或"海洋文化"，而是广义的、综合性的整体文化。当论者将一个沿海国家、民族的文化说成是"农耕文化"抑或是"海洋文化"的时候，无疑只是论者从一种观察、认知、分析和评价视角，抑或是在某种历史观或发展观指导下对"内陆"或"海洋"的强调，说的是、强调的是"这一部分"而已，事实上并不是这个国家、民族的文化的全部。

因此，就广义的"中国海洋文化"的"社会"主体而言，至少可以分作三个层面：

一是从事"海业"的最基层的"海洋社会"层面。这一层面人们关注最多，最为认同，因为这一层面最为基础，与"海洋"捆绑得最为紧密，也最为鲜活具体，丰富多彩。

二是沿海地区、岛屿地区这一与"海业"联系最为密切的"区域社会"层面。从政治和社会管理上说，是"政区"层面。中国传统上的政区是"郡县制"，基层政区是"县"，今天包括县级"市"、设区的市的"区"。一个地市的多个县、市、区都沿海，都与海洋息息相关，那么这个地市就是一个海洋文化的"社会主体"；一个省、自治区的多个地、市，一个直辖市的多个区都沿海，都与海洋息息相关，那么这个省、自治区、直辖市就是一个海洋文化的"社会主体"。

三是"国家"这个虽非事事关乎海洋，但与海洋须臾不可分离的作为整体单元的"民族社会"层面（这里的"民族"，是近代以来的概念；当将中国视为一个"民族国家"时，这个"民族"即"中华民族"）。我们说"中国是一个海洋大国"，而不只是一个内陆大国，就是因为我们中国的大部分人口所在的省、自治区、直辖市，这些省、自治区、直辖市的大部分地市区及其县市区，都沿海，甚至是海岛，都与海洋紧密相关，都在创造、传承着自己的区域性的海洋文化；这些各具风情的海洋文化的整体，就是中国作为一个国家的海洋文化，中华民族作为一个多元一体民族的海洋文化。

概而言之，"中国海洋文化"作为中国文化中的"海洋内涵""海洋元素"及其表现形态，就其创造和传承主体而言，可分为国家主体、区域主体、基层社会主体三大层面。

超越"国家"层面的，作为一种世界性的发展海洋的"时代潮流"，人们有"海洋世纪""海洋时代"之称，其世界性思潮，可称为"世界海洋文化思潮"；世界范围内某一大区域的，古代历史上有被学界称指的"地中海时代"，指的是欧亚非环地中海"海洋文明"竞争发展的时代；近代历史上有被学界称指的"大西洋时代"，指的是西欧崛起、通过大航海向海外世界扩张殖民的海洋文化时代；当下时代又有"太平洋时代"之谓，指的是现代美国崛起之后，20世纪后半叶东亚崛起，尤其是中国崛起，世界经济和政治势力的中心由环大西洋转移到了环太平洋上，呈现的是冷战之后世界的聚焦集中到了环太平洋区域的海洋势力发展上，包括海洋资源与经济竞争、海洋科技与军事竞争、海洋权益与国际管控竞争等。

中国海洋文化在国家主体层面的体现，主要是国家开发利用海洋、保护海洋的思想意识、发展导向、道路选择、战略决策、法律法规、政府机构设置、行政管理制度、行政执行安排等。既包括对内的，也包括对外的。对内，主要是开发利用海洋资源，发展渔盐经济和海上交通贸易；对外，主要是发展海洋政治关系和文化交流，有限度地满足海外世界的贸易需求。在处理海外事务、国际海洋事务上，中国在长期历史上是一个负责任的大国，所体现的国家意志，所体现的国家形象、国家文化，是四海一家、海洋和平、天下太平、共享太平之福的人类最高理念和境界。

中国海洋文化在国家主体层面上的结构内涵亦即基本元素，大体有六。

其一，国家和民族的海洋意识与意志。主要体现为国家、民族对海洋的思想、观念、意识和意志。

其二，国家海洋管理制度。主要体现为国家对海洋疆域和海洋社会的管理制度，包括对海洋人口社会、海洋疆域、海洋经济、海外地区管理以及海防、权益等制度的主张与实施，构成了中国作为一个海陆兼具的"海洋国家"必不可少的管理制度体系。

其三，国家海洋经济结构。主要体现为国家经济生活中通过海洋利用（如渔业、盐业、海洋贸易业等）所获得的国家税收来源和财政结构组成，国家通过海洋物产、海运流通和海外交流所获得的贡品器物、商品珍玩等物质文化，上至国家高层、下至国内主要地区民间百姓日常消费和饮食结构中的海洋物产。中国自先秦就在沿海地区实施渔业的专门管理、盐业的国营专卖、海运业的国家管理，其作用一方面是获得国家税收，一方面是平衡和调节市场供需，同时也通过海洋物产的商品化、市场化，通过海洋物产与陆上物产的商贸交换，丰富了国民的物质生活。

其四，国家民族语言的海洋文化内涵。主要是国家历史积淀而成的语言、文学和艺术文化精华中的海洋意象和海洋内容。

其五，国家的海洋社会结构。一个国家是海洋国家，并不是说这个国家的基础社会结构一定只有从事海洋产业，只有与海洋打交道的社会群体，社会的文化风貌和具体形态只有渔盐文化、航海文化、港口城市文化等，而不需要从事农业、牧业、工矿产业的社会基础。中国之所以在东亚这块广阔的陆域和海域上发展成为五千年来（甚至历史更久）政治、文化、经济一体的大国，中国文明之所以成为自古至今一直绵延不断的世界东方大文明体系，就在于它不但有幅员辽阔的大陆农林牧副产业之本，还有幅员辽阔的海洋产业之本，和沟通陆地和海洋的能力。

其六，国家与海外世界互动发展的机制，主要体现是国家在历史上通过海洋发展，与海外世界联结建构起以中国政权、中国文化为主体的政治、文化和经济的外围疆域，建构和促进了"中国文化圈"的发展。"中国文化圈"或曰"汉文化圈""汉字文化圈""儒家文化圈"，其本身就是"海上文化圈"，也就是"海洋文化圈"。

5. "中国海洋文化"的基本特征

"海洋文化的本质，就是人类与海洋的互动关系及其产物。"[①] 这已成为学界的共识。同理，中国海洋文化的本质，就是中华民族与海洋的互动关系及其产物。

世界上的海洋文化，是由各区域、各民族（各国）的海洋文化呈现出来的，各区域、各民族（各国）的海洋文化，既有其作为一般海洋文化的共性，又有各自区域、国家乃至民族的千差万别。这也就是说，海洋文化的特征，在世界上各区域、各民族（各国）的海洋文化中，其具体内涵及其表现形态既有共性又有个性。人们对海洋文化特征的认识，往往指的是其共性，而对其个性，则尚未给予重视；而实际上，各区域、各民族（各国）海洋文化的个性，即特色，是千差万别的。强调这一点十分重要，因为"世上没有一片相同的树叶"，由不同民族（国家）在不同海洋、海陆空间区域和不同历史条件下创造和发展传承的海洋文化，不可能是一样的，因而不可以用同一把尺子衡量。中国作为世界上的海洋大国，中华民族作为世界上最大的多民族共同体，中国海洋文化作为世界上千差万别的海洋文化"板块"中最大和历史最为悠久的"板块"之一，其"海洋文化"具体的内涵模式及其特征，是与别的海洋文化"板块"不同的。

这里，我们综合学界关于"海洋文化"和"中国海洋文化"的上述已有研究论说，根据"中国海洋文化"的中国特质，通观"中国海洋文化"的宏观、中观和微观内涵，将包括"海洋文化"一般特征在内的"中国海洋文化"的基本"特征"概括为六：一曰缘海性；二曰多元性；三曰重商性；四曰开放性；五曰创新性；六曰和平性。

[①] 曲金良：《海洋文化概论》，青岛海洋大学出版社，1999，第 8 页。

　　第一，缘海性。这是就海洋文化的生成机理而言。缘海性是人类海洋文化相对于内陆文化的共性，中国海洋文化亦然。人们常说海洋文化是"蓝色文化"，"蓝色"的"色彩"属性就是海洋的属性，也是海洋文化的属性。人类缘于海洋而创造的文化，缘海性是它的首要的也是本质的特征。这里的"缘"，即"因缘"之"缘"。缘海性，包括因缘于海洋的自然属性、因缘于海洋的文化属性两个方面。海洋的自然属性是海洋的文化属性的基础和前提，没有这一基础和前提，海洋文化也就无从产生；海洋的文化属性是人类在与海洋的互动中对海洋的认识、反映、利用、适应及其结果，没有人类的活动、没有人类对海洋的认识、反映、利用、适应和发展，海洋只是海洋，海洋文化也就无从产生。同时，海洋的自然属性是靠人类的感知、认识和探索来把握和定义的，因而人类对海洋的感知、认识和探索过程及其成果，无疑是海洋文化的基础内容。海洋文化内涵的首要特点，就是其缘于海洋资源环境的"因子"。中国海洋文化同样如此。无论是中国的"鱼盐之利、舟楫之便"所形成的渔业文化、盐业文化、舟船文化、航海文化、海商文化等物质层面，还是中国历代海疆、海防、行政、海漕、专卖、税赋等内部制度文化，抑或是中国与海外世界航海交流所形成的东亚秩序与封贡体制等对外制度文化；无论是中国沿海人口及其与内陆人口、经济互动所形成的区域、族群、行业等社会文化，还是中国语言、文学、艺术、宗教等精神文化和民俗文化中因有中国海的存在而"海味十足"，都直接和间接地源于中国海及其相连的世界海洋的存在。

　　第二，多元性。这是就中国海洋文化内涵元素的来源与结构而言。多元性也是由人类海洋文化的基本性质所决定的，而在历史悠久、幅员辽阔、内涵丰富的中国海洋文化这里，这一特性尤为凸显。因为海洋自身的特点，也因为人类对海洋的认识和利用，海洋文化从总体上来说不是囿于一域一处的文化，人类要借助于海洋的四通八达，把一域一处的文化传承播布于船只能够布达的异域的四面八方，并由异域的四面八方再行传承播布开去。这样的传承播布、再传承播布的过程，都必然会对异域的本土文化产生程度不同的影响，使其或多或少地也具有了异域异质文化的内涵；同时四面八方的那些具有了异域异质文化内涵的本土文化，又从四面八方通过海水和船只的布达而反向、交叉地传承播布回来，对这里的"土著"产生影响，在这里产生"杂交"或新的"杂交"。这样的联动与互动的过程，就是异域异质文化相互辐射与交流的过程；也就是海洋文化得以多元文化整合互动、发展变迁的历史过程。中国无论就历史长河的大部分时间来看，还是就其过去和现在的大部分空间来看，整体而言，从来没有间断过与海洋的互动。中国海洋文化所拥有的海洋发展空间，至少在近代历史之前是世界上最大的，中国文化的对外辐射和交流，主要是跨海的文化辐射和交流；中国文化发展形成的"中国文化圈"，主要内涵是海洋文化圈。是中华民族对大海的发展利用，先是把东亚世界进而是把全球的多个大洲大洋及其各自的文化连接在一起的。历史地来看，从总体上说，人类因海洋而有了先是小船后是大船，因而也就必然有了先是近海之间后是远洋之间的相互交流交往和迁徙"入住"，并由此带来异域异质文化的包括精神的、物质的、语言行为的和社会制度结构模式之间的辐射和交流。海洋文明越发达，人们的海洋观念越强烈，海外异域异质文化的信息量越多，海外异域异质文化的吸引力就会越大，辐射力、交流量和互动效应也会越大，多元互动中形成的互融一体的内涵也就越大。在长期的历史上，中华民族不仅在中国的本土通过南北沿海和渤海、黄海、东海、南海海洋构建着中国海洋文化的多元结构内涵，而且通过跨海政治构建、海外经济贸易、海路人员往来和海内外相互移民，与海外世界建构起了以中国文化为主体的环中国海多元文化"共同体"。中国海洋文化与世界其他区域的海洋文化相较，更具有这样的多元互动与互融性。

第三，重商性。这是就中国海洋文化的价值取向而言，尤其是海洋物质文化层面。在中国海洋文化传统中，"鱼盐之利、舟楫之便"的"八字方针"，就是对海洋文化重商慕利基本特征的高度概括。其一，"鱼""盐"都是单一的"海洋产品"，如何满足渔业、盐业社会人们的基本生活需求？只有将"鱼""盐"变成"海洋商品"，与从事农、工生产的农业社会、工业社会商品进行交换，才能满足基本社会需要或更多更高层面的需要；与此同时，"鱼""盐"等"海洋商品"也是内陆农业社会、工业社会生活中的重要消费品甚至是必需品——尤其是"盐"，是地球人每天不可或缺的"家常便饭"，是生活、生命必需品，由此，从事农、工生产的农业社会、工业社会的剩余产品，也同样变成了商品，这就使得一个社会区域（国家）整体之内的物质文化，既有了内陆物质文化的一面，又有了海洋物质文化的一面。其二，"舟楫之便"即海洋交通运输业，运输什么？运输的自然主要是商品，是作为商品进行跨海买卖的各种产品。跨海买卖，把中国和海外世界不同地区的经济物产和经济生活连接了起来，也即把中国和海外世界不同地区的文化连接了起来。至于是什么商品，亦即什么产品可以成为商品，那是要看"市场"的，"市场"需要什么，什么产品就可以成为商品；从事商品流通买卖从中渔利的，就是商人；至于何种商品在何处生产、由何人生产，则是由商品的资源、人力等成本要素决定的，既有沿海也有内地，既有中国也有外国；商品的去处亦复如是，哪里这种商品稀缺，哪里的购买力强，"市场"大，商品的流向就会指向哪里，商品既可以面向国内，即"内贸"，又可以面向国外，即"外贸"。这是由商品的买入和卖出价格——亦即商人所能获利的多寡决定的——这就是海洋文化的商贸特性。在人类发明了船舶之后，海上航道便成为天赐之物，是无需耗费一分钱修建的"天然"的"公路"和"铁路"，这样的"公路"和"铁路"可以在海上纵横交织、密密麻麻、四通八达；而且在现代船舶使用蒸汽、电气动力之前，所有船舶的海上航行都是"借东风"和借海流（洋流），同样不耗费任何资源，不形成任何海洋环境污染。即使在当今时代，海上商品货运成本之低，也是"世界之最"——例如一艘 25 万吨级运煤船，运量相当于 13 列火车，1 万辆汽车，且运价只及火车运价的 1/3，汽车运价的 1/5，更无法与飞机运价相比；世界海上的货运量每年都在 50 亿吨以上，外贸货物的 90% 是通过海上运输的。[①] 就总体而言，海洋社群没有或很少有可供农作的土地，他们所有的"土地"和"耕作工具"主要是漂移的船、随船而变位的网、用为贸易经商的港口。若不贸易，"靠海吃海"者的生活资源就只有鱼鳖虾蟹与盐巴，因而他们只能从商，只能在异域乃至"绝域"之间、海陆之间进行"舶来品"的贩运买卖；而舶来品本身，因其来之不易而成为稀缺商品，物以稀为贵，自然大受欢迎，这就越发刺激了其舶来舶往跨海行商贸易的发展繁荣。这就是为什么中国沿海地区的港口城市多因是商业贸易枢纽而发展起来的缘故。因而在海洋文化这里，行商"下海"不是副业，而是主业之一，经商逐利是商人的天性，"不图三分利，不起早五更"，这是天经地义。这是海洋

---

① 徐质斌、牛福增：《海洋经济学教程》，经济科学出版社，2003，第 4～5 页。

文化的基本特征。凡商必图利"搞活市场""搞活经济"，"满足人民生活需求"是政府话语，在商人那里不是目的，只是途径，是营利的途径。问题在于，商人逐利的手段必须正当，必须符合"天理人情"，不能见利忘义，更不能以利害义。中国历史上几乎历代政府、历代文化精英都主张重本轻末、重农轻商，不是历代政府、历代精英都不懂妇孺皆知的"无商不富"，不是历代政府、历代精英都认为不需要商业贸易，而恰恰相反，是因为中国历史上的商业贸易，在历朝历代相对而言往往都是世界上最为发达、必须适度限制其过分泛滥、物欲横流、"铜臭熏天"的结果——且不说自先秦时代"富可敌国"的大商人就比比皆是，直到近代之前，中国还一直被西方人视为"黄金宝地"的"天堂"。西方哥伦布等航海者四处寻找"东方航路"的目的，就是为了找到这个"天堂"的所在。即使鸦片战争时期的中外贸易，仅中国的茶叶出口一项，就是已经"高度发达""繁荣"起来了的"大英帝国"全部对华出口的商品的贸易额的 6 倍。——恰恰是中国历代政府、历代精英都懂得，高度发达的商业贸易若不加限制，任其泛滥，就会"十人九商"，人们纷纷逐利求末，实体经济就会垮台。一方面，经商逐利是商人的天性，如果放任甚或鼓励、支持、纵容经商逐利，就必然会导致社会精神和道德风气失去"义""利"平衡。在人们的观念中，蔑视的不是商人从商，更不是商人逐利，而是"见钱眼开""为富不仁""铜臭气十足"的"拜金主义"；另一方面，中国海陆幅员辽阔，物产丰富，东西南北陆域地区和海域地区之间、中外之间差异性较大，因而给商人经商提供了广阔的生意空间，致使中国历代商业繁荣，商帮四起，大量商人"富可敌国"，容易导致社会形成慕商风气，动摇实体经济之本。这是中国历代思想家、历代政府不断强调重农轻商、重本轻末的根本原因所在，目的是进行社会价值观念和社会经济利益的调整平衡。中国历史上不断打击海商走私、实行国家专营的海外贸易制度，采取贸易保护政策，目的也在于调节商业经济与实体经济的平衡。今天的沿海地区同样商潮拍岸，因而也同样需要重视对中华民族优秀精神文化传统的弘扬，反对和抵制"拜金主义"。过分的重商慕利容易导致严重的物欲横流现象出现，社会失范问题和资源环境问题就会难以收拾，历史的经验与教训已充分证明了这一点。近代以来西方的四处侵略、殖民、争霸世界，现代社会西方观念主导下国际之间、团体之间、人与人之间形成的激烈竞争关系，就是西方社会少廉寡耻的拜金主义所致。用马克思的话说，这是"人"的异化。今天我们强调大力发展海洋经济贸易，自然是重商牟利，此不言自明，但我们同时也在不断强调精神文明建设。所谓物质文明、精神文明"两手都要抓，两手都要硬"，意即在此；而"一手硬、一手软"，"软"的往往是"精神文明"，必须引起高度重视。

第四，开放性。这是就中国海洋文化的发展形态而言。在物质文化层面上，它一面以世界历史上幅员最为辽阔的腹地的丰富资源、物产和世界上第一人口大国的勤劳智慧的工艺品作为"商品"，通过密密麻麻的海上航路向全世界输出（尽管历代政府都对这种贸易实行"有限"政策），一面又"敞开胸怀"，面对全"天下"的海商"蕃舶"贸易"来者不拒"（自唐代设置市舶使归口管理）；在政治文化层面上，它一方面承担着中原王朝对海外属国的诏谕、册封、任命、管理、征伐、赏赐、遣归等政治航海使命，一方面承担着海外属国对中原王朝的表奏、请封、朝觐、贡贺、请命、纳质、献俘等政治航海使命；至于人员交流与文化往来方面，则更是不胜枚举。中国自先秦时代就向海开放，"四海来朝"，公元前的西汉时期就在进一步发展北方海外交通的基础上开通了南海直通印度洋的航路。在数千年的中国航海历史上，一个个港口，一条条航路上来往穿梭的航船及其人流、物流、文化流，就是中国海洋文化开放性的最好说明。在历史上的大多时期，世界上最多的港口在中国，世界上最大的海洋贸易量在中国，世界上最大的海船在中国，世界上最大的航海活动在中国。尤其是现代条件下，中国的海上航路已经连接起了世界四大洋五大洲上大大小小的陆地和岛屿，经过近几十年来的发展，中国早已经代替了西方，重新成为世界上最大的港口大国，世界上最大的航运大国，几乎每一寸海面（不仅仅海面）都已是"天堑变通途"，几乎每一滴海水都是公路、铁路的路基。陆地上的公路、铁路只能靠人工铺设成线，而海洋上的"公路""铁路"却是自然天成，如果需要，即可为用。中国历史上也出现过我们现在称之为"闭关锁国"的时期，主要出现在明、清两代的某些时期，主要是元明、明清换代时期新生王朝对前朝残余的海上封锁，和遭遇倭寇和西方侵扰海疆的时期。这是国家政权保国安民的被迫的战略举措；而一旦海疆平静，即行开海。世界上没有哪个国家是愿意"闭关锁国"的，但凡"闭关锁国"，一定有它迫不得已的内因或外因。内因主要无非是防止或者平息动乱，外因主要是防止或者抵御外侵。这是必然要采取的手段，古今中外，只要有能力做到，概莫例外。明、清两代的一些时期均是如此。这就是说，中国历史上的"海禁"并不是中国正常时期的基本国策，即使明、清也不例外。史学界以往认为明清"海禁"的罪责，事实上是站在西方立场——至少是站在西方观念立场上对中国历史、中国文化的一种"欲加之罪"。设若没有中国海洋文化的开放性发展，就不会有中国文化广采天下文化、兼容并包的历史条件，也就不会有中国文化圈扩展到整个东亚，并历史地影响到印度洋沿岸、地中海沿岸、非洲沿岸的辉煌历史。

第五，创新性。这是就中国海洋文化的发展机理而言。海洋的自然天性是变幻多端、自由傲放的，神秘莫测、奥秘无穷的，充满着无限风险、无限未知的。船在海上，人在船上，在浩渺中航行，在"发现"了一个陆地或岛屿之前，并不知原有这个"新大陆"的存在；而"发现"了这个"新大陆"之后，海洋的远方，更远的所在，还有没有更新的"大陆"，那里会不会有更为稀缺的资源、更为珍贵的宝货，更大的获利商机？海洋的诱惑是无限的，这就吸引着人们去探险，去发现，去拼，去闯，去创。这就是海洋文化的创新特性，也是其得以不断发展的内在机制。这样的特性在世界上不少区域、国度的海洋文化那里都是普遍的，但在中国海洋文化这里更为凸显，更为一以贯之。比如欧洲的海洋文化，人们喜欢谈论其创新精神，其实是从近代开始的，即使说希腊罗马时代富有创新精神，在其后"中世纪"千年的"黑暗"漫长的历史上，也是相对沉寂的。

中国海洋文化的创新性，看上去与中国文化讲求"以柔克刚"，讲求"中庸之道"，讲求"温良恭俭让"，讲求"好汉不吃眼前亏"，讲求"三思而后行"，讲求老人经验，讲求本分，讲求节度，讲求安逸，讲求知足常乐，讲求柔美心态，讲求大团圆结局等中庸、守成的特性迥然有别，这也是不少论者将中国文化的这些特点认定为"农耕文化"的原因；但事实上，这是一种事物的两面，也同样是中国海洋文化的内在有机蕴涵：中国的海洋社会，即使与海洋直接"亲密接触"的船上社会，谁天生愿意到茫茫大海中闯荡世界，劈风斩浪、生死冒险？谁不希望中庸之道、温良恭俭、三思后行、生活安逸、知足常乐、团团圆圆？中国人"讨海"，中国人选择冒险、营利，并不等于不希冀安全、追求安逸、讲求四平八稳、懂得知足常乐、热爱团团圆圆。对后者的热爱、追求，也是人之为人的天性，也即文化的天性，这在中国海洋文化中同样表现得淋漓尽致。这也就是为什么中国海洋文化中的信仰文化，例如中国人"塑造"出来的海神，无论是妈祖也好，观音也好，都是"能够"带给人们平安、吉祥的神灵的缘故。在这样基础上的冒险，闯荡，竞争，浪漫，思变，亦即创新，才是中国式的创新。这非但不会限制、遏制中国人的创新，而且会使中国人的创新来得更稳妥、更安全、更经得起历史的、航海生活的考验。海洋上的风险无处不在，来不得半点"摸着石头过河"。事实上中国人从来不缺乏创新，否则无法解释何以中国文化、中国文明包括物质文明在世界历史上的长期发展繁荣，无法解释何以在地球上的"环中国海"这一偌大地区数千年绵延发展的是"中国文化圈"亦即中国海洋文明圈的所在。只是，中国人对自己的创新特别注重传承，对创新并不刻意在文化观念上加以强调，只是"身处其中"而已。例如在中国的航海文化的创造创新上，中国对海船的船舵发明、船帆发明、水密舱发明、司南针和罗盘发明、大船建造发明等等，都是中国自己的原创性创新，许多发明都是世界上最早、最先进的，影响了世界海船和航海的历史，而如果不是像李约瑟那样的西方人加以强调、加以高度评价，恐怕中国人自己至今也不会认为这些发明创造有什么了不起。再如中国的海洋捕捞技术，无论是渔具还是渔法，其发达、丰富程度，都在世界海洋渔业史上占有重要地位；中国的海产海鲜饮食，无论是食用品种还是烹饪方法、口味讲求、吃法讲究，都一直是世界历史上最丰富的。"吃在中国"，"会吃"，包括海产海鲜饮食，只有中国人有这样的"口福"，对此举世公认。无疑，中国的海洋发展需要创新，中国海洋文化的发展需要创新，创新是发展的动力机制。需要指出的是，创新是人之与生俱来的本能，对创新需要社会规范，需要伦理规范，需要道德引领，需要综合发展，不偏颇、不激进、不走极端，只有这样的创新，才是可持续的创新，也才是文明发展所真正需要的创新。

第六，和平性。这是就中国海洋文化的发展模式而言，是相对于西方海洋文化的独具特征。中国海洋文化的这一重要的独具特征，是由其独具的

"陆－海"区域的自然环境基础、以中华民族自古认识海洋、海陆互动的发展观念和发展方式决定的。

中国海洋文化的和平性，至少体现在以下五个方面：

一是从观念上看，中国人自古对海洋存有敬畏之心。这是中国自上古既有的天人合一、天道自然观使然。当代世界经历了西方主导的二百年折腾之后，才似乎懂得"人与自然要和谐相处"，并视之为最"先进"的"现代理念"。而中国人自古就讲究自然界的万事万物是有生命的，是有灵性的，要善待，要保护，要对自然有敬畏之心、感恩之情；人只是自然界的一分子，破坏自然就会得到惩罚，得到报应。在中国文化传统这里，没有人类主宰自然世界的观念，有的只是对自然界的适应、顺应、在和合中不破坏地加以利用。因此，中国人面对海洋，在传统文化那里，有着无数的五花八门的神灵需要敬畏，需要崇拜，需要祭祀，自古对海洋自然没有侵略性。对自然界尚且如此，对人类没有侵略之心，就是中国文化的天性。

二是从制度上看，中国人自古对内讲求社会和谐，对外讲求世界和平，这包括对沿海社会的制度治理，包括对海外世界的制度建设。这种"制度"，是自上古既有的礼制主导而不是法制主导的社会治理制度。中国自汉代确立儒家伦理思想为治国主导思想，自此使中国成为世界公认的礼仪之邦。中国儒家思想和在此指导下的伦理制度，在两千多年的帝制时代一直受到尊奉，并通过海洋传播"声教四方"，使之无论在"国内"还是"国外"，即无论是直辖地区还是自治地区的整个中国文化圈中，普遍深入人心。检视中国历史上历代政府对周边海外诸国政权的诏书，强调的都是"共享天下太平之福"；历代周边海外诸国政权对中央政府的上表，表达的都是崇慕中华礼仪文化，尽职尽责做好自己管辖下的藩邦民人的文明向化，使其自治地区成为中华大家庭的"守礼之邦"。中国文化中不乏法制文化，但法制文化在传统文化中一直处于维护礼制文化、保障礼制社会运行的亚位。"法"的制定和施行，都是对违"礼"犯罪的惩治。西方为什么唯"法"至上？那是西方一向无"礼"的存在的缘故。若说西方人也讲究"礼"，那里的"礼"只是"礼节""礼貌"而已，不属于道德规范。限制西方人的自由的，无他，唯有其"法"。中国人处处讲求遵礼，讲求"己所不欲，勿施于人"，讲求社会和谐。礼制的主要功能是保障社会和谐，这是中国传统文化的精髓。因而现代社会所普遍缺失，正在谋求建构的，正是这样的和谐社会。

三是从宗教文化看，无论是在中国内地还是在沿海与海外地区，中国文化圈即中国海洋文明圈中所传承的主流宗教文化，包括民间信仰，都是和平性的。无论是中国本土的多种宗教和民间信仰，还是通过海路和陆路来到中国的多种宗教和民间信仰，都在中国得到了多元共融的发展。在中国文化这里，不存在由宗教信仰不同而导致战争的可能性。在西方世界，支持其动辄发动战争的观念系统，一个是对别人财富的欲求，一个是对别人宗教信仰的排斥和不容忍，必欲将"异教徒"置之死地而后快。但在中国，既有本土从上古天人自然观衍生而来的老庄思想和道教，又有本土从上古社会伦理观衍生而来的儒家思想和儒教，还有从海、陆两线最早外来的大宗思想和宗教——释家思想和佛教，后者很快就中国化了，以至于即使在其母国消亡之后，在中国依然作为中国本土化的宗教而不断得到发展。在中国悠久的文化史上，不但儒、释、道三教在同异论衡中互通互融，而且在中国沿海像宋元时代泉州那样的世界级大港，由于国际化海洋 - 港口贸易的发展和外来移民人口的国际化发展，各种宗教长期在这里和平相处，后世有"世界宗教博物馆"之称。中国文化发展的历史也是多元文化互融发展的历史，即使在明清时期及至近代西方宗教纷纷来华之后，也在很大程度上被中国化了，其三个最明显的标志就是：其一，早期的传教士在华做的大量工作，是将其经典教义做合乎中国文化观念的翻译、阐释处理；其二，许许多多的传教士，成了中国文化向西方传播的自觉者和代言人；其三，许许多多的传教士，最终抛弃了其自身传教的使命和原本信仰，而成为中国儒家文化的遵奉者和儒家文人。以往论者从中国文化是内陆文化、农耕文化的观念出发，认为中国的道家和道教、儒家和儒教、中国化了的佛学与佛教体现的是中国内陆文化、农耕文化，这是对中国海洋文化不够了解的缘故。首先，道家和道教产生的"土壤"最早在海洋，即燕齐滨海的"蓬莱"海仙信仰和方士文化；其次，儒家和儒教是为中国社会包括海洋社会和由海路传播形成的中国文化圈各民族、各区域社会所普遍遵循的社会伦理信条和普遍维护的礼教文化传统；最后，中国本土、朝鲜半岛、日本列岛、中南半岛和东南亚列岛等东亚世界的历代佛教高僧往来于海上，正是由于有了海上的艰险与磨难的人生阅历，对于世界的理解、人生的感悟，会更透彻和彻底，这就是在东亚中国文化圈中，历代高僧辈出、历代佛教盛行的底里。

四是从中国历代海洋政治实践上看，中国历来不搞对外侵略，不搞海洋霸权，一直奉行的是"使天下共享太平之福"的海洋和平政策，更不以侵略殖民为目标。明朝政府的郑和下西洋，作为古今中外最大规模的航海壮举，是宣诏天下"共享天下太平之福"的和平航海，不侵占别人的一寸土地、不搞海外殖民，至今仍然有人认为这"荒唐可笑"，然而这正是中国海洋和平文化的最为经典的体现。诚然，历史上中国的对外海上地区征伐有之。但这是不是对海外的侵略？非也。"侵略"是指对本来不是自己的地盘、自己的东西的侵占、掠夺，而中国历史上对海外地区的用兵征伐，是中央政府对海外属国属地政权的反叛或滋事的平叛或惩罚，是自己的"家事"，与"侵略"完全是两回事。近代之后中外不少人混淆了历史上的中国在帝制时代既有直辖地区的"中国"又有自治地区的"外国"的历史概念与现代中国已没有属国只有自治区的不同制度概念，无疑是对历史的有意无意歪曲。至于中外不少人认为中国历史上发生过的对外用兵是为了经济利益，则同样是"以小人之心度君子之腹"。历史上中国周边的海外属国地区都是一些贫弱地区，中原王朝在这些属国地区既不存在开辟商品市场问题，也不存在开辟物产资源问题，更不存在补充人口劳动力问题。不但周边海外藩属地区不能给中央王朝带来什么财富，反而中央王朝还要支持、接济那些"小兄弟"，就连他们的依例朝贡，中央政府也往往或加以减免，或加倍厚赏——这就是今天不少人因只懂"经济"而横加诟病的中国历史上历代政府的"厚往薄来"政策。事实上，为了周边地区的和平稳定、"使天下共享太平之福"，是不能用今天的"经济""竞争"眼光和观念来评价古人的。至今不少国人对自己的老祖宗指手画脚，大为不屑，大为诟病，似乎这些历代的老祖宗都愚蠢透顶，都不知道"吃亏""占便宜"为何物，显然是用西方观念、西方标准衡量中国古人所得出的认识，是十分荒唐可笑的。当代中国依然实行的是海洋和平外交，旨在建构海洋和平世界，就是中国传统海洋和平思想和政策的当代延续。事实上我国为此同样"损失"了不知多少"经济利益"。但这种"损失"比之只懂得武力拼杀、军备竞赛、维持海上霸权所花费的经济代价，并不一定大多少。

五是从中国历代海洋军事上看，体现的都是中国自古主张的国防、海防战略，对外军事思想、制度和实践历来是战略防御，从不是对外战略进攻，至今如此，将来还应当如此。中国的海上军事力量建设，是中国海洋安全和世界海洋和平的保障力量，而不是破坏力量。这是世界有目共睹的。

需要说明的是，将中国海洋文化的基本特征概括为如上缘海性、多元性、重商性、开放性、创新性、和平性六个方面，并不是说中国海洋文化只有这六个方面的特性。对这六个方面的特性，随着研究的深入或认知把握立场、视角的不同，不同的论者还将有补充的或者不同的把握和表述。

三 中国海洋文化发展的目标定位探索

在当今全球海洋竞争发展的"海洋时代"，相关国家的综合国力竞争已经集中到了海洋国力竞争，"海洋国家"已经代替了原有的"沿海国家""岛屿国家"的传统称指。海洋国力竞争包括"硬件"竞争和"软件"竞争。"硬件"，即国家的海洋经济实力、海洋科技实力、海洋军事实力等基础实力；"软件"，即国家发展海洋、建设海洋大国和海洋强国的发展理念、指导思想、目标定位、制度设计、道路选择等政治智慧，与全民族对此的普遍认同、信奉和由此而形成的民族凝聚力、向心力、自信力、感召力等共同构成的国家海洋文化实力。这种海洋文化实力"软件"，事实上就是一个国家、一个民族发展海洋的生活方式。它体现着这个国家、这个民族发展海洋的精神风貌、价值观认同、民生质量和生活感受，包括幸福感受、审美感受等高端生活感受与人生社会追求。这样的"海洋文化"，才堪称而不玷污人们所津津乐道、值得人类追求、向往的"海洋文明"。

当前，海洋强国、文化强国已经成为中国重要的国家战略。中国的海洋强国战略，其指标体系的高端，应该是将中国建设成为海洋文化强国，即海洋文明强国；中国的文化强国战略中，海洋文化之强，自是其不容忽视、不可或缺的重要内涵。无疑，对当前中国海洋文化的现状应如何分析判断，对其未来目标走向应如何把关定位，"海洋文化强国"应主要体现在哪些方面，为此应如何规划设计？这是亟须系统解决的最为基本，也是最为关键的问题。

1. 中国海洋文化当代发展面临问题的分析

当代中国海洋文化的现状如何？曰喜忧参半。喜者，我们正处于中国海洋文化从近代低迷走向当代复兴的时代。我们有悠久辉煌的历史、丰富灿烂的遗产作为当代发展的雄厚基础；我们有中央和国家高层的高度重视、国家海洋部门的大力推动；我们有越来越多的学者和研究机构为之筚路蓝缕、阐发呼吁；我们有全国尤其是沿海地区各层各界对此的普遍关注，尤其是对区域海洋文化（主要是海洋旅游文化、海洋节庆会展文化等文化产业层面）的大力运作——这些都推动了中国海洋文化的当代发展。忧者，我们的当代海洋文化发展还存在着不容忽视、亟须解决的问题。这些问题至少有以下五点：

一是国民的海洋意识尚未得到普遍增强。我们当代社会生活中，尽管海洋事实上比历史上的任何时期都愈发重要了，但海洋在国民心目中的位置还不够凸显，海洋意识淡漠的现象还未得到根本性扭转，"心中无海"、类似"我国总面积只有960万平方公里"等错误"常识"尚未得到普遍纠正，世界海洋竞争、国家海洋权益、海洋环境保护等相关意识依然呈弱化之势。

二是近代以来被扭曲了的海洋观念尚未得到有效矫正，依然存在着许多误区。比如西方的殖民、扩张性的海洋文化（类型）是"海洋文化"，不如此就不是"海洋文化"；西方的文化是"海洋文化"，开放、先进，中国的文化是"农耕文化"，封建、保守、落后；要发展海洋文化，就要像西方那样四处占领、控制海洋，就要经济利益至上，而不能像郑和下西洋那样只是和平航海、教化四方，"厚往薄来"，做赔本买卖；等等。

三是对国际海洋竞争、海洋经济发展中海洋文化的作用认识不足。如只强调国际海洋竞争的利益竞争问题，而忽略其竞争思想、竞争观念等文化深层次的决定性、主导性因素及其作用；只重视海洋经济指标、数据的提升，而忽略经济观、发展观等文化深层次的决定性、主导性作用，包括经济质量评价、社会和谐与环境友好评价、国民生活的幸福感受评价等问题。

四是海洋发展包括海洋文化发展的主体错位和方向迷失。说发展海洋，发展海洋文化，这不存在问题，谁都会说重要；但如何发展、朝着什么方向发展？是向西方学习、朝着西化方向发展，还是立足于中国主体，基于中国海洋文化传统，坚持中国文化本位，走适合于中国国情、为中国人喜爱、适应中国人需要的和谐的、和平的、可持续的中国特色海洋发展之路？这一根本性问题在很多人的观念中并不明确。

五是对"发展"的理解的误区。多年以来我们的"发展"往往只注重经济发展，往往沾沾自喜于发展数字、GDP 指标，认为这些数字、指标必须年年增长才是发展，否则就是倒退，为此而往往不顾发展质量，例如各地常见的"楼歪歪"等豆腐渣工程、"农药残留"等图财害命工程、"城市扒路"等穷折腾工程，不但造成经济的极大浪费，而且对生态环境质量、人民生命质量造成极大破坏，有些破坏不可修复、不可挽回。这样的"发展"在海洋上也"表现突出"，由于"海纳百川"，海洋成为万源之汇，陆源污染、破坏导致海洋承受的更多，情况更严重。我们的海洋环境问题年年治理，反复治理，但年年问题多多，这都是由于发展观不正确所致。

如上这些问题能否得到很好的解决，直接关乎中国海洋文化的当代发展质量和未来命运。

对于这些问题能否得到很好的解决，中国的历史学界和哲学界负有不可推卸的学术责任。对中国文化包括中国海洋文化的认识，是以对中国历史文化包括中国海洋历史文化的事实及其评价为基础的；中国文化史观、中国海洋文化史观的正确与否至关重要。历史观正确了，中华民族对自己的历史、文化乃至民族自身，才会有认同感、自豪感、自信心，否则就只能是自惭形秽。

当今世界激烈的综合国力竞争，不仅包括经济实力、科技实力、国防实力等方面的竞争，也包括文化实力和民族精神的竞争。将文化问题提到综合国力的重要组成部分的高度，是对文化问题的应有认识。这里的"文化"，在现代意义上，随着全球性农耕文明在主体上让位于工业文明、城市文明和商业文明，就世界文化发展的整体走势和主导文化而言，已经更多地体现为海洋文化。"谁控制了海洋，谁就控制了世界。"这种源自古希腊、近代又被反复"复制"和强调、已经强化成了西方文化主导意识的海洋发展思维，各国发展海洋、竞争于海上的发展战略，在"竞争""控制"思想意识像一把墨伞笼罩和控制着地球的当代条件下，似乎已经深入人心。随着国际社会将 21 世纪看做"海洋世纪"的蓝色浪潮的兴起，全球性海洋经济、海洋科技、海权力量的竞争，已经成为各海洋国家综合国力竞争的重要领域，甚至被视为竞争的

"高地"，与此同时，海洋意识、海洋观念在国际社会中已经日益强化。海洋文化问题越来越凸显出了其重要性。

发展海洋科技、促进经济发展，旨在对海洋物质的获取、占有和享受，这在世界各国可以说没有什么两样；但在世界各国、各民族那里，人们对海洋的审美感受、对海洋价值的体认、人们的海洋意识和观念、人们的涉海生活方式及其精神世界却不尽相同。世界一体化、全球化，虽然目前看起来还只是世界经济层面上的事情，但经济基础决定上层建筑，经济问题绝不仅仅是单层面的问题。毋庸讳言，世界一体化、全球化已经对世界上大多数自觉不自觉纳入这一体系的国家、民族的文化造成了影响、渗透和改造。如果一个国家、一个民族连自己的文化都被"世界一体化""全球化"所同化了，那么这一国家文化、民族文化的彻底消亡，也就为期不远了；如此，这个"国家""民族"的不复存在，至少是名存实亡，也就为期不远了。由于"世界一体化""全球化"是"现代化"的产物，而"现代化"是西方"发达国家"所主导的，因而如此所导致的国家文化、民族文化的消亡甚至国家的消亡，则实质上是被西方"发达国家"所"统一"的结果、"同化"的结果；也就是说，这样的"世界大同"包括"文化大同"，其实质就是以"非西方化"国家、"非西方化"民族及其文化的消亡为代价的全球的全盘西化。对此，我们必须保持高度的警醒。

在当今全球海洋竞争发展时代，一个海洋国家的海洋文化，是一种强大的"文化力"，是一国综合国力的重要组成部分。当今时代是"海洋时代"，海洋国家综合国力的竞争就是海洋国力竞争，尽管其支撑性的"硬件"是国家海洋经济实力、海洋科技实力、海洋军事实力等基础实力，但其"软件"即国家的政治智慧和民族的凝聚力、向心力、自信力等文化实力，却比"硬件"还要硬，并起着决定性的作用——决定着"硬件"的政治与文化属性、价值功能。"硬件"相对于"软件"而言，只是工具，是手段，而"软件"则是"人"，即国家、民族及其文化。"硬件"掌握在谁手里，就会为谁服务。文化实力——亦即国家政治智慧和民族凝聚力、向心力、自信力的来源，是对国家主体文化、民族文化的认同。文化实力强大了，其他实力可以强大；文化实力衰弱了，其他实力也不会真正强大，看似强大了也没有用，也会被打垮、被摧毁、被战胜者利用，自身就不可避免地衰落下来。于此，中国的近代历史，是一部永远不能忘却的教科书。

近代随着"西学东渐"和西人东侵，越来越多受西学影响乃至"恩惠"的"知识精英"和"官僚精英"不但不想打仗，而且看到了可以冠冕堂皇借机生财之道，因而一方面极力将西方小国媚之为"列强"，将他们开来的几条大船、船上的几门大炮誉为"船坚炮利"，一方面极力鼓吹"师夷"，美其名曰"师夷以制夷"，而"师夷"的办法就是大办"洋务"，从而将自己摇身变为"官办军火商""官办实业商"，掏空国库而中饱私囊，不惜为此而唯"洋人"马首是瞻，极尽奉承之能事：逢战必败，不战自败，每每都是既割地又赔款，既满足了洋人的需求，又造成了更大的军需缺口和借口，一方面在"师夷以制夷"的幌子下，从西方"列强"那里大量购买"洋枪洋炮"，组建和武装自己的"新军"，连"教练"也敦请洋人，如何打仗"悉听尊便"；一方面在"实业救国"的幌子下，向西方"列强"开放港口、开放矿山资源、开放倾销西方"先进"工业品的市场，大量引进外资外企，使帝国亿万"臣民"沦为外资外企和官僚资本的"劳工"，同时向西方开放买卖劳动力人口的"人力市场"，向西方"出口"的百万劳工——一批又一批"华工"实即奴隶，被贱骂为"猪猡"，大部分或在旅途上葬身海底，或在目的地被虐待致死，成为西方"列强"自罪恶的非洲奴隶贸易之后又一轮罪恶的奴隶贸易。近代中国就是这样沦为半封建半殖民地的。由此可见，"知识精英"和"官僚精英"们的"师夷"是手段，至于其目的是不是为了"制夷"、能不能"制夷"，他们心知肚明，无非只是个托辞、幌子罢了。"洋务派"搞了二三十年的洋枪洋炮洋军洋舰，"北洋水师"号称亚洲第一，"甲午"一战却全军覆没；其后"洋务派"继续当道，中国殖民地半殖民地化程度日益加重。究其原因，就是中国文化及其价值观被洋务派贬损、否定了，民族精神被肢解、扭曲了，自认为什么都不如别人了，因而导致国家失去了共同的信仰和自信，形如一盘散沙，"知识精英"和"官僚精英"们各自营利，结果外侵、内战混成一片，人民造反浪潮四起，经济民生一片狼藉，直至晚清王朝及其洋务派自我葬送。这就是历史的证明。

世界海洋大国间展开的作为综合国力竞争内容的海洋经济、海洋科技、海洋资源、海权力量竞争，说到底，是各自海洋文化力的竞争。也就是说，导致这种竞争的开始、左右这种竞争的格局和态势、决定这种竞争的发展方向的，是世界各海洋大国的海洋思维、海洋意识、海洋观念等海洋文化因素。一国海洋文化的整体实力，左右着"海洋世纪"中一国的综合国力竞争的方向，并且对综合国力的竞争发挥着关键的支撑作用、保障作用、导向控制作用，进而发挥着影响全局、决定全局的作用。

西方海洋国家所主导的"海洋秩序"的"世纪话语"，是其强烈的国家、国民海洋意识、海洋思维、海洋观念等海洋文化综合因素的产物。英、美等国家的海权论，早已影响了其海洋国力和国家实力的发展，以至直到现在，仍然有不少人将西方国家视为蓝色海洋文明的属地，似乎海洋文明成了西方文明的专利。在西方思想、观念的主导下，国际上几乎所有的现代"国际海洋秩序"内容，没有一项是由我国发起、倡导的，因而大凡我们参与其中的现代"国际海洋秩序"，不仅几乎没有一项是扩大了我国自己的海洋权益，而且大都恰恰相反，挤压了我国海洋主权和相关权益的空间。为什么？问题不在于我国作为海洋大国的"硬件"够不够强大，而在于我国的海洋发展国策、海洋安全国策是不是已经把自己视为海洋大国，并自信完全可以成为海洋强国。

毋庸讳言，"21 世纪是海洋世纪"，是各海洋国家尤其是海洋大国、强国之间基于长期的、越来越激烈的海洋经济、海洋科技、海洋资源、海权力量的竞争而趋于白热化的"世纪话语"，这一"世纪话语"的主动权，目下掌控在西方海洋发达国家手中，而不在我们中国。我国的海洋发展乃至国家发展，如果仍然按照西方给出的"既定"的模式，纳入这一世界体系，与其"国际接轨"的话，则只能在西方所主导、所控制的"海洋利益"的残余空间中争取自己的一席之地。

西方人的海洋意识和观念存在着至少以下四个方面的偏误和弊病：（1）一味鼓吹并在世界上推行欧洲中心主义（如黑格尔），因而在文化上排他自傲、导致文化沙文主义和文化帝国主义；（2）一味强调用海权力量控制世界，宣称"谁控制了海洋，谁就控制了世界"（如古希腊狄米斯托克、美国马汉），因而促发了西方海洋列强的产生和海上争霸、海外扩张的"蓝色圈地运动"及殖民心态；（3）一味追求海外"发现"和海外贸易的作用与世界市场的商机获利原则，因而促发了残酷的市场竞争和适者生存观念的国际化；（4）一味强调海洋资源的可占有性，因而导致海洋科技不顾科技伦理和生态规律，无节制地用来掠夺和占有海洋资源空间，使西方国家在掠夺开发世界资源、破坏生态环境中扮演了主要角色，并引发了愈演愈烈的全球性海洋圈地运动，海洋权益争端四起，使整个世界硝烟四起，凸显和平危机和环境灾难。

但是，面对这样的海洋发展模式所体现的文化偏误与弊端，我国无论是决策层面还是民间层面，不仅未予以批判和抵制，反而大受其影响，甚至左右了我们自己的海洋意识和海洋价值取向。近年来，尽管我们对海洋发展越来越重视，但基本上着重在海洋经济、海洋科技、海洋资源、国家海洋权益领域，远未形成文化上的意识自觉；"海洋中国""海洋大国"的意识和理念相当淡薄，即使已有的对"海洋中国""海洋大国"意识和理念的倡导和强调，也尚处于国家海洋经济实力、国家海洋权益维护等领域的基础层面，海洋文化建设的倡导远未得到普遍性呼应，作为综合国力的重要内涵的海洋国力和海洋文化对综合国力，尤其是海洋国力的支配和导向作用远未受到重视。至于对中国海洋文化发展战略的系统研究，则更是付之阙如。

中国海洋文化原本和谐式、和平式发展的传统模式和道路，是在近代以降遭遇到了西方近现代崛起的物欲竞争式、海盗掠夺性、海上扩张式的海外殖民文化的袭击和重创之后，在"师夷"即向西方学习的社会思潮中，通过自我否定、自我贬斥而顿失自身优势，被自觉不自觉地纳入了西方观念所主导的海洋发展模式与机制系统的。中国这样一个具有五千年承续不断的海洋发展历史的泱泱大国，在当代世界性海洋发展、海洋竞争的世纪大潮中，如何重建自己的中国式海洋文化模式，进而重建东方的海洋文化模式系统，以使中国的海洋发展和国家发展重新崛起，通过中国式、东方式的发展道路，在世界竞争格局中重振辉煌，进而影响这个世界，不但是中国的海洋发展所需要的，而且是世界海洋发展所需要的——中国应该对世界发展承担大国的责任。中国应该对人类有所贡献。

面对21世纪作为"海洋世纪"的全球性海洋发展形势，中国已经进行的"海洋发展"研究和实践、国家决策和地方行动，基本上都还处于海洋经济、海洋科技、海洋管理层面，若长此以往，海洋文化层面的缺失、海洋文化理念的缺位、海洋文化意识的丧失所导致的弊端，迟早会而且已经显现出来。近些年来海洋开发对海洋资源环境、海洋生态环境的破坏，海洋管理对此表现出来的大多是头痛医头、脚痛医脚，如此以往，用不了多长时间，中国的海洋将变得海水不蓝、海鲜不鲜、海景无景，甚至滨海无海、断送海洋历史、毁灭海洋遗产，将会只剩下海洋科技，甚至只有高科技才会有用武之地——去打捞、抢夺那些暂时尚未破坏和毁灭的海洋经济价值。

中国海洋文化的当代发展，是以国际社会将 21 世纪作为"海洋世纪"的全球性蓝色竞争浪潮为背景、以中国作为世界上重要的海洋大国并将海洋发展确定为重要国策为前提的。中国海洋文化既是中国文化的重要的有机构成成分，也是中国文化的主要体现形态。中国海洋文化的传统凝聚和体现着中国文化传统的基本元素。因此，把中国海洋文化与内陆文化割裂开来，甚至与中国文化整体割裂开来，是错误的。中国海洋文化发展的基础和前提，应该是体现着中国文化整体特征的中国海洋文化传统及其价值观念系统；中国海洋文化发展的战略抉择，应该是不同于西方文化模式的中国文化道路。

面对 21 世纪作为"海洋世纪"的全球性海洋发展形势，面对近代以降中国乃至整个东方世界受制于西方海洋文化模式所带来的病态弊端，重新认知和评价中国海洋文化传统发展的历史基础，重新挖掘和发现中国海洋文化传统发展模式的现代价值，迅速改变我国国家海洋意识缺位、民族海洋历史失忆、国民海洋观念缺失的海洋文化自我矮化与扭曲的现实状况，重新选择和定位中国式的海洋文化发展道路，研究制定出独具特色的中国海洋文化发展战略，以期在海洋国力竞争中建立海洋文化的保障与导向机制，避免造成国力竞争的偏向和不当甚至恶性竞争中人文道德理想的失控和失衡，已经成为中国作为海洋大国的海洋发展乃至整个国家发展，并进而影响世界的应有战略抉择。

面对"海洋世纪"的全球性蓝色浪潮，将海洋大国建设成为海洋强国的国家战略中重视和发展海洋文化，同样应是我国国家战略的一个重要目标。针对"海洋世纪"蓝色浪潮业已兴起、国家间海洋国力竞争的实质已是海洋文化竞争的世界竞争格局，针对我国是世界上重要海洋大国的海洋文化国情，系统分析和阐述海洋文化在综合国力竞争中的地位和作用，以期一方面有助于进一步唤醒和强化国人的海洋意识，振兴海洋文化，另一方面有助于澄清和拨正国际国内海洋文化相关研究中的某些理论误区和偏谬，从而正确、有效地发挥中国海洋文化在当代"海洋世纪"中的价值功能，促进新时代海洋文明的健康发展，在全球化、现代化激烈的国际竞争格局中推进中华民族在世界上的伟大复兴，进而影响世界的发展，无疑不仅大有必要，而且迫在眉睫。

2. 中国海洋文化战略发展文化本位的思考

中国海洋文化是中国文化的重要组成部分。中国海洋文化的战略发展，应根源于中国文化主体精神的认同，基础于中国文化主体地位即中国文化本位的回归。

一个国家、一个民族、一个区域的文化，本来是这个国家、这个民族、这个区域自身在长期历史上创造与选择、积淀与传承的思想观念、社会制度与生活方式；在多种文化共存共融的世界上，一种文化应该是一个国家、一个民族、一个区域不同于另外的国家、民族、区域的标志。尽管各文化之间的相互交流与影响不可或缺，但这种交流和影响只能是、只应是"客"对"主"的关系，而不可以也不应该反客为主，甚至把对方吃掉。世界历史上各文化之间的交流和影响比比皆是，但一种主体文化对另一种客体文化的吸纳和接受，无非有两种形态和方式：一种是主动的，一种是被动的。主动接受表现出的是一种文化对外来文化有选择地吸收、消化、利用的自觉，其形态和方式自然是和平的、友善的、渐进的；而被动接受表现出的是一种文化对外来文化被迫地变革、让位、归顺的无奈，其形态和方式往往是残暴的、无情的、迅猛的，并且往往是两个文化主体之间的战争的产物。战败的一方如果是一个较小的国家、较小的民族、较小的文化区域，那么即使人口没有被对方消灭，其文化也会很快被对方消亡。历史上不知有多少曾经辉煌一时的较小区域的文化，就是在这样的人口战争和占领、文化侵吞和变革之后消失得无影无踪。而对于大区域的文化，情形却大不然。异文化主体的侵入和占领，既不能消灭这一大区域的人口，甚至无力占领和控制这一大区域的地盘，更不能灭亡这个大区域的文化，结果往往是首先导致这个大区域中文化上的一片混乱，和在混乱之中不断产生的原生主文化对外来客文化的抗争，然后是"土著文化派"或曰"国粹文化派"与"外来文化派"以及中间骑墙派或调和派之间在主张、观点和理念上的不断论争。应该说，"本土文化派"或曰"国粹文化派"也好，"外来文化派"也好，人们大多关心的都是这个本土国家、民族、区域文化的命运与前途，只是文化理想与文化设计的不同，尽管主张"外来文化"的一派往往被指斥为"洋奴文化派""汉奸文化派"。中国文化之在中国，在世界进入近代历史之后出现的问题，就是上述一个大文化区域在受到西方强盗侵略、被动和被迫"接受"西方外来文化之后遇到的问题。即，中国自近代遭受西方军事侵略、经济侵略、文化侵略之后，很多中国人自己开始对中国文化的认同产生了动摇，乃至有许多人开始否定甚至全盘否定，因而基于对中国文化的生存与发展、命运与前途问题的关注，就一直成为人们不断论辩、论争的至关重大命题。尤其是随着近些年来世界上由西方所主导的"全球化"愈演愈烈，中国在经济快速发展的同时却面临着亟须解决的幸福指数的提高与和谐社会的建设问题，因而中国文化作为主体文化定位的回归与发展，越来越突出地摆在了中国的面前。

关于中国文化主体本位问题的提出，是基于对中国文化的生存与发展问题的关注，这是中国自近代遭受西方军事侵略、经济侵略、文化侵略之后，中国人自己开始对中国文化的认同产生了动摇，乃至有很多人开始否定甚至全盘否定之后，才被提出来的至关重大命题。

中国文化本来是承续发展了上下五千年、在世界上所有的文化类型中历史最为悠久、内涵最为丰富、影响最为广远的泱泱大国文化，但自从中国历史走进近代之后，却先是被动地，后是主动地接受了西方文化，与此同时，对中国固有文化开始了口诛笔伐的历史，从此截断了中国文化自身传统的承续、发展的路径。择其大端举之，先是洋务运动，后是维新运动，再后是五四运动，再后是对中国传统文化的不断的批判运动。但是，这种对西方文化的接收与接受，毕竟是在中国这个有着数千年悠久历史、自成体系的古老而鲜活的文化传统、有着原本远远高于西方文明水平的泱泱大国中发生的，而不是在一个原本弱小的国家、文化根基甚浅的民族那里发生的，更不是在一片原本文化沙漠上移植的。在原本弱小的国家、文化根基甚浅的民族那里，外侵的文化很容易将土著文化赶尽杀绝，夷为平地；在一片文化沙漠上，植入的文化很容易在那里生根开花。但中国文化有着五千年不灭、生生不息的"顽固"的本性与能量，不管历史上如何改朝换代，不管入主中原掌控中国政权的曾经是"华"是"夷"，中国文化的传统文脉从未中断过。自上古以降，殷革夏命，周革殷命，结果都是"殷因于夏礼"，"周因于殷礼"。改朝换代，而主流文化依然承续。中国自秦汉统一，最根本的是文化的整合统一，刘汉推翻了嬴秦，结果是汉承秦制，其后任王朝更迭，中国文化传统一直在延续、发展，并且被周边地区乃至海外地区所仰慕、学习模仿，自觉地纳入中国文化系统；即使外族入主中原，也无不自视为中国文化道统的承继者，无不在中国奉行中国文化传统，其本民族的自身文化，无不被中国文化传统所同化。而"这一次"，面对近代以降的西方文化的侵入和反客为主，中国文化传统被入侵、自戕得"国将不国"。而西方文化是不是能适应于中国这一文化土壤？如果不能适应，中国文化自身应该怎么办？其命运到底将会怎样？其路向应该如何？从晚清、民国直至今日，人们就这些问题不断地进行着思考、思辨、主张和论战。

中国文化发源于上古，中国文化的精华酿成于先秦，中国文化的成熟、延续和发展开始于秦汉。从总体而言，自汉代确立了儒家的文化正统地位之后，中国文化的思想核心、价值体系和礼仪规范的主体内涵，是处于多民族多元文化主导地位的儒家文化。是儒家文化这种核心文化、主导文化维系着中华民族的精神世界和生命意义的完整统一，支撑着中华民族历史地靠近积聚成为一个庞大的占据世界五分之一乃至四分之一的人口，并至今有着顽强的、鲜活的生命力的伟大民族。中国历史上不管是中原人建立的帝国王朝也好，还是少数民族入主中原建立的帝国王朝也好，都自觉地维系、承继和发展了中国的儒家文化这一核心文化、主导文化，这就是中华民族的历史，中国文化的历史。如果中国几千年来没有一个共同的价值信仰和文化体系，中华民族形成和发展的历史将无从谈起；如果中国几千年来所形成和发展着的这样一个共同的价值信仰和文化体系被取缔、推翻、中断、分崩离析，那么中国这样一个泱泱大国、中华民族这样一个多民族的大家庭，就必将是一盘散沙，分崩离析。有人说，儒家文化并不绝对保证中国的大一统，在中国历史上分裂割据的局面也是有的。这实际上是一个认识上的误区。这里的问题是，一个国家、民族的主体文化的传承发展与政权的更迭兴替是两个概念，一个政权的执政既可能很好地代表、体现中国的主体文化思想与规范，也可能与其背道而驰；不管这个政权是一开始就与其背道而驰，还是后期与其背道而驰，它的很快被推翻或最终被推翻，都是其与中国文化的主体思想与施政规范背道而驰的结果。汉代之后历史上每一次出现分裂割据，都是前一个大一统的王朝政权在执政的后期不得人心，或经民间起义造反，或由内部倒戈反叛，一时群雄四起，导致了一个王朝政权的垮台；而各个新建立的政权，则或因其自身的非正统性而难服天下，或因各自的政治、经济、军事实力不足以实现大统一局面，这才导致政权的"割据"并存；但无论哪个政权，尤其是中原政权，甚至不少少数民族政权，大都以中华正统自居，大都欲以中国的主体文化思想与规范统一天下、治理天下，而绝少自甘居于一方，图谋长期与正统合法的国家政权分列门户，别立一"国"。由此可见，不但以儒家文化为主体内涵的中国文化思想及其政治观念与伦理道德规范可以治理天下，使天下民得其所，长治久安，"天下共享太平之福"，而且也正是以儒家文化为主体内涵的中国文化及其政治观念与伦理道德规范，能够把中国已分裂割据的局面重新拉回到一统中来。

任何一种文化，都是一个国家、一个民族乃至多个民族共同地历史地积淀形成的深入人心的知识话语系统和观念信仰系统，对于这个国家、这个民族的文化主体自身而言，具有不可替代的价值。各种文化之间，只有内容形式的不同，没有高低优劣之分。西方人使用刀叉做餐具，中国人使用筷子做餐具；西方人吃面包，中国人吃馒头；基督教徒礼拜上帝，中国人敬天法祖；西方人人与人之间讲求契约，中国人人与人之间讲求亲情；如此等等，不一而足。哪个高明，哪个低下？

近些年来，随着世界现代化、经济全球化进程的迅速推进，人类生活的地球暴露出越来越多的环境、资源、精神与社会问题，因而人们的关注热点，由以往对经济发展的重视，对科技发展这一"工具理性"的重视，更多地转向了文化。20 世纪 90 年代美国政治学家塞缪尔·亨廷顿、未来学家托夫勒和德国学者哈拉尔德·米勒从"文明的冲突"和"文明共存"的不同视角考察当今世界大趋势所提供的文明即文化分析的框架，引起越来越多的世界性的关注和重视。人们用文化因素来解释世界各国各民族不同的发展类型与路径，解释全球化进程中所产生的国家之间、民族之间、人与人之间、人与环境之间、物质与精神之间等一系列问题，并试图用文化的理论与方法探求其解决方案。由此,文化问题、文化战略问题正越来越成为世界性关注的热点与重点。

世界进入近代化尤其是现代化的近 100 多年以来,之所以导致全球性科技、工业、经济畸形发展,导致唯(泛)科学主义泛滥、唯(泛)经济主义成灾,"工具理性"发达,"价值理性"贬值,实用主义乃至拜物主义盛行,人之作为"人"的危机与资源危机、环境危机相伴而来,成为 20 世纪全球性的"世纪病态",使人类陷入一种"无心"状态,正是由于主导和牵引这个世界的是以西方海洋发展模式为主要内涵的西方文化的缘故。西方文化的这种"魔力"并非由于其对整个世界具有吸引力、向心力,而是一方面人们"理智"地、朴素地认为"落后就要挨打",因为昔日的强盗依然在时时伺机"打人",世界各国因而不得不、不敢不年年花费巨额军费开支、科研开支、经济政策扶持开支等向西方海洋大国进行经济、科技与军事"实力"的"追赶"——这是迫不得已;另一方面,世界各地的本土文明被西方文明打碎之后,原有的道德伦理与信仰体系分崩离析,最容易被引入物欲横流、"人(仁)莫存焉"的歧途,越来越多清醒的人们已经愈来愈普遍地认识到了这种西方主导的海洋发展模式的弊端。因此,如前所论,人们之所以越来越关注人类世界的文化发展问题即文化战略问题,目的就是要找到解决这些问题的钥匙,给人类的发展找回这颗"心"。

所谓文化发展战略就是要以"人文价值理性"作为基本原则,建构发展的终极目的意义,用以统领发展方向,改变现代化过程所导致的"世纪病态",以求得世界不同国家之间、族群之间、阶层之间、人种之间——亦即世界上的人与人之间的长期和谐合作发展关系,推进人类文明的持续发展。一句话,就是将人类社会建设发展成为拥有"人的文化"而不再是"物的文化"的社会。

这样的文化发展战略所要创造的文化发展范式,将从根本上改变近代以来总体上以西方文化为主导的发展范式,是人类发展战略的一次革命性转变。而这样的文化发展范式需要有一种合于这种文化范式的文化传统作为基础支撑与参照,并且最好在人类历史上可以找到合于这种文化范式的已有社会运行经验可资借鉴,通观人类发展的历史,无他,就在中国,就在中国文化。

中国的海洋文化，是中国文化的重要组成部分，其本位的坐标，就是中国文化。如我们前面所论，"中国海洋文化"并不是与"中国文化"并列的两个范畴，更不是对立的；"中国海洋文化"是"中国文化"的重要内涵和有机构成部分。中国海洋文化的创造和传承主体有国家（民族）、地方（区域）、社群（社会群体）三个层面。这三个层面的文化的最高层面就是作为一个整体的"中国文化"，创造传承、建设发展中国的海洋文化，就是创造传承、建设发展中国文化的题中应有之义。我们认识中国海洋文化的历史与现实问题，我们要建设和发展中国现代海洋文化，目标指向建设中国现代海洋文明，即基于此。找到了中国文化的本位，解决了中国文化本位的迷失及其症结问题，也就解决了中国海洋文化本位的复归问题。在这一意义上，创造传承、建设发展中国海洋文化，就是创造传承、建设发展中国文化。因此，在创造传承、建设发展中国海洋文化的当代进程中，必须以中国文化的主体精神为主体本位，改变中国海洋文化意识、观念的迷失与自我贬损问题，高扬中国文化的旗帜，弘扬中国文化的优秀传统，使中国海洋文化的现代发展和中国现代海洋文明的建设，具有中国文化的"灵魂"，作为有源活水，有根之树，永葆生命之树常绿，永葆旺盛的文化青春。

3. 中国海洋文化战略发展主导思想的抉择

基于以上分析，中国海洋文化的战略发展，必须有中国自己的主导思想，以明确自己的道路抉择。

第一，中国发展自己民族的、国家的海洋文化，应该成为中国以海洋立国、海洋强国的国家意志。

中国作为世界上的海洋大国之一，具有悠久的海洋文化历史，海洋文化的力量，深深熔铸在中华民族的生命力和凝聚力之中，是中华民族包括海外华人、东方中国文化圈中特有的祖国价值观、民族亲和力、感召力和凝聚力的重要源泉，是维系国家和民族发展的精神力量和情感纽带。长期以来，人们对此缺乏足够的正确的认识，因而导致海洋文化意识在我国的长期扭曲和缺位，这无疑制约着我国在"海洋世纪"中综合国力的发展，尤其是海洋国力的发展。因此，我国的国家海洋发展战略研究，理应把海洋文化发展战略研究放在其应有的地位。在当代世界各大国、强国之间激烈的综合国力竞争中，作为"硬件"，综合国力表现为海洋经济实力、海洋科技实力、海洋军事实力、海洋政治实力等，但被视为"软件"的海洋文化实力包括民族精神实力，则与海洋经济、海洋科技、海洋军事、海洋政治等互为一体，不可或缺，在综合国力竞争中日显重要，日益成为综合国力的重要标志。近些年来，我国虽然一直强调发展国家的海洋事业，并加大了发展的措施力度，但一直较多地侧重于海洋经济层面、海洋科技层面、海洋军事与权益层面、海洋环保与管理层面，而对海洋文化这种精神层面的"软"层面，却由于海洋文化观念和意识的长期缺位而没有给予应有的重视，甚至严重忽视。像中国这样一个海洋大国，从历史到今天，有着丰富的经验和深刻的教训。海洋文化观念的淡薄和缺失，并非自古已然，而是近代以来受西方列强侵略之后落后于西方世界直至现代化以来受欧风西雨冲击而崇洋媚外、丧失自我精神家园的文化表现。因此，作为我国的国家海洋发展战略的研究制定，绝不应让我国的海洋文化发展战略缺席。弘扬中华民族海洋文化精神的历史传统、促进我国海洋文化新的繁荣昌盛、强化我国海洋文化精神的威力和高显示度，是强化我国海洋国力、实现我国海洋发展的国家目标的必然选择和当务之急。

海洋文化体现着"海洋世纪"的时代文化主潮，代表着"海洋世纪"文明发展的方向，对综合国力的竞争发展起着关键的支撑作用、保障作用、导向作用，甚至是影响全局、决定全局的作用。因而中国海洋文化发展战略，不但是国家海洋发展战略的重要内涵和子系统，而且是国家海洋发展战略目标实现的文化支撑，同时还是国家海洋发展战略目标的终极体现。在国家海洋发展战略研究中凸显海洋文化发展战略研究，建构海洋文化发展战略的目标体系和行动纲领，重塑中国当代海洋文化的繁荣和辉煌，向全世界展示中国的国家海洋文化形象，从而在全球化、现代化浪潮中充分体现一个泱泱海洋大国人文发展的目标指向，不仅是一个时期的我国海洋发展的战略任务，而且应是对整个人类发展走向的终极人文关怀。

第二，中国海洋文化的战略发展，应该根基于中国自己的海洋文化传统。

中国海洋文化传统比西方海洋文化更具有先天的优势。这个优势就是：作为一种文化统一体，中国文化历史上就具有大陆文化与海洋文化、农业文化与商业文化、内敛文化与开放文化或曰长城文化与码头文化的兼有兼容、互补互动的二元结构和发展机制。在传统社会、传统文明中，中国文化是在儒家文化统摄的观念系统中重农轻商但不抑商、重陆轻海但不抑海，并在实际操作层面上是农商并重、海陆并举的文化选择。所谓中国的"闭关锁国""封海禁洋"，只是主要在明清两代的多个时期中迫于当时的国际国内局势而做出的不得已选择，尽管这样的选择从今天看来也许并不一定就是"最佳"，但这并不代表中国传统文化面对海洋的必然走向，就如同西方中世纪选择了禁锢与封闭同样道理。明清两代中海洋政策的时禁时开，就很能说明问题。从总体上看，中国历史上的商业文化、中国历史上的商业发展、中国历史上的城市经济、中国历史上的海洋发展与开拓，绝不比任何别的民族、别的国家、别的文明落后。应该说，中国历朝历代所选择的这样的发展道路、所形成的这样的文化传统，是有历史根据的，是经过长期考量并总结经验的最佳选择，是中国历代政治文化精英智慧的结晶。正是由于选择了这样的文化发展道路，中国文化才有了如此辉煌、丰厚、绵延不断的历史；正是由于选择了这样的文化发展道路，才有了世界早期文明史上东方世界的中国文化圈（今多称之为汉文化圈、儒家文化圈）的形成和发展，形成了以中华天下一体观念为基础、以中国文化为主导、以中国为核心和宗主国的东亚朝贡体系和国际秩序；正是由于选择了这样的文化发展道路，我们才有资格、有机会为我们自己的如此优秀灿烂的中国传统文化而自豪。我们不应该对老祖宗指手画脚，不能对我们的传统文化说三道四，动辄批判、否定，埋葬、断送我们中国自己的民族历史和文化传统，包括中国自己的民族的海洋历史道路和海洋文化传统。

如前所论，中国海洋文化传统模式在近现代社会的失落和败北，并不是这种模式自身发展的必然结局，而是遭遇西方海盗式、掠夺式、依靠洋枪洋炮殖民式海洋文化袭击和重创的结果。无论是中国历史上还是世界历史上，落后文明靠武力掠夺、抢劫、击败甚至占领、统治一个先进文明，这样的史例屡见不鲜。

但是，当历史进入近代之后，当西方世界进入近代社会之后，西方海洋文化模式的"优势"（应该称之为"强势"更为贴切）显现了出来，而且很快形成了世界范围内的殖民和霸权，并将殖民地、半殖民地文化纳入了这一世界格局和体系。自此之后，西方海洋文化主导了世界。在这种世界发展大潮面前，我们传统的海洋文化丧失了本来具有的优势。而正因为西方文明、西方文化本身缺少与大陆文化的相互依赖、优势互补，所以西方海洋文化基于资源匮乏的掠夺、占有，具有先天的劣根性，因而必然导致与别国、别民族的激烈的相互竞争，因而也必然以整体性浪费资源、浪费人的生命体力和精神为代价，搞得整个世界不得安宁。显然，西方近代以来的这种发展模式，是不可持续的。

那么，如何面对西方近代以来这种发展模式现在依然存在的"优势"（"强势"）？我们至少应该看到：其一，这种"优势"（"强势"）已经是强弩之末。当年那些气势汹汹、似乎势不可挡、纷纷争霸世界的"西方列强"们，现在都逐渐"安安稳稳"地重新"回"到了他们的欧洲；剩下的"后起之秀"美国，超级独大，却多年来一直靠13亿中国人养着①，这种"寄生"的"强大"是不能长久的，一旦中国人不养活他们了，他们就会衰落下去。显然，现在他们正在走着下坡路。只要其发展模式不改弦易辙，衰落下去是迟早的事。其二，他们的"优势"（"强势"）靠的是他们"为了自己"、根据自己的需要而制定的"游戏规则"。比如其以武力控制海洋的"海权"理论和由此而制定的"国际"海洋竞争规则与实践。谁加入了这个"游戏"，谁就得受制于这个"游戏规则"，那么"赢家"永远是"庄家"。如果谁也想做"赢家"，那么谁就必须另外"为了自己"、根据自己的需要而制定另外的"游戏规则"。这才叫"竞争"。这才能够形成"竞争"。否则其只能成为为别人的"游戏规则"即营利规则服务的打工仔。只有当"竞争"是不同"游戏规则"的竞争，竞争者相互间才能真正一比高下。中国近代对西方的失败，是洋务派自我放弃，坚持和裹挟中国纳入了西方"游戏规则"的结果。所谓西方的"坚船利炮"，所谓"中国落后"，都是洋务派蛊惑人心、裹挟政府的说辞。否则，西方历史上同样有"坚船利炮"的"列强"之间在相

---

① "中国一直在用资源和血汗养着美国"。"中国从1990年以后，除了1993年以外，一直都是经常项目顺差，也就是说中国一直在向世界，特别是向美国提供资本。""把钱借给别人，不但得不到借钱的收益，相反，债权人还得给债务人付利息。""中国现在积累的1.2万亿美元的外汇储备，构成对美国的巨大补贴。""中国不断地用实际资源和血汗交换美国政府的借据。"见余永定《亚洲金融危机10周年和中国经济》，《国际金融研究》2007年第8期。

互争霸世界中"墙头频换大王旗"，中国历史上少数民族政权不止一次入主中原，中国近代号称"亚洲第一"的北洋舰队的全军覆灭败给日本，中国共产党军队用"落后"得多的装备打败美式装备"精良"的 800 万国民党军队，中国人民志愿军在朝鲜战场上直接打败美国军队，都是解释不通的。因而其三，中国事实上有这个传统、有这个资格和本钱以自己的"游戏规则"参与世界竞争，有这个传统、有这个资格和本钱在竞争中重新胜出，赢得世界竞争，我们应该有这个自信。①

第三，中国海洋文化的战略发展，应建立正确、完整、系统的中国自己的现代海洋文化知识体系、意识体系和观念体系。

中国海洋文化的战略发展，应该建立中国自己的民族的、"中国特色"的海洋知识系统，并使之成为国家教育和国民知识体系的重要内容。这一海洋文化知识系统应该包括：世界的、中国的海洋地理知识；世界的、中国的海洋环境知识；世界的、中国的海洋资源知识；世界的、中国的海洋权益知识；世界的、中国的海洋科学知识；世界的、中国的海洋历史知识；世界的、中国的海洋社会知识；世界的、中国的海洋生活知识；世界的、中国的海洋审美知识；世界的、中国的海洋教育知识；等等。

中国海洋文化的战略发展，应该牢固树立自己民族的、"中国特色"的海洋意识系统，并使之得到全国、全民族的认同，成为国家主流意识系统的构成要素。这一中国自己的民族的、"中国特色"的海洋意识系统应该包括：海洋强国意识；海洋富民意识；海洋科学意识；海洋经济意识；海洋生态意识；海洋伦理意识；海洋审美意识；由以上所形成的爱海意识、敬海意识、用海意识、保海意识；等等。

---

① 这里，美国亨廷顿对世界各地现代化进程的考察得出的结论也值得参考："现代化并不意味着西方化。非西方社会在没有放弃它们自己的文化和全盘采用西方价值、体制和实践的前提下，能够实现并已经实现了现代化。西方化确实几乎是不可能的，因为无论非西方文化对现代化造成了什么障碍，与它们对西方化造成的障碍相比都相形见绌。正如布罗代尔所说，持下述看法几乎'是幼稚的'：现代化或'单一'文明的胜利，将导致许多世纪以来体现在世界各伟大文明中的历史文化的多元性的终结。相反，现代化加强了那些文化，并减弱了西方的相对力量。世界正在从根本上变得更加现代化和更少西方化。"〔美〕亨廷顿：《文明的冲突与世界秩序的重建》，新华出版社，1998，第 70～71 页。

中国传统海洋文化观念及其海洋发展模式的历史为中国现代海洋发展奠定了丰厚的基础，近现代国际海洋发展的历史和当今世界海洋竞争的环境为中国现代海洋发展提供了丰富的参考借鉴，基于中国现代海洋发展的国家需求和国民需要，建立正确、完整、系统的中国自己的现代海洋文化发展观，刻不容缓。

正确、完整、系统的中国自己亦即"中国特色"的现代海洋文化发展观，应当避免将现代文化与传统文化割裂开来、对立起来，避免将海洋文化与内陆文化割裂开来、对立起来；既反对"非古"，又反对"唯古"；既反对"非海"，又反对"唯海"：中国文化的古今通变、陆海同构是一个整体，失却了文化的自我主体不可，片面地走向极端也不可。须防止单项地强调海洋经济，导致海洋生态环境和资源破坏；防止单项地强调海洋科技，导致科技伦理的丧失；防止单项地强调海洋经济指标与效益，导致政府的评价体系偏离和国民的拜金主义；防止单项地强调海洋军事大国，导致穷兵黩武；防止单项地强调海洋文化与内陆文化的差异，导致对中国文化整体的割裂。

"中国特色"的海洋观念系统应该包括：

其一，中国传统文化是中国大陆文化和海洋文化互补互动的共同的结晶，儒释道哲学精神和思想观念是中国大陆文化和海洋文化互补互动的共同的遗产。大陆与海洋互为依存而不是相互割裂；海陆并重、海陆互补、互为本末、蓝黄兼色、天人合一、师法自然，是中国传统文化包括传统海洋文化的精华所在。这正是中国海洋文化不同于西方海洋文化及其价值观念的根本所在。

其二，海洋不是"边地""边缘""天尽头"，尤其是在当代中国，海洋发展已经成为全国发展的重心所在，是当代中国文化重塑辉煌的中心地带；它在中国的现代文化里，将会起到越来越重要的基础和支撑作用。

其三，海洋是自己的家园，而不是自己的殖民地。对待海洋，只能亲海而不是侵海；只能善待海洋而不是虐待海洋。

其四，海洋生活是人们和平、和谐生活的家园，而不是人们拼杀、争斗的战场，对海洋资源只能和平共享而不是竞争掠夺。

对此，中国人应该自信。中华民族有能力、有资本自信。中国人有自己建立天下和平秩序的智慧。[①] 中国人自近代以来缺的就是自信。

为此，我们必须摈弃近代以来对自己的文化自我否定、自我矮化、自轻自贱、"言必称希腊"的后殖民文化心态，找回自己的国家和民族文化历史记忆，从根本上拨正长期以来的理论误区和观念偏差，改变中国当代社会国民海洋文化意识淡漠与海洋文化观念缺失的现状，恢复、树立民族海洋文化历史的自豪感和海洋文化发展的自信心。

海洋意识和海洋观念是一个海洋国家、民族文化的灵魂。海洋意识的有无和强弱，海洋观念的有无和正误，直接影响甚至决定着一个国家和民族的强弱盛衰，体现着国家文化形象，并对世界产生影响。

4. 中国海洋文化战略发展目标定位的确立

（1）中国海洋文化战略发展的目标定位

中国海洋文化的战略发展，应该确立一个明确的目标定位——中国现代海洋文明。

海洋文明，就是一个文明整体在精神文化、制度文化、社会文化和物质文化诸方面，都指向并体现为重视海洋发展、享用海洋发展的文明。

中国现代海洋文明，就是在现代条件下，中国整体在精神文化、制度文化、社会文化和物质文化诸方面，都指向并体现为重视中国和世界的海洋发展、享用中国和世界的海洋发展的文明。

中国现代海洋文明建设，既要立足于中国海洋发展的传统文化基础，又要适应中国现代海洋发展的当下和长远的国家战略和民族需要，以对外构建海洋和平世界、对内构建海洋和谐社会和海洋可持续发展为指向，在精神文化建设、制度文化建设、社会文化建设和物质文化发展诸方面，形成全国全民族的社会共识和共同行动。

将中国现代海洋文明建设作为中国海洋文化战略指向的目标定位，无疑应基于人类已经处于全球海洋竞争时代所出现的问题。这个时代目前是西方文化

---

① 《孙子兵法·谋攻篇》："夫用兵之法，全国为上，破国次之；全军为上，破军次之；全旅为上，破旅次之；全卒为上，破卒次之；全伍为上，破伍次之。是故百战百胜，非善之善也；不战而屈人之兵，善之善者也。故上兵伐谋，其次伐交，其次伐兵，其下攻城。攻城之法，为不得已。"

模式所主导的，而西方文化模式不仅过去有过血迹斑斑的不光彩历史，而且在现代又导致世界危机四伏，因而无论过去还是现在，西方文化都不可以继续主导人类海洋时代的发展；尽管中国当代的海洋发展不可能游离于世界海洋发展的整体格局之外，但中国的海洋发展不应该亦步亦趋地依然从属于西方所主导的这一模式、这一"游戏规则"，在这一模式、这一"游戏规则"下"戴着脚镣跳舞"。鉴于中国越来越认识到自己的文化传统的价值对于治疗当代西方文化所导致的现代化病态具有大可"扭转乾坤"的优势，中国应该理直气壮地、信心十足地以世界海洋大国的姿态和气度，将建构规范中国现代海洋发展并影响世界海洋未来的中国现代海洋文明模式确立为中国海洋文化战略的目标定位。

因此，将构建中国现代海洋文明确立为中国海洋文化战略的目标定位，就是要用中国海洋文化实现"人"化海洋，"文"化海洋，亦即用中国文化实现中国海洋发展的人文化。

这样的中国海洋文化战略目标定位，既能实现中国作为海洋大国的自身发展，又能辐射影响乃至主导世界海洋发展方向。这是因为，中国海洋文化战略目标的实施与实现，体现的是当今世界海洋文化发展的应有方向，因此必然对世界海洋文化的发展形成强大的文化吸引力和向心力，大面积地、大幅度地影响、带动和主导世界海洋文化战略目标的制定、实施与实现。这不但是中国的需要，也是世界的需要。中国作为世界上重要的海洋大国和具有悠久而灿烂的海洋文化历史的泱泱大国，应该为世界海洋文化的发展、为世界海洋文明的构建率先垂范，担负起大国的责任，作出大国的贡献。

（2）中国海洋文化战略目标的基本内涵

中国海洋文化战略目标——中国现代海洋文明的基本内涵，至少应包括以下几个方面：

①和谐海洋。致力于和谐海洋的建设，就是要注重海洋社会（广义的）和谐、人际和谐、族际和谐、国际和谐与和平，尊重不同区域海洋社会文化传统及其自我选择，"己所不欲，勿施于人"，四海祥和，天下共享太平之福。

②审美海洋：致力于审美海洋的建设，就是要注重人类对于海洋的精神感受、审美感受、幸福感受，而不是一味追求对海洋资源、海洋利益的贪占

享受。

③休闲海洋：致力于休闲海洋的建设，就是要注重予民以休养生息，予海洋以休养生息，以替代快节奏快速率、紧张疲劳型海洋生产和社会人生的运转。

④生态海洋：致力于生态海洋的建设，就是要一方面保障海洋资源、海洋环境的可持续利用，资源、环境优先，而不是竞争、效率优先，避免相互竞争掠取；一方面保障海洋历史文化资源的存续和海洋精神文化与民俗文化的传承，而不是动辄横扫破坏、维新是求，要使之文脉不断。

⑤安全海洋：致力于安全海洋的建设，就是要保障国家海洋安全，既能够维护世界海洋和平，又能够以威武之师消除一切威胁国家安全的内外部因素。

一句话，中国海洋文化战略目标就是要将我们所赖以生存发展的海洋，建设成为人之所以为"人"所需要的"合目的"的"人文海洋"。而毫无疑问，"人文海洋"的海洋文化战略的实现，是靠"人"，亦即"合目的"的"人文社会"来建设发展的——"人"在建设发展"人文海洋"的过程中同时建设发展了"人文社会"自身——这是海洋文化建设发展的战略手段，也是战略目的。这也就是中国现代海洋文明建设的实质内涵。

因此，将中国现代海洋文明建设作为中国海洋文化发展战略的目标定位，就不仅是适宜于中国的，同时也是适宜于世界的海洋文化发展范式。

（3）中国海洋文化战略目标——"海洋强国"的标志性展现

第一，鲜明的世界海洋大国形象。以中国气派、中国风格、中国特色影响世界。中国是一个大国，一个人口大国，一个陆海同构、陆海互动的文化大国；中国同时又是一个负责任的大国。中国在历史上影响、带动了东亚地区的发展，在历史上不同程度地影响了世界，在未来世界文化走向和发展道路上，中国有责任影响东亚、影响世界。中国应当承担起作为一个文化大国的国际责任和使命。

第二，凸显的国家海洋发展意志。即国家要按照自己的意志着力在海洋的可持续发展，并使之成为国家文化模式及其走向的重要体现。对内建构海洋和谐社会，对外构建海洋和平世界，应是中国作为一个世界海洋大国的国家海洋意志的重要内涵。

第三，普遍的国民海洋发展意识。海洋意识是一个海洋国家、民族文化的灵魂，直接影响甚至决定着一个国家和民族的强弱盛衰，体现着国家文化形象，并对世界产生影响。它包括三个系统：海洋知识系统、海洋观念系统、海洋思想系统。海洋知识普及，海洋观念正确，海洋思想系统，并深入人心，成为全国、全民族认同的国家主流意识的构成要素。

第四，高度的中国文化主体认同。树立中国的民族的海洋文化历史自豪感和海洋文化发展自信心。确保中国海洋文化遗产的安全及其价值的传承利用，以提供人们深厚的海洋文化发展底蕴和广阔的海洋文化生活空间。

第五，可持续发展的海洋经济体系和可持续利用的海洋资源环境空间。为此，我们的海洋经济及国家整体经济发展观念、海洋经济及国家整体经济增长方式，都应该体现这样的思想，落实这样的行动。

第六，合乎自然、合乎人性、以人为本、以民生为本、和谐发展的中国特色社会主义的海洋生活方式。这样的海洋生活方式，就是以沿海各地不同区域特色的海洋文化风情的多样化和丰富性为基础，全民族全社会爱海、敬海、依海，与海洋和谐相处、互动发展的社会生活方式。这是中国现代海洋文明发展模式的最基本、最具体的文化呈现，体现在人们高尚愉悦的精神生活、和谐有序的制度生活、无忧无虑的衣食住行等物质生活之中。

当然，要实现上述目标，体现上述标志，必须建立系统完善、面向现实、行之有效的国家保障制度，包括政治制度、法律制度、教育制度、科技制度、经济制度、军事制度。

（本报告内容来源：国家社会科学基金重大项目《中国海洋文化理论系统研究》[12&ZD113]、国家社会科学基金后期资助项目《海洋强国战略的文化建构》[12FZX011]、国家海洋局委托重大课题《中国海洋文化基础理论研究》阶段性研究成果）

专题报告

主题一
中国海洋文化研究与海洋意识现状分析

专题一　中国海洋文化研究的
　　　　主要观点与成果综述

人类依海而居和海上生产与生活提供了海洋文化萌发和生长的土壤。我国的海洋文化进入文人视野，可以追溯到成书于战国时代的《山海经》，但多数早期的海洋文化研究属于分门别类的研究、文史考据研究。如妈祖崇拜之类的海洋信仰研究、中国古代海防研究、远洋航海和海上丝绸之路研究、渔民盐民船民蛋民研究等，自觉地进行海洋文化的基本理论研究、学科和体系建设研究则是当代才开始的。

一　"海洋文化"概念与内涵研究综述

中国学界将"海洋文化"作为一个概念使用，在人文社会科学界和自然科学界都时而见到，但都是用这一概念指某种具体的文化现象，长期以来没有关于这一概念的具体定义和表述。最早将"海洋文化"作为一种文化的大类或模式提出，并与"内陆文化"分野的，是 20 世纪 80 年代的《河殇》。作者基于黑格尔《历史哲学》中高度评价西方人善于航海，因而其文化是开放的、自由的，同时贬斥中国虽然靠海却与海洋文化无缘的理论，将西方文化概括为"海洋文化"，将中国文化概括为内陆文化、农耕文化，将"海洋文化"视为先天性先进，将"内陆文化"即"农耕文化"视为先天性落后，对中国文化进行了"原罪"性的讨伐，在当时以"解放思想"为名、否定中国文化为实的思潮下，引起一片轰动，但其基本立场、观点都是错误的。

20 世纪 90 年代初，《中国海洋报》副刊开辟了"海洋文化"专栏，为学界、文化界、海洋界谈论"海洋文化"提供了阵地。尽管它还不是对海洋文化的系统的研究，但作为一种文化概念和观念，是显然的。

1995 年，中国科学院自然科学史研究所宋正海著《东方蓝色文化——中国海洋文化传统》由广东教育出版社出版。这是我国学界的第一部海洋文化专著。但在当时"海洋文化"尚未受到学界重视、学科交叉研究尚未蔚然成风的情况下，由于宋先生的自然科学史"出身"，与人文社科界"搭界"较少，加之该书内容多为中国海洋自然科学历史文化现象的考察，因此，未能引起人文社科界的广泛注意。

广东炎黄文化研究会在海洋文化研究方面开展较早，1995 年 6 月，广东炎黄文化研究会首次"海洋文化笔会"在珠海市举行，自此该会不少学者试图概括定义"海洋文化"，论说海洋文化的建设发展问题①，至今这方面的研讨会已有六次，并出版了系列的《岭峤春秋——海洋文化论集》。

1996 年，中国海洋大学曲金良教授提出研究海洋文化，建立海洋文化学科。1997 年，他倡导创立了全国第一家专门的海洋文化学术研究和人才培养机构——海洋文化研究所，当年在《中国海洋大学学报》（社会科学版）开办"海洋文化研究"专栏，开设了全校性公共选修课《海洋文化概论》，编辑出版了《海洋文化概论》教材和海洋知识教育丛书。中国海洋大学海洋文化研究所（原称青岛海洋大学海洋文化研究所）、广东海洋大学海洋文化研究所（原称湛江海洋大学海洋文化研究所）、浙江海洋学院海洋文化研究所、上海

---

① 广东炎黄文化研究会编《岭峤春秋——海洋文化论集》，广东人民出版社，1997。

海事大学海洋文化研究所多年来加强联系与合作，在推动我国的海洋文化研究方面做了大量工作。

1. "海洋文化"的概念与内涵体系建构

曲金良主编的《海洋文化概论》于 1999 年由青岛海洋大学出版社出版。这是我国学界第一次系统地对海洋文化的概念、内涵、特征、分类、面貌、功能作出全面概括、阐述的专著。该书给出了海洋文化概念的界定、海洋文化的特征、海洋文化的呈现面貌、海洋文化的发展历史、海洋文化学体系初步建构的基本理论。

2003 年，曲金良在中国海洋大学出版社又出版了专著《海洋文化与社会》，在前期海洋文化基本理论研究的基础上，试图进一步构建海洋文化学的学科体系，并运用社会学的方法对海洋文化及其区域特征进行研究。

曲金良主持的国家哲学社会科学重大项目《中国海洋文化理论体系研究》已经启动，该项目下设四个子课题：（1）中国海洋文化学科理论研究；（2）中国海洋文化本体理论研究；（3）中国海洋文化价值理论研究；（4）中国海洋文化发展理论研究。

关于什么是海洋文化，曲金良列举了学界出现的一些海洋文化定义，并作了分析评议：

（1）"海洋文化是中华文化的重要组成部分。所谓海洋文化，其实也是地域文化，主要指中国东南沿海一带的别具特色的文化。同时，也包括台、港、澳地区以及海外众多华人区的文化。"

（2）"滨海地域的劳动人民和知识分子世世代代在沿海地区生活，他们对内交流、对外交往，依傍海洋从事政治、经济、文化活动，创造了丰富的物质财富和精神财富，并在斗争实践中逐步孕育、构筑、形成具有海洋特性的思想道德、民族精神、教育科技和文化艺术，综而言之，就是海洋文化。"

（3）"人类社会历史实践过程中受海洋的影响所创造的物质财富和精神财富的总和就是海洋文化。"

（4）"海洋文化，是人类与海洋有关的创造，包括器物、制度和精神创造。具体说来，海船，航海，有关海洋的神话、风俗和海洋科学等都是海洋文化。"

由于是早期的探讨，第 1～3 个定义明显让人感觉思考上的欠周到和表述上的不严谨。

1997 年，曲金良发表《发展海洋事业与加强海洋文化研究》，给出的定义是："海洋文化，作为人类文化的一个重要的构成部分和体系，就是人类认识、把握、开发、利用海洋，调整人与海洋的关系，在开发利用海洋的社会实践过程中形成的精神成果和物质成果的总和，具体表现为人类对海洋的认识、观念、思想、意识、心态，以及由此而生成的生活方式包括经济结构、法规制度、衣食住行习俗和语言文学艺术等形态。"①

1999 年，曲金良出版《海洋文化概论》，在此前定义的基础上进一步将"海洋文化"概括为：

> 海洋文化，就是和海洋有关的文化；就是缘于海洋而生成的文化，也即人类对海洋本身的认识、利用和因有海洋而创造的精神的、行为的、社会的和物质的文明生活内涵。海洋文化的本质，就是人类与海洋的互动关系及其产物。②

这两种表述性和概括性不同的定义，影响广泛。后来人们对"海洋文化"的定义和表述，大多是在曲金良定义和表述的基础上衍生出来的，更多是作为常识直接运用。③

---

① 曲金良：《发展海洋事业与加强海洋文化研究》，原载《青岛海洋大学学报》（社会科学版）1997 年第 2 期。《中国海洋石油报》（1997 年 12 月 10 日）等转载介绍。见曲金良《海洋文化概论》（青岛海洋大学出版社，1999，第 5 页）所作的引述。
② 曲金良：《海洋文化概论》，青岛海洋大学出版社，1999，第 7~8 页。
③ 如钱宏林《加强海洋文化研究，努力建设海洋经济强省》（《海洋与渔业》2004 年第 11 期）："海洋文化，作为人类文化的一个重要组成部分和体系，就是人类认识、把握、开发、利用海洋，调整人与海洋的关系，在开发利用海洋的社会实践过程中形成的精神成果和物质成果的总和，具体表现为人类对海洋的认识、观念、心态，以及由此而生成的生活方式，包括经济结构、法规制度、衣食住行习俗和语言文学艺术等形态。"曹忠祥《发展海洋先进文化 促进海洋经济和谐发展》（《中国海洋报》2005 年 4 月 19 日）："海洋文化是人类文化的重要组成部分，是人们在长期认识、开发利用海洋过程中形成的精神和物质成果的综合。广泛意义上的海洋文化，不仅表现为人类认识海洋过程中所形成的思想、观念、意识、心态，而且包括由此所形成的生产方式、生活习惯、社会制度以及语言文学艺术等多方面的内容，其实质是人类与海洋自然地理环境相互关系的集中反映。"

杨国桢指出，用海洋文化代表海洋发展的全部历史内容，囊括海洋自然科学、技术科学、社会科学的专业知识和生产生活的一般知识，提法不能说是错误的，但这样至全至美的学科建构，只能是理想的模式，实际上很难行得通。广义的文化有物质文化、制度文化、精神文化三个层面，仅从精神文化层面看，大致有以下三个主要因素：海洋价值观；海洋思维方式；海洋品格。[①]

张开城在《海洋与渔业文化研究论要》（2004）、《论文化和海洋文化》（2005）、《海洋文化及其价值》（2008）、《哲学视野下的文化和海洋文化》（2010）、《主体性、自由与海洋文化的价值观照》（2011）等论文中探讨了海洋文化的基本理论问题。张开城认为，海洋文化是人海互动及其产物，是人类的涉海活动以及在这一活动中创造的物质财富和精神财富的总和，具体表现为海洋物质文化、海洋行为文化、海洋制度文化和海洋精神文化。狭义的海洋文化是人类在涉海活动中创造的精神财富的总和，包括海洋文化哲学、海洋科学理论、海洋宗教与民间信仰、海洋文学艺术等。构成海洋文化的两个基本要素是"人"和"海"。海洋文化的产生，在于人与海的关联和互动；在于人类的涉海生产实践和生活方式；在于海洋的"人化"，"人的本质力量对象化"于海洋这一特殊的客体，以及在这种"对象性"关系中的客体主体化的向度，全面展示在人海关系中的认识关系、实践关系、价值关系和审美关系之中。[②]

2. "海洋文化"的特点与价值研究

关于海洋文化的特点，论者甚多。

欧初从海洋文化在社会经济生活中的体现的视角加以把握，论其特征为"重商""开放性""外向性"，从其对异域文化的吸纳的视角加以把握，论其特征为"多元性""兼容性"；徐杰舜认为，海洋文化具有"外向性""开放性""冒险性""崇商性""多元性"；林炳熙从中华海洋文化的视角加以把握，认为海洋文化具有"开放性""多元性""兼容性""商业性""开拓性"；邓红风从人类海洋文明史的视角加以把握，认为海洋文化具有"开放性""多元性""原创性和进取精神"这三大特点；曲鸿亮从海洋民俗文化的视角加以

---

① 杨国桢：《瀛海方程——中国海洋发展理论和历史文化》，海洋出版社，2008，第58、60页。
② 张开城：《海洋文化及其价值》，《中国海洋报》2008年4月11日。

091

把握，谓其具有"民族性""地域性""漂流性""变异性""行业性""功利性""神秘性""包容性"凡八大特征；徐志良肯定海洋文化开放、拓展、交流、兼容的文化个性；徐杰舜认为海洋文化具有外向性、开放性、冒险性、崇商性、多元性五个特征。

曲金良把海洋文化的特点总结归纳为以下六点：

其一，就海洋文化的内质结构而言具有涉海性。

其二，就海洋文化的运作机制而言，具有对外辐射与交流性，亦即异域异质文化之间的跨海联动性和互动性。

其三，就海洋文化的价值取向而言，具有商业性和慕利性。

其四，就海洋文化的历史形态而言，具有开放性和拓展性。

其五，就海洋文化的社会机制而言，具有民主性和法治性。

其六，就海洋文化的哲学与审美蕴涵而言，具有生命的本然性和壮美性。[1]

司徒尚纪概括为：外向性；开放性；冒险性；崇商性；多元性；包容性（兼容性）。[2]

张开城认为，海洋文化具有开放性、博大性、开拓性、兼容性、交流性、区域性、商业性、自由性等八个方面的特征。[3]

关于海洋文化精神，述者也较多。张开城把海洋文化精神概括为开放交流精神，博大兼容精神，刚毅无畏精神，开拓探索精神，重商勤勉精神，自由平等精神。[4]

3. "海洋文化"的价值功用研究

学者们把海洋文化的价值归纳为功利价值、科学价值、道德价值、审美价值、历史价值等（张开城，曲金良）；把海洋文化的功能归纳为：求真功能、经济功能、道德功能、审美功能等（张开城）。

---

[1] 曲金良：《关于海洋文化学基本理论的几个问题》，《中国海洋文化研究》，文化艺术出版社，1999。

[2] 司徒尚纪：《中国南海海洋文化》，中山大学出版社，2009。

[3] 张开城：《海洋社会学概论》，海洋出版社，2010。

[4] 张开城：《海洋社会学概论》，海洋出版社，2010；张开城：《主体性、自由与海洋文化的价值观照》，《广东海洋大学学报》2011 年第 5 期。

第一，关于海洋文化功利价值的认识。

20 世纪末叶以来，随着陆地资源的枯竭、人口压力的加剧和生存环境的恶化，国际社会开始对海洋投入更大的关怀。海洋被看作是人类社会连续发展的希望所在，被看作是未来文明的根本出路。世界各国海洋权益观念越来越强化，海洋资源勘探全面展开，海洋经济迅速增长，海洋军事力量急剧加强，海洋养殖与加工、海洋运输与贸易、海洋药物与保健品、海洋旅游、海洋化工、海洋矿产资源和海洋能源的综合利用等已经发展成为大规模的产业群。滨海城市、沿海乡镇、传统渔业乡镇、传统渔港码头分别向大都市化、中小城市化、经贸企业化、工业商贸化方向发展，传统农渔业人口也大规模向企业人口和市民人口构成转变。"万国竞渡"的海洋热，使中国知识界产生了巨大的震撼。迎接新时代的挑战，把握历史发展的机遇，这种强烈的责任感敦促人文学者们也积极行动起来。与《中国海洋 21 世纪议程》、"海洋 863 计划""蓝色国土""海上辽东""海上山东""海上苏东""海上浙江""海上福建""海上广东""海南海洋大省"以至"海上中国"等政府规划的出台和实施并行，"海洋文化"也作为一门人文学科得以建立起来。①

在中国，海洋文化建设是应对 21 世纪国际竞争、不断提高综合国力的需要；是解决文化建设与经济社会发展程度不平衡问题的需要；是解决一部分海洋从业人员文化素质相对偏低问题的需要；是克服落后观念，使思想与时代同步的需要；是提升价值观念和社会道德水平的需要。在 21 世纪的今天，中国建设海洋强国任重道远，需要积极开展海洋文化建设，大力弘扬海洋文化精神，使海洋从业人员形成与时代发展要求相适应的价值观，增强海洋强国建设的凝聚力和向心力，推动中国海洋事业全面、协调与可持续发展。

第二，关于海洋文化科学价值的认识。

海洋文化的科学价值就是求真。求真是海洋文化研究中的科学眼光和理性审视。它包括对海洋的科学考察、实验及其成果，对人类认识和利用海洋、人海互动的历史的客观描述和评价。海洋科学就是"求真"的产物和结晶。今

---

① 孙立新：《一门正在崛起的新学科——〈海洋文化与社会〉读后》，《史学理论研究》2005 年第 2 期。

天的海洋科学业已形成内容丰富的知识体系，包括海洋物理学、海洋化学、海洋生物学、海洋地质学、海洋气象学、海洋环境保护等诸多学科知识。从宏观上将这些关于海洋的知识、创造及其历史积淀概括为"海洋文化"加以系统研究和认知，这样的"海洋文化"便成为作为一门学科的研究对象，并具有了不但"求真"而且"求善"并"求美"的科学的（即作为哲学人文社会科学的）认知价值。

从最广泛的意义上讲，文化包括人类一切的物质创造和精神创造，毫无疑义，它也包括人类一切与海洋有关的创造，即"海洋文化"。长期以来，人们在讨论文化问题时，往往"站在内陆而背对着海洋"，只看到陆地对于人类的生存意义，没有或者很少注意到海洋对于人类社会的重要性；只看到人类在陆地上的生产生活情况，没有或很少注意到人类在开发利用海洋方面的伟大创造。即使在西方，在 18 世纪"文化学"兴起之际，农业生产也被看作是文化的本源。这一点可以从西语"文化"概念的语源发生上明显看出。在西方语言中，"文化"源于拉丁文的"colere"一词，而该词的原意是指"耕作"和"培植"。工业化和工业社会形成之后，文化概念自然也延伸到了工业生产以及与之相关的商品贸易、城市化、社会生活方式和伦理道德等方面，包括与海洋有关的种种事物，如海上航行、海外贸易、海洋霸权争夺、海洋资源开发利用以及众多描写海洋的文学艺术作品和像"海权论"一类的战略思考等。但是，迄今为止，西方学术界还没有人把"海洋文化"作为一个学科概念提出来，上升到学科的高度加以系统研究。把"海洋文化"从一般的文化中抽象出来，把海洋文化与陆地文化加以区别认知，并赋予它特定的本质内涵，这是中国学术界的一大创举。而这一创举的出现与中国学者对本民族历史与文化的深刻反思和 21 世纪"海洋世纪"的到来有着密切联系。[①]

第三，关于海洋文化的道德价值。

海洋文化的道德价值就是求善。它包括三个方面。一是以海洋为参照系的道德价值观照，以海洋观照人格，以人类眼光中海洋的自然特征所具有的人格

---

① 孙立新：《一门正在崛起的新学科——〈海洋文化与社会〉读后》，《史学理论研究》2005 年第 2 期。

意义来了悟理想人格的某些要素。二是在人海互动中主体受到对象物大海的洗礼，完成人格塑造，实现人格提升。三是传承海洋行业、海洋社会在与海洋打交道的长期历史与生活积累中形成，并得到广泛认同的道德品格和道德规范，以形成、巩固和发展人们良好的和谐的人际社会关系。

第四，关于海洋文化的审美价值。

海洋文化的审美价值就是求美。求美是人类对海洋自然、海洋人文的审美眼光和审美体验。海洋的自然属性本身就具有审美意义，人类海洋文化遗存也具有丰富的美学内涵，人海互动所生发的审美体验对人类更是一种特殊的满足。在人海互动中，人在直面生命的威胁和挑战中考验自我观照自我，从而获得一种满足。这与花前月下小桥流水，杨柳岸晓风残月是不同的审美情境。前者属于壮美，后者属于优美。而且这种审美观照是主体直接参与的，置身其中的，由于主体同时又是客体，是观照者同时又是观照对象，因此可以达到"天人合一""物我两忘"的审美境界。如同马克思在《1844 年经济学哲学手稿》中所说的，人作为"能动的类存在物"，需要在对象性活动中实现自己的"类本质"。①

4. 海洋文化比较研究

海洋文化比较研究主要涉及海洋文化与大陆文化比较研究、中西海洋文化比较研究等。

曲金良的《中国海洋文化观的重建》2009 年在中国社会科学出版社出版，该书系统阐述了我国当代社会海洋文化观的现状，深入分析了这些现状产生的历史背景和现实因素，指出了中国社会海洋文化观创新与重建的必要性和必然性，进而提出并论证了中国社会海洋文化观创新与重建的基本内涵与基本体系，理论与实证结合，阐述了中国海洋文化本位观、中国海洋文化历史观、中国海洋文化社会观和中国海洋文化发展观重建的具体内涵，并对中国社会海洋文化观重建的保障体系及对策措施进行了建设性思考。

张开城指出：有人说，地理环境不同，生产方式随之大异，文化的重点和

---

① 参见张开城《海洋与渔业文化研究论要》，《海洋与渔业》2004 年第 5 期；张开城：《主体性、自由与海洋文化的价值观照》，《广东海洋大学学报》2011 年第 5 期。

作为核心的价值观念，也就有所差别了。海洋国家与大陆国家、农业民族与游牧民族，他们的文化面貌的分殊，可以由此理解。在他们看来，"内陆文明似乎天生是农业文明的根，海洋文明天生是工业文明的种"①。他们认为，"海洋文化"和"陆地文化""两者代表人类文明发展的两个不同的阶段和水平"，"海洋文化是一种先进文化"，大陆文化和海洋文化不仅是两种性质不同的文化，而且是文化发展、社会历史进步的两个不同的时期——人类先走到大陆文化、农业文化阶段，然后再进一步发展到更先进的海洋文化阶段。我们认为这不符合历史事实。世界上很多地区包括中国古代时期，大陆文化和海洋文化是同时具有的，怎么说一个先一个后，一个先进一个落后呢？我们不赞成西方文化是海洋文化、中国文化是大陆文化的观点，更不能接受西方文化先进、中国文化落后的观点。西方文化有它的优长，中华文化也有自己的优长。而且中华海洋文化既具有海洋文化开放交流、开拓探索、重商务实、自由平等的特点，又具有自身的特殊性质："协和万邦"，"四海"一家；海纳百川，包容宽恕；海外海内，安分守己；以海比德，博大恢宏；敬海谢洋，人海和谐等等。这些都是中华民族留给人类的宝贵精神财富，需要我们继承、发扬和光大。中华文化包括中华海洋文化源远流长、博大精深、独树一帜，是世界文化百花园中一朵常开不谢的美丽花朵，作为龙的传人、炎黄子孙，我们要有这样的文化自信，要弘扬中华民族的民族精神，发扬中华海洋文化精神，既振兴中华民族，又造福人类。②

二　"中国海洋文化"诸问题研究综述

1. "中国海洋文化"的内涵体系研究

中国既是一个地域辽阔的大陆国家，又是一个海岸线绵长、海洋国土面积广大的海洋大国。在长期的休养生息中，中华民族创造了丰富多彩的海洋文化。对此，宋正海的《东方蓝色文化——中国海洋文化传统》一书，展示了

---

① 本书编写组：《〈河殇〉宣扬了什么》，中国广播电视出版社，1991，第 145 页。
② 张开城：《海洋文化与中华文明》，《广东海洋大学学报》2012 年第 5 期。

中国海洋文化的"大系"：以贝丘和贝丘人为代表的久远海洋文化生发（新石器时期）；海洋生物资源的利用；海洋水资源的利用；海洋航运；海洋政策；海洋军事文化；海洋艺术；海洋宗教与民间信仰文化；海洋旅游与风俗习惯；海洋哲学。[①]

李明春、徐志良的《海洋龙脉——中国海洋文化纵览》一书除肯定"有中国海就有中国的海洋文化"外，还分8部分列述洋洋大观的中国海洋文化：

（1）中国远古的海洋文化：海洋神话的渊源；中国古代的海神海怪；最古老的中国海神——"倏"与"忽"；黄帝后裔——禺疆；北海之神——海若；四海之神；中国龙；精卫填海；八仙过海；南海观音菩萨；海神娘娘——妈祖。（2）古人的海上活动与历史印迹：河姆渡文化的海洋印迹；贝丘——涉海活动的见证；舟楫——海上活动的工具；指南针——航海活动的先进仪器；万里海塘——古代沿海的雄伟工程；煮海为盐——利用海水资源的伟大实践；徐福东渡——海上活动的先驱；海上丝绸之路——海上活动的结晶；鉴真东渡——唐代卓越的民间航海活动；元代海上漕运——古代南北运输生命线；郑和七下西洋——空前的海上活动壮举。（3）海洋文明的文化传承：中国人与中华"龙"；怪书《山海经》——海洋文化的始祖；渤海现贝丘文化；锚的发展与文化进程；古越人与舟船文化；航海与文化传播；妈祖与妈祖文化。（4）中国古代海洋文学艺术：先秦时期的海洋文学；秦汉魏晋南北朝时期的海洋文学；唐宋时期的海洋文学；元明清时期的海洋文学；千古绝唱的咏海诗词。（5）中国海洋文化区域：吴越文化；闽台文化；潮汕文化；广府文化。（6）民俗文化中的海洋印记：渔业民俗；渔家生活风俗；渔民服饰习俗；渔民交通习俗。（7）海洋文化代表人物记略：汪大渊和《岛夷志略》；林则徐和《四洲志》；魏源和《海国图志》；李鸿章和洋务运动；孙中山的"海权"思想；中国的第一个"马汉"——陈绍宽。（8）中国当代海洋精神文化的发展。

内涵丰富的海洋文化，是中华民族古老文明的组成部分，黄河、长江与海洋共同孕育了中国的舟船文化。浙江河姆渡出土的木桨表明，早在7000年以前，中国人就走向了海洋。在几千年的历史中，中国人不仅创造了辉煌灿烂的

---

① 宋正海：《东方蓝色文化——中国海洋文化传统》，广东教育出版社，1995。

农耕文明，而且同时创造了博大精深的海洋文化和舟船文明。徐福东渡、鉴真东渡、郑和下西洋、海上丝绸之路、华侨海外创业等等说明，中国人不但习于航海，而且注重利用海洋发展商业贸易。

曲金良主持的国家海洋局委托重大项目《中国海洋文化基础理论研究》，全面梳理了中国海洋文化的相关基础问题。曲金良指出，加强中国海洋文化基础理论研究，对于进一步弘扬中国海洋文化精神，提高全民族的海洋意识和海洋观念，树立中华民族对自身海洋文化历史认知的民族自豪感和自信心，在全球进入"海洋世纪"的当代背景下大力推进我国海洋事业，建设海洋强国，发展海洋文化，具有重要的关键性意义。该课题研究的宗旨，就是因应海洋事业和文化大发展大繁荣的国家需要，满足社会各界在重视海洋文化研究、推进海洋文化建设和发展繁荣中对基础理论的广泛需求。该课题研究由曲金良、张开城、刘义杰、柳和勇等共同执笔，同时凝聚了国家海洋局相关领导、中国海洋发展中心和中国海洋大学海洋发展研究院相关专家、北京大学王晓秋教授、厦门大学李金明教授、台湾海洋大学黄丽生教授以及上海海事大学时平教授等的共同智慧和贡献。该课题成果即将出版。全书阐述了中国海洋文化理论研究的价值意义；综论了中国海洋文化的概念与内涵、中国海洋文化的主体结构、中国海洋文化的主要形态、中国海洋文化的主要特性、中国海洋文化的形成与发展机制；分论了中国海洋思想文化、中国海洋社会文化、中国海洋经济文化、中国海洋制度文化、中国海洋民俗文化、中国海洋审美文化等类别；梳理了中国海洋文化的历史进程与发展模式；分析了中国海洋文化在世界海洋文化史上的地位；展望了中国海洋文化建设与发展的基本任务、中国海洋文化的学科建设与人才培养、中国海洋文化遗产的发掘保护与开发利用、中国海洋文化建设与发展的保障体系等。

张开城最近发表的《海洋文化与中华文明》一文指出：中华文明是农耕文明、游牧文明、海洋文明的统一体。海洋文明是中华文明的重要组成部分。依海而居的中华先民早就受益于海，他们得"鱼盐之利"，享"舟楫之便"。河伯望洋而兴叹、夸父逐日而豪饮、精卫填海而泄愤、八仙过海而显才、徐福东渡而播文、鉴真过洋而弘法、郑和远航而扬威、华侨过海而谋生……既耕海牧海，又发展海上贸易。无论在古代还是改革开放的今天，中国都是了不起的海洋大国。张开城从食海而渔、雕木为舟、结绳为网、煮海为盐、傍海而居、历海而志、卫海而筑、美海而歌、惧海而祭、飘洋为侨、远航而交、悟海而论、识海而述等 13 个方面对中华海洋文化进行了列述。①

2. "中国海洋文化精神"研究

张开城认为，中华海洋文化既具有世界海洋文化的一般特点，又具有不同于西方海洋文化发展模式的中华海洋文化传统。中华海洋文化的特质凸显中华文化"和"的理念和"自强不息，厚德载物"的价值取向，中华海洋精神可归纳为八个方面：

（1）协和万邦，四海一家；

（2）海纳百川，开放包容；

（3）刚毅无畏、百折不挠；

（4）开拓探索、尚新图变；

（5）重利务实、吃苦耐劳；

（6）守海卫疆、死生度外；

（7）关注海洋、以海图强；

（8）敬海谢洋、人海和谐。

西方文化中有两个致命的缺陷：囿于一己和侵略扩张。海洋文化的博大和宽容，西方文化是不具备的。塔利班的出现不是证实了亨廷顿的理论，而是回应了西方文化的价值理念。②

3. 中国区域海洋文化研究

2006 年海洋出版社出版了柳和勇的专著《舟山群岛海洋文化论》，从海洋文化资源、海洋文化史、海洋渔文化、海洋民俗文化和海洋文学等八个方面，概述了舟山群岛海洋文化的历史、现状和发展未来，揭示了舟山群岛海洋文化的特点及特质，并对舟山群岛海洋文化在我国海洋文化中的地位作了定位。由浙江省海洋文化与经济研究中心主持、张伟主编的《浙江海洋文化与经济》论文集，到目前为止已由海洋出版社出版了三辑，该论文集以海洋经济文化历

---

① 张开城：《海洋文化与中华文明》，《广东海洋大学学报》2012 年第 5 期。

② 张开城：《中华海洋精神及其现代价值》，《开放导报》2012 年第 8 期。

史研究为核心，也兼顾相关学科的研究，信息较丰富，但缺乏系统性。

2009 年中山大学出版社出版了司徒尚纪的专著《中国南海海洋文化》。该书是广州市社会科学界联合会资助出版项目成果，被列入"十一五"国家重点图书。作者在《序言》中指出，"南海是我国最大的海区，我国人民特别是岭南人民自古开发、资仰于南海，创造了以海洋经济为重要内涵的南海海洋文明，彪炳中华文明史册。岭南文化或珠江文化最重要的一个文化特质和风格就是它的海洋性"。全书分 11 个部分。（1）海洋文化基本理论架构；（2）南海海洋文化形成环境；（3）南海海洋文化发展历程；（4）南海以海为田的海洋农业文化；（5）南海以海为商的海洋商业文化；（6）南海海神崇拜和海外宗教文化；（7）南海地区涉海语言文化；（8）南海海洋风俗文化；（9）南海海上社会蛋民文化；（10）作为海洋文化载体的岭南华侨文化；（11）南海海洋文学艺术。

2010 年国家海洋局立项开展《中国海洋文化》大型丛书的编写出版工作，全国每个沿海省、市（直辖市）、区（自治区）编写出版一卷，沿海省、市（直辖市）、区（自治区）海洋与渔业厅局配套立项支持，组织相关专家编写。截至目前，该套丛书的编写已进入"扫尾"阶段，即将出版问世。届时，全国各大区域的海洋文化面貌将得以呈现，整体和区域的海洋文化系统、深入的研究解读，也将有了系统、翔实的实证基础。

4. 中国海洋文化产业研究

广东海洋大学海洋文化研究所是海洋文化产业研究的发起单位。该所主持的广东省海洋与渔业局项目《广东海洋文化产业的现状、问题与对策》（2005），是国内第一个海洋文化产业方面的立项课题；2005 国际海洋论坛——"海洋经济·文化学术研讨会"于 2005 年 11 月在广东海洋大学召开，这是国内首个以"海洋文化与海洋文化产业"为主题的研讨会。该次会议的论文集《海洋文化与海洋文化产业研究》由张开城、徐质斌主编，海洋出版社出版，是国内第一本海洋文化产业方面的论集。张开城等撰写的《广东海洋文化产业》一书，由海洋出版社于 2009 年出版。

关于山东海洋文化产业研究，主要有王颖的博士论文《山东海洋文化产业研究》（山东大学，2009）；中国海洋大学张胜冰、赵成国、马树华等主持的《山东半岛蓝色经济区文化产业发展规划》等多个区域海洋文化产业规划和多个文化部多个国家文化产业研究基地课题；山东省社会科学院王苧萱等也发表过多篇这方面的相关论文。为建设山东半岛蓝色经济区，作为龙头城市的青岛市已立项研究海洋文化产业统计问题（青岛市统计局委托，曲金良主持，课题组成员为赵成国、王苧萱和市统计局相关同志），以具体量化指标展示区域海洋文化产业的发展情况。这是国内首个基于海洋文化产业统计的课题。

浙江省的海洋文化产业研究，主要有苏勇军的《浙江海洋文化产业发展研究》（海洋出版社 2011 年版）等。该书分六章二十一节，第一章为"海洋文化与海洋文化产业"，第二章为"浙江海洋文化发展轨迹与内涵"，第三章为"浙江海洋文化产业发展的 SWOT 分析"，第四章为"浙江海洋文化研究与产业发展现状"，第五章为"浙江海洋文化产业可持续发展探讨"，第六章为"浙江海洋文化产业重点发展领域"，包括浙江海洋文化旅游产业、海洋节庆品牌塑造、海洋民俗体育产业、海洋影视产业发展等。

此外，还有一些针对全国性、区域性海洋文化产业方面的论文。

总的来看，我国的海洋文化产业研究，一是尚未形成较大阵容；二是尚在奠定基础的阶段，尚未形成系统、深入并具有针对性、个性化的研究；三是基于促进其发展为主，真正立意高远、针对海洋文化产业现已出现、不容忽视的问题的"治病救人"研究，尚未多见。

2012 年，中国海洋大学设置了文化产业管理博士点，自 2013 年开始招收海洋文化产业管理方向的博士生。自此，我国海洋文化产业管理有了专门培养博士人才的学科平台。

（本报告内容来源：国家社会科学基金重大项目《中国海洋文化理论系统研究》[12&ZD113] 阶段性研究成果）

专题二 中国海洋意识的现状分析与对策建议

一 海洋意识的本质特征分析

1. 海洋意识根植于人类的涉海活动

海洋意识是人们对人海关系的自觉意识，是人在社会活动中涉海行为的自我反映。当前现代海洋意识的淡漠或缺乏，一方面表现为公众对人海关系的错误理解和自我中心定位，另一方面也突出表现为对现代海洋意识的理论建构极度匮乏。

人海关系是从人地关系中引申出来的概念，是人地关系的区域性体现。人海关系系统是人地关系地域系统中最重要的类型。人海关系也是海岸带可持续发展的核心。从更为一般的人类活动方式进行分析，人海关系即人类与海洋之间的关系，即人类活动与海洋相互作用、相互影响的关系，以及以海洋为背景的人与人之间的关系。

从人类活动的构成方式进行的人海关系分析，还可以区分为几个层次；从宏观到微观或者说从构成的规模角度，可以区分为以下几个方面：

第一，人的活动与海洋的关系。主要涉及人类活动与海洋、海岸带之间的相互影响，以及这种影响的后果。人类活动对海洋、海岸带的影响主要包括海洋资源开发利用、海洋污染和环境破坏、海洋与海岸带管理等问题；也包括沙滩休闲、沿海旅游、海洋保护等各种涉海行为。这个层面主要是从人类行为的角度进行人海关系分析。目前人海关系主要突出了人类活动对海洋的影响，与此同时表达出海洋对人类经济、政治、文化等行为的影响。

第二，人类心理与海洋的关系。这个层面一方面涉及海洋对人类认知、情感、个性及意识状况的影响，另一方面涉及人类对海洋的认识、体验以及人们对海洋观念的主动建构，同时也包括关于海洋的自然科学和人文社会科学的研究。民族性的海洋文化塑造、海洋对个体心理健康的影响、涉海人员的生存质量及主观幸福感（SWB，subjective well-being）研究等都构成了这个层面的具体问题。

第三，人类社会与海洋的关系。这个层面包括两个方面：一方面是社会对海洋的影响，主要涉及社会形态、结构、制度、文化，以及经济活动等对人与海关系的影响；另一方面是海洋对社会的影响，主要涉及人海关系对社会形态、结构、制度、文化乃至社会心理的影响。关于上述两个方面的分析，目前在国内外已经形成了一个较为公认的学术研究领域，即海洋社会学（maritime sociology）[1] 研究。其核心问题通常是围绕"海洋社会"概念而展开的。而"海洋社会"的核心就是人类社会与海洋的关系。

2. 海洋意识是对人海关系状况的反映

通过对人海关系的系统分析可以看出，人海关系的协调发展和有效调控对人类的可持续发展具有重要的意义。然而，自工业革命以来，大工业生产提高了人类开发自然、利用自然的能力，作为人类活动聚集度最高的海岸带首当其冲，环境污染、资源破坏、生态退化、灾害频发等问题触目惊心，人海关系向着不协调、恶化的方向急速演变。这种不协调、恶化的人海关系，一方面反映了人们对以人海关系为基础的海洋意识的淡漠或误区，另一方面也促使人们对人类与海洋的关系日益重视。

前者的突出表现是"人海关系"概念界限不清，从现有的学科分类中难以对其进行准确的界定。从地理区域上讲，人海关系可以直接构成人地关系的下属概念，于是人海关系也就成为人文地理研究的对象。从历史的角度看，人海关系反映了从古代"渔盐之利、舟楫之便"的单向人海关系到现代海洋贸易、海洋生态、海洋开发等现代人海关系的过渡或变迁，于是"人海关系"构成了海洋历史文化研究的对象。这种分析还包括海洋政治、海洋经济、海洋社会学分析等

---

① 关于"海洋社会学"的翻译问题。国内学界对"海洋社会学"的翻译有以下几种方式：ocean sociology；marine sociology。英语世界中与"海洋社会学"对应的概念是"maritime sociology"。而以"海洋社会学"为题名的国外研究文献非常少，经过 Elsevier、OCLC、JSTOR、Kluwer、UMI 等数据库检索，只有 2 篇文献使用"maritime sociology"。

多种角度，所有这些角度都从某些侧面对人海关系作了描述、分析和解释，这就构成了对"人海关系"的多学科、多视角的解构，也就成为"人海关系"概念难以把握的一个重要原因。当然，这种多学科的视角也为我们将来把握人海关系，建构现代海洋意识创造了积极的条件，做了充分的智性准备。

海洋意识的误区主要表现在人们的海洋意识观念停留在开发利用、破坏后保护阶段，缺乏现代性的海洋意识建构。工业革命以来，征服海洋和海洋开发成为人海关系的主流观念，对海洋环境的破坏、对海洋资源的肆意开采、对海洋生物多样性的毁灭甚至达到了无以复加的程度。即使在当今时代，伴随着以开发海洋资源、保护海洋权益为标志的"蓝色革命"的兴起，对海洋资源和环境破坏的工业文明后遗症仍然频发不止，如 2010 年 5 月发生的美国墨西哥湾原油泄漏事件。

可见，人海关系调控已迫在眉睫，人们的海洋意识需要进行时代变迁，需要解决人海关系界定不清、海洋意识淡漠甚或步入误区等问题，以适应人类社会可持续发展及和谐社会建设的要求。近些年来，随着人类与自然关系认识上的改变，人类与海洋的关系日益得到重视。越来越多的濒海国家把开发海洋作为重要国策。从 1992 年里约热内卢联合国环境与发展会议到 2009 年联合国大会确定"世界海洋日"，从美国 Halpern 等人对人类影响海洋生态系统的世界地图的绘制，到中国社会学会确定成立海洋社会学专业委员会，都体现出人海关系问题日益成为人类社会实践和理论思考的重要领域。

当然，要将"人海关系"理论研究体系化、系统化，并在此基础上构建现代海洋意识，并非几人几日之功可毕，这是一项很宏大的工程。但这一领域的研究前景很好，这是毋庸置疑的。正如刘桂春博士所认为的：以"人海关系"为主线将海洋人文科学研究穿引组织起来，是一项很吸引人的工作，并且终有一日会有专门针对海洋设计的"人海关系"理论——像今天的人地关系理论指导陆域开发、社会经济发展一样——能够指导海洋事业的发展。这种理想的"人海关系"理论也可以说就是现代海洋意识的理论阐释。

可以说，人海关系是海洋意识的核心，人们现代海洋意识的淡漠甚或缺乏，导致了在人海关系认识上的错位，并使得工业文明以来恶劣的人海关系得以延续。只有加强人海关系的相关研究，并在此基础上构建现代海洋意识，才能有效促进人与海洋的协调发展，实现人类社会的可持续发展。

3. 海洋意识具有历史传承变迁的特征

人类的海洋意识大体历经了四个阶段的发展，而这四个阶段的划分大体描述了海洋意识领域的人海关系观念变迁的历史，也体现了历史上人类与自然的关系。这些阶段上表现出的海洋意识特征，反映了特定历史阶段人类开发、利用海洋资源的能力、技术和事件应对水平。

第一，自在的海洋与人类的起源：海洋自在意识。[①]

生命的起源一直是科学家们研究的课题，从现在的研究成果看，科学家们普遍认为生命起源于海洋。水是生命活动的重要成分，海水的庇护能有效防止紫外线对生命的杀伤。大约在45亿年前，地球就形成了。大约在38亿年前，当地球的陆地上还是一片荒芜时，在咆哮的海洋中就开始孕育了生命——最原始的细胞。到了大约300万年前，出现了具有发达的端脑的人类。现代意识研究表明，正是人类端脑的出现，才使得人类的意识的产生成为可能。在人类出现后到有文字记录的人类历史，人与海洋的关系是存在的，但是我们无从确定这种海洋意识是否存在。另外，人类历史的研究通常类比于个体心理发展的历史。从个体心理发展的角度看，人类个体成长的初期不具有意识能力，固然也就无从谈起海洋意识。

第二，高于人的海洋与人类社会的出现：海洋敬畏意识。

朱建君曾经从海神信仰的角度分析中国古代的海洋观念，并把中国古代的海洋观念分为"四海"水体观念、海洋价值观念和海洋本体观念三个成分。古代的"四海"水体观念既反映了统治者的王权象征观念，也反映了民众的中央之国的观念。古代的海洋价值观念说明海洋的渔业经济价值在我国古代得到了很大程度上的认识和利用。古代的海洋本体观念一方面表明人们在这种力量面前感觉到人类自身力量的渺小，另一方面也表明人们又不甘于受海洋摆布。总的来讲，"敬畏和崇拜"构成了这段时期人类对海洋的基本意识。即使是对海洋的开发和利用，也是在膜拜的仪式和敬畏的情绪下进行的。这也反映了古代人与自然的关系。

第三，被改造的海洋与工业文明的推进：海洋开发意识。

---

① 在这里，主要指对人海关系的非自觉意识。

工业文明把文艺复兴以来的人与自然关系的观念推向极致，那就是"认识和改造自然"。向自然索取构成了工业文明进步的每一个台阶。征服和改造是工业文明最时髦和最贴切的标语，而这种征服和改造的力量来自于科技的每次进步。随着科学技术的进步，海洋贸易、海洋开发、海洋资源利用、沿海经济发展等成为社会文明进步的代名词。伴随这种"文明"而来的是环境污染、资源短缺、生态破坏、物种消亡、全球灾害等问题的频发和加剧恶化。这个时期的海洋意识一方面反映了人类利用和改造自然能力的空前强大，另一方面反映了人类对人海关系的片面理解。工业时代以来，这种海洋开发意识经历了不同的发展阶段。从一开始的单向无节制的索取和利用；到先破坏后保护的亡羊补牢式海洋资源开发利用；再到有意识进行海洋损害评估和初步的海洋保护意识出现。

第四，现代人海关系与生态文明的进步：人海共存意识。

Halpern 等人在 2008 年《科学》杂志上发表了人类影响海洋生态系统的世界地图，指出超过 40% 的世界海洋生态系统都已受到人类活动的严重影响。在解释为何绘制该地图时，Halpern 等指出，迄今为止，人们对于发生在世界各海洋的广大区域的事件，不管是令人赞叹的还是令人担忧的，都仍然视而不见。同时，海洋又是人类地球上最后一个主要的科学探险的前沿领域。尽管当代科技发展已经允许人们去接近、探索和影响近乎一半的海洋区域，但我们对于海洋生物多样性及其在人类影响下的改变仍知之甚少。该研究的目的，就是评估和视觉化人类已经对海洋生态系统造成的影响。当然，此类研究目前也仅限于海洋损害评估，关于海洋保护的理念尽管已出现并得到重视，但是从根本上改变人海关系观念，仍然需要新的文明形态的出现。

4. 现代海洋意识是在人海关系理论基础上发展起来的

现代人与自然的关系讨论集中体现在现代西方人地关系观念上，这些观念在理论上都涉及人海关系，并且为人海关系的讨论奠定了更为一般化的理论前提。这些观念主要包括人类中心论（Anthropocentrism）、人类生态论（Human Ecology）、文化景观论（Culture Landscape Theory）、协调论（又称调整论，Adjustment）、环境感知论（Environmental Perception）、文化决定论（Cultural Determinism）、可持续发展论（Sustainable Development）等。这些人地关系观念反映了 20 世纪 50 年代以来人地关系观念的演变和更迭。它们在理论上都涉及人海关系，并且为人海关系的讨论奠定了更为一般化的理论前提。因而，在人海关系讨论中都占有一席之地；而且在事实上也构成了现代海洋意识所针锋相对的观念形态甚或直接构成了其基本观念。其中对人海关系讨论比较重要的有以下几个观念：

（1）人类中心论。人类中心论思想的核心是一切都以人为尺度。在人海关系问题上，人类中心论一度起到了革命性的激励作用，它推动了人类与海洋不断地做斗争并取得了伟大的胜利。尤其是工业文明以来，人类以自身为中心开发海洋资源并肆意破坏海洋生态到了无以复加的程度。人类中心论是必须被否定的价值观念，应该为新的人与海洋协调发展的观念所取代。

（2）协调论。协调论认为人、自然与技术的大系统内部应该处于动态平衡状态。工业文明时代，人类对资源采取耗竭式的占有和使用方式，不断使人与自然这个大系统产生强大震动。人与自然不能协调发展，技术的进步并不能保证人类社会的持续发展，甚至不断出现生态危机和能源危机，进一步危及人类的生存。在人海关系问题上坚持协调论，就是要避免工业文明的恶劣后果，坚持人类、海洋与技术的动态平衡，实现人类与海洋的协调发展。

（3）可持续发展论。关于可持续发展论存在很多界定。1987 年，世界环境与发展委员会出版《我们共同的未来》报告，将可持续发展定义为：既满足当代人的需求，又不对后代人满足其需求的能力构成危害的发展。它们是一个密不可分的系统，既要达到发展经济的目的，又要保护好人类赖以生存的大气、淡水、海洋、土地和森林等自然资源和环境，使子孙后代能够永续发展和安居乐业。1989 年"联合国环境发展会议"（UNEP）专门为"可持续发展"的定义和战略通过了《关于可持续发展的声明》，认为可持续发展的定义和战略主要包括四个方面的含义：走向国家和国际平等；要有一种支援性的国际经济环境；维护、合理使用并提高自然资源基础；在发展计划和政策中纳入对环境的关注和考虑。后一个界定视野更为开阔。在人海关系问题上坚持可持续发展论，也就是：既要注重资源开发利用，也要保证资源的可持续利用；既要满足当代需要，也要保护后代需要；既要关注国家持续发展，也要关注国际协调持续发展。

不管是人地关系还是人海关系，归根结底是人与自然的关系。为了处理好人与自然的关系，生态伦理学在"生命同根"的基础上建立起来，人类与自然或者说人类与非人类的存在建立了道德共同体，共同体的目的是保障所有成员的利益。为此，需要在人与人、人与社会、人与自然之间建立一种互利共生、协同进化的关系。这种观念就是新生态伦理学的基本观念。刘福森教授在此基础上更进一步，提出以生态文明取代工业文明的问题。

工业文明以人与自然的对立为基本判断，以人的利益满足为基本目的，以无限制的科技发展与利用为基本手段；其结果必然是人类对自然大肆开发与利用，以至于资源枯竭、生态破坏，进而导致自然对人类社会的报复和严惩。而生态文明以人与自然的共生为基本判断，以协同进化为基本目的，以科技促进生态协调发展为基本手段。其结果是：生态文明下的发展，不仅是经济与产业的发展，也是生态环境的发展；生态文明下的进步，不仅是人类社会的进步，也是人所处的整个生态系统的协同进步。所以，生态文明不仅仅是一种理论体系，它更是一种社会发展到一定阶段的文明形态，相对于工业文明，生态文明更满足人类生存的需要。

从人海关系角度看，工业文明也可以说是大陆文明，它所表征的人与自然的关系也就是人与大陆的关系。随着海洋世纪的到来，这种大陆文明需要被新的更高级的文明形态所取代。在新生态伦理学指导下的人海关系的观念构成了这种新文明形态的基本价值观。所以，海洋文明构成了人海关系存在的理想文明形态，关于这种人海关系的意识也就构成了现代海洋意识的"终极"形态。所以，海洋文明意识就是在海洋成为人类最后的发展区域的时候，当海洋文明取代大陆文明后，在人与海洋协同发展的基础上，在海洋文明成为未来的人类文明形态基础上，形成的人海关系理念。

二　我国学界海洋意识的研究现状分析

1. 海洋意识的内涵及特征开始得到有效揭示

海洋意识是公众对海洋的自然规律、战略价值和作用的反映和认识，是特定历史时期人海关系观念的综合表现。从文献检索的情况看，目前关于海洋意识的研究大体表现出以下特征：第一，"海洋意识"出现的频率较高，研究内容较分散。目前以"海洋意识"为题名的论文数量较多，但是大部分文章是以新闻形式发表；对"海洋意识"的概念表述多为描述性定义。内容上主要涉及特定人群和地域、国家的海洋意识状况和古代中国的海洋观念。第二，"海洋观（念）"的相关研究较多，主要涉及海洋观与社会发展关系研究、海洋观的历史变迁、国际关系中的海洋观分析，如印度的海洋观及其海洋战略。第三，目前关于海洋意识的直接表述主要集中在海权与海洋国土观念问题上，主要与公众的海洋认知及海权问题联系在一起。具体包括海权与国家的关系，古代及当代的海洋国土观念等。总体上看，关于海洋意识的理解缺乏深入细致的分析。

此外，当前海洋意识的结构、形成机制缺乏研究文献。当今世界很多国家出台了海洋战略，都认识到培养公众的海洋意识的重要性，但是对于海洋意识的构成却缺乏应有的有效分析和表述。关于意识的研究从 19 世纪末期就已经进入科学研究的阵营，迄今形成了内容心理学、结构心理学、精神分析理论、现代认知心理学等诸多流派的研究结论，并在意识的构成和转化、意识的生理机制、意识状态的分析等多领域内都形成丰富的研究成果，但是这些研究成果并没有被有效地应用于海洋意识研究之中。

总体上看，目前关于海洋意识内涵的理解表现出两个基本特征：

第一，强调从人海关系角度考察海洋意识内涵。海洋意识是人们对人海关系的自觉意识，是人在社会活动中涉海行为的自我反映。赵成国（2002）认为，"所谓海洋意识，就是人们对海洋在人类社会存在与发展的作用、地位及重要性的总体认识和反映。"[①] 具体而言，从人类活动的构成方式进行的人海关系分析，还可以区分为几个层次[②]，包括人的活动与海洋的关系、人类心理与海洋的关系和人类社会与海洋的关系等；人们对上述关系的认知就构成了海洋意识。事实上，人海关系观念也是传统和现代海洋意识的核心，只不过人海关系在传统到现代的变迁过程中本身也发生了重大变迁。

第二，从海洋强国和国家海洋战略需求的角度分析现代公众的海洋认知。研究者们认为，发展海洋经济，建设海洋强国，需要增强全体公民的海洋意识，充分认识海洋价值。[③] 新的世纪需要树立全新的海洋意识，需要向人民群

---

① 曲金良主编《中国海洋文化研究（第 3 卷）》，海洋出版社，2002，第 2 页。
② 赵宗金：《人海关系与现代海洋意识建构》，《中国海洋大学学报》（社会科学版）2011 年第 1 期。
③ 苏勇军：《浙东海洋文化研究》，浙江大学出版社，2011，第 15 页。

众普及海洋权益和海洋环境意识，使人民群众树立海洋国土观、海洋科学观、海洋文化观及海洋法制观，让更多的人关心并且参与我国的海洋强国建设。[①]目前这些观点非常流行。在这种观点的指导下，海洋意识的基本类型或基本内容也通常被概括为以下方面：海洋国土意识、资源意识、环境意识、权益意识和国家安全意识等。在这里，海洋意识就是海洋观，就是指与国家主权以及经济社会发展需要相匹配的公众海洋认知。

2. 海洋意识主要表现为海洋国土意识、海洋权益意识

从目前的公共政策和公众观念的构成看，关于海洋意识的直接表述大多与海洋认知及海权问题联系在一起，主要集中在海权与海洋国土观念问题上，包括海权与国家的关系[②]，古代及当代的海洋国土观念[③]以及海洋意识教育的问题与对策[④]等。

事实上，海洋意识不仅仅包括海洋权益观念，还包括海洋环境意识和海洋资源意识等[⑤]。海洋权益意识强调的是国土观念基础上的海洋意识，海洋资源意识强调的是对海洋作为人类开发利用对象的特征的认识，海洋环境意识则更强调人类与海洋的关系，强调人类对自身生存环境的主动认知和调适过程。总之，这种把海洋意识理解为海权意识和海洋国土观念的判断，其出发点是国家观念或政治观念，是海洋空间领域内特定政治意识的表现，虽然很重要，但它是一种狭义理解的海洋意识；其表达的是国家的理念和政治的诉求，是海洋意识一般定义的特例。

3. 海洋世纪的时代特征得到较充分认识和阐释

随着全球性"海洋世纪"观念的日益普及，人们对"海洋世纪"本身进

---

① 曲金良主编《中国海洋文化研究（第 3 卷）》，海洋出版社，2002，第 2～3 页。

② 石家铸：《海权与中国》，博士学位论文，复旦大学，2006，第 224～227 页。

③ 郭渊：《晚清政府的海权意识与对南海诸岛的主权维护》，《哈尔滨工业大学学报》（社会科学版）2008 年第 1 期。

④ 段桂霞：《高中历史教学中的海洋意识教育》，硕士学位论文，东北师范大学，2005，第 8～20 页。

⑤ 有学者对公众的海洋意识体系进行了体系划分，认为海洋意识体系应该包括 5 个层面的主观意识和 4 个宏观层面的意识构建领域。认为海洋资源与环境保护意识指的是相对于陆地和空中资源，针对海洋环境中的资源意识和环境生态保护意识。参见李珊等：《中国公众海洋意识体系初探——基于大连 7·16 油管爆炸事件网民意见的分析》，《大连海事大学学报》（社会科学版）2010 年第 6 期。

行的反思也日益深入。如果说海洋世纪是在时间的维度对海洋空间价值的再认识，那么海洋文化和海洋意识则突出反映了这种认识的结果。正是在海洋世纪的大背景下，我国"海洋文化"的学科意识和学术自觉才得以形成。可以说，我国乃至全球范围内"海洋世纪"观念的流行，是对当前历史时代状况的一个基本反映。

在这样一个时代背景下，大力发展海洋文化、提高全民海洋意识已经成为了人们的基本共识。事实上，从"海洋世纪"的特征来看，海洋世纪与海洋文化及海洋意识的关系，已经得到了比较深入的剖析。"海洋世纪"的特征也就是人类海洋价值认识、人类涉海活动中所呈现出来的特征。总体而言，当代海洋经济、技术、权利等领域的竞争，日益成为各个海洋国家特别是海洋大国竞争的重要领域，海洋文化的提升、海洋意识与观念的强化也成为国家社会共同关注的问题，并共同构成了"海洋世纪"的基本特征。具体而言，海洋世纪的特征主要体现在以下方面：（1）人类海洋观念更新，海洋意识增强，海洋教育迅速发展。（2）海洋开发利用的广度扩展、深度增加以及方式多样化。（3）海洋环境问题严峻，环境保护列入重要日程。（4）海洋领域的国际合作日益重要。[①]（5）海洋公民行为[②]进入公众行动领域。

从问题领域的角度看，开展海洋世纪研究的意义非常重大。海洋世纪的提出是对21世纪海洋在人类进步和社会发展中的重要地位和作用的强调，对这种地位和作用的认识主要体现在对海洋相关的各种重要问题的研究上。[③]对于开展海洋世纪研究的意义，学者们给出了各种解释：（1）海洋作为人类发展的第二空间，成为国际社会竞争的战略重点；[④]（2）在陆地资源匮乏的同时，人类认识和开发利用海洋的技术能力大大提高了；[⑤]（3）海洋开发是解决目前人口资源与环境问题的最佳出路；[⑥]（4）在历史上海洋就是国际政治、经济、

---

① 崔凤、张双双：《"海洋世纪"的环境社会学阐释》，《海洋环境科学》2011年第5期。
② 赵宗金：《从环境公民到海洋公民——海洋环境保护的个体责任研究》，《南京工业大学学报》（社会科学版）2012年第2期。
③ 崔凤、张双双：《"海洋世纪"的环境社会学阐释》，《海洋环境科学》2011年第5期。
④ 杨国桢：《海洋世纪与海洋史学》，《东南学术》2004年第S1期。
⑤ 林岳夫：《海洋世纪将给人类生活带来巨大变化》，《海洋世界》2002年第6期。
⑥ 王诗成：《21世纪海洋战略（一）》，《齐鲁渔业》1997年第5期。

军事以及社会竞争的重要场域，在当代这个场域显得尤其重要。（5）海洋文化作为一种强大的"文化力"，是"海洋世纪"综合国力的重要构成部分。①

从海洋社会科学研究这个更为宽泛的角度看，对海洋世纪的反思可以从以下研究领域体现出来：

（1）海洋人文历史研究。冯尔康讨论了中国海洋史研究的范畴和内容，认为海洋史研究笼统地包括政治、经济、文化和外交史。② 总体而言，其海洋人文历史研究的主题是人海关系的社会历史变迁问题。

（2）海洋文化研究主要涉及人类对海洋的认识，因海洋而成的思想观念、意识形态，具有海洋特性的思想道德、民族精神，以及在此基础上生成的体现蓝色文明的海洋型生活方式、衣食住行、习俗、社会经济、法规制度、教育科技和文化艺术等形态的相关研究。该领域的研究主要分布在海洋文化的基本理论研究、海洋文化历史研究、海洋文化与社会发展实践研究等几个方面。

（3）海洋经济研究，主要涉及人类经济活动与海洋的关系。韩增林等学者曾对这一领域的成果作过细致的分析③，将其分为海洋产业总体发展与布局、海洋资源可持续开发利用、海洋交通运输、滨海旅游、沿海城市及其经济研究等五个方面。

（4）海洋社会学研究。其中最有代表性的观点是："海洋社会学作为一项应用社会学研究，它是运用社会学的基本理论、概念、方法对人类海洋实践活动所形成的特定社会领域——海洋社会进行描述和分析的一门应用社会学，海洋社会学既要对海洋社会的特征、结构、变迁等作出描述与分析，更要对现实的、具体的与人类海洋实践活动有关的社会生活、社会现象、社会问题、社会政策等作出描述、分析、评价和提出对策或解决办法。"④

（5）海洋政治学研究，主要是围绕海域权益和海洋资源展开的，大体包括以下主题：海洋权益问题、我国海洋地缘政治格局、我国的海权观与海洋权益问题的立场，海域划界和海洋权益问题以及我国与海洋邻国的地缘经济等几

---

① 曲金良：《中国海洋文化观的重建》，中国社会科学出版社，2009，第 6 页。
② 冯尔康：《大力开展海洋史研究正当其时》，《中国社会科学报》2010 年 6 月 8 日。
③ 韩增林等：《海洋经济地理学研究进展与展望》，《地理学报》2004 年第 S1 期。
④ 崔凤：《海洋社会学：社会学应用研究的一项新探索》，《自然辩证法研究》2006 年第 8 期。

个方面。

（6）海洋与海岸带综合管理研究。主要包括海洋管理学学科理论体系、海洋与海岸带综合管理模式、海洋和海岸带综合管理能力建设等几个方面。此外，海洋立法和海洋权益问题有时也被视为隶属于海洋管理研究的范围。

上述学科和领域的研究，一方面共同构成了海洋文化研究在当代蓬勃发展的状况，另一方面也是海洋意识在当代得到空前重视的基本表征。

4. 海洋意识与海洋文化的关系得到较充分认识

海洋世纪构成了海洋意识与海洋文化两者交互关系的共同时代背景。随着国家海洋事业的发展，海洋意识一词在日常语言和学术文献中使用的频率越来越多，海洋文化的研究也日益成为海洋社会学乃至整个社会科学研究的热点问题。海洋意识与海洋文化的研究存在诸多交叉，从事海洋文化研究的学者也大都会论及海洋意识问题。事实上，这两个概念的背后，蕴含了当代的历史境况和时代精神的契合关系。有效地把握两者的关系，一方面有助于推进海洋文化和海洋意识的研究，另一方面也有助于进一步廓清海洋社会学的基础理论，对于自觉地进行现代海洋文化和海洋意识的建构也具有重要的意义。

第一，海洋意识是海洋文化的重要组成部分。

对海洋意识和海洋文化之间的关系进行有效分析是比较困难的，形成这种情况的原因有很多，既有概念理解多元化分歧的影响，也受当代海洋文化实践活动复杂性的影响。

不过我们可以从意识和文化的概念入手来分析两者的关系。一方面，意识概念的学理性分析主要来自现代心理学，目前的理解也较为模糊。一种广为接受的观点认为，意识是人对环境及自我的认知能力以及认知的清晰程度。在这个意义上，海洋意识应该理解为关于海洋的、与海洋有关的事物和过程的认知能力及觉知状态。因此强调海洋意识是人们对人海关系的自觉意识，是人在社会活动中涉海行为的自我反映，就是从这个角度来理解海洋意识的。另一方面，文化的概念也非常复杂和模糊，按照一般性的理解，文化指的是人类在社会历史发展过程中所创造的物质和精神财富的总和，包括物质文化、制度文化和精神文化三个方面。这个界定倾向于把文化理解成"既成的"人类创造物。从这个意义上来理解海洋文化的话，海洋文化就是在历史上已经沉淀下来的与海洋有关的人类成果。

可见，海洋意识这一概念强调的是对与海洋有关的事物和过程的认知状态，而海洋文化这一概念则强调人类对海洋及与海洋有关的事物和过程的改造成果。因此，海洋意识是人们在海洋文化创造过程中持有的态度和觉知状态。与此同时，如果把海洋意识理解为人海关系认知时，就成为海洋文化的构成要素。把海洋意识理解成包括海洋国土观、海洋环境观、海洋权益观及海洋安全观等内容的观点，是从非觉知状态的角度理解意识这个概念的。事实上，是把意识等同于认知或心理的概念，意识在这里既表现为状态，更表现为具有特定内容的心理过程或认知过程。相应地，海洋意识也就等同于海洋认知甚或海洋心理；于是，所有与海洋有关的事件或过程都进入到海洋意识的范围。人们的海洋观念、海洋认知都是海洋文化的组成部分，不管是狭义的海洋文化还是广义的海洋文化。

第二，海洋意识建构成为海洋文化建设的战略目标之一。

在"海洋世纪"的背景下，海洋国家综合国力的竞争在海洋文化发展领域表现的日益突出。海洋文化实力构成了国家实力的重要组成部分，包括国家文化形象、国家精神实力和民族文化形象、民族精神实力。[1] 历史上，西方海洋国家的海权论极大影响了其海洋国力和国家实力的发展。近现代以来，西方国家基本主导了世界海洋秩序的建立，这都是与其海洋文化建设息息相关的。目前，各个海洋国家在海洋经济、海洋科技、海洋权益等领域的竞争日趋激烈，海洋文化建设的重要性也不言而喻。

一方面，现代海洋意识是根植于本民族文化和历史传统而发展起来的海洋意识。对于我国而言，建立海洋发展的中国文化模式，需要根植于中国的传统文化，发展海洋大国，最终对世界海洋文化的发展形成强大的文化吸引力和向心力。另一方面，现代海洋意识是基于人海关系的现代特征而形成的应对海洋世纪挑战的海洋意识。在当代，人海关系的现代特征表现在国家主权、经济建设、社会发展、人们生活乃至更为广泛的国际关系上面，日趋复杂。海洋文化建设的重要目标就是建立良好的现代人海关系。曲金良认为，

---

[1]　曲金良：《中国海洋文化观的重建》，中国社会科学出版社，2009，第 218 页。

我国海洋文化战略目标的基本内涵应该包括和谐海洋、审美海洋、永续海洋、休闲海洋、安全海洋和人文海洋等内容。这些目标的体现最为标志性的结果是形成鲜明的海洋大国形象、凸显的国家海洋意志、普遍的国民海洋文化理念乃至高度的中国历史与民族文化认同。① 可见,现代海洋意识是海洋文化建设的战略目标。

第三,海洋价值观是海洋意识与海洋文化的核心。

基于人类海洋实践的不同领域,海洋以及人类与海洋之间形成的关系表现出不同的价值。在特定的历史时期,各个海岸带上的民族、海洋国家乃至不同的涉海群体所形成的海洋意识、所建构的海洋文化都体现出独特的海洋价值观念。对海洋价值的理解与民族兴亡、国家兴衰有着重要的关联。

在当代,关于海洋的价值获得了全球性的共识,我国的海洋文化和海洋意识研究也日益得到重视。早在十年前就有学者指出,"海洋文化意识不仅在学者层面,而且在沿海各级、各地政府中变成了一种强烈的执政意识,在沿海社会各界中形成了浓厚的文化情结。……对'海洋文化'的强调已经不再是仅限于学术层面的事情了,'海洋文化'已经成为、至少已经开始成为一种观念意识,成为政府和民间的一种看得见、感受到和正在享用着的审美的、文化的、社会的和生活的行动。"可见,海洋的价值已经构成了海洋文化探讨、海洋文化建设的基本组成部分,"海洋文化热"本身也表现出当代中国的海洋意识水平。

三　我国公众海洋意识的现状分析

1. 海洋环境意识水平有了较大提高

海洋环境意识是环境意识在海洋空间领域的表征,是人类涉海行为的自我认知,是人类对海洋空间的自然属性和社会属性的意识。随着人类海洋开发活动的日益拓展和深入,海洋开发过程中的环境污染、生态破坏、资源过度开采等问题也越来越突出。海洋经济、海洋生态以及海洋社会之间能否持续协调发

---

① 曲金良:《中国海洋文化观的重建》,中国社会科学出版社,2009,第222～232页。

展，已经成为各个国家非常重视的问题；又由于海洋区域空间的特殊性质，海洋环境治理也成为当代国际关系处理的重要主题。在这个背景下，公众的环境意识水平也得到了较大提高。

一方面，公众日益具备与海洋环境相关的知识，并能够对海洋环境问题进行知觉和判断。随着全球海洋资源开发不断加快，海洋生态环境破坏不断加剧以及海洋权益争夺日益激烈，海洋环境保护问题也日益成为全球各国特别是沿海各国的重要议题。海洋环境保护中的个体责任问题也成为上述议题中的基本组成部分。

另一方面，海洋环境问题日益引起公众的关注和广泛参与。也就是说，在海洋空间内，当前公民个体已经能够形成海洋环境保护行为的动机并产生海洋环境保护行为。基于上述判断，海洋公民概念的论证在逻辑上也是成立的。

此外，当前人们的海洋环境意识水平有了显著的提高，还表现在形成了两个层面的海洋环境意识观念。一个是海洋环境保护意识，另一个是海洋环境文明意识，这两种意识迥然不同，但又存在密切的关系。前者是对海洋环境事件的认知、情感和意向态度，后者则是对海洋空间、海洋社会的理想设定。前者强调人类在现实生存条件恶化背景下的自我认知，后者则提供了自我认知基础上的调适标准和价值目标。在海洋环境意识的构成中，这两种理解同时存在，共同体现了人们对于海洋环境现状与未来的认知和思考。

公众环境意识水平的提高特别是海洋环境意识水平的提高，为海洋公民行为的发展提供了主体特征条件。从当前的人类海洋实践来看，经济社会的进步仍然意味着海洋权益争夺和海洋环境破坏的进一步加剧；同时也反映出协调发展、可持续发展观念的影响日益扩大，新生态文明的海洋意识观念也初露端倪。大力发展海洋公民行为也是公众海洋环境意识水平发展和提高的必然结果。

2. 普遍关注海洋国土争端问题和海洋权益保护问题

海洋国土争端是当前比较突出的问题，对于钓鱼岛问题、南海诸问题的事态发展，公众、媒体、军方和政府相关部门都极为关注。这种关注主要围绕海洋国土争端和海洋权益保护两个问题展开。在报纸期刊、电视媒体和网络媒体上，以海洋国土争端和海洋权益保护为主题的新闻报道、时政评论几乎可以用铺天盖地来形容。这客观上为公众的海洋国土意识和海洋权益意识的提高创造了重要的条件，事实上也快速地普及了海洋国土和海洋权益相关的知识和文化。

目前存在一个基本的判断，认为公众海洋意识水平比较低，甚至可以称之为"国民海洋意识淡薄"。这个判断的依据是基于公众对海洋国土面积认识的相关调查数据。事实上这个判断是有失偏颇的。由国民海洋国土知识的匮乏推论出"国民海洋意识非常薄弱"的结论①，存在以下两个误区：

（1）逻辑问题，由于归纳错误导致以偏概全。海洋意识的类型多样，从人海关系的角度看海洋意识，有多少种人海关系就有多少类型海洋意识，目前公认比较重要的海洋意识就包括海洋国土意识、资源意识、环境意识、权益意识和国家安全意识等。由海洋国土面积知识匮乏来作海洋意识薄弱的推论显然存在这个误判。

（2）概念混淆，指鹿为马。知识和意识不同，国土面积知识不同于海洋国土意识。90%的大学生不知道数百万平方公里的管辖海域面积，但是却知道钓鱼岛的归属问题。前者是知识的问题，后者是意识的问题。知识是对客观事实的观念或记忆的积累，而意识通常更为复杂，学理上是一种清醒状况下的觉知状态，在这里则指的是对国家领土主权问题的认识高度。所以，不了解数字，不代表淡薄；缺少知识不等于匮乏意识。

海洋意识薄弱论的根源是国家海洋事业的发展滞后与海洋世纪客观需求之间的矛盾。当然，把海洋意识等同于海洋权益意识和海洋国土观念有其深刻的背景。1994年《联合国海洋法公约》生效之后，各个海洋国家的海洋国土观念都空前高涨，并大力圈海占域。我国是一个海岸线较长的国家，有着广袤的海洋国土，但目前大面积的海域都与相邻国家存在纠纷；面临着维护海洋权益的艰巨任务，尤其是在东海和南海两个海域的斗争尤其引人瞩目②。在这种情况下，以经济建设为中心，优先发展海权成为我国海洋强国方略的基本原则，

---

① 一个有代表性的表述是："海洋意识包括海洋国土意识、资源意识、环境意识、权益意识和国家安全意识。发展海洋经济，建设海洋强国，需要增强全体公民的海洋意识，充分认识海洋价值。而如今，国民的海洋意识却非常薄弱。据媒体报道：中国某大城市90%的大学生只知道中国版图有960万平方公里的陆地国土面积，而不知道300多万平方公里的管辖海域。"参见苏勇军《浙东海洋文化研究》，浙江大学出版社，2011，第15页。

② 何传添：《中国海洋国土的现状和捍卫海洋权益的策略思考》，《东南亚研究》2001年第2期。

这种观念也成为公众和社会组织自发的或认同的海洋意识内容。

3. 公众海洋安全观念日益发展

海洋安全观念是海洋意识的重要组成部分，是指人们对海洋安全事件、海洋安全问题产生的认知、情感和行为倾向的总和。近些年来，随着海洋安全事件频发，海洋安全问题日益突出，公众、媒体、政府之间的沟通交流日益频繁和通畅，公众对于海洋安全问题、事件的认识和理解有了重要发展。

与人类生存有关的安全问题主要有冰川融化、海洋渔业资源枯竭、海洋环境恶化、海洋生态破坏等；与国家生存有关的安全问题主要有能源问题、政治问题——海域海疆问题、海洋权益问题、公众基础问题等；与社会发展有关的安全问题主要是海洋生态破坏导致的发展不可持续；与特定群体有关的安全问题主要有渔业资源枯竭、海洋社会变迁导致的渔民生活生产方式变迁，以及海洋区域冲突导致的生计不能维持等；与特定个人生存发展有关的安全问题则有海岸带场所依赖与海洋区域场所规避问题等；与地球、生物有关的安全问题则有海洋区域生物多样性的丧失、地球环境发展的不可逆转等。

总体上看，我国海洋安全形势严峻，其突出表现就是海洋权益遭受着严重侵害。[①] 具体而言，海洋安全问题表现在以下方面：（1）岛屿被侵占。具体体现在钓鱼岛问题和南沙群岛问题等上面。（2）我国海疆疆界不清，管辖海域被分割。[②]（3）资源被掠夺。我国海域内大量油气资源、渔业资源遭受一些周边国家掠夺，渔民传统渔场作业时的合法权益经常被损害。（4）海洋交通安全问题。争夺和扩大海上通道、大洋通道、极地通道等问题，会对我国将来的经济社会发展起到重要的乃至决定性的作用。[③]（5）海洋环境安全问题。我国近海是世界上污染最严重的海域之一，水生资源遭到很大破坏，鱼类资源急剧减少。（6）海洋走私、贩毒、台风、海啸、重大海上船舶、飞机事故等非传统安全威胁日益突出。（7）海洋信息安全问题。（8）海洋立法问题。我国立法对领海、专属经济区和大陆架的管辖上还有不完善的地方，缺乏实施细则和

---

① 季国兴：《中国的海洋安全和海域管辖》，上海人民出版社，2009，第 144～155 页。

② 据统计，目前我国 120 万～150 万平方公里海域为争议区，约占我国应管辖海域的 50%。

③ 据统计，我国对外贸易 90% 以上由海上运输完成，石油进口也越来越依赖海上运输。保持海上战略通道的通畅，面临十分复杂的形势。

配套规章制度。（9）从行政管理方面看，海洋管理机构不健全，综合管理能力薄弱，执法力量分散。

可见，相对于不同的事件主体和层次领域，海洋安全有着不同的界定；公众作为认知主体形成的海洋安全观念，其内涵也是非常丰富多样的。

4. 海洋公民参与意识初步显示

海洋公民是指在海洋活动过程中行使海洋知情权、海洋决策权和海洋事务诉讼权的公民及公民组织，是构建健康可持续发展的海洋社会秩序的基本主体，在海洋资源开发、海洋生态保护、海洋权益维护中发挥重要的基础作用。海洋公民主要的活动方式，就是在海洋资源开发、海洋生态保护、海洋权益维护中积极参与和影响其他公众、企业、政府及其他社会组织的海洋实践过程、海洋决策过程以及海洋管理过程。

海洋公民的观念是随着海洋环境保护实践活动而发展起来的。这一概念既来自于传统公民的概念，也直接脱胎于环境公民研究。传统公民概念主要讨论公共领域的问题，因而主要和公共生活、公共事务及决策等问题相关联。随着环境社会学与环境政治学等学科的出现和发展，公民的概念开始扩展到社会成员的环境心理、行为和态度领域，并被看作是一种鼓励公民行为转变的基本机制，用来降低人类对环境的消极影响。环境公民理论也应运而生，并为海洋公民概念的提出提供了理论条件。当然，海洋公民概念的内涵更为宽泛，不仅仅局限在海洋环境治理的领域，也不仅仅只与海洋环境保护行为相关联；还涉及海洋事务的各个领域和层次，包括海洋开发、保护与管理过程中的公众参与，也包括海洋权益维护上的公民行为。

我国的海洋环境治理实践也与一般的环境治理过程相似，主要是通过自上而下的政府动员型环境治理实践来进行的。这种实践活动方式一方面体现了环境治理中政府主导的特征，保障了我国环保政策和可持续发展战略的实施。另一方面，也因为忽视甚至在客观上压抑了社会力量积极自主参与环保实践的动机。[1] 当然，海洋环境治理过程也存在自身的特征。从治理对象看，海洋环境

---

[1]　荀丽丽和包智明通过对政府动员型环境政策及其地方实践进行分析，得出了类似的观点。参见荀丽丽、包智明《政府动员型环境政策及其地方实践——关于内蒙古 S 旗生态移民的社会学分析》，《中国社会科学》2007 年第 5 期。

问题较之于陆地环境问题更为复杂。这种复杂性既体现在海洋生态资源的流动性上，也体现在海洋环境问题的易扩散性上。从治理主体看，海洋环境治理的主体通常具有跨区域、跨国家的性质，更加强调治理主体间的协同合作。较之于一般的环境治理，海洋环境治理的难度更大，更难以确定统一有效的法律规范和一般原则。因此，我们更应该发动社会力量广泛参与，以弥补自上而下式治理活动的不足；发展海洋公民（marine citizen）的理念和行为应该成为海洋环境治理的重要途径。

四　我国海洋意识强化与发展的几点建议

1. 大力发展海洋文化，构建现代海洋意识

在大力发展海洋文化的基础上，自觉地构建现代海洋意识已经成为当代经济发展、社会进步以及形成良好国际关系的重大战略。它既关乎海洋资源的合理利用、生态环境的良好维持、人海关系的协调发展，也关系到国家兴衰和民族兴亡的战略利益。

大力推进海洋文化研究，构建现代海洋意识。加强国民海洋意识教育已经成为全球各国的普遍口号，但是把口号落实到具体实践层面，需要良好的理论支撑。世界海洋国家不同程度地把海洋开发与保护问题提到了政府重要工作议程之中，同时也充分认识到海洋科学技术能力是参与世界海洋竞争的关键。加强海洋文化研究，对于重新理解人海关系，以及正确认识海洋价值、形成现代海洋意识具有重要的意义。

发展符合国情的海洋文化，为现代海洋意识提供核心价值观。越来越多的濒海国家把开发海洋作为重要国策。各个海洋国家也纷纷推出海洋文化建设的各种举措。不同的海洋文化建设方案体现出不同的海洋价值认知，对其公众现代海洋意识的形成也有不同的影响。在我国，海洋文化建设已经成为重要的战略问题，在此基础上构建的现代海洋意识对我国海洋开发与保护、海洋生物多样性的生态维持乃至社会可持续发展必然具有重要价值。

促进公众参与文化建设，发展现代海洋意识。从海洋意识普及角度看，构建现代海洋意识有助于改变民众的环境理念，合理处理人海关系，促进人与环

境的协调发展。构建现代海洋意识的过程也就是促进人类重新理解和认识人海关系的过程。人海关系的协调发展和人海关系的有效调控对人类的可持续发展具有重要的意义。人海关系是海洋与海岸带可持续发展的核心。在环境变化全球化、经济全球化以及信息网络全球化的背景下，在可持续发展及和谐社会建设的要求下，人海关系调控已迫在眉睫。

2. 构建海洋意识教育体系

海洋意识教育是提高公众海洋意识水平的根本途径。大力加强海洋科普教育是其中一个重要的途径。通过出版海洋科普图书、开展海洋科普教育和海洋科普活动可以有效提高全民的海洋意识水平。海洋科普教育已经成为发达海洋国家的制度性行为。

大力促进海洋社会科学研究，构建现代海洋意识和促成新型人海关系，是提高海洋意识教育水平的根本途径。目前海洋社会科学研究大体可以分为以下几个领域：海洋历史研究、海洋社会学研究、海洋文化研究、海洋经济研究、海洋政治研究、海洋与海岸带综合管理研究等。如果对人类社会与海洋的关系进行展开，从广义社会现象的角度来看，海洋社会学的内涵就大体等同于海洋社会科学。

努力推进基础教育和高等教育阶段的海洋知识体系建设。海洋意识水平的提高最终还是需要海洋知识和技能的培养，如果基础教育和高等教育阶段的课程体系、教学内容、实践活动和重要的人类海洋活动相关联，公众的海洋意识水平必然会得到快速的发展和提高。

3. 大力培育海洋公民，发展海洋公民行为

从海洋实践的角度看，加强海洋公民研究、推广海洋公民的理念具有以下意义：有助于扩大政府海洋开发与治理决策的公众基础，有助于提高海洋政策的决策水平；有助于提高海洋环境治理的效率和水平，降低海洋管理的行政成本；最大限度地包容海洋环境治理的多主体特征，尤为强调海洋环境保护的个体责任，有助于动员全社会力量参与海洋开发保护与治理的各个环节；在海洋环境保护领域，公众参与的方式和途径及其面对的挑战也不同于一般的环境公民参与行为，海洋公民研究突出了海洋实践过程中公众参与的独特特征，有助于形成更有针对性的策略与建议。

因此，在海洋开发、保护与治理的领域需要大力培育海洋公民理念、发展海洋公民行为。发展海洋公民，既需要从个体行为的角度着手，也需要从公民行为环境、海洋立法与决策过程入手，在社会组织和政府行为的层面上实施更为宏观的影响。

首先，改善海洋教育的形式和水平。研究表明，较高水平海洋教育能够更大地提高海洋公民感水平。① 海洋教育可以有效地提高公众的环境意识水平。具体途径和做法是大力开展海洋科普教育，推进基础教育和高等教育阶段的海洋知识体系建设，从而提高海洋相关的教育水平。此外，海洋意识教育水平也不能仅仅依靠正式教育体制内的改革②，大力发展非正式教育组织机构和非传统的海洋教育课程体系和培训计划，积极开展涉海培训活动也都是重要的举措。

其次，增加海洋环境相关的个人接触。在个体行为层面上，培养和发展亲海洋行为是有效提高海洋公民行为水平的重要途径。研究表明，海岸带居民的海洋环境意识水平要高于内陆居民。公民个体与海洋空间有关的历史生存经验、家庭与工作的区域特征以及娱乐休闲的方式，都会对海洋公民行为产生影响。

最后，加强海洋保护法制建设，建立健全海洋决策参与制度。从确定社会秩序的角度看，环境立法可能是保护环境的最有效途径。而且还可以把环境保护的个人责任、组织责任等考虑在立法程序内，使得环境保护的全民参与有法可依。③ 在政府海洋立法与政策制定、企业和其他社会组织进行涉海事务决策，同时也在海洋环境和海洋事务的监测与评价过程中，大力发展海洋公民行为，需要有制度性的保障。这需要政府、企业和其他各类社会组织建立健全政策与决策制度。

4. 大力培育海洋相关的非政府组织

大力培育海洋相关的非政府组织，主要是培育和发展参与和直接处理海洋

---

① McKinley, E. & Fletcher, "S. Individual responsibility for the ocean? An evaluation of marine citizenship by UK marine practitioners," *Ocean & Coastal Management*, 53 (2010): 379 – 384.

② Hacer Tor, " Increasing women's environmental awareness through education," *Procedia-Social and Behavioral Sciences*, 1 (2009): 939 – 942.

③ 赵宗金：《海洋环境意识研究纲要》，《中国海洋大学学报》（社会科学版）2011 年第 5 期。

事务的各类非政府组织、海洋区域内的各类非政府组织和海岸带上从事或参与陆海统筹工作的各类非政府组织。这些非政府组织可以从事海洋环境保护、海岸带综合管理、海洋科普教育和海洋权益维护等各项涉海事务。以环境非政府组织为例，一方面各类环境非政府组织在环境保护和生态可持续发展方面发挥了巨大的作用。另一方面，环保类非政府组织在公众与政府之间开展多种形式的活动，对于环境保护个人与社会责任的提升起到了巨大的作用①。在海洋环境保护方面，海洋环境非政府组织活动范围非常宽泛，即包括海洋环保宣传教育、海洋环保策划组织活动和海洋环境的科学研究活动，也包括海洋环境相关的公共政策的积极参与活动和海洋环境相关问题解决和事件处理的监测、咨询及评估事务。

（本报告内容来源：国家社会科学基金项目《我国海洋意识及其建构研究》［11CSH034］阶段性研究成果）

---

① 赵宗金：《海洋环境意识研究纲要》，《中国海洋大学学报》（社会科学版）2011 年第 5 期。

主题二
中国海洋强国战略的道路与对策思考

专题三　世界海洋大国的兴衰及其对中国的启示

英国资本主义革命确立了其在未来深刻影响历史进程的资本全球化运动的源头地位。从18世纪60年代开始英国资本主义工业革命，至19世纪30年代前后，西方国家陆续进入大规模的工业化阶段。经济的发展使西方在全球政治中日益居于优势地位，居于资本中心并控制较多世界贸易和资源的国家，就会在世界财富增长中占据较大的份额，而这些国家恰恰都是拥有强大海军和广泛海权的国家。从近代西班牙、英国到现代美国崛起并成为世界霸权国家的历史变动中，人们发现：与中世纪不同，全球化时代的国家财富的增长与国家海权的扩张是同步上升的。这是因为，海洋是地球的"血脉"，也是将国家力量投送到世界各地并将世界财富送返资本母国的最快捷的载体。因此，控制大海就成了控制世界财富的关键。

在这样的历史大背景下，海权论便应运而生。海权论是由艾尔弗雷德·塞耶·马汉（Alfred Thayer Mahan，1840~1914）提出的。其主要著作有《海权对历史的影响：1660～1783》（*Influence of Sea Power upon History*，1660 - 1783)、《海军战略》（*Naval Strategy*）等。马汉在其论著中分析海权对军事、民族、领土和商业各方面的影响，被西方公认为研讨海军战略的权威。马汉认为，国家的强大、繁荣和商业贸易与国家制海权息息相关。美国要想成为强国，就必须抛弃"大陆主义"，在世界贸易方面采取更富于进取性和竞争性的政策。这就要求美国必须拥有一支强大的海军，占领海上关键岛屿作为海军基地以保护美国在海外的商业利益。海军的目标是打垮敌国的海上封锁，夺取制海权。他从英国成功的经验中认识到制海权对于国家发展的重要性，他说："决定着政策能否得到最完善执行的一个最关键的因素是军事力量"；"以战争为其表现天地的海军则是国际事务中有着最大意义的政治因素，它更多的是起着威慑作用而不是引发事端，正是这种背景下，根据时代和国家所处的环境，美国应给予其海军应有的关注，大力地发展它以使之足以应付未来政治中的种种可能"。[①] 马汉关于海权的理论提出后，在英国、德国、日本等国广泛传播，并成为后起的德、日等新兴工业国家制定外交政策的重要依据。

随着人类活动及其战争空间的扩大，海权内涵及其实现手段也会发生相应变化。尽管如此，百年前马汉提出的关于海权的基本原理仍是今天英美国家制定外交政策的重要理论基石。与此相应，在全球范围内平等地享有海事权利，平等地分享海外市场和资源则成了像中国这样的新兴市场经济国家向国际社会提出的最重要的，当然这对拥有巨大制海权的资本中心国家来说也是最不情愿接受的正当要求。

下面我们从近代大国兴衰及海权在其中所起的关键作用，进行个案比较分析。

一　世界近代海洋大国兴衰的历史分析

1. 欧洲

从1814年拿破仑向英国和欧洲挑战失败到1914年的第一次世界大战，世界陷入以英俄为主要对手并历时整整100年的大国"冷战"时代。此间，德

---

① 〔美〕马汉：《海权论》，萧伟中、梅然译，中国言实出版社，1997，第396页。

国、美国、俄国和日本等后发国家工业产值在世界工业中所占的份额快速增长。但与此不相适应的是，这些新兴的工业国家在迅速发展的同时却没有同步增长的海外市场。

海外投资及相应的高额利润回流不足成了新兴工业国家经济快速发展的严重障碍，它所产生的直接后果是国内资源价格和生产成本飙升、社会分配不均、贫富差距持续拉大、劳资矛盾以几何速度增长——有意思的是，这个过程对今天进入市场经济并经常受到西方指责的亚洲国家来说才刚刚开始。

19世纪欧洲市场经济国家普遍爆发了社会动荡。在英国有1837年、1842年和1848年著名的人民宪章运动，以及1886年和1889年伦敦发生的大规模工人罢工和游行；在法国有1831年和1834年里昂工人的两次起义，1848年巴黎工人的"二月革命"和"六月起义"以及1871年的巴黎公社革命；在德国有1848年巴登、符腾堡、黑森和巴伐利亚爆发的大规模人民暴动。这些罢工示威最后大多遭到本国政府的严厉、甚至是极其残酷的镇压。但同时，国内社会压力也促使这些国家政府开始将目光投注于海外扩张。随着这些国家海上力量的增长及相应的海外市场的打开（比如19世纪中叶英国对中国和印度等东方国家的殖民战争）和由此产生的高额利润向本国的回流，造成"工人贵族阶层扩大"的现象，国内本已激化的矛盾在高额利润的回流补偿中也逐渐缓和。国内矛盾通过外部市场的扩大和利润回流而缓和，国内矛盾的缓和又强化了国家的外向发展能力。19世纪后期，法德俄等后发市场经济国家纷纷进入世界大国的行列。

2. 美国

在真正获得稳定的海外市场之前，美国也经历过国内政治严重动荡、甚至国家分裂的危机。在1833~1837年间美国共发生罢工173次。19世纪中叶，美国国内又发生南方州要求脱离联邦的分裂运动及由此引发的以北方胜利为结局的南北战争。南北战争后，美国形成统一的国内市场，市场经济快速发展。与此同时，由市场经济快速发展造成的社会两极分化和社会矛盾也同步加剧。1890年美国矿山雇用十岁以上的童工达60万人，十年后增加了两倍。1870~1880年间，工人的实际工资每年降低近1/10。1877年7月美国爆发规模巨大的全国铁路大罢工。从纽约到加利福尼亚和从加拿大到墨西哥的主要线路全部瘫痪，几个城市一度被工人占领。为了镇压这次罢工，拉瑟福德·伯查德·海斯（Rutherford Birchard Hayes，1877～1881）总统派遣了2000名正规军镇压，导致至少50人丧生，几百人受伤，大批罢工者被捕。19世纪80年代，美国社会矛盾进一步激化。1886年5月1日，全国1万多个工厂的35万工人全部停工并上街游行示威。单在芝加哥和纽约分别就有4万和2万多工人罢工。两天后罢工遭到政府的镇压，除罢工冲突中的死伤外，有4名工人被法庭判以绞刑。为了应付日益严重的工人罢工示威活动，美国各州加快了国民警卫队的建设。1881～1892年，各州修订了《民兵法》。到19世纪90年代初，警卫队人数已超过10万。它最主要的活动就是在工业纠纷中维持秩序。"从1877～1903年，各州共运用警卫队700次以上，其中半数用于执行罢工治安任务"。①这也说明当时美国资本主义市场经济已发展到困难的阶段，国内分配严重不均、贫富差距严重分化所导致的国内阶级尖锐对立已严重阻碍了国家经济及相应的民主政治的可持续发展。

与中国当前的经济发展不平衡所引发的矛盾相似，当时美国政府也面临着公平还是效率的两难选择。若选择公平，在国内，其代价就是提高累进税以牺牲部分民族资本精英阶层的利益，挫伤其利润竞争动力；由此，在国外，这将削弱本国参与国际竞争的能力以及相应地打破英国、西班牙在东太平洋遏制美国的海上霸权的能力，而如果不能冲出英国和西班牙的海上霸权封锁并获得相应的制海权，美国就不能获得稳定的海外市场及其相应的国际利润，这反过来又会加重美国国内由国内市场疲软、生产过剩及两极分化带来的经济危机，并最终导致总体性国家危机。如果选择效率，其代价要么是国内社会鸿沟将持续扩大，以至无法维持现存的政治统治和市场经济的有效运行，最终导致社会革命和政府倒台；要么就是回避挑战，走一个依附型买办道路，依靠国际资本，高额盘剥本国下层劳动者，损害国家利益以保证少数买办阶层的利益，最终走一条听命于国际资本的发展道路——现在阿根廷、哥伦比亚和巴西等拉美国家走的正是这条道路；要么就是开辟稳定的海外市场，获得高额的国际利润回流

---

① 〔美〕阿伦·米利特、彼得·马斯洛斯金：《美国军事史》，军事科学院外国军事部译，军事科学出版社，1989，第250～252页。

以保障资本精英集团和国内多数劳动者的基本利益，并由此维护国内相对公平，这样美国就必然要挑战当时的海上强国即英国和西班牙霸权。最终，早期美国人勇敢地选择了挑战的道路。美国政府采用马汉的海权论并使之迅速转化为国家对外政策。

1889年3月，本杰明·特雷西向国会提交的报告忠实地反映了马汉海权论的观点，指出美国海军需要一支战斗力量。1890年，美国国会终于放弃了大陆政策和孤立主义，开始摆脱旧的近海作战思想，建议发展可以用于深海作战的、现代化的海军。到19世纪末，美国的海军力量已由原来世界海军的第十二位跃居第五位。1895年英国属地圭亚那和委内瑞拉发生边界冲突，美国强行干涉，英国被迫接受美国的"仲裁"；1898年，美国吞并夏威夷，击败西班牙，占领古巴和菲律宾；1903年又策动巴拿马脱离哥伦比亚独立，由此一跃成为东太平洋上的海权强国。

美国国际贸易、国内人均收入与海军力量的同步提高和增强，可以说是美国市场经济由19世纪下半叶的国内动荡转入20世纪良性、平稳、健康发展轨道的重要特征，也可以说是美国发展市场经济的最重要的成功经验。一战和二战后，欧洲英法霸权国家普遍衰落，美国一跃成为世界性海上强国，它在世界财富和资源分配中占据主要份额。经济发展与家庭消费及私人投资大体平衡发展，这反过来又促使美国国内多数人口进入中产阶级以及建立成熟的民主制度成为可能。

中产阶级和民主制度的成熟发展使美国从资本中心的外围跃入国际资本中心集团。而这一切成就的强力保障恰恰就主要是美利坚海军，而不是美国人的善良愿望。对此，马汉说得简单明了："决定着政策能否得到最完美执行的一个最关键的因素是军事力量"，而"以战争为其表现天地的海军则是国际事务中有着最大意义的政治因素"。①

3. 日本

日本于16世纪末期由丰臣秀吉初步完成国家统一，与此同时，西方殖民贸易及传教士也开始渗入日本。德川幕府时期，在日本民族资本尚未发展起来的情况下，海外商业资本大量涌入日本，导致日本农民大量破产。1637年，

①〔美〕马汉：《海权论》，第396页。

岛原两万多农民发动大规模起义，起义镇压下去后，德川幕府发布"锁国令"，禁止与海外贸易，驱逐外国教士。锁国政策直到 1853 年在美国海军的压力下才停止。锁国期间，国内商业资本兴起，再次造成农民破产，武士阶层瓦解。农民暴动在 1844～1853 年 45 次，在 1854～1863 年 72 次，在 1864～1867 年 59 次。1853 年和 1854 年日本被迫向美国东印度洋舰队司令官准将佩里屈服并与美国签订屈辱性的《日美亲善条约》，1858 年日本又被迫与美国、荷兰、俄国、英国和法国签订了一系列不平等条约，这迫使日本向西方列强开放。开放导致日本成为西方资本外围市场，日本黄金大量外流，国内物价飞涨，手工业者和农民大量破产，武士阶层纷纷瓦解。[①] 1866 年，就在中国太平天国运动刚刚失败不久，日本全国爆发空前的市民暴动。加上在 1840 年和 1856 年两次鸦片战争中清王朝的惨败，这不仅对中国人，同时也对日本人产生强烈的刺激。面对内忧外患，迫使日本认真考虑其国家发展道路。

1868 年，日本国内发生明治维新运动。但这次维新运动在日本建立的并不是所谓"民主制度"，而是日本资产阶级精英们效法德国俾斯麦"铁血政策"建立的"以德国宪法为蓝本"的军国主义体制。1853 年和 1854 年海上的失败使日本人意识到是海军而不是陆军关系到日本未来的命运。此后日本军事战略发生了由制陆权向制海权的重大转变。与此同时，马汉著作传入日本，得到天皇的重视和赏识，并对日本国家安全战略思想的形成产生了革命性的影响。19 世纪后半叶，日本海军战舰吨位飙升，从 1880 年的 1.5 万吨，上升到 1914 年的 70 万吨，增长 45.7 倍，成为世界第七海上强国。[②] 海军战力的增强提升了日本的国际地位。1894 年 7 月，日本与英国和美国签订条约，并得到英国对日本侵略中国和朝鲜的默许。25 日，也就是日英条约签订后第九天，日本便发动了甲午战争，在海上一举击败中国。根据 1895 年的中日《马关条约》，日本强割中国的澎湖列岛和辽东半岛及台湾，获得进入南中国海的战略

---

① 1853 年开港以后，日本对外贸易剧增。1860 年输出为 470 余万美元，输入为 160 余万美元；1867 年输出为 1200 余万美元，输入为 2160 余万美元。8 年间输出入贸易总值增加 5 倍多，其中输出只增加了 2.5 倍，而输入增加了 13 倍，输出多为原料而输入则为商品。1859～1867 年，日本三都物价上涨了 2～7 倍。参见周一良、吴于廑《世界通史·近代部分（上册）》，人民出版社，1962，第 419 页。
② 〔美〕保罗·肯尼迪：《大国的兴衰》，王保存等译，求实出版社，1988，第 247 页。

跳板，并在列强瓜分中国的狂潮中，将福建划入其势力范围；此后，日本开始为用武力将俄国的势力赶出东北亚作准备，1902 年 1 月 30 日，日本与英国签订同盟条约并获英国对日本向俄国发难的默认。1904 年 2 月 8 日，日本向俄国在中国旅顺口的部队发起攻击，并在次年 5 月击溃俄在东北亚的全部海上力量，日本由此成为独霸东北亚的地区强国。1910 年日本与朝鲜签订《日韩合并条约》，宣布"朝鲜国王将朝鲜的统治权永久让与日本"。

日本在东北亚崛起之初，就与美国在远东的利益，特别是在南海海权利益上发生冲突。19 世纪 50 年代，美国部分政客曾建议占领中国台湾，此建议遭美国务院否决。甲午海战后，日本占领台湾。日俄战争后，美国总统西奥多·罗斯福"感到日本取得胜利，将意味着有朝一日美日之间发生战争。但是，他相信只要对日本持尊重态度，日美冲突还是可以避免的"①。鉴于此，美国对日本让步日益增多，以至于 1908 年日本驻美公使高平与美国国务卿鲁特达成《鲁特—高平协定》，美国竟同意"日本和合众国在太平洋地区都拥有重要的外国岛屿，两国政府都为在该地区有一种共同目的，共同政策和共同意图所鼓舞"②。这实际上表明美国已默认日本可以与美国分享太平洋的利益。欧洲爆发大战后，日本进一步攫取德国在中国山东的利益，1915 年日本驻华公使向袁世凯提出"二十一条"，美国再次退让，同年 3 月 13 日美国国务卿布赖恩发表声明，表示"合众国坦率地承认，版图的接近造成日本和这些地区之间的特殊关系"。1917 年 11 月美国与日本秘密签订《蓝辛—石井协定》，承认日本"在中国，特别是在它的领土与之接近的部分，有特殊的利益"③。

日本的崛起和军事上的胜利，迫使美国在亚太地区节节退让。这种退让政策，从西奥多·罗斯福到富兰克林·罗斯福，即从 20 世纪初一直延续到太平洋战争爆发。到太平洋战争爆发前夕，朝鲜和中国东北三省已沦为日本殖民地，中国东部沿海地区已被日本分裂为数个傀儡政权。所有这一切又都仰仗以日本强大的海上作战力量——在太平洋战争中还结合空中打击力量——为基础的制海权实现的。但是，成也萧何败也萧何，日本连同整个轴心国后来的很快

---

① 〔美〕孔华润：《美国对中国的反应》，张静尔等译，复旦大学出版社，1989，第 58 页。
② 阎广耀、方生：《美国对华政策文件选编》，人民出版社，1990，第 497～498 页。
③ 阎广耀、方生：《美国对华政策文件选编》，第 500～506 页。

失败，又是其因有制海权并急速扩张而有恃无恐、更加肆无忌惮地与全人类为敌，导致世界形成了反法西斯同盟并将其战胜的结果。

以史为鉴，可以知兴亡。

二 "福兮祸之所伏"：海权扩张的历史警示

历史经验还表明，海权的扩展并不是无限的，它同时也受国情国力的制约与规定。适度，则国兴；过度，则国亡。美国与日本、德国在近代都是以制海权为军事先锋而崛起的国家，其兴衰成败的历史后果却判若云泥。

如上所述，近代日本和德国，都是以发展海权为先导的而非单纯的 GNP 积累而崛起的地区大国。但是，资料显示：日本经过从 19 世纪末的军事扩张，到 1937 年全面发动侵略中国的战争时，其制海权的扩展潜力已接近国力的极限，到太平洋战争爆发前，日本国力已开始萎缩。1937 年，日本国民收入在七大国中位居末位，而国防开支在国民收入中所占比例却居第二位。同年日本在七国中的战争潜力为第六位，美国是日本战争潜力的 11.92 倍。[①] 面对悬殊如此巨大的国力差距，日本不仅没有意识到收缩战线、巩固和消化已掠夺到手的地缘政治利益的迫切性，相反，它却在德国、意大利初期胜利的鼓动下，于 1937 年和 1941 年重复了拿破仑向欧洲两个大国即英国和俄国挑战的战略性错误，全面发动致其死命的侵华战争和对美的太平洋战争。结果，日本及其殖民地的战争潜力在亚洲大陆和太平洋两向分别为扩张制陆权和制海权的目标所消耗殆尽，并于 1945 年 8 月在美国、苏联和中国的合击下，遭到灭顶之灾。至此，日本明治以来所取得的全部政治经济成果和地缘战略利益灰飞烟灭。在欧洲战场，希特勒德国也在海陆两向过度扩张本国国力不足以支撑的庞大的作战目标，并于 1945 年在盟国的打击下败亡。至此，俾斯麦为德国强盛奠定的基础在威廉二世和希特勒海陆两向的过度扩张中元气大伤。从 19 世纪 60 年代日本（明治时期）和德国（俾斯麦时期）崛起到 20 世纪 40 年代战败，耗空了两国百年奋斗的几乎所有积累。

---

① 〔美〕保罗·肯尼迪：《大国的兴衰》，第 408 页。

美国是与日本、德国几乎同时崛起却不仅没有在百年后毁灭，而且还在21世纪成为继17世纪英国之后的"第一个全球性大国"。美国曾在其处于弱势时，勇于直面挑战，突破英国、西班牙等海上霸权封锁，一跃成为东太平洋上的海权强国，但二战前的美国一直小心翼翼地避免在海外过度扩张海权。两次世界大战中美国虽然经济实力雄厚，但它都是在不得已的时候才向海外派兵。二战后，美国在世界大战的废墟中反而成为经济实力最强大的国家。

但美国战后绝对优越的经济实力也曾使美国在其海权扩张中表现出"威廉二世"式的轻率。1946年，为控制整个太平洋，美国参谋长联席会议曾制定"边疆"西移计划，根据这项计划，美国海军第七舰队开进日本，占领了琉球群岛和小笠原群岛，并把冲绳建成它在亚洲的最大海军基地。1947年，美国海军占领了马里亚纳群岛、加罗林群岛、马绍尔群岛等。但美国的这种扩张势头在朝鲜半岛和中南半岛都受到了严重挫伤。1950年美国出兵朝鲜并与中国交手，损失惨重；20世纪60年代中叶，法国从越南退出后，美国贸然独担"拯救民主世界"的重任，结果又被拖在越战的泥潭中不能自拔，国力开始在海权扩张中透支。1960年美国在世界生产总值中所占的百分比为25.9%，到1970年下降为23%，1980年继续下降到21.5%。而与此同时，日本、中国等在世界生产总值中所占的百分比则快速上升，1960~1980年，日本在世界生产总值中所占的百分比从4.5%增长到9%；中国从3.1%增长到4.5%。到1980年"世界银行关于人口、人均国民生产总值以及国民生产总值的统计数字，实际上已经非常明显地显示出全球经济力量的多极分配趋势"。① 尼克松看到美国国力因其海外过度扩张而下降的现实，果断调整美国外交政策，结束越南战争、建立与新中国的外交关系。至此，美国国力开始回升，20世纪90年代初，苏联自我解体，但美国并未停步，于1991年、1999年及2001年，与北大西洋公约组织一起连续通过海湾战争、科索沃战争和阿富汗战争在海湾地区、巴尔干地区及中亚地区插入其军事力量，全面回收苏联地缘政治遗产，并于2002年退出《限制反弹道导弹系统条约》，打破原有的战略武器平衡。"在仅仅一个世纪的时间里，美国既改造了自己也受国际动态的改造——从一

---

① 〔美〕保罗·肯尼迪：《大国的兴衰》，第532~533页。

个相对孤立于西半球的国家，变成一个具有全球影响和控制力前所未有地遍及全世界的大国"。①

以史为鉴，古为今用。从鸦片战争迄今170多年，进入市场经济后的当代中国，不得不再次面对海洋之于市场经济发展的逻辑联系，以及海权之于国民财富的增长及国家安全所具有的生死意义。1820年中国的经济水平及GNP曾居世界第一，但在20年后中国却在东海惨败于英国的"坚船利炮"；1890年中国国民生产总值是日本的5.28倍，但5年后中国又被日本在海上打败并为此遭受险被彻底肢解的厄运。今天，中国经济增长率和国民生产总值再次跃入世界前列②，那么，在21世纪之初，如何避免重蹈前朝覆辙，及时制定面向海洋、注重制海权的国家安全战略，保卫已取得的经济成果，到21世纪中叶"建成中等水平的发达国家"？这的确是值得中国人认真思考的问题。

三 美英日等国的海洋国策对我国的启示

1. 政府高度重视和支持发展海权

政府的高度重视和政策法规的支持保障是实现海洋强国战略的关键。

回顾美英日等国海权发展历史，不难发现，政府对海洋强国发展战略高度重视，促使国家出台了许多关于实现海洋发展战略的政策法规，包括军事、政治、经济以及科技等各个方面。也正是在众多政策法规的支持下，海洋力量的发展才更加迅速、顺畅。美国是世界上制定海洋政策最早也是最多的国家。2000年7月，美国国会批准了《2000海洋法令》，成立了国家海洋政策委员会。2004年底，美国海洋政策委员会向美国国会提交了名为《21世纪海洋蓝图》的海洋政策报告。

---

① Zbigniew Brzezinski, *The Grand Chessboard*: *American Primacy and its Geostrategic Imperatives*, (Basicbooks, a Division of HarperCollins Publishers, Inc, 1997), p.3.
② 根据世界银行提供的相关资料，1999年我国国内生产总值居世界第七位。2000年，则达到8.9万亿元人民币，首次突破1万亿美元，按可比价格，比1995年增长41%。"九五"期间经济年均增长率达到8.3%，大大高于3.8%的世界平均水平。资料来源："经济和社会发展水平的国际比较"，国家统计局《"九五"期间国民经济与社会发展系列报告》，http://www.stats.gov.cn/tjfx/ztfx/jwxlfxbg/200205300095.htm。

日本长期以来以"海洋国家"自居，以建设海洋强国作为其战略目标。政府高度重视海洋资源开发与技术研究，制定中长期海洋开发战略计划，最大限度地攫取海洋资源。2007 年 4 月通过的《海洋基本法》，作为日本国家海洋政策的根本大法，既有整合日本海洋资源管理部门和机构，提高政府部门效能的作用，也为日本以"保护海洋权益"为由进一步攫取海洋资源提供了国内法依据。

就目前而言，我们国家海洋政策体系仍然不够完善。在海洋事业发展和海洋权益争夺中我们面临的诸多困境，很大程度上是因为战略缺失造成的，是没有形成长远的国家海洋战略体系和高效统一的海洋管理体系的结果。

2. 加强海军建设

在美国海权发展的路上，最重要的推动力量就是美国海军的强大实力。美国从华盛顿时期就开始建设海军，历届政府都将海军建设放在重要地位，终于成为当今世界的"海上霸主"。

随着日本的经济腾飞，其政治大国欲望急剧膨胀。为早日摆脱"经济大国，政治侏儒"的形象，同时也为了最大限度地扩张海洋权益，日本开始大力发展军事力量。伴随"海洋国家"的重新定位，日本传统的海洋军事战略已经悄然回归。目前，日本海上自卫队已建成一支装备精良、训练有素，具有世界一流的反潜、护航及扫雷能力的远洋作战力量。在"海上歼敌"战略指导下，自卫队联合舰队频频出现在西太平洋、南海乃至印度洋海域。

可以说，近代 500 年来，判断一个国家是否强大的军事标准始终是看它是否拥有强大的海军。因为在强大海军的背后，是强大的工业体系和相应的国家制度。但需要明确的是，发展海军力量是事关国家整体战略的重大问题，一定要从综合国力和国家的海洋战略全局出发。考虑到中国是一个海陆复合型国家，威胁来自海陆两方面，因此在和平时期就应该注意保持海陆空军的平衡，建立一支比例合理、结构均衡的军队。

但是，我国不追求海洋霸权。美英日等国在发展自身海权的过程中，不断侵略海外领土并据为自己的殖民地或者海外军事基地，妄图称霸全球、获取自身最大利益，但是它们都遭到了严重的失败和挫折。成也海权，败也海权，过度扩张是历史上的海洋强国的共同特征。这些帝国主义、霸权主义行径是中国不能接受也不能效仿的。美国自二战之后热衷于无限制的扩张，又崇尚武力威胁，其实这不但是非正义之举，而且极易造成国际争端，矛盾激化，引起普遍反对和报复，不断陷入危机的泥潭。我国应引以为戒。

3. 加强海洋综合实力发展

美英日等国在发展海权的过程中，不仅仅是关注海军建设，对于海洋经济、海洋科技的大手笔投入也至关重要。美国重视海洋科技，扩大海洋科技投入资金来源渠道，建立高效的技术转让机制。政府与产业界、科研机构和大学等建立伙伴关系，形成风险共担、收益共享的利益共同体。

我们应该尽快建立相应的激励和常态机制，创造良好的社会环境，促进海洋科技创新，提高海洋经济的发展水平，从而加强国家的综合实力和在国际上的竞争力。

4. 提高全民海洋意识

美日英等国政府对终身海洋教育和全民海洋意识的重视是值得我们借鉴的。美国倡导的"终身海洋教育"，旨在通过正规和非正规教育，提高全民对海洋重要性的认识，提升公民的海洋意识，培养和造就未来的顶尖海洋科技人才和海洋管理人才。《美国海洋行动计划》提出：终身海洋教育是繁荣经济，促进生态系统的健康，造就掌握自然资源可持续利用与平衡发展所需的科学知识、具有竞争力的劳动力的必要条件。

我们应该建立更多海洋研究机构、海洋教育机构，以发展海洋事业，提高全民海洋意识，以加快海洋综合国力的提升，促进世界海洋和平——这才是我国建设海洋强国的应有途径，也是世界各海洋大国建设海洋强国的应有途径。

（本报告内容来源：中国海洋发展中心重点课题《我国海洋强国战略研究》阶段性研究成果）

专题四　近邻日本海洋战略分析与中国应有对策思考

一　问题的提出

近年来，世界各国对海洋的重视程度越来越高，主要涉海国家都已经制定并逐步完善了其海洋战略规划，力图在海洋竞争中抢占优势，并以此来支撑国民经济的可持续发展。美国以控制全球海洋为目标，全面实施"全球海洋战略"，特别是其借助科技和军事优势维持超强地位，推进海空一体化战略；日本确立了"新的海洋立国"战略，积极扩大海洋战略空间，加快"海洋大国"的步伐；韩国实施"海洋强国战略"，推进"蓝色革命"，努力跻身世界海洋强国之列；越南采取政治、经济、军事手段，实现其对南沙岛礁从占领向占有的转变；印度出台"海洋新战略构想"，意图控制印度洋，染指南中国海，挺进太平洋；澳大利亚、印度尼西亚，甚至菲律宾也不例外。"海洋世纪"的基调已经在 21 世纪初叶实实在在地呈现在我们面前。

中共"十八大"提出了"提高海洋资源开发能力，发展海洋经济，保护海洋生态环境，坚决维护国家海洋权益，建设海洋强国"的战略任务。知己知彼，百战不殆。制定中国的海洋战略和政策，发展中国的海洋事业，需要了解世界的情况和动向，尤其是中国最大的海上邻国日本。研究和把握日本海洋战略，一方面对于妥善处理中日海洋关系，另一方面对于有针对性地发展我们自己，都显得更加必要和迫切。

冷战后的日本海洋战略，经历了从"海洋国家论"到"新的海洋立国"战略的确立过程。日本的海洋战略是通过具有战略意义的涉海法律、政策、规划来体现的。近年来，日本的海洋战略呈现出海洋意识更加强烈，海洋认识更加多元，海洋观念更加外向，海洋战略日益清晰，海洋法律逐步健全，海洋管理体制更趋完备，海洋涉外活动更加积极，海洋战略规划更加具体，海洋权益争夺更趋强势的基本趋向，同时也出现了通过构建新型日美同盟关系来强化同美国全球战略的一致性和互补性、谋求管辖海域扩大和发展空间拓展、调整防范对象、复活军事力量等一些新的动向。当前，亚太地区海洋安全问题的热点和焦点主要集中在环中国海地区，中国面临的海洋安全形势相当严峻。在这一背景下，我们处理中日海洋争端和中日关系需要从战略的高度，认清对方，积极应对，争取主动，控制大局，妥善处理，一方面积极推进中日两国在海洋领域的合作，另一方面加快建立我国对日本的海洋战略优势，为加快推进海洋强国建设，维护国家海洋安全，促进海洋开发利用，建构世界海洋和平秩序，作出应有的贡献。

二 日本海洋战略与海权观念分析

日本是一个列岛型的岛屿海洋国家。在很长一段时期内，对日本来说，海洋带来恩惠、安全、财富和文化。但是，从丰臣秀吉统一日本后开始，日本国家战略和海洋战略呈现出冒险、贪婪、侵略的特征。近代日本明治维新以后实行帝国主义、军国主义扩张政策，无论是南进还是北进，无论是大陆政策还是海上推进，实际上都是把海洋当作跳板，侵略领土、掠夺资源、控制战略通道，试图建立所谓"大东亚共荣圈"，主宰东亚乃至整个亚洲。战后，在新的国际格局下，日本依靠美国的安全庇佑，走和平发展之路，以海洋贸易立国，成为世界第二经济大国，这一时期的日本海洋战略以经济为中心，相对单纯。但是冷战以后，随着国际和地区形势的变化和世界海洋形势的发展，日本对自己的国家战略进行了深入思考，经历了重新调整和抉择，把成为"普通国家""政治大国"作为21世纪日本的国家战略目标。

日本的海洋战略与国家战略密不可分。日本海洋战略是在其国内与国际、历史与现实、政治与经济、文化与传统、地区和全球等多种因素相互作用、相互影响中形成、发展的。实际上，长期以来，日本国内对海洋战略理论的思考和学术争论一直没有间断过，有的甚至在世界上都产生了较大影响。但就目前日本的海洋战略而言，其最重要的理论基础有三个方面：由传统海权观发展而来的新的综合海权观；"普通国家"和"政治大国"论；"民生大国"论。

日本四面环海，在生产力水平较低的时代，海洋起到了难以替代的屏障作用，确保了日本作为独立国家的传承与发展。同时，日本也因此长时间与周边国家处于隔绝状态，在相当长的时期内日本各阶层的海权思想只停留在朴素海权观的时代，并没有真正认识到海洋的重要性，更没有从海洋兴国、运筹经略海洋的高度来认识海洋的地位和作用。但是，18 世纪末至 19 世纪初，少数日本人的海权观念发生了变化。日本知识分子开始从岛国位置、海军军备、海外贸易等角度提出日本的海权观。促使日本海权思想真正发生转变的还是美国佩里舰队叩关以及日本被迫开国的残酷的现实，自此日本开始接受近代海权思想，进入重视海军及海上安全的传统海权观阶段。

明治维新伊始，日本天皇就提出了"开拓万里波涛，布国威于四方"的强国目标，并被作为国家意志由日本政府贯彻执行。随着马汉著作的问世，海权观进一步理论化，日本的一批海权论者，如金子坚太郎、小笠原太郎、秋山真之、佐藤铁太郎、加藤宽治等，把马汉海权观与日本的实际相结合，把海洋战略研究与海军战术研究相结合，形成了日本传统的海权观及海洋战略：日本及世界的未来取决于海洋，海洋的关键是制海权，制海权的关键在于海军的强大，海军战略的关键是通过舰队决战击溃对手。从此，日本开始以海军扩张为依托，追求海权强国的目标。①

二战结束后，日本的海权观及海洋战略因军事上的失败和科技发展而进入了一个新的阶段。日本开始向新的综合海权理论过渡，即在高度重视传统的海上军事力量及海上安全的同时，开始更加关注海洋资源、海洋环保、海洋科技等非军事因素，日本逐渐确立起新的综合海权观。综合海权观主要体现在六个方面：一是加深对海洋战略地位的认识，把海洋作为民族生存和国家安全的重要空间。二是把海洋事务作为重要的国际事务，把开发利用海洋列为国家优先发展战略。三是逐步建立和完善新的海洋法律制度体系。四是发展海洋经济，使之成为新的经济增长点。五是努力在新一轮国际海洋竞争中抢占先机。六是大力发展海洋科技，利用高新技术加快对海洋资源的开发研究。

---

① 张景全：《日本的海权观及海洋战略初探》，《当代亚太》2005 年第 5 期。

　　"普通国家"这一概念是日本政界人物小泽一郎最先提出的。在其1993年所著《日本改造计划》一书中，小泽认为"日本远不是一个普通国家"，在他看来，"普通国家"需具备两个条件："第一，对于国际社会视为理所当然的事情，就把它作为理所当然的事情来尽自己的责任。……这一点在安全保障领域尤其如此。第二，对为构筑富裕稳定的国民生活而努力的各国，以及对地球环境等人类共同面对的课题，要尽自己所能进行合作。"该书称：日本既已成为经济大国，就应当成为"国际国家"，其前提是首先要成为一个"普通国家"。为此要"在安全保障、经济援助等领域做出国际贡献"。①表面上，"为国际安全做贡献"和"为国际经济做贡献"是战略目标，但是，从冷战结束后日本"普通国家化"的实践看，成为自主的大国才是日本"普通国家化"战略的实质，其要害在于以"为国际安全做贡献"为由，提倡突破"和平宪法"的束缚和内外舆论的牵制，重获对外动用军事手段的权利。

　　着眼于这个战略设计，日本进行了多方面的战略实践。第一步，通过改变国民意识，强化国家观念，为推行"普通国家化"战略奠定思想和舆论基础。日本政府把取得国民认同作为推行"普通国家化"战略的重中之重。通过冷战后十余年的努力，"普通国家化"已经成为日本主要政治力量和多数国民的整体价值取向。第二步，试图通过修改"和平宪法"，对"普通国家"地位予以法律上的确认，扫除自卫队参加海外军事行动的障碍。第三步，强化日美同盟，加速推进"普通国家化"战略实施，特别是借助美国的力量扫除国家战略转向的障碍，加速国家战略转型。

　　在与"普通国家论"相对立的各种战略指导理论当中，最具代表性的有"民生大国论"，其首倡者是著名记者、评论家船桥洋一。"民生大国论"的主要思想是：（1）排斥意识形态分派，自称"我们不是鹰派，也不是鸽派，不是右翼，也不是左翼"，因为"冷战已经结束"。（2）提倡外交要在和平、发展、人权、环保等领域发挥日本强大的指导能力。（3）反对日本成为军事大国，也反对日本只停留在经济大国层面上，着重倡导"民生大国"概念。（4）对

---

① 〔日〕小泽一郎：《日本改造计划》，远东出版社，1995。

待"欧美主义"和"亚洲主义"，主张既不脱亚入欧，也不入亚脱欧，而是确立入亚入欧的太平洋全球主义。（5）对待日本的国家利益与国际社会利益，强调："为了日本的生存而让他者生存"，"实现开放的自我利益"。（6）在国际政治立场上，同意坚持日美同盟，但强调要适应冷战后的形势予以改造，主张要在联合国和 WTO 框架内积极开展平衡多边外交，加强日本作为地区重要政治力量与美欧大国或国家集团的战略磋商与合作。①

三 日本的"海洋国家论"分析

日本列岛由西太平洋岛链上若干岛屿组成，其本身就是分隔边缘海和大洋主体的地理分界线，在开发海洋、利用海洋方面具有得天独厚的地理优势。日本真正对海洋战略的关注始于 19 世纪 90 年代。在明治时期海军军官佐藤铁太郎的《国防私论》出版之前的 1891 年，一位名叫稻垣满次郎的日本外交官写了一本颇有影响的《东方策》，强调海洋是未来世纪的政治贸易的主要舞台，如果东洋成为世界市场，日本就会凭借中心地位而取得难以意料的繁荣昌盛。此后的数十年，日本的海洋战略深深地打上了军国主义对外扩张的烙印，并演变成了向大洋扩张侵略的南进论，稻垣也因此被认为是南进论的首倡者。②

二战结束以后，随着战后重建与经济发展，日本再度提出了以海洋为中心的一些战略构想，力图在激烈的国际竞争中掌握主动。战后日本海洋战略构想的主题和方向，主要分为两个阶段：

一是"环太平洋发展战略论"阶段。1965 年小岛清首先提出"太平洋自由贸易地域"（PAFTA）构想，③ 后来 1980 年大平正芳首相主持制定《环太平洋合作构想》，将战后日本海洋发展战略研究推向高潮。其目的主要是解决日

---

① 参见船桥洋一《日本戦略宣言》（讲谈社，1991）和《日本の対外構想》（岩波书店，1993）。

② 〔日〕稻垣满次郎：《東方策》，东京活世界社，1891。

③ 1968 年初由小岛清等组织了以学术界为主的"太平洋自由贸易与发展会议"（Pacific Asia Free Trade and Development，简称 PAFTAD）。该组织主张以美、加、日、澳、新五国为中心，组成一个松散的民间协商机构来推动亚太地区的经济合作。

本经济起飞对资源与市场的需求，深化同美、加等北美发达国家的合作，为"综合安全保障"提供政策补充。① 这一时期，日本所倡导的《环太平洋合作构想》带有强烈的冷战色彩，设想通过提高经济依存度，深化战略依存度，巩固美日在亚太地区的战略格局。总的来说，该阶段日本海洋战略研究的关注重点是经济利益和经济发展，对政治外交斗争、领土纠纷等历史敏感问题，往往采取一种低调和回避的态度。

二是"海洋国家论"阶段。国际政治学者高坂正尧于 20 世纪 60 年代率先出版《海洋国家日本的构想》，可以说是海洋国家论的先声。不过它真正成为一种理论思潮和政治气候则是到了冷战结束以后。冷战后，日本对海洋的关注和对海洋战略的研究逐步升温，这一战略构想的出现，既有世界性的宏观背景，也有日本自身的现实考虑。它主要源于后冷战背景下日本战略家对应该确立怎样的国家战略的思考。他们对日本的国家特征达成了共识：日本是一个四面环海的列岛，一个海洋国家，这个基本事实构成日本国家形成和发展的前提，并且由此决定了日本与外部世界的联系方式，即"岛国式"或是"海洋国家式"。在日本战略家的眼里，"岛国"被赋予封闭、内向的特征，而"海洋国家"则具有进取、外向的特征。因此，日本的海洋国家论者认为：日本必须走出"岛国"的局限，迈向"海洋国家"，海洋国家之路是日本的必然选择。在这里，"海洋国家"包含了一种积极参与建立世界新秩序并追求日本国家利益的志向。这种对"海洋国家"的理解和走向"海洋国家"的呼吁，成为日本制定海洋战略的认识论基础。实际上，"海"本身就具有双重性。一方面是闭锁、隔离、防卫；另一方面是开放、沟通、开辟。随着人类社会的发展和文明的进步，前者的功能在不断减弱，后者的作用在日益扩大。正是因为对海这种双重性的不同侧面的倚重，才会呈现所谓"岛国"和"海洋国家"的不同特点。所以对

---

① 《环太平洋合作构想》的基本意图是要在日益严重的能源危机中，日本与太平洋圈内各国加强团结，认真对待和努力解决几个重要问题：（1）建立石油联合基地和紧急通融体制；（2）共同开发新能源和建立能源资源联合研究所；（3）建立太平洋圈内的资源、粮食产品的贸易基地；（4）作为建立这个基地的前提——由日、美、加、澳按一定比例出资建设第二条巴拿马运河。

"海"的新阐释和走向"海洋国家"的呼吁，也就自然成为日本探讨和制定海洋战略的话语前提。①

同时，按照日本另一位现实主义学派学者永井阳之助的说法，目前日本海洋国家论的人士中，以防卫问题专家等"军事现实主义者"居多，另有一些亲英美派的"政治现实主义"者。他们结合对近代历史的考察认为，当日本与海洋国家结盟时就得以繁荣，与大陆国家结盟时就要失败。这显然是错误的，但却成为了日本走与海洋国家结盟的路线，积极谋取海洋实力与拓展海洋权益的理论前提。②

"海洋国家论"在日本的兴起不是偶然的。随着冷战的终结，世界各国都在思考未来的国家战略，日本也不例外。日本一些学者和战略问题研究专家认为，进入 21 世纪后，世界秩序依然会继续受以上这两大趋势的作用，他们主张，日本应该重新审视和适时调整自己的大战略，明确提出把海洋战略作为国家战略，力图在激烈的国际竞争中掌握主动。一些战略家把国际政治构造分为海洋国家和大陆国家两个对立系统，认为这种对立是由于历史和传统的国家战略的差异造成，其中特别是战略视野的不同所导致。③ 与此同时，从 20 世纪 90 年代开始，海洋问题成为全世界关注的热点和焦点。随着《联合国海洋法公约》1994 年生效，各沿海国家纷纷建立或加强了海洋综合管理机构和海洋战略研究机构，开始制定和实施国家海洋战略。日本政府也多次制定了国家海洋开发的中长期规划，学术界连续数年进行海洋战略和国家战略关系问题的研究，政府的海洋科技开发经费投入逐年增加，海洋开发和宇宙开发共同被确立为维系日本国家生存基盘的优先开拓领域。"海洋国家日本""海上生命线"等字句频繁出现在各种媒体中。加之，把目光投向海洋是日本经济对海洋依赖的必然，也是日本在国际政治中的"大国化"倾向的反映。进入 21 世纪以来，日本政界、学界和舆论界保守化倾向更加明显，日本着眼于突破战后体制制约，确立"普通国家"战略目标，谋求在东亚地区乃至国际社会中处于一种主导和支配地位的战略意图

---

① 参见修斌《日本海洋战略研究的动向》，《日本学刊》2005 年第 2 期。
② 参见张勇《日本"海洋国家"之辩》，http://japan.people.com.cn/35469/7739337.html，访问时间 2012 年 9 月 15 日。
③ 〔日〕中曾根康弘·樱井よしこ《海洋国家·日本の大戦略》，《Voice》2003 年第 6 期。

更加明显。政界、学界重新提出了"海洋国家"的概念。"海洋国家"这一地理名词的背后，蕴含着日本参与主导地区事务、介入世界政治经济格局重构和引领国际战略关系发展的强烈意愿，说到底是一种扩张意识。

四　日本海洋战略的特点及其动向分析

多年来，日本的海洋战略一直随着国际局势的变化进行调整。这种调整既有直接的现实需要，又有深刻的理论根源；既体现了日本政府和国民的政治意愿，又反映了冷战后亚太地区战略格局的深刻变化；既是日本关于海洋资源开发、海洋利益拓展的政策导向，又是日本"政治大国化""普通国家化"的具体步骤。日本的海洋战略承袭了由"政治大国"战略、"国际国家"战略演变而来的"普通国家"战略的基本理念，直接服从服务于摆脱战后体制、追求政治军事大国地位的国家战略发展目标。日本海洋发展战略不仅是日本国家战略的重要组成部分，而且与中日关系的走向和中国的国家利益、特别是海洋权益息息相关。日本海洋战略的调整将对亚洲和太平洋地区的政治、经济和社会发展，特别是对中国海洋战略和海洋发展产生重要影响。

总体来看，日本的海洋战略呈现出海洋意识更加强烈，海洋认识更加多元，海洋观念更加外向，海洋战略日益清晰，海洋法律逐步健全，海洋管理体制更趋完备，海洋涉外活动更加积极，海洋战略规划更加具体，海洋权益争夺更趋强势的基本趋向。特别是近年来，日本海洋战略进一步出现了通过构建新型日美同盟关系来强化同美国全球战略的一致性和互补性、扩大管辖海域来巩固海洋大国地位并拓展国家发展空间、调整防范对象并构建与其大国战略相适应的海上武装力量、通过强化海洋的综合开发利用来为日本经济发展提供资源支撑等一些新动向。

动向一：构建新型日美同盟关系，强化同美国全球战略的一致性和互补性

二战后至冷战结束，日本始终把坚持日美安全保障体制作为其外交和国防政策的"基轴"。但冷战后，两国都意识到传统的"美主日从型"的同盟关系已不适应新的形势，必须进行重塑和调整。经过努力，1996年4月桥本龙太郎首相同克林顿总统签署了《日美安全保障联合宣言》，确立了新时期日本在

地区及全球安全战略中同美国的新型"全球伙伴关系"。在这一战略思想指导下，日本主动地将自己与美国的东亚和全球安全战略捆绑在一起，美日军事战略形成了"一体化"格局。与此相适应，日美双方在海洋战略上互为补充、互相支持的特点更加明显，这主要表现在日本追随美国主动参与海外军事行动的强度和频率进一步增强；日本进行法律调整，修改和平宪法的步伐进一步加快；日本和美国在钓鱼岛和南海问题上相互配合协调在强化。这从2010年以来的普天间美军基地搬迁问题、钓鱼岛撞船事件、延坪岛炮击事件、美日和美韩军演、南海搅局、钓鱼岛危机等一系列事件，以及此间美国的表态中都可以明显看出。

动向二：扩大实际控制范围，不断巩固区域性海洋大国地位

日本海洋战略和海洋政策最核心、与周边国家争议最大的是大陆架和专属经济区政策。日本认定太平洋上约65万平方公里的海域，将来能够根据《联合国海洋法公约》通过向大陆架界限委员会提交申请等努力，获得巨大的海洋权益，届时日本的陆地国土、海洋国土和专属经济水域总面积将达到447万平方公里以上，居世界第六位。在日本大陆架延伸计划中，有领土争议的钓鱼岛群岛和独（竹）岛被单方面圈定在200海里专属经济区界线之内，如果日本大陆架延伸方案一旦获得"认可"，日本将顺理成章地坐收相关海域的主权权利。同时，日本还正在试图进一步加强对冲之鸟、钓鱼岛等争议海区的控制，不断利用其国家行为、国内法措施等强化"法理依据"。此外，日本还欲借全面调查大陆架之机，参与制定一套符合太平洋海底地形的大陆架科技指标，在推动国际海洋法新秩序的形成的过程中，最大限度地争取本国海洋权益。

动向三：调整防范对象，努力构建与其大国战略相适应的海上武装力量

冷战时期，日本对"来自北方的威胁"颇感忧虑，以苏联为"假想敌"，在战略考虑和军事布防上都偏重于北方。冷战后，日本认为北方威胁减弱，但发生地区争端的可能性和大规模杀伤性武器扩散的危险却在增加，日本正面临多方向、多类型的威胁。其海洋防卫战略指导思想由"保卫北方"转向"防御西方"，《日美防卫合作指针》也把中国作为防范和牵制的重点。因此，日本加快了军事力量调整和建设的步伐，不断拓宽自卫队职能，并将防卫厅升格

为防卫省，并试图将自卫队改为国防军。日本海上自卫队目前是亚洲最强大的海上武装力量，且综合作战能力较强，海洋军事战略已基本完成了由美国海军补给力量向"独立作战"力量，由近岸、近海防御向海上歼敌、远洋积极防御的转变。特别是战区导弹防御系统（TMD）的研制开发，进一步打破了地区的军事平衡，表明日本主动参与美国军事干预战略的意图更加明显。日本近年出台的防卫大纲和防卫白皮书等文件，都明确将中国视为威胁，并将防卫重点和军事部署向西南方向倾斜。

动向四：强化海洋的综合开发利用，为日本经济发展提供资源支撑

日本海洋战略调整的根本目的有两个：一是为日本拓展战略生存空间；二是加快海洋的开发利用，为日本提供发展所需的资源支持。日本海洋发展战略调整的重点之一，是放在海洋资源的开发利用上，日本将凭借其经济和科技上的优势，加大海洋开发力度，加快对海底资源、能源的勘探利用。目前，日本政府多个部门正在开展相关工作，日本海洋开发机构（JAMSTEC，原日本海洋科学技术中心）实际上隶属于日本文部科学省，是日本海洋技术开发的大本营。该中心主要进行与海洋相关的科学技术的综合试验研究与前沿探索，许多成果、仪器都处于世界领先水平。海上保安厅也积极从事海洋科技的研发工作。目前已经把浪力发电、潮流发电应用到海上航路标记的照明，实现"以海洋能源来保护大海安全"的宗旨。经济产业省于2009年制定了《海洋能源与矿物资源开发计划》，对海洋能源资源的开发利用提出了更全面系统的规划，制定了自2001～2016年为期16年的"甲烷水合物开发计划"，开始有计划地勘探、开采埋藏在海底深处地层中的可燃冰作为未来的替代能源；农林水产省、气象厅在海洋调查、气象研究方面也不断加大力度。而根据《海洋基本法》制订的《海洋基本计划》则成为日本全面实施海洋战略的最新、最全面、最具体的规划。可以预见，日本今后将进一步加大海洋战略推进步伐，以谋取更大的海洋利益。

同时，随着中国的快速崛起，日本的海洋战略防范和遏制中国的倾向越来越明显。日本一些势力一方面将中国视为和"海洋国家"相对的"大陆国家"的代表，认定作为"海洋国家"的日本必然要与中国发生战略冲突；另一方面极力渲染中国的海洋力量，特别是海军发展、海洋能源开发、海洋调查活动。日本一些人主张联合美国并拉拢其他亚太国家联手应对中国的所谓"威胁"，遏制中国的海洋发展。这两个方面，说明日本这些理论的难以自圆：既然说中国不是海洋国家，何以又说中国海洋力量给日本造成了威胁？也正是在这样的背景和氛围下，日本在海洋问题上对华趋于强硬，2010 年 9 月抓扣我渔船和船长，2012 年以来的购岛闹剧等就是集中表现。

五 当今日本"新的海洋立国"战略及其实施

1. 日本"新的海洋立国"战略的基本内涵

国家战略一般是通过具有战略意义的法律、政策、规划来体现的。当代日本的海洋规划和政策，是遵循 2005 年提出的"新的海洋立国"战略，在 2007 年出台的《海洋基本法》的指导下，以 2008 年制订的《海洋基本计划》为主轴制定和展开的。

"新的海洋立国"战略始于 2005 年。当年 11 月，日本海洋政策研究财团向日本政府提交了《海洋与日本：21 世纪海洋政策的建议》，并于 2006 年 1 月公开发表。该建议共分 4 个部分，它提出了日本海洋立国的总体目标，阐述了制定《海洋政策大纲》《海洋基本法》的紧迫性以及完善海洋综合管理体制的必要性，提出了海洋管理的具体措施，强调了海洋立国的"三大理念"，即海洋的可持续开发利用、注重国际协调引领海洋国际秩序、实施海洋综合管理。2006 年 12 月，日本海洋政策研究财团和日本海洋法研究会同时发表了《日本海洋政策大纲：以新的海洋立国为目标》和《日本海洋基本法草案纲要》，明确提出新的海洋立国的口号，主张日本应从"岛国"转向"海洋国家"。①

"新的海洋立国"战略强调的"三大理念"是：海洋的可持续开发利用、注重国际协调引领海洋国际秩序、实施海洋综合管理。而《海洋基本法》则是日本全面确立新的海洋立国战略的重要标志。《海洋基本法》规定了日本发展海洋事业的基本原则、纲领、目标、任务、组织框架等。目前，日本的涉海法律法规已达近百部，而《海洋基本法》是所有涉海法律的"母法"，是指导

---

① 海洋基本法追踪调查研究会后于 2009 年 4 月 2 日又提出《关于"实现新海洋立国"的建议》。

日本海洋发展的纲领。根据《海洋基本法》，日本政府设立了综合海洋政策本部。综合海洋政策本部负责组织进行日本海洋战略规划的制订，是日本海洋战略和政策的最高决策和综合管理机构，由首相担任本部长，国土交通大臣兼任海洋政策担当大臣。本部设有总会（亦称"参与会"），总会决策重大事项，届时各有关府省，如内阁府、内阁官房、法务省、外务省、国土交通省、经济产业省、农林水产省、文部科学省、环境省、防卫省等的负责人都要参加。综合海洋政策本部下设干事会，议长由内阁官房副长官担任，成员包括有关省厅的厅局长和审议官等。本部还设有法制、审议、边界海域等各个领域的小组，负责研讨相关政策议题并进行决策。此外，日本有关省厅内部也有涉海部门，分别侧重政策、规划、科技、法律、外交、安全等方面的涉海问题研究和政策制定。另外，日本海洋政策最主要的智库海洋政策研究财团，组织了许多法案的草拟，提出政策建议，发表课题成果等，每年还定期出版《海洋白皮书》。日本海洋政策研究财团的经费主要来自日本财团。

此外，2008 年以来日本向联合国大陆架界限委员会提交了延长大陆架的申请，并先后制定或修订了一系列涉海的重要法律和规划，包括：海洋能源矿物资源开发法、处罚与应对海盗法、离岛保护管理法、低潮线保全及基地设施整备法、应对专属经济区外国科考活动法、海上保安厅法及其修正案、外国船舶航行法、矿业法等，在海洋政策和法制建设方面进展明显。

2. **日本的《海洋基本法》与《海洋基本计划》**

2007 年 4 月，日本通过了《海洋基本法》，这是日本全面确立新的海洋立国战略的重要标志。《海洋基本法》出台之前，日本的涉海法律法规至少有 87 部[①]，其中最主要的有 8 部：领海及毗连区法、专属经济区及大陆架法、海上保安厅法（修正）、在专属经济区行使渔业等主权权利的法律、海洋生物资源保护及管理法、水产资源保护法（修正）、防止海洋污染及海上灾害法（修正）、核原料物质和核燃料物质及原子炉限制法及防止放射性同位素造成放射线危害的法律（修正）。

新出台的《海洋基本法》规定了日本发展海洋事业的基本原则、纲领、

---

① 连同《海洋基本法》出台后制定的在内，日本涉海法律法规至少 98 部。

目标、任务、组织框架等。主要内容包括：推进海洋资源开发及利用；保护海洋环境；推进专属经济区等的开发；确保海洋运输；确保海洋安全；推进海洋调查；推进海洋科学技术的研究和开发；振兴海洋产业强化国际竞争力；加强海岸带综合管理；保护离岛；推进国际合作；增进国民对海洋的理解等。

《海洋基本计划》是 2008 年 3 月 18 日正式公布的。这是日本根据 2007 年出台的《海洋基本法》的精神，由综合海洋政策本部制订的用于指导日本今后 5 年的海洋事业发展的战略性规划。综合海洋政策本部每年都对进展状况进行跟踪评估，及时加以修正，提出要求，并计划每隔五年推出一部新的《海洋基本计划》。① 第一个《海洋基本计划》主要包括 12 个方面的内容，这些内容也基本上是对应于《海洋基本法》的要求来安排的，包括：海洋保护区的设定和推进、大陆架延长对策、对外国船只进行科学考察和资源探查的对应、能源和矿产资源的有计划开发、海上安全运输的确保、海洋安全制度建设、推进专属经济区的系统调查、海洋信息的一元化管理、海洋研究开发的推进、海岸带综合管理、离岛保护和管理、增进国民对海洋的理解和海洋人才的培育。这些规划集中、具体地体现了日本近期海洋战略的基本内容。

除了制订《海洋基本计划》，2008 年 10 月日本向联合国大陆架界限委员会提交了延长大陆架的申请，并先后制订颁布了《海洋能源矿物资源开发计划》（2009 年 3 月）、《处罚与应对海盗行为法》（2009 年 6 月）、《基于海洋管理的离岛保护、管理的基本方针》（2009 年 12 月）、《为促进专属经济区及大陆架保护和利用的低潮线保全及基地设施整备法》（2010 年 5 月）、《关于在专属经济区矿物探查及科学考察的应对方针》（2011 年 3 月）、《海上保安厅法》及《外国船舶航行法》修正案（2012 年 2 月）等重要法律法规，在海洋政策和法制规范制定方面进展明显。另外，在海上安全的维护方面，2011年日本派遣海上保安官随同海上自卫队护卫舰在索马里海域实施打击海盗活动；在海洋资源的利用方面，2011 年又通过了《矿业法》修正案，并由此建立了在其管辖海域进行矿物资源探查的许可制度。

---

① 《海洋基本计划》虽说是 5 年，但是有些规划内容一直到 2015 年、2020 年。可以说是一个典型的中长期战略规划。另据日本媒体 2012 年 12 月披露，日本已经完成第二期即 2013～2017年度的《海洋基本计划》，即将公布。

六　日本的海洋战略威胁与我国应有战略对策

日本海洋战略及其规划是一个整体，各个部分之间有着非常密切的联系。其中，除了海洋经济问题之外，海洋安全问题和海洋能源资源问题常常占据十分重要的位置，也往往形成中日之间竞争和矛盾的焦点，需要我们给予更多的关注。实际上，日本的海洋战略和政策的指向在很大程度上是针对中国的。在谈到海洋问题时，日本的海洋界人士往往对中国的海洋发展非常在意。日本海洋政策财团前任会长秋山昌广在《海洋白皮书》（2012）序言中就曾指出："从台湾、海上战略通道、海洋资源等方面进行观察，中国所采取的战略非常合理。中国为了防止对马六甲和印度洋握有最大影响力的美国在非常时期掐断海上运输线，正在实施远海战略。但是，基于在南海问题上中国的做法，海洋大国日本和美国要发挥核心作用，联合印度和澳大利亚，共同明确追求和主张在专属经济区内航行的自由、海洋利用的自由。"他主张，"必须增强日本自身的海洋实力，在防卫预算吃紧的情况下，即使无法增加经费，那么哪怕是适当降低相关标准也要增加人员配置，否则无以应对中国海洋力量的增长。"另外，由于全球金融危机、中东地区的紧张局势等所带来的影响，特别是日本"311大地震"后能源政策的调整、核电的走向，将会使日本更加关注包括海洋能源资源在内的新能源、再生能源、清洁能源的发展。对此我们需要抓紧研究和应对。

通过考察我们认为，日本已经形成"海洋国家"的特征和轮廓，已经具备"海洋强国"的基础和条件。研究日本海洋战略，有几点特别需要我们予以重视。

第一，日本海洋战略的目标，是为日本力图摆脱战败国的束缚，成为"政治大国""普通国家"的国家战略服务的。日本重视并突出其海洋国家属性，提出把建立海洋国家作为日本国家的大战略。在日本看来，威胁来自海上，国家发展的空间也在海上。

第二，日本国土狭小，资源缺乏，对外依赖严重，正因为对能源资源的渴望，以及沿海国家间竞争的激烈，使得日本的海洋意识异常强烈，也正因此，它总是在国际海洋法的模糊地带大做文章，积极占岛圈海，变礁为岛，扩大海洋国上面积。日木海洋能源资源战略规划在日本的涉海发展规划中往往最为具体、严密，在日本的海洋规划中占有突出的地位。

第三，日本经济严重依赖海外贸易，为此，它异常重视战略要道，全力确保海上生命线，近年来已经突破海外派兵限制，配合美国在全球的军事行动，并强化对日本周边岛屿、海域、海峡的军事控制以及监控力度。日本主要海上交通线与美国军事战略称之为"不安定弧"的危险地带地域基本一致。为此，日本也与美国配合，宣称维护航行与自由、和平共同利用海洋，并以此为口实介入南海等争端。

第四，日本主张并积极联合所谓"海洋国家"，共同应对"陆地国家"的挑战。这些年来，日本出现了把日美同盟这一"海洋同盟"体制扩大到多国之间，试图建立以日美同盟为核心的"海洋国家联盟"的新动向。日本积极联合东南亚岛国（甚至到台湾军方活动），试图建立以日本为主导的岛屿国家链条，①形成大陆边缘地带对中心地带的包围网。暴露出典型的冷战思维。

第五，日美同盟在未来较长一个时期将依然是日本海洋战略的主轴。1997年《日美防卫合作指针》（新指针）具有标志性意义，它使日美安保适用范围扩大、支援能力增强，是日美加强长期防卫合作的纲领性文件。2001 年的《阿米蒂奇报告》使日美同盟的防卫范围从"新指针"的"周边"继续扩大至亚太甚至具有了全球意义。日本在同盟中的地位开始从被动接受转变为主动参与。最近，日本又通过防卫领域的一系列新调整、新部署，强化西南诸岛方向战力，积极配合美国重返亚太战略，给中国海洋安全带来更大压力。同时，日美同盟已经超出了日美双边范围，超出了"远东"地域局限，超出了军事防卫领域。

---

① 屋山太郎、伊藤宪一、猪口邦子、川胜平太、佐濑昌盛、小岛朋之、冈崎久彦、秋山昌广等在讨论日本作为海洋国家应有的状态时，"海洋国家"成为他们的重要视角。关于建立海洋国家联盟的倡议和努力尽管时起时落，但是一直没有停止。加拿大和澳大利亚也提议日、美、加、澳建立太平洋同盟。泰国、巴西也寻求与日本建立紧密军事合作关系。跨太平洋战略伙伴关系协定（TPP）是这一联盟构想的新发展。

第六，日本海洋战略针对中国的意图显而易见。日本一些人由于疑虑中国的走向，担心中国的崛起会给他们带来威胁，有人甚至说"像中国这样缺乏资源的超级大国，其发展本身就是霸权行动"（渡边利夫语）。他们极力渲染中国的经济发展和海洋发展的威胁，以此来影响日本的对华政策，企图牵制、遏制中国的海洋发展。日本还把与中国的东海划界问题视为它海洋战略中最大的外交课题。

基于对日本海洋战略的考察和对中日关系的分析，我们认为在处理中日海洋关系时应当把握以下几点。

1. 牢牢掌控中日海洋关系发展大方向

当前，中国的海洋事业进入了前所未有的发展时期，"十二五"规划着力于转方式、调结构，实现科学发展。日本在经历了大地震带来的三重自然灾害之后，也在把灾后重建和振兴经济作为首要课题。世界和东亚地区的海洋形势不容乐观，中日之间关于钓鱼岛问题的对立前所未有。但是总体看来，和平与发展仍是当今世界的主题，区域一体化进程持续加速，中国的快速崛起以及面临的新问题不断出现。目前的形势和任务要求我们要高瞻远瞩，从民族复兴的长远利益出发，在坚决维护国家海洋主权和相关权益安全的前提下，充分把握有利的战略机遇期，牢牢掌控中日海洋关系发展大方向，加快制定和完善海洋发展战略，加强同包括日本在内的有关国家开展海洋合作，勇于面对和妥善处理中日岛屿和海洋纠纷，全面推进海洋事业发展，使我国的海洋战略、海洋规划、海洋政策、海洋外交都能与国家战略相协调。

2. 清醒认知中日两国海洋发展战略的差异

日本的海洋立国战略确立时间早、持续时间长、积累经验多，"新的海洋立国战略"思路清晰，与日本的国家战略高度吻合；日本民众与海洋打交道的人口比例大，海洋意识强，海洋教育普及，海洋观念深入；日本的海洋地理区位较为优越，东向太平洋，北靠日本海，西连中国东海，海岸线长，岛屿众多，出海口和良港多，管辖海域广，海上战略通道多，这些都给日本带来海洋利用上的便利以及地缘（海缘）上的优势；日本海上军事力量（海上自卫队、海上保安厅）人员训练有素，武器装备精良，信息化程度高，远航能力强；日本海洋战略系统化程度较高，法律法规较为完善，管理体制较为健全，规划全面细致，措施到位，推进有效；日本的海洋安全战略建立在较为牢固的日美同盟关系的基础上，有美国撑腰，无形中增加了日本的海洋安全度，也增加日本与邻国争海夺岛的筹码。进入 21 世纪以来，中国海洋事业发展迅速，捍卫海洋国土和维护海洋权益的能力不断增强。但中国始终坚持和平发展海洋，并在近 30 年中韬光养晦，在海洋战略发展原则、道路上与日本和欧美国家有着明显的本质区别。但中国经济发展速度的提升和海洋发展力量的增强，也引起日本和周边一些国家对中国发展方向的疑虑和不安，日本一些势力往往在宣扬中国崛起威胁论的同时，利用海洋、岛屿问题给中国制造麻烦，也加剧了东亚海洋局势的动荡。

3. 积极推进中日两国在海洋领域的合作

中日两国在海洋领域存在结构性矛盾和竞争，但同时也存在共同的战略利益。建立战略互信是寻求中日共同战略利益、建立互惠而理性关系的前提。中日海洋合作尽管面临的困难很大，特别是 2012 年以来围绕钓鱼岛的斗争非常尖锐，但是我们依然要坚定信念，通过战略博弈努力化解危机，迫使日方妥协退让、面对现实。在此基础上，推进两国的海洋合作。反过来，双方的合作也能增加良性互动。钓鱼岛和东海划界问题复杂而敏感，是影响两国关系稳定发展的最突出问题。在这类问题上，中日双方应当遵守此前达成的默契和共识，坚持通过谈判协商来妥善处理争议。要着眼于"后钓鱼岛危机时代"的中日海洋关系，在海洋安全合作方面，依然要加强海上危机管控，完善海上危机管理机制，避免局势失控。在将来条件具备后，双方可以联合开展海洋环境调查，共同维护海上航道安全，加强在抗震救灾、海上搜救、打击海盗和走私等等方面的合作。此外，在海洋生物资源、海洋能源和海洋药物开发、海洋环境保护、海洋污染物处理等领域，都有较大的合作空间。

4. 妥善处理中日海洋和岛屿争端

鉴于中日关系当中存在的历史和现实问题，今后中日之间的矛盾和分歧还会不断出现，岛屿争端和海洋争端在短时间内难以解决，中日围绕海洋的矛盾还将长期存在，甚至还会出现比目前更加尖锐的斗争。我们在处理中日海洋关系时既要合作又要斗争。合作要有前提和氛围，要追求利益和效果；斗争需要把握原则和底线，要注意节奏和方式。要处理好"维权"与"维稳"的关系、

"安全"与"发展"的关系、"斗争"与"和谐"的关系。既不能太乐观,也不能太悲观;既不能强调友好而放弃原则,也不能一切都用敌对的心态看待对方。应根据不同的时期、针对不同的问题,注意区别,把握力度,既要积极有所作为,又不主动激化矛盾。在捍卫国家的领土主权和海洋权益斗争中,要坚持主权至上原则,要坚持守住底线原则,要坚持合力对外原则,要坚持针锋相对原则,要坚持官民并举原则。

5. 加快建立我国的海洋战略优势

(1) 在海洋安全战略方面:近年来日本在海洋安全战略上更加积极主动、更加具有针对性,给我国的海洋安全和正常的海洋活动带来挑战。对此,一方面,我国应在进一步提升海洋防卫能力的同时,尽快组建国家海洋警备队,加强对管辖海域的维权执法。针对我国海外利益不断延伸的客观现实,应在坚持独立自主和平外交政策的前提下,适时调整相关政策,如海外综合基地建设等。另一方面,要拓展与日本进行海洋安全合作的空间,完善中日海上危机管控机制,加强海洋安全的交流和磋商,强化非传统安全领域合作,在北极问题上积累共识,等等。同时还应积极参与国际海洋安全合作,提升中国在相关领域的正面影响力。

(2) 在海洋法制建设方面:要结合国情加速推进海洋法律体系的构建,并改革目前缺乏统一的海洋管理体制机制,在一些方面还应借鉴日本的做法。要在增加涉海法律数量的同时,提高法律的质量,完善国家和地方的相关海洋政策,及时主动地出台,不断提高"依法治海"的水平。我们还需要进一步提高对国际法和海洋法的运用水平,积极参与国际海洋法律事务,增加对规则和惯例的参与度和话语权,树立维护国际海洋法律秩序负责任大国的形象。

(3) 在海洋经济战略方面:应借鉴我国和其他发达国家以往的经验教训,进一步规范和限制盲目无序的海洋生物资源开发,确保可持续利用。要加快制定海洋能源和矿产资源开发规划,出台鼓励研发和产业化的优惠政策。抓住日本核电事故后调整能源政策的契机,积极推进中日包括海洋能源在内的能源合作。

(4) 在海洋环境保护战略方面:汲取渤海漏油事件的教训,通过强化海洋环境保护战略改变我国海洋环境每况愈下的状况。环境合作是我国与日本的重点合作领域，中国可以借鉴日本地方自治体的有效做法，加快改善中国沿海地区小区域海洋环境，进而提升整体环境水平。

（5）在岛屿和专属经济区战略方面：在冲之鸟礁问题上，我国应坚持《海洋法公约》的规定，继续反对日本变"礁"为"岛"、试图圈海为本国专属经济区的做法，并扩大其他国家与我国的共识，警惕日本有可能通过推动修改海洋法或增加有利于自己的解释的动向。在日韩、日俄之间岛屿争端问题上，应主张声索国双方协商和平解决，在主权问题上不倾向任何一方，以便留有余地，不至于因国家关系的变化给自己造成被动。在落实中日东海原则共识谈判问题上，我方应严密准备，积极主动，避免在重大原则问题上出现战略失误。我方决不能承认或默认日方的所谓"中间线"，也不必急于在条件不具备时达成临时界线的安排。对日方在争议区的活动要严密监视，针锋相对。

（6）在海洋科教文化等软实力战略方面：应加快改革海洋科研管理体制机制，努力解决研究力量分散、项目课题重复、高水平成果不多、缺少自主知识产权的状况，加强战略规划和政策引导。在海洋文化和海洋教育方面，应尽快制定长远的战略规划，充实海洋教育内容，丰富青少年海洋感知和体验，夯实建设海洋强国的基础。同时，积极推进中日海洋文化、学术、教育方面的交流。要改变过于看重经济规模的传统，把海洋意识、海洋观、海洋文化、海洋教育、海洋外交、参与国际海洋事务等海洋软实力内容更多地纳入战略规划当中。同时对国际法、海洋法、海洋规则如航行自由问题等，加大分析研究力度，增强在国际海洋事务中的参与能力、影响能力和主导能力。

当前我国所处的战略机遇期进入了新的阶段，其内涵和特征正在发生新变化。我国海洋战略和外交战略也应强化创新思维，创造战略主动，改善内外形象，努力营造良好的海洋发展环境。中日两国海洋发展的整体水平正在逐渐接近，中国应强化对日本海洋战略的深度研究，妥善处理中日海洋关系。在我国海洋战略的制定和推进过程中，强化领导力、决策力、软实力，在结构、质量、效益、效率方面下更大的功夫，尤其需要突出海洋法制、海洋规划、海洋尖端科技、海洋战略实施，尽快形成战略优势。我们确立国家战略是为了实现国家利益的最大化，并尽可能使本国利益和国际社会的公共利益相统一，同时引领建立更加健全的人类社会整体的存在方式，从而更好地满足本国利益。换言之，为了实现本国国家利益的最大化，要积极主动地建构和指导人类社会和人类历史发展。对中国这样有着数千年文明史的大国来说，我们应该有这样的觉悟和自信，在实现国家海洋发展和海洋权益的最大化的同时，为建立和谐海洋，为全人类更好地公平利用海洋作出贡献。

（本报告内容来源：国家社会科学基金项目《琉球群岛地位问题综合研究》［12BGJ025］、教育部社会科学规划基金项目《关于日本海洋战略的基础性研究》［0YJAGJW021］阶段性研究成果）

专题五 中国"海洋软实力"发展分析与对策思考

一 海洋软实力的提出及概念界定

1987 年，耶鲁大学历史学家保罗·肯尼迪（Paul Kennedy）教授在其著作《大国的兴衰》中，从军事、经济等可见的实力竞争的视角分析，认为美国在与苏联的大国争霸以及与其他国家的国际竞争中因为巨大的国防开支而必然衰败，美国正在重蹈历史上霸权国的覆辙。① 一时间"美国衰落论"甚嚣尘上，成为当时国际关系学界的共识。然而，哈佛大学教授约瑟夫·奈（Joseph S. Nye）却认为美国的力量并没有衰落，而是其本质和构成正在发生变化。1990 年，他分别发表了《变化中的世界力量的本质》和《软力量》（Soft Power）等一系列论文，首次明确提出了"软力量"②的概念。奈提出这个概念，主要是基于冷战时期的国家间竞争的需要，即在国家间的以军事、经济、科技为主要内容的硬实力竞争之外，寻找比硬实力更高层次的、更有效的分析工具与路径。

软实力概念提出以后，成为一个频繁用于多个领域的名词。传入我国以后，软实力成为研究热门，国内外学者针对软实力的概念、构成要素、提升战略，以及相关衍生概念如文化软实力、军事软实力、经济软实力、城市软实力、企业软实力等进行了广泛研究。国内学者对"中国软实力"的研究和建设的战略意义已经有了统一的认识，正如有学者所言："作为后起的大国，中国与发达国家相比，差距最大的不是国内生产总值和军事实力，而是各种软实

---

① 蒋英州、叶娟丽：《国家软实力研究述评》，《武汉大学学报》（哲学社会科学版）2009 年第 2 期。

② "Soft Power"概念诞生后，国内学界围绕这个词语，长期存在着"软力量""软实力""软权力""软国力"等不同中文译法，这些译法之间并没有明确的区别，本文统一采用"软实力"的译法，对该词的讨论也包括对其他译法的讨论。

力。在信息化全球化时代，软实力在综合国力结构中比硬实力更为重要。在经济实力作为常量确定的前提下，非经济因素就是变量或乘数，对综合国力和经济实力产生倍增和递减效应。能否提升和强化软实力，关系到中华民族的复兴和中国特色社会主义的前途，是强国战略的必经之路。"[1]"海洋软实力"作为"国家软实力"的重要内容，是"国家软实力在海洋方面的体现"。"海洋软实力"这一概念目前已被提出，并开始引起关注，但以海洋软实力为题的专门研究目前尚处于空白。中国正在实施海洋强国战略，实现和平崛起，提升海洋软实力是必由之路，由此，海洋软实力研究已成当务之急。

1. 我国海洋软实力概念的提出

世界近现代史的经验证明，大国的崛起、民族的强盛和国家的繁荣往往与海洋密切相关。走向海洋是世界强国共同的国家战略，但发展模式各有不同。第二次世界大战之前，走向海洋离不开战争，第二次世界大战之后，出现了可以采取和平模式建设海洋强国的历史环境。[2] 面对新的历史机遇和有利的国际环境，中国选择了通过和平发展实现国家崛起和民族复兴的战略道路。在和平发展战略的指引下，中国走向了海洋强国之路，海洋强国之路不是重蹈历史上海洋强国崛起的武力称霸之路，而是通过提升海洋软实力来实现和平崛起，实现"不战而屈人之兵"的战略目的。

海洋在我国和平崛起过程中，是与世界联系最为密切和复杂的领域之一。比如世界各国对海洋资源的争夺，我国外向型经济对海洋空间的倚重，国际海洋合作的日益广泛性和海洋问题的纷繁复杂性。特别是，近年来，中日、中韩岛屿争端和南中国海岛屿主权归属问题日益升温，南海海域的石油天然气资源被周边国家大规模盗采，我国的海洋权益正遭受严重侵犯，海上安全形势十分严峻。面对如此严峻的海上形势，面对我国海洋权益被严重侵犯的事实，如何在和平发展战略下有效维护我国的海洋权益，化解海洋权益纠纷，建设海洋强国，就成为一个重要的战略课题。

非军事力量和非战争形式成为在"和平发展"战略背景下维护和发展国

---

[1]　黄仁伟：《中国崛起的时间和空间》，上海社会科学院出版社，2002，第109～110页。

[2]　杨金森：《关注蔚蓝色的国土——我国海洋的价值和战略地位》，《中国民族》2005年第5期。

家海洋权益的主要力量和形式。"作为和平发展战略的组成部分，中国建设海洋强国的过程是和平的，不是通过海洋对外扩张来实现的。其本质是自强自立自卫，通过壮大国力达到防御外来侵略、维护国家利益的目的。"[1] 中国的和平崛起，并不是硬实力的单向发展，它取决于历史文化、教育状况、法治水平、政府效能等软实力的综合建设。在相互依存的世界里，国家利益的多向度化和新的竞争模式要求海权建设更加注重软实力的培育。[2]

基于维护和实现我国海洋权益的现实需要以及我国海洋强国的战略选择，国内理论界对海洋软实力的概念和相关内容进行了初步的探索。

国家海洋局海洋战略研究所在其研究报告《2010～2020 中国海洋战略研究》中指出："建设海洋强国必须要有强大的海上力量，国家海上力量包括：综合国力、海洋软实力、海洋开发利用能力、海洋研究和保障能力、海洋管理能力、海洋防卫能力等。"

叶自成等强调"海权是一个国家在海洋空间的能力和影响力。这种能力和影响力，既可以是海上非军事力量（如由一个国家拥有的利用、开发、研究海洋空间的能力）及其产生的影响力，也可以是海上军事力量及其产生的影响力。"[3] 叶自成将中国海权定义为"中国研究、开发、利用和一定程度上控制海洋的能力和影响力"，这种能力和影响力既包括海洋硬实力，也包括海洋软实力。建设海洋强国必然需要发展强大的海权，既要发展海洋硬实力，也要提升海洋软实力。

孙璐在对中国海权的内涵进行再探讨的过程中，提到了海洋软实力概念。他将海洋实力分为两个方面：一方面是海洋硬实力，包括海军及其舰队的数量和作战力、海上作战武器以及海上防卫空间和预警机制装备情况等。另一方面是海洋软实力，包括海洋战略、海洋意识、政治精英的海洋思想、海洋人力资源、海洋管理体制等。[4]

---

[1] 刘中民、赵成国：《关于中国海权发展战略问题的若干思考》，《中国海洋大学学报》（社会科学版）2004 年第 6 期。

[2] 孙海荣：《从和平发展战略看中国海权观新的价值纬度》，《实事求是》2007 年第 1 期。

[3] 叶自成、慕新海：《对中国海权发展战略的几点思考》，《国际政治研究》2005 年第 3 期。

[4] 孙璐：《中国海权内涵探讨》，《太平洋学报》2005 年第 10 期。

　　刘新华、秦仪指出，"海权的观念资源（海洋国土观和海洋国防观）属于海洋文化的一部分。海洋文化是指导和约束国家海洋行为和国民海洋行为的价值观念。海洋文化是国家海权中的软力量，反映出国家的海洋理念、海洋行为规范和有关海洋的价值标准，在实践中，它可以通过一种共同的价值观而产生出独特的生产力效应，在国家海权的发展和维系方面起着独特的作用，因此，在缺乏海洋文化的国家，发展海权尤其要注意海洋文化的积累。"①

　　冯梁认为，"国家海洋软实力则是国家软实力在海洋方面的体现，它主要表现在海洋文化、价值观的吸引力、海洋政策和管理机制的吸引力、国民的整体形象等方面。国际竞争既是经济、科技和军事等硬实力的竞争，也是文化、价值观、意识形态等软实力的较量。树立 21 世纪中华民族海洋意识，对提升国家海洋软实力，起着至关重要的作用。"②

　　蔡静认为，"尽管目前海洋综合开发的核心内容是关于海洋经济、海洋科技等层面问题，但说到底还是文化问题，是怎样认识和把握、发展海洋文化的本质及其蕴涵的问题，海洋世纪的到来，如果缺失了海洋文化的研究，会比现在更可怕。而对于东北亚国家和地区而言，发展海洋文化这种强大的'文化力'则显得更为关键和必要。"③

　　通过上述分析可知，我国对"海洋软实力"的相关研究主要集中在三个方面：一是海权研究，主要研究新形势下海权内涵的演变、海权的主要内涵、海权与大国崛起之间的关系；二是我国的海洋战略研究，主要研究我国未来在全球的海洋战略定位及中国海洋相关领域的具体战略；三是海洋文化研究，主要研究我国历史上的海洋文明、沿海地区的海洋民俗、海洋历史变迁以及海洋文化、海洋意识。

　　虽然我国学者已经提出海洋软实力的概念，但是并没有明确界定和加以阐释，目前尚没有以"海洋软实力"为题的研究，其相关研究难以适应新形势

---

① 刘新华、秦仪：《现代海权与国家海洋战略》，《社会科学》2004 年第 3 期。
② 冯梁：《论 21 世纪中华民族海洋意识的深刻内涵与地位作用》，《世界经济与政治论坛》2009 年第 1 期。
③ 蔡静：《东北亚地区海洋文化观的建构与思考》，《大连海事大学学报》（社会科学版）2010 年第 2 期。

下我国对海洋软实力的实际需要。尽快建构起我国的"海洋软实力"概念理论体系，就成为我国海洋软实力研究的最迫切和基础性任务。

2. 海洋软实力的含义

在借鉴和总结不同学者的观点之后，本文认为，海洋软实力即一国在国际国内海洋事务中通过非强制的方式实现和维护海洋权益的一种能力和影响力。

这种影响力主要表现在：一国的海洋文化、海洋制度、海洋发展模式等所产生的吸引力，这是海洋软实力发挥作用的初级阶段，这种吸引力建立在普世性文化的基础上，是具有全球吸引力的文化，这种吸引力并不稳定牢固，有时随着周围环境的改变而变化波动；一国海洋文化、海洋制度、海洋发展模式等所产生的同化力，这是海洋软实力发挥作用的中级阶段，这种同化力是建立在价值观认同的基础上，这种价值观的同化力更为深刻和稳定，能让人不自觉地产生行动认同；一个国家在国际海洋事务中对国际机制和政治议题的创设力，这是海洋软实力发挥作用的终极阶段，在文化吸引、价值认同的基础上，通过创设国际机制和政治议题来实现我国海洋权益的目的。也就是说，海洋软实力通常是一种无形的吸引力，它能够通过海洋意识和相关制度潜移默化地吸引、影响和同化他人，使之相信或认同某些准则、价值观念和制度安排，以达到吸引别人去做海洋软实力拥有者要做的事情。（如图 1）

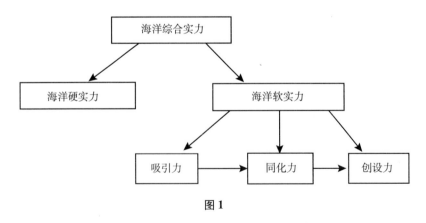

图 1

3. 海洋软实力的特点

实际上，"软实力"并非全新的创见，约瑟夫·奈本人曾经坦陈"软实力"概念只是对希腊和中国古老智慧的新的表述方式。中国古代有许多关于

"软实力"的思想精华，如，老子在《道德经》中提到，"天下之至柔，驰骋天下之至坚"。中国儒家思想推崇"仁义治国""得人心者得天下"，主张"以德服人"等。海洋软实力作为"软实力"的一个子概念，拥有与"软实力"相似的特点。

（1）海洋软实力作用方式的非强制性。

软实力的本质是一种吸引力和影响力。随着全球化的不断推进和信息时代的到来，正如约瑟夫·奈所言："权力正在变得更少转化性、更少强制性、更趋无形化……当今的诸多趋势使得同化行为和软权力资源变得更加重要，鉴于世界政治的变化，权力的使用变得越来越少强制性……"[①]，海洋软实力往往是通过一国的海洋文化、海洋价值观等意识形态的吸引力等非强制性的方式，而不是通过军事和经济制裁的强迫来起作用的。

（2）海洋软实力作用的过程是一国对软实力资源运用的过程。

海洋软实力并不是无源之水、无本之木，它的作用的发挥需要依赖一定的软实力资源。这些软实力资源包括海洋文化、海洋政策、海洋法律法规、海洋意识、海洋价值观等。在本文中，海洋软实力的运用主体是一国政府。对于一个国家而言，即使拥有再多的资源，如果不能够被其他国家所了解和认知，就无法对其他国家产生吸引力、同化力、感召力。不是拥有了悠久的海洋文化，就具有了软实力，软实力是海洋文化被有效地运用而产生的结果，所以海洋文化本身不是海洋软实力，它只是海洋软实力的基础和来源。

（3）海洋软实力成长与发挥影响的无形性和深远性。

正如软实力一样，海洋软实力的建设发展不像硬实力那样易见成效，海洋软实力更多地只能立足本身，从潜移默化中逐步积淀、培育、提升。海洋软实力的影响要比使用硬实力所产生的影响深刻得多，因为，硬实力的影响通常是威慑性的，它是通过强制来起作用的，软实力却不同，它可以通过价值观等方面的影响和吸引，产生强大的认同感和同化力，它的影响更为深远。

（4）海洋软实力与海洋硬实力相互影响。

海洋硬实力是海洋软实力的基础和有形载体，海洋软实力资源往往需要以

---

① 〔美〕约瑟夫·奈：《硬权力与软权力》，门洪华译，北京大学出版社，2005，第107页。

海洋硬实力资源为载体，海洋硬实力可以为海洋软实力的发展创造条件，海洋硬实力的发展可以推动海洋软实力的提升。而海洋软实力又是海洋硬实力的无形延伸，海洋软实力的发展也有助于海洋硬实力的提升。海洋硬实力和海洋软实力构成了国家海洋实力不可或缺的两个方面。例如，一个具有强大海洋硬实力的国家的海洋文化、海洋制度、海洋价值观等意识形态更具有诱惑力、感召力和吸引力。当然，海洋软实力与海洋硬实力之间的相互影响并不总是正向的，一国若过度地使用硬实力以达成既定的目的，就有可能造成对软实力的损伤，正如约瑟夫·奈所言，"这些年，美国的经济实力和军事实力都在发展，然而，一场伊拉克战争却将美国的软实力'消耗殆尽'"①。

4. 海洋软实力的资源基础

海洋软实力和海洋软实力资源是不同的两个概念，实力属于功能、属性范畴，而实力资源则不然，它是功能、属性的载体。根据海洋软实力的概念，我们可以将海洋软实力资源划分为表层实力资源、中层实力资源和深层实力资源。（如图 2）

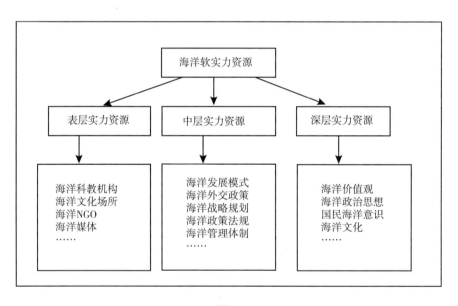

图 2

---

① 韩勃、江庆勇：《软实力：中国视角》，人民出版社，2009，第 54 页。

表层实力资源。这些表层实力资源主要是与海洋相关的物化的存在形式。这些形式主要包括海洋教育科研机构、海洋文化娱乐场所、海洋 NGO、海洋媒体等。表层实力资源是海洋软实力的外显形式，是人们所能接触到的和感知到的直观的物化形式，并在人们的心目中形成对一国最直接的认识，这种认识往往是暂时的、分散的。表层实力资源是海洋软实力发挥作用的基础资源。

中层实力资源。这些中层实力资源主要是海洋制度、政策。主要包括：海洋政策法规，海洋战略、规划，海洋外交政策，海洋管理体制，海洋决策机制等。中层实力资源介于表层实力资源和深层实力资源之间，这些实力资源所产生的吸引力和影响力是稳定的、集中的。中层实力资源是海洋软实力发挥作用的重要资源。

深层实力资源。这些深层实力资源主要包括国民的海洋意识、民族的海洋价值观、主流的海洋思想等。深层实力资源主要是通过意识形态认同和价值观念同化来达到行动的一致性。深层实力资源是海洋软实力发挥作用的核心资源。

把海洋软实力的资源基础划分为表层、中层和深层软实力资源，只是一种概括性的分类，海洋软实力的资源是十分丰富的，在此难以一一罗列。本文认为海洋文化及价值观、海洋外交政策、海洋发展模式三个方面是海洋软实力资源的主要构成要素，它们对于一个国家的海洋软实力的影响是重大而显然的，下面对这三个方面逐一进行分析。

（1）海洋文化及价值观。文化是一个非常宽泛的概念，从广义上讲，文化是人类社会所创造的物质财富和精神财富的总和。约瑟夫·奈认为，当一个国家的文化涵括普世价值观，其政策亦推行他国认同的价值观和利益，那么由于建立了吸引力和责任感相连的关系，该国如愿以偿的可能性就得以加强。狭隘的价值观和民粹文化就没有那么容易产生软实力。[1]

曲金良认为，海洋文化，就是和海洋有关的文化；就是缘于海洋而生成的文化，也即人类对海洋本身的认识、利用和因有海洋而创造出的精神的、行为

---

[1]　韩勃、江庆勇：《软实力：中国视角》，人民出版社，2009，第67页。

的、社会的和物质的文明生活内涵。海洋文化的本质就是人类与海洋的互动关系及其产物。[①] 根据海洋文化的定义，曲金良将海洋文化大体分为，海洋民俗生活、航海文化、海港与港市文化、海洋风情与海洋旅游、海洋信仰、海洋文学艺术、海洋科学探索、国民海洋意识等。

中国的航海文化是世界上最早发展起来的中国海洋文化的重要组成部分，中国先民的航海能力达到了世界领先水平，从丝绸之路到郑和下西洋，中国的航海活动，起到了传播海洋文化的作用，对周边国家产生极强的吸引力。

海洋民俗文化、海洋艺术、海港文化、航海文化等具体海洋文化形态之所以能够产生巨大影响力和吸引力，本质上在于其内在的价值附着，这种价值附着就是海洋价值观，海洋价值观是指海洋对人类产生、生存和永续发展的地位和作用的总体认识。相对于表层和中层的海洋软实力资源而言，海洋价值观显得更加抽象和难以捉摸，海洋价值观通过一国的海洋政策、海洋制度、国民的海洋意识、海洋文化、海洋媒体等表现出来。正如人类对自由、民主、人权等政治价值观的追求一样，海洋价值观也集中体现着人类的追求和普世价值，如天人合一的海洋文化、和平崛起的海洋发展道路等都是海洋价值观的内涵。中国秉持着和平崛起的海洋价值观，开放地发展，合作地发展，稳定地发展。中国政府历来主张，中国的崛起不会威胁到周边国家的发展，也不会挑战地区安全，更不会追求世界霸权，中国永远不称霸。

通过以上分析，一国若有着灿烂辉煌的海洋艺术、领先的海洋科技、充满异域风情的海洋民俗、包含普世价值的海洋价值观，这个国家必然拥有对他国的巨大吸引力，相应的也就拥有强大的海洋软实力。

（2）海洋外交政策。外交政策对软实力的影响是明显的，在国际社会，海洋外交政策往往是一国形象和地位的直接体现，符合主流价值、负责任的外交政策会受到国际社会的普遍支持和欢迎，产生吸引力和同化力。这里的外交政策不单单指一国对外奉行的海洋外交政策，还包括一国参与和创设国际机制的能力。1990年，约瑟夫·奈在《注定领导：变化中的美国力量的本质》中明确指出，如果一个国家可以通过建立和主导国际规范及国际制度，从而左右世界政治的议

---

① 曲金良：《海洋文化概论》，青岛海洋大学出版社，1999，第7页。

事议程，那么它就可以影响他人的偏好和对本国利益的认识，从而具有软权力，或者"制度权力"。① 国际机制与国际社会每一个国家的利益密切相关，参与和利用国际机制维护或扩张国家利益也就成为各种国家力量较量的舞台。② 因此，能否或在多大程度上参与和影响国际机制的创建，不仅反映了一个国家的国际地位，而且更重要的是反映这个国家在国际事务中影响国际关系运动、利用国际机制维护扩张国家利益的能力，因此构成了一国软实力的重要组成部分。

作为海洋软实力的重要资源，我国海洋外交政策影响力和创设海洋国际机制的能力是服务于我国整体外交政策的。自中华人民共和国成立以来，特别是我国改革开放以后，随着中国国际地位的提升，以及中国奉行独立自主的和平外交政策，中国的外交软实力不断提升。与此相应的，我国海洋外交政策的影响力和创设海洋国际机制的能力也在不断地提升。

中国作为世界上最大的发展中国家，始终坚持睦邻友好的和平外交政策，在海洋对外政策方面，"主权属我、搁置争议、共同开发"是中国处理海洋划界矛盾的基本原则，在国际组织和国际活动中恪尽职守，积极履行相应义务，努力为了和平与发展参与创设国际机制，体现出一个大国应有的国际担当和形象。

（3）海洋发展模式。所谓发展模式，"是一系列带有明显特征的发展战略、制度和理念"③，一国制度和发展模式在世界范围内的不断扩大的影响，不仅将为本国外交拓展空间，也将有利于改善国家形象，加强其国际地位，增强国际威望和同化力，这是一种重要的软实力资源。这里的海洋发展模式是指一系列带有明显特征的海洋发展战略、海洋管理制度和理念的总和。

历史上，马汉和他所创立的"海权"理论为推动19世纪末及20世纪初美国海外扩张的历史进程立下汗马功劳，并为以后美国历届政府推行对外政策和制定战争计划、谋求世界霸权地位，产生重要影响和指导作用。④ 正是在马汉的"海权"理论和海上霸权策略的指引下，美国、日本先后通过武力扩张和战争取得了海上霸权，发展成为海洋强国。建立强大的海上军事力量进行

---

① 〔美〕约瑟夫·奈：《硬权力与软权力》，门洪华译，北京大学出版社，2005，第97页。
② 陈正良：《中国软实力发展战略研究》，人民出版社，2008，第198页。
③ 俞可平：《"中国模式"：经验与鉴戒》，《文汇报》2005年9月4日。
④ 刘永涛：《马汉及其"海权"理论》，《复旦学报》（社会科学版）1996年第4期。

海外殖民扩张成为当时各国追求和效仿的海洋发展模式，与此同时，依赖于马汉"海权"理论走向海洋强国的美国、日本，成为当时各国模仿和追随的对象。

历史发展到今天，和平与发展成为世界主题，军事力量和战争已经不再是一个国家发展海洋事业、实现海洋强国战略的唯一有效手段。不同国家根据不同的现实条件和国际环境特点选择了不尽相同的海洋发展道路和模式。

和平崛起的中国海洋发展战略要求我们发展中国海权，中国海权是一种基于中国主权的海洋权利而非海上军事力量，也非海上霸权，其特点是它不出主权和国际海洋法确定的中国海洋权利范围，海军发展不出自卫范围，永远不称霸是中国海权扩展的基本原则。经过几十年的发展，中国已经走出了一条独特的发展道路。国际社会对中国的改革开放的经验有了更多新的认知和确定的看法，它们把中国的发展经验概括成为"中国模式"或"北京共识"。"中国模式"的成功是经济、政治、文化等多方面的成功，自然也包括我国海洋强国发展战略的成功。中国的和平崛起引起了发展中国家的广泛关注和效仿，无形中提升了中国的海洋软实力。

二 提升中国海洋软实力的战略意义分析

海洋是国际政治、经济、科技和军事竞争与合作的重要平台。中国作为一个海陆兼备的国家，面对严峻的地缘政治局势，处于内向型经济向外向型经济的迫切转型时期，贸易安全、能源安全至关重要，而中国现在面临的海上战略形势尤其严峻。为了维护国家权益，海上综合实力必须要提升，而在当前海洋硬实力还不够"硬"的情况下，海洋软实力的提升必要且必须，其意义深远。

1. 有利于海洋硬实力的提升，增强综合国力

综合国力是指一个国家在政治、经济、文化、科技、外交等方面力量的总和，是一国赖以生存和发展的全部实力的总和。可以理解为软实力和硬实力两种力量综合作用的结果。综合国力在海洋方面则体现为海洋实力，包括海洋软实力和海洋硬实力。相对于海洋软实力而言，海洋硬实力是指一国在国际国内海洋事务中通过武力打击、军事制裁、威胁等强制性的方式运用全部资源，逼迫别国服从、追随，实现和维护国家海洋权益的一种能力和影响力，它主要来源于领先的海洋科技、雄厚的海洋经济实力、强大的海洋军事力量。

海洋软实力与海洋硬实力作为海洋实力不可或缺的两部分，既有区别又有联系。二者的区别表现在：（1）对资源的运用方式不同，前者是对资源的非强制使用，后者则是强制运用各种资源。（2）对资源的运用效果不同，前者追求"不战而屈人之兵"，后者则是逼迫，效果不持久。（3）作用方式不同，前者通过接触、沟通、协商、对话的方式，潜移默化地影响别国，后者通过军事打击、武装威慑的方式，强制别国。（4）运用的时机不同，前者注重平时的运用，追求水到渠成，后者一般更注重在关键时刻或最后时刻运用，在软实力难以发挥作用或面对突发状况束手无策时运用。二者的联系表现在：（1）形成的基础都是全部资源，否则只能是无本之木、无源之水。（2）二者相辅相成，缺一不可。海洋实力＝海洋硬实力×海洋软实力。这两个因数任何一个为零，海洋实力就会成为零。二者分别是彼此的有益补充，任何一方面的成功运用都有助于另一方面的促进和增强。①（3）二者相互制约。任何一方的使用不当都会影响另一方的作用效果。

海洋软实力在很大程度上能够为硬实力的发展提供一个良好的环境，进而有助于硬实力的发挥及提升。如在和平崛起的海洋价值观的指导下，运用与负责任大国相匹配的海洋政策处理国际事务时，一方面会获得别国的认同，易于实现"不战而屈人之兵"的效果；另一方面在国际上可以树立一个正面的国家形象，形成一个良好的外交环境，这就可以为国家经济、科技等的发展提供一个良好的发展氛围，有利于硬实力的提升。当今时代是一个全球化的时代，任何国家都要与别国发生经济、文化、外交等往来，充满战火、矛盾的外部环境是不利于国家发展的，而依靠海洋软实力，中国就更容易获得别国的理解、支持、合作，从而拥有一个和平、稳定，有利于本国发展的外部环境，距离实现海洋强国的梦想会越来越近。

---

① 孟亮：《大国策：通向大国之路的软实力》，人民日报出版社，2008，第34页。

海洋软实力作为海洋实力的组成部分，影响着海洋整体实力的提升。我们熟知木桶原理，即无论一个木桶有多高，它的盛水量只取决于最短的那块木板。要想使木桶的盛水量达到最大化，就需要优化最短的木板。海洋软实力与海洋硬实力作为海洋实力不可或缺的两部分，一文一武，三者之间的关系是：海洋实力＝海洋硬实力×海洋软实力。因此，在提升海洋整体实力时，要弥补"短板"的不足，扩大整个木桶容量，不能使任何一方面成为限制海洋实力提升的"短板"。目前我国的海洋硬实力虽然还不够"硬"，板子还不够"长"，但是相比软实力这个"短板"而言，要"长"得多，因此提升海洋软实力对于海洋整体实力提升意义重大。

同时，海洋硬实力在一定程度上是海洋软实力运用的坚实后盾。在中国海洋硬实力还不够"硬"的背景之下，我们尤其不能单纯只强调海洋软实力的提升，而忽视海洋硬实力的建设，二者是相互制约、相互促进的，任何一方为零，海洋整体实力就会为零。所以说，在实施海洋强国战略时，海洋软实力与海洋硬实力都不能忽视，要实现二者的有机结合，这样，才能在和平崛起的道路上越走越远，越走越稳。

2. 有利于塑造良好的国家形象，提高本国的国际地位

首先，经历工业革命之后的生态危机，目前全人类都坚持走可持续发展的道路，都在反思"人类中心主义"的思想，因此，实现人与海洋和谐相处的"天人合一"的海洋文化具有普适性，必会被各国普遍接受并认同，这无形中就会大幅提升中国的国家影响力，进一步提高其国际地位。一种文化要想对别国产生吸引力，就不能是狭隘的，而应符合别国认同的价值观以及利益，天人合一的海洋文化作为中国海洋软实力的重要来源，以其深邃性深深吸引着世界各国，在指导实践时有利于国家形象的塑造。

其次，在和平崛起的海洋价值观指导下的海洋发展模式更容易被他国自愿接受、认同，并与本国合作。在实现海洋强国之梦中，这正是海洋软实力提升的表现，有利于在世界范围内塑造良好的国家形象，对别国产生吸引力、动员力，提高本国地位。如果没有正确的海洋价值观的指导，那么中国的政策或是行动都很可能不符合人类共同利益，那么中国的发展很可能走上一条不归路。一个个体、一个组织甚至是一个国家，如果思想不成熟抑或是不正确，而本身又拥有较为强大的力量，那么最终造成的后果将非常严重，而这个后果甚至比力量弱小的时候更严重。如日本的武士道精神本身可以成为日本软实力的重要来源，但是二战时被"军国主义"所利用，所歪曲，导致当时的武士道精神已经丧失其本来意义，成为日本武力侵略、占领别国，逼迫别国的帮凶，这无论是对日本国民还是对遭受日本蹂躏的其他国家都造成了无法挽回的损失。所以说，在和平崛起的海洋价值观的指导下，能够塑造良好的国家形象，正确、合理地发挥海洋硬实力的作用，实现和平崛起，成为海洋强国。

最后，与负责任大国相匹配的海洋政策的实施有利于良好国家形象的塑造。中国作为世界上最大的发展中国家，理应承担起与其地位相当的责任，中国的海洋政策不能仅仅是为了本国利益，还应站在全人类的角度，制定符合全人类共同利益的海洋政策，这样，在面对国际争端时，就能够取得别国的理解、认同、支持与合作，对别国产生吸引力，而不是依靠强制力逼迫别国，中国的国家形象会更加良好，对国际规则及政治议题的创设力会大大加强，在处理国际海洋事务时会获得更多的话语权，达到事半功倍的效果。

总之，重视、发扬天人合一的海洋文化，始终坚持和平崛起的海洋价值观，制定符合别国价值观及利益的国际海洋政策，可以从源头上提升海洋软实力，塑造良好国家形象，提高国际地位，实现海洋强国之梦。

3. 有利于发展海权，维护国家权益

马汉的"海权论"强调制海权，对海洋的控制，其目的是获取海上霸权，虽然中国的海权思想也是从西方引入，并深受其影响，但是在和平年代，中国视角下的海权不是海上霸权，而是维护国家的海洋权益。孙璐曾指出，中国的"海权"是海洋实力、海洋权力与海洋权益的统一。"海洋实力"是由一国海洋要素构成的综合力量，是海洋软实力与海洋硬实力的统一。"海洋权益"是由内核"海洋权利"和外围"海洋权益"所组成的。"海洋权利"是"国家主权"概念内涵的自然延伸，包括国际海洋法、联合国海洋法公约规定和国际法认可的主权国家享有的各项海洋权利。"海洋权益"是由海洋权利产生的各种经济、政治和文化利益。"海洋权力"是指一个国家为了维护法理基础上的海洋权利和外延的海洋权益向他国施加影响的能力，是维护海洋权益的重要手段。海洋实力是前提，海洋权力是手段，海洋权益是目的。

海洋实力是由海洋硬实力与软实力组成的，是维护海洋权益的前提，那么毋庸置疑，提升海洋软实力对维护海洋权益具有深远意义。冯梁认为"海洋综合力量强大即能够保证领海和岛屿领土主权不丧失、专属经济区和大陆架主权权利和管辖权不受侵犯、全球海洋航线安全、分享和利用公海及区域等资源与空间的权益等"。① 海洋硬实力在维护海洋权益时的作用是显而易见的，但是要实现和平崛起，在很多情况下是不能诉诸武力的，更多的是通过协商、对话的方式解决争端，而这就需要夯实本国的海洋软实力，让别国心悦诚服地认同，达到"不战而屈人之兵"的效果。在处理国际事务时，负责任大国的形象更有利于在源头上维护本国的海洋权益，而国家形象的塑造又是与天人合一的海洋文化、和平崛起的海洋价值观以及负责任大国相匹配的海洋政策息息相关的。天人合一的海洋文化表明中国坚持可持续发展，绝对不会以破坏海洋生态的代价换取经济的发展，这是符合全人类共同利益的，这种海洋文化具有普适性，会获得其他国家的认同；和平崛起的海洋价值观向世界表明，中国不是要获取海洋霸权，"中国威胁论"的论调是站不住脚的，当然，要想让"和平崛起"被各国相信并且接受，就需要塑造良好的国家形象，而软实力的提升对其意义重大；负责任大国身份的构建与维护都无一不与国家形象相关，这不仅仅是海洋软实力的来源，该身份如果获得别国的认同也是中国海洋软实力提升的体现。

所以说，海洋软实力作为海洋实力的一个重要组成部分，对于发展中国特色海权，维护本国的海洋权益意义重大。

4. 有利于实现和平崛起，推进和谐海洋、和谐世界的建设

改革开放 30 年来，中国的发展取得了举世瞩目的成就，"中国模式"引起各国的关注，一些别有用心或者是不了解中国的人反复提出"中国威胁论"。针对国际上这种有损国家形象、妨碍国家发展的论调，2003 年 12 月 10日，温家宝总理在哈佛大学发表了题为《把目光投向中国》的演讲，首次全面阐述了"中国和平崛起"的思想，即"今天的中国，是一个改革、开放与和平崛起的大国"。② "和平崛起"表明，一方面中国要实现民族复兴，不断缩

---

① 冯梁：《论21世纪中华民族海洋意识的深刻内涵与地位作用》，《世界经济与政治论坛》2009年第1期。

② 阎学通、孙学峰等：《中国崛起及其战略》，北京大学出版社，2005，第210页。

小与发达国家的差距，成长为世界上少数几个实力雄厚的大国；另一方面中国的崛起是和平的，是建立在与别国的友好经济、政治、文化、外交往来基础之上的，并且为世界和平贡献自己的力量。

中国要成为真正意义上的世界强国，首先应该成为世界意义上的海洋强国，这是海洋崛起意识，但是要实现海洋崛起，不能靠武力，而要靠海洋软实力的提升，实现和平崛起。海洋软实力的提升有利于获得别国的认同与合作，可以为实现崛起提供一个安全稳定和谐的国际环境。随着经济全球化、区域一体化进程的加快，各国之间海洋经济、政治、文化、科技、外交等的合作与竞争日益加深，各国为了实现自身的海洋权益难免会产生争端，而此时如果运用海洋硬实力可能会让争端、矛盾升级，导致两败俱伤，各国的利益均受到损害。相比而言，海洋软实力运用非强制的方式就更容易获得别国的理解、认同、支持与合作，在协商、对话的基础上保证各国利益的实现。

天人合一的海洋文化实质就是可持续发展的和谐海洋观，一方面通过开发海洋获得持续发展的动力，另一方面在开发海洋的过程中，要始终走可持续发展道路，要作出与一个负责任大国形象相匹配的贡献，与各国和平利用与保护海洋，推动全人类海洋事业的不断发展。运用协商、对话的方式获得别国的认同、支持与合作，可以避免武力引起的摩擦与争端，有利于为各国的发展提供一个安全稳定的外部环境，有利于和谐世界的建设。

目前，全球化趋势不断加深，各国的联系日趋紧密，虽然局部有战乱，但是，竞争与合作长期并存，和平稳定是大势所趋，这就要求，在实施海洋战略时，不仅中国要加强海洋软实力的建设，世界各国都应该着重提升自身的海洋软实力，依靠软实力赢得别国的理解、认同、支持与合作，所有国家共同进步，共同发展，建设一个和谐美好的世界。

三　海洋软实力的定量分析方法

1. 海洋软实力定量分析的可行性

"软实力"提出之后，中国的学者随即给予了高度地关注。高度关注的原因是在中国的崛起的过程中，如何面对崛起中遇到的问题，中国的学术界甚感茫然。在传统的核心价值体系渐渐消解的情况下，新的价值体系未能建立，软实力可以说是从外部找到的一个答案。但不管怎么样，只要有助于提升国家的凝聚力、综合国力和在世界的影响力，就有必要加以深入研究。在和平崛起过程中，海洋是与世界联系最为密切和复杂的领域之一，随着我国经济对海洋空间的日渐倚重，中日钓鱼岛争端和南中国海岛屿主权归属问题日益升温，使得我国海洋权益的维护形势日益严峻。提升海洋软实力是实现和平崛起，实现"不战而屈人之兵"的战略选择，在我国海洋权益的维护中起着举足轻重的作用。

海洋软实力提出之后，国内的学者对此进行了零星研究。如海洋软实力概念的界定与阐释、海洋软实力对我国维护海洋权益的重要意义、海洋软实力提升途径等等，但这些研究都属于海洋软实力的定性研究，对海洋软实力测评类的定量研究还是空白。有关定量与定性研究的关系，多数学者们的观点是定量分析和定性分析二者结合起来运用才能取得最佳效果。一些观点认为："没有进行定量研究的成果，存在很大的不足，很难以企及相关研究的高点。"①基于此，本文在前期海洋软实力定性研究的基础上，对海洋软实力进行定量类的测评研究显得甚有必要。此外，海洋软实力的评价研究也有助于厘清海洋软实力的构成指标，挖掘影响海洋软实力提升的主要因素，也为全面认识海洋软实力和研究海洋软实力，维护我国海洋权益奠定研究基础。

对于海洋软实力的可测度性存在不小的争议。如曹东（2009）认为"软实力包括三个方面：一是文化的吸引力，二是意识形态或者政治价值观的感召力，三是塑造国际规则或决定国际议题的能力等"，同时还认为"软实力的大小难以被测定和衡量"②。从海洋软实力的概念上看，海洋软实力是一种无形的影响力，海洋软实力的资源要素大多也是无法计量的，如海洋文化、海洋价值观等意识形态的吸引力，海洋制度和发展模式的同化力，国际海洋规则和政治议题的创设力，这些因素都是难以明确计量的，也没有一定的评价标准，因而，对一国的海

---

① 崔智敏、宁泽逵：《定量化文献综述方法与元分析》，《统计与决策》2010 年第 19 期。

② 曹东：《近年来国内外关于软实力研究的综述》，《领导科学》2009 年第 35 期。

洋软实力要素进行评估往往是主观的，结果具有很大的主观色彩。因此一些学者不赞成对海洋软实力进行测度，或者认为海洋软实力不可以被测度。但是，笔者有不同的看法，认为海洋软实力是可以被测度的。主要的原因有：

一是对于海洋软实力，人们在无形中可以感受到海洋软实力的存在，只不过可感知的程度是因人而异。但不能因为对海洋软实力的感受因人而异，就否认海洋软实力的可测度性。经济学中，在基数效用理论与序数效用的理论①的基础上建立了完善的消费者理论，消费者理论的基础与海洋软实力同样是人们可以感受到的无形的影响力。经济学给我们的研究启示是不同的感受力通过比较可以获知。

二是有关于人们感受和认知辨别的定量研究方法，已经可以支撑学者们对人们的这种感受进行分级和定量研究。根据心理学的研究表明：大多数人对不同事物在相同属性上差别的分辨能力在 5 ~ 9 级之间。② 如我们在两件爱不释手的衣服中难以选择其一，假设评价衣服的属性是价格、款式、品牌。人们一般可以清楚地辨别两件衣服的某个属性如品牌的差别，也可以比较清楚地辨别在价格上的差别，本文使用的 AHP 方法就是先比较两件衣服在同一个属性上的差别，然后综合起来定量地评判两件衣服的差别的方法。

三是在海洋软实力的来源上，首先，海洋软实力产生于海洋资源基础，海洋资源基础更多地表现在硬件方面，如海洋人才、海洋科教机构、海洋文化场所等，它是软实力的推动力和支撑力。其次，海洋软实力来自海洋政策和海洋政策执行对于其他国家的影响力。一个国家以完善的海洋法律制度，实现依法"管海"和依法"用海"，把海洋资源的开发和管理活动纳入法制化轨道，保证海洋资源和海洋经济的可持续利用和发展，必将赢得其他国家的认同。最后，海洋软实力是一种跟随力、认同力。如海洋管理模式被其他国家模仿，海洋文化被其他国家所学习等。显然，第一个层面的资源基础多数都是可以被测度的，第三个层面的一些二级、三级指标也是可以被测度的，不能测度的指标可以使用专家打分法、AHP 分析法等指标进行评价，定量分析与定性分析相

---

① 序数效用理论和基数效用理论是反映人们内心的感受程度的理论，20 世纪以后，西方学者们更多地使用序数效用理论，关于二者的差别不再阐述。

② 谭跃进：《定量分析方法》，中国人民大学出版社，2001，第 143 页。

结合，完全可以测度海洋软实力水平。

四是从国家软实力引申出来的其他的软实力的研究看，如罗能生（2010）对我国的文化软实力进行了评估，他把评估指标体系分为目标层、准则层、指标层三个层次，评估体系包含文化生产力、文化传播力、文化影响力、文化保障力、文化创新力、文化核心力 6 个维度和 31 个二级评估指标。[①] 陶建杰（2010）对我国城市的软实力进行了测度研究，他认为，城市的软实力是反映城市在参与竞争中，建立在城市文化、城市环境、人口素质、社会和谐等非物质要素之上的城市文化感召力、环境舒适力、政府公信力、社会凝聚力、居民创造力。他在此基础上构建了评价城市软实力的结构模型，对 287 个地市级以上城市进行了测度。[②]

因此，作为国家软实力在海洋方面体现的海洋软实力是可以被测度的，提出被测度的意义在于，让更多的软实力的研究者和海洋专家关注并研究海洋软实力的测度方法及指标体系；通过海洋软实力的指标体系的研究，寻找影响海洋软实力的主要因素。围绕重要指标（影响因素）探求提升我国海洋软实力的途径。

2. AHP 方法的原理及在海洋软实力评价上的适用性

层次分析方法（Analytic Hierarchy Process，AHP）是美国运筹学家 T. L. Saaty 教授于 20 世纪 70 年代提出的用以解决多属性、多准则的定量与定性相结合的评价方法，AHP 方法是对定性问题进行定量分析的一种简便、灵活而又实用的决策方法。它的特点是把复杂问题中的各种因素通过划分为相互联系的有序层次，使之条理化，根据对一定客观现实的主观判断结构（主要是两两比较）把专家意见和分析者的客观判断结果直接而有效地结合起来，将同一层次的元素两两比较的重要性进行定量描述。而后，利用数学方法计算反映每一层次元素的相对重要性次序的权值，通过所有层次之间的总排序来评价复杂的方案。[③] AHP 方法自提出之后，在政策分析、科技成果评价、战略选

---

① 罗能生、张希、肖丽丽：《中国文化软实力影响因素实证研究》，《经济地理》2011 年第 7 期。
② 陶建杰：《城市软实力及其综合的评价指标体系》，《上海城市管理》2010 年第 3 期。
③ 〔美〕萨蒂（Saaty，T. L）：《层次分析方法在资源分配、管理和冲突分析中的应用》，许树柏等译，煤炭工业出版社，1988，第 7~9 页。

择、人才考核以及方案选择等方面都发挥了重要作用，取得了骄人的成果。

（1）AHP 方法的原理

为了说明 AHP 方法，首先看如下一个简单的案例。假定已知一块大石头的重量是 1，然后把大石头摔成 n 块小石头，每一块小石头的重量分别为 W＝（w_1，w_2，…，w_n）。每一块小石头的重量是多少，很难知道。但是，可以把这些小石头两两比较（相除），很容易得到表示 n 个石头相对重量关系的比较矩阵（以下简称判断矩阵）：

$$A = \begin{bmatrix} \dfrac{w_1}{w_1}, \dfrac{w_1}{w_2}, \cdots, \dfrac{w_1}{w_n} \\ \dfrac{w_2}{w_1}, \dfrac{w_2}{w_2}, \cdots, \dfrac{w_2}{w_n} \\ \cdots, \cdots, \\ \dfrac{w_n}{w_1}, \dfrac{w_n}{w_2}, \cdots, \dfrac{w_n}{w_n} \end{bmatrix} = (a_{ij})_{n \times n}, \quad AW = \begin{bmatrix} \dfrac{w_1}{w_1}, \dfrac{w_1}{w_2}, \cdots, \dfrac{w_1}{w_n} \\ \dfrac{w_2}{w_1}, \dfrac{w_2}{w_2}, \cdots, \dfrac{w_2}{w_n} \\ \cdots, \cdots, \\ \dfrac{w_{ii}}{w_1}, \dfrac{w_{ii}}{w_2}, \cdots, \dfrac{w_{ii}}{w_n} \end{bmatrix} \begin{bmatrix} w_1 \\ w_2 \\ \cdots \\ w_n \end{bmatrix} = \begin{bmatrix} nw_1 \\ nw_2 \\ \cdots \\ nw_n \end{bmatrix} = nW$$

其中，$a_{ii}=1$，$a_{ij}=\dfrac{1}{a_{ji}}$，$a_{ij}=\dfrac{a_{ik}}{a_{ik}}$，$i$，$j$，$k=1$，2，…，$n$。

从矩阵的理论知道，n 是判断矩阵 A 的一个特征根，每一块小石头的重量就是 A 对应于特征根 n 的特征向量 W。我们不知道每一块小石头的重量 W＝（w_1，w_2，…，w_n），也没有衡器去测量，但如果我们设法得到判断矩阵 A（相对于每一个小石头的重量，两两比较是相对容易的），能否推出每一个小石头的重量呢？答案是肯定的，在判断矩阵具有完全一致性①的情况下，可以通过求解特征根问题，$AW=\lambda W$，而得到正规化的特征向量 W。同样对于复杂的公共管理问题，可以借助上述的方法通过构建判断矩阵的方式，利用求特征值的方法确定各个方案或研究对象的特征向量。②

---

① 判断矩阵的一致性是十分重要的，所谓的一致性，即 $a_{ij}=\dfrac{a_{ik}}{a_{ik}}$，对于所有 i，j，$k=1$，2，…，
  n 都成立时，判断矩阵具有完全的一致性，此时矩阵的最大特征根 $\lambda=n$，其他的特征根为零，
  当矩阵具有满意的一致性时，λ 稍大于 n，其他的特征根接近于零。AHP 分析的结论只有在满意的一致性时，结论才会基本合理。

② 这里的特征向量实际上可以看成每一个指标的权重，每一个方案的重要程度。如果知道了特征向量自然就可以对类似的 n 个小石头进行排序了。

（2）AHP方法研究海洋软实力的适用性

海洋软实力的提出与研究根本的目的在于提升中国的海洋实力水平，消除在中国崛起的过程中的误解与质疑，同时维护中国的海洋权益。测评海洋软实力的意义也在于此。但是海洋软实力测评的结果无论是一个评分还是指数，毕竟是一个相对值，即中国海洋软实力是60分还是90分，均不能完整地反映中国海洋软实力的真实水平，还需要知道其他国家运用同样的指标体系得到评分，才能正确地了解中国海洋软实力的水平。海洋软实力的研究者们和海洋政策的决策者们也迫切想了解中国海洋软实力与当代海洋强国的差距表现在哪些方面以及差距的大小。本文所研究的重点，并不是囿于测评海洋软实力的指标体系以及评分标准，而是选择几个典型国家，如美国、俄罗斯、英国、日本和中国，测评中国的海洋软实力在这些当代海洋强国中的位次，发现与当代海洋强国的差距，找到针对性地提升中国海洋软实力的途径。如果把美国、俄罗斯、英国、日本和中国看成AHP分析方法中的一个个小石头的话，用AHP方法求得的特征向量对应着各个国家的权重，权重的大小也就意味着海洋软实力的大小。因此，用这种方法评价中国的海洋软实力在近代海洋强国中的位置在原理上是可行的。AHP方法巧妙地利用较少的几个评价指标，定量与定性相结合，有效地解决此类评价问题。

至于为什么选择这几个国家作为评价的对象，主要是因为这几个国家是近代的海洋强国，同时也是经济强国、军事强国，这几个国家的海洋硬实力都比较强，对应的软实力也是学者们关心的问题。另外，美国是世界的"霸主"，拥有无可比拟的海洋势力，软实力也是美国学者率先提出的，自然我们应该知道我国的海洋软实力与世界最强国家的距离。俄罗斯曾是世界"两极"中的"一极"的重要国家，最近的十几年经济发展稍缓，但是海洋实力凭借着陆权的支持和核能力依然不可小觑。英国、日本是完全的岛国，保卫国家的安全主要凭借的就是海洋力量，多少年来主要发展的就是海洋势力，英国是传统的海洋强国，自英国建立海军以来就几乎没有战败过，这也是我们研究海洋软实力需要借鉴的地方。

对海洋软实力的界定上，学者们比较一致的观点是"文化、价值观、法规制度、生活方式所产生的吸引力和感召力，与建立在此基础上的认同力与追随力。"[1]

---

① 王印红、王琪：《中国海洋软实力的提升途径研究》，《太平洋学报》2012年第4期。

这些"力"都是出自人们的感受，基于序数效用理论和心理学的研究结论，这些能够被人们感受到的力的大小是可以比较的，也就是说，在 AHP 分析方法中阐明的重要概念"判断矩阵"是可以通过两两比较建立起来的。只要能够建立起判断矩阵，便可以利用矩阵的原理，通过计算求特征值的方法，确定各个国家海洋软实力对应的特征向量。

3. 海洋软实力测评中 AHP 方法的应用

（1）建立层次模型

本文构建了一个三层次的评价模型，如图 3。第 1 层为目标层，目标就是要实现对海洋软实力的正确评估。第 2 层为指标层，4 个一级指标①作为评价的核心内容，第 1 个指标是海洋软实力资源"拥有度"，反映的是国家拥有软实力资源的情况，如在海洋方面的人才数量、科教机构数量、文化产出等。第 2 个指标为海洋软实力的"感知度"，反映的是人们对一国海洋软实力资源的了解程度，也从一个侧面反映了政府对海洋软实力资源的公开程度。第 3 个指标是"认同度"，反映的是对一国海洋政策、海洋意识、海洋文化的认同感受。第 4 个指标是"追随度"，反映的是在对一国海洋软实力的认同的基础上，对本国海洋意识、海洋文化、海洋政策的构建影响程度。第 3 个层次是方案层，在这里是要测评的五个海洋国家。

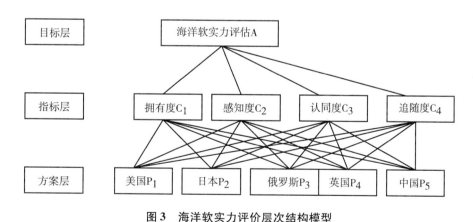

图 3　海洋软实力评价层次结构模型

---

① 本文为国家社会科学基金项目"和平崛起视阈下的中国海洋软实力研究"阶段性成果，海洋软实力评价二级、三级评价指标会在后续的文献中研究。

（2）构造判断矩阵

任何的判断与评价都需要以一定的信息为基础，AHP 方法的信息基础就是两两比较同层次的元素相对上一层次的重要性，然后给出判断，这些判断用数值表示出来写成矩阵的形式就是判断矩阵。① 针对此海洋软实力评价问题，指标层 C 层相对于 A 层各个指标层之间的相对重要性如表 1。

表 1　指标层相对于 A 层的判断矩阵

A	C_1	C_2	C_3	C_4
C_1	1	0.333	0.2	0.125
C_2	3	1	0.5	0.333
C_3	5	2	1	0.5
C_4	8	3	2	1

在表 1 中，C_{ij} 是对于 A 而言，C_i 对于 C_j 相对重要程度的数量表示，当 $C_{ij}=1$ 时，表示对于 A 来说，C_i 与 C_j 同样重要；$C_{ij}=3$ 时，C_i 比 C_j 稍微重要；$C_{ij}=5$ 时，C_i 比 C_j 重要；$C_{ij}=7$ 时，C_i 比 C_j 重要得多；$C_{ij}=9$ 时，C_i 比 C_j 绝对重要；他们之间的 2，4，6，8 以及各数的倒数具有相应的类似意义。

同理，构建方案层对于指标层的判断矩阵，这样的判断矩阵有 4 个。如表 2、表 3、表 4、表 5 所示。

表 2　方案层相对于 C_1 的判断矩阵

C_1	P_1	P_2	P_3	P_4	P_5
P_1	1	3	2	3	3
P_2	0.33	1	1	0.5	0.5
P_3	0.5	1	1	1.5	0.33
P_4	0.33	2	0.67	1	0.25
P_5	0.33	2	3	4	1

① 判断矩阵的数据来源于国内 10 个海洋专家调查结果的平均数值，并结合判断矩阵的一致性，略有调整。

表3　方案层相对于 C_2 的判断矩阵

C_2	P_1	P_2	P_3	P_4	P_5
P_1	1	3	2	3	5
P_2	0.33	1	0.5	1	2
P_3	0.5	2	1	2	2
P_4	0.33	1	0.5	1	0.5
P_5	0.2	0.5	0.5	2	1

表4　方案层相对于 C_3 的判断矩阵

C_3	P_1	P_2	P_3	P_4	P_5
P_1	1	2	3	4	5
P_2	0.5	1	2	0.5	2
P_3	0.33	0.5	1	0.5	0.33
P_4	0.25	2	2	1	2
P_5	0.2	0.5	3	0.5	1

表5　方案层相对于 C_4 的判断矩阵

C_4	P_1	P_2	P_3	P_4	P_5
P_1	1	4	5	3	4
P_2	0.25	1	2	0.5	1
P_3	0.2	0.5	1	0.5	0.5
P_4	0.33	2	2	1	2
P_5	0.25	1	2	0.5	1

（3）层次单排序

层次单排序实际上是根据判断矩阵计算出本层次的要素相对于上一层次某一要素的权值，层次单排序可以归结为计算判断矩阵特征根和特征向量的问题。即计算满足 $BW = \lambda W$ 的特征根与特征向量。

①将判断矩阵的每一列正规化。

$$\Leftrightarrow \overline{C}_{ij} = C_{ij} / \sum_{k=1}^{n} C_{kj}, i, j = 1, 2, \cdots, n. \ 得到: \begin{bmatrix} 0.059 & 0.053 & 0.054 & 0.055 \\ 0.176 & 0.158 & 0.135 & 0.291 \\ 0.294 & 0.316 & 0.27 & 0.218 \\ 0.47 & 0.474 & 0.54 & 0.436 \end{bmatrix}$$

②每一列经过正规化后的判断矩阵按行相加。

$$\overline{W}_i = \sum_{j=1}^{n} \bar{c}_{ij}, j = 1,2,\cdots,n. \ \text{得到:} \begin{bmatrix} 0.221 \\ 0.76 \\ 1.098 \\ 1.92 \end{bmatrix} \text{对向量} \overline{W} \text{正规化}, W = \overline{W}_i / \sum_{j=1}^{n} \overline{W}_j \ \text{得到的}$$

$W = [W_1, W_2, \cdots, W_n]^T = [0.055, 0.190, 0.274, 0.480]$ 即为所求的特征向量。此层次的排序意味着对海洋软实力的评价而言，四个一级的评价指标的权重。

③计算判断矩阵的最大特征根。

$$AW = \begin{bmatrix} 1 & 1/3 & 1/5 & 1/8 \\ 3 & 1 & 1/2 & 1/3 \\ 5 & 2 & 1 & 1/2 \\ 8 & 3 & 2 & 1 \end{bmatrix} \begin{bmatrix} 0.221 \\ 0.76 \\ 1.098 \\ 1.92 \end{bmatrix} = \begin{bmatrix} 0.233 \\ 0.813 \\ 1.171 \\ 2.041 \end{bmatrix}$$

$$\lambda = \sum_{i=1}^{n} \frac{(AW)_i}{nW_i} = 4.25$$

④检验此判断矩阵的一致性，一致性的检验使用 $CI = \dfrac{\lambda - n}{n - 1}$ 和 RI[①] 构建的 CR 来判别。

$CI = 4.25 - 4/3 = 0.083 < 0.1$，据此，此判断矩阵具有满意的一致性。通过判断矩阵计算出来的特征向量基本能正确地反映准则层之间相对于海洋软实力评价的不同权重。

（4）层次总排序

与层次单排序类似，我们分别计算 $C_1 - P$、$C_2 - P$、$C_3 - P$、$C_4 - P$ 判断矩阵的特征向量，并验证各个矩阵的一致性，得到的数据如下：

1：$C_1 - P$ 判断矩阵的特征向量为：$W = (0.38, 0.1, 0.13, 0.12, 0.27)^T$，其中 $CR = 0.09 < 0.10$；此特征向量的意义在于，就拥有度 C_1 而言，各个国家在海洋软实力拥有度上的排序。

---

① 如果判断矩阵具有完全的一致性，那么判断矩阵最大的特征根 λ 就是 n，CI 是使用 λ 和 n 构建的表示一致性的参数，CI 越大，一致性就越差。为了检验判断矩阵是否有满意的一致性需要与 RI 进行比较，RI 是平均随机一致性指标，具体数值已由研究者用计算机方式模拟得出。CI 与 RI 之比小于 0.1，则判断矩阵具有满意的一致性，否则要对判断矩阵进行调整。

2：C_2－P 判断矩阵的特征向量为：$W =$（0.42，0.14，0.22，0.11，0.12）^{T}，其中 CR = 0.03 < 0.10；

3：C_3－P 判断矩阵的特征向量为：$W =$（0.43，0.17，0.09，0.19，0.12）^{T}，其中 CR = 0.06 < 0.10；

4：C_4－P 判断矩阵的特征向量为：$W =$（0.48，0.12，0.08，0.2，0.12）^{T}，其中 CR = 0.02 < 0.10；

当计算完所有指标相对的各个国家的排名（特征向量）后，将方案层与指标层进行综合，因为已经知道 4 个指标相对于目标的权重，某一个方案（评价国家）在目的中的组合权重应该是它们相应项的两两乘积之和。P1 的组合权重为：

$$W_{P1} = 0.38 \times 0.055 + 0.42 \times 0.19 + 0.43 \times 0.274 + 0.48 \times 0.48 = 0.449。$$同理可以求出每一个方案的组合权重，这样的组合权重就是评价的结果。如表 6 所示。

表 6　层次总排序结果

指标层 方案层	C_1	C_2	C_3	C_4	层次总排序	评价排序
	0.055	0.19	0.274	0.48		
P_1	0.38	0.42	0.43	0.48	0.449	No.1 美国
P_2	0.1	0.14	0.17	0.12	0.136	No.3 日本
P_3	0.13	0.22	0.09	0.08	0.112	No.5 俄罗斯
P_4	0.12	0.11	0.19	0.2	0.176	No.2 英国
P_5	0.27	0.12	0.12	0.12	0.128	No.4 中国

4. 相关启示与未来研究

通过 AHP 方法，得到了近代海洋强国和中国海洋软实力的水平，从高到低分别是：美国、英国、日本、中国、俄罗斯。美国的海洋软实力高居榜首，这并不令人奇怪。首先从海洋软实力资源拥有度上，海洋的硬实力超群拔类，美国拥有强大的海军，目前有大西洋舰队和太平洋舰队两支舰队，11个航母战斗群。俄罗斯媒体称美国拥有最为强大的舰队，把所有的对手都远远抛在了身后，俄罗斯海军已经全面逊于对手，实力不断增加的中国海军也无力挑战。① 海岸经济和海洋经济分别占到就业率的 75% 和 GDP 的 51%。② 其次在感知度上，世界各地的公海领域游弋着美国的海军舰队。近年来，美国 也在推行"软实力"战略，美海军开始派出大量医疗船，向发展中国家提供 援助。对于拉丁美洲、非洲和亚洲很多地方的居民来说，现在看到美国海军舰 只，他们的脑海中浮现的可能不再是军事演习的火爆画面，而是想到免费的医 疗服务，而这正是美国海军实施"软实力"战略所要达成的目标。③ 同时，在 新闻媒体上随处可见的美国海洋力量的各种信息。最后从认同度上，世界各地的 研究者们、政策的制定者们对于海洋问题、海洋立法、海洋政策的研究与实践无 不唯美国马首是瞻，美国的海洋政策是其他沿海国家首先且必要研究的问题之 一。④ 特别是与美国关系密切的海洋小国如韩国、卡塔尔、菲律宾等海洋问题 的解决、海洋政策的制定都纷纷模仿和吸收美国海洋政策的内容，并每年公派 大量的留学生到美国学习。

评价结果让人出乎认人意料的是俄罗斯，俄罗斯的海洋软实力竟然排在这 几个国家的最后位次。笔者谨慎地核查了研究方法的适用性以及数据的准确性 后，认为俄罗斯的海洋软实力比较偏低是有原因的：其一，俄罗斯是传统的陆 权国家，传统的海洋软实力资源比较匮乏，第二次世界大战之后美苏成为世界 的两极，长期处于冷战状态，苏联为了发展世界霸权，全力发展海洋力量。20 世纪 60～80 年代末是苏联海军的黄金时代，到 1985 年，苏联海军达到了海军 300 年发展史的巅峰，综合战斗实力达到了历史最高水平，在舰艇数量和战斗 实力上，成为仅次于美国的世界第二大海军强国。但自苏联解体后，俄海军实 力一落千丈，现在的俄海军无论是从舰艇数量，还是从战斗实力上，都与苏联 海军相差甚远，以其国家经济发展、科技进步的情况来看，海洋软实力的发展 今后也不乐观。其二，海洋软实力更多地来自于盟友国的认同（跟随度的权

---

① 俄媒：《俄海军已全面落后美国，中国也无力挑战》，http：//news. ifeng. com/mil/4/detail_ 2011_ 08/03/8142413_ 0. shtml。

② 《蓝色经济将掀全球海洋新竞争》，http：//news. xinhuanet. com/fortune/2009－08/19/content_ 11907227_ 4. htm。

③ 杨孝文：《美国海军力推"软实力"战略》，《环球军事》2010 年第 14 期。

④ 笔者在"Elsevier"期刊网络搜索"Maritime strategy"和"Ocean policy"关键字精确匹配主 题，有关于美国的海洋政策和海洋战略是一些国家的十几倍，甚至更多。

重为 0.48），但随着苏联的解体，其盟友大幅减少，另外俄罗斯对于其他发展中国家的支援力度也在降低，势必也影响了它的海洋软实力。其三，世界格局已由两极转化成多极的格局，但是在人们的认识上，俄罗斯还深受社会主义核心国旧形象的影响，似乎还代表着与自由市场经济、民主政体和多元公民社会等自我认同相冲突的另一群体，也可能与其有一个强权势的领导人有关，正如普京自己所言："（俄罗斯独立）从一开始，就是一个超集权国家。其实这已经写到了俄罗斯的遗传密码里，俄罗斯的传统与俄罗斯人民的思维模式都有这种影响留下的烙印"。① 如果这种情况不变的话，俄罗斯的海洋软实力在其他国家的眼里就会被打折扣。

英国的海洋软实力排在第二名也令人意外，单从经济实力上看，2011 年英国的 GDP 排在世界第 7 位，已经失去了昔日的"日不落"帝国的雄威。但是首先，不可否认的是由于地理位置的原因，英国自从亨利八世开始，就把发展海洋贸易和捕鱼业，放在了优先的地位。英国资产阶级革命之后，以克伦威尔为代表的英国新兴资产阶级对海外贸易和海外殖民地的渴求更加强烈，优先发展海权，制定了发展世界海洋霸权的长期目标。无论政治、经济、军事还是科技，无不是为海洋霸权服务，1763 年当七年战争结束之后，英国便成为无可置疑的海洋霸主。② 因此当溯及英国的海洋文化以及海洋意识的形成过程，其拥有的海洋软实力资源对现代海洋国家发展海洋实力有着重要的启示价值。其次，在近百年海洋霸权转向美国的历史进程中，英国顺应形势主动承认了美国的海洋霸权地位，并积极寻求英美合作来实现海洋战略。1952 年一份"全球战略"的文件的出台，标志着英国皇家成为海军最坚定与最忠实的盟友。"注重结盟、维持均势"的英国海洋战略和与美国特殊的盟友关系，使得利益关系密切的同盟国对英国的政治制度、海洋价值观和海洋政策的研究趋之若鹜。在这些国家中，对英国海洋软实力的认同度和追随度都比较高。最后，2010 年"战略防务与全球安全评估"战略的提出，意味着英国皇家海军将作战重点转向全球干涉、前沿作战和由海制陆的战略。同时，英国皇家海军也将

---

① 转引自李鸿谷《俄国寡头资本主义的终结者——普京的政权逻辑》，《三联生活周刊》2012 年第 6 期。

② 〔美〕马汉：《海权对历史的影响》，解放军出版社，2006。

利用重建全球舰队的机会，力图告别战后数十年缓慢衰落的颓势，以"超俄赶美"为目标实现英国海军力量的全面振兴。① 此战略的提出为英国的海洋软实力注入了一剂"强心针"。

海洋软实力的提出旨在海洋世纪维护我国海洋权益，实现海洋的可持续发展，海洋软实力的研究有必要清楚中国海洋软实力的水平以及与世界当代海洋强国的差距。海洋软实力的测度显然是个十分复杂的问题，不可能至善至美。本文化繁为简，采用 AHP 分析方法对当代海洋强国与我国的海洋软实力进行了比较性的测度，论述了海洋软实力的可测度性和使用 AHP 分析方法用来测度海洋软实力的适用性。在此基础上使用海洋专家对海洋软实力的判断矩阵，得到了评测结果，结果显示：美国居于第一位，中国居于第四位。鉴于论文的篇幅有限和课题的阶段性，未对中国海洋软实力的位次进行品评与说明，此内容为后续研究的重点。此外，鉴于判断矩阵数据来源于少数几个海洋专家的平均数据，虽然有一定的准确性，但显然海洋软实力的测度需要较大范围的、较多人数的样本数据，因此在未来的研究中，有必要拓展样本数据，以增加研究的精度。

四　我国海洋软实力的提升途径及对策建议

通过持续多年实行改革开放的政策，不断地释放市场经济的活力，中国已经发展成为全球第二大经济体，经济、军事、科技取得了令世人瞩目的成就，中华民族的复兴无可置疑。在中国崛起的过程中，我国的综合国力持续增强。硬实力上与世界发达国家的差距越来越小，然而一个不争的事实是，中国手握诸多软实力资源，如作为四大文明古国，拥有传统思想、文化、艺术、建筑、美食和中医药等等软实力资源，中国的软实力却不尽如人意。中国的海洋软实力尤其如此，当代不少的学者总结了近百年中国落后挨打的一个重要原因就是：中国没有强大的海军。近代帝国主义国家五次大规模侵华战争都是以海军

---

① 胡杰：《英国捍卫海洋大国地位的新思路——对卡梅伦国防新战略的解析》，《现代国际关系》2011 年第 4 期。

控制中国沿海制海权为先导的。① 濒海国家没有强大的海军和海上力量，就不会有海权，没有海权也就难保主权，近代中国在海权问题上教训深刻。有鉴于此，新中国的历届领导人都十分重视海军和海上力量的建设。人民海军从无到有，从弱到强，已建设发展成为一支由水面舰艇部队、潜艇部队、航空兵部队、岸防部队和陆战部队五大兵种组成的战略性、综合性、国际性军种，成为一支能够有效捍卫国家主权和安全、维护我国海洋权益，应对多种安全威胁、完成多样化军事任务的现代海上作战力量。毕竟具有强大的海洋硬实力是提升海洋软实力的基础。要提升海洋软实力除继续发展海洋经济、促进科技创新、加强军事力量等海洋硬实力之外还必须：

第一，坚持中国特色社会制度的发展，充分发挥和展示其优越性。

在中国崛起的过程中，与之相伴随的"中国威胁论"时时提醒着中国的领导者与研究者，在一些外媒的眼里，中国的崛起可能会威胁世界和平与发展。产生这个问题的一个重要原因就是其他国家对我国政治制度、价值观与意识形态的质疑与否认。他们在各种场合质疑、抵制中国思想文化、意识形态和价值观，甚至是生活方式。在一些外媒的眼里，中国的海洋软实力似乎是由于受援国的认同而产生的，只要中国还代表着与自由市场经济、民主政体和多元公民社会等自我认同相冲突的另类群体，中国的软实力在发达民主国家就会打折。改革开放的 30 年间，中国社会主义民主政治建设在实践中取得了许多重大进展。人民代表大会制度、中国共产党领导的多党合作和政治协商制度、民族区域自治制度等国家政治制度不断完善和发展，城乡基层民主不断扩大，公民的基本权利得到尊重和保障，政府民主行政能力显著增强，司法民主体制建设不断推进。中国政府只要坚持改革开放的政策不动摇，秉持服务型政府理论和善治理论，"北京共识"② 就会得到越来越多的国家和人民的认可与效仿，相应地，中国的海洋软实力就会大幅提高。

---

① 史春林：《近十年来关于中国海权问题研究述评》，《现代国际关系》2008 年第 4 期。

② 乔舒亚·库珀·雷默首先提出"北京共识"，并指出"北京共识"具有艰苦努力、主动创新和大胆实验（如设立经济特区），坚决捍卫国家主权和利益（如处理台湾问题）以及循序渐进（如"摸着石头过河"）、积聚能量和具有不对称力量的工具等特点。在乔舒亚·库珀看来，建立在"北京共识"基础上的中国经验具有普世价值，不少可供其他发展中国家参考，可算是一些落后国家寻求经济增长和改善人民生活的模式。

第二，提高国民海洋意识，塑造和谐海洋理念。

海洋意识是"一种观念资源，其产生和发展反映了一个民族对海洋利益的依赖和对海上威胁的防范，是其对海洋的政治、经济、军事等战略价值的认识，以及对海洋与国家发展、国家利益和国家安全关系的考察"。① 冯梁探讨了 21 世纪中华民族的海洋意识，并认为，它是中华民族对海洋在建设海洋强国、实现中华民族伟大复兴和推进全人类海洋事业中地位作用的心理倾向和基本认知。它包括立体多面的海洋价值观，面向世界的海洋大国观；立足于可持续发展的和谐海洋观。② 这些对待海洋的价值观念是海洋软实力的重要来源。海洋意识既是决定一个国家和民族向海洋发展的内在动力，也是构成国家和民族海洋政策、海洋战略的内在支撑。建设海洋强国，提升海洋软实力，必须树立正确的海洋意识。目前，各国的海洋经济相互依存和合作日益加深，相互之间的竞争也随之加深。同时海上霸权主义继续盛行，以争夺海洋权益为目标的海上局部战争和冲突也此起彼伏，海洋不和谐因素比比皆是。对中国来说，既需要开发利用海洋，服务经济建设，又要消除以海洋权益为目的的各种冲突。在这样的情况下，构建和谐海洋观，显得尤为重要。作为对"中国威胁论"的回击，中国政府于 20 世纪 90 年代中期适时地提出了负责任大国身份的建构问题。③ 中国对争议海域及岛屿的权益维护一直坚持"主权属我，搁置争议，共同开发"的原则，这样的原则也彰显了中国的海洋战略是"和平崛起""和谐海洋"的。树立这样的理念，有助于减少一些国家的敌意，获得多数国家的信任和认同。

第三，完善国内海洋立法，公正有效的海洋执法。

海洋法律、政策表明了一个国家在海洋和海洋资源开发、利用和保护方面的规定和发展方向，其调整的对象包括海洋空间和海洋资源。这些海洋法律制度体现了一个国家在治理海洋和与海洋和谐共处的价值观念。一个国家以完善的海洋法律制度，实现依法"管海"和依法"用海"，把海洋资源的

---

① 王勇：《浅析中国海权发展的若干问题》，《太平洋学报》2010 年第 5 期。
② 冯梁：《论 21 世纪中华民族海洋意识的深刻内涵与地位作用》，《世界经济与政治论坛》2009 年第 1 期。
③ 李宝俊、徐正源：《冷战后中国负责任大国身份的建构》，《教学与研究》2006 年第 1 期。

开发和管理活动纳入法制化轨道，保证海洋资源和海洋经济的可持续利用和发展，必将赢得其他国家的认同与追随。海洋软实力取决于国内海洋问题的解决程度，因此提升海洋软实力，必须完善国内海洋立法与政策，做到公正有效的海洋执法。

第四，建设中国特色的海洋文化，推进海洋文化交流。

文化是人类在社会历史发展进程中创造的物质财富和精神财富的总和，尤指教育、文学、艺术、宗教等精神财富。文化也许不能直接改变客观世界，但是可以通过塑造人来改变客观世界。文化可以使一个人增加人格魅力，文化可以使一个国家增强实力。可以说，文化是一个国家软实力的基础。"海洋文化，就是和海洋有关的文化；就是缘于海洋而生成的文化，也即人类对海洋本身的认识、利用和因有海洋而创造出来的精神的、行为的、社会的和物质的文明生活内涵。海洋文化的本质，就是人类与海洋的互动关系及其产物。"① 如海洋民俗、海洋考古、海洋信仰、与海洋有关的人文景观等都属于海洋文化的范畴。"海洋文化存在于与海洋有关的哲学、政治、经济、宗教、艺术等社会生活的各个方面，表现为语言、思维习惯、文本符号、实体存在等诸要素。在海洋文化中批判性反思、构建和合文化的海洋哲学，有助于增强我国的文化软实力。"② 海洋软实力的影响力、渗透力和同化力主要是通过海洋文化来展现的。中国海洋文化有着悠久的历史，有着辉煌的中国海洋文明史，提升我国的海洋软实力，必须建设具有中国特色的既有接纳、传承的，又有时代创新的海洋文化。海洋文化的建设主体和研究主体必须肩负这样的历史使命。在建设海洋文化的实践中，如天津的中国海洋博物馆、福建滨海地区的"妈祖文化节"，其他沿海地区的海洋文化节、海洋文化馆等都是建设和重塑我国海洋文明的载体。当然，建设我国特色的海洋文化只是获得海洋软实力的第一步，重要的在于通过网络、电视等传媒加强海洋文化的输出与交流，获得其他国家和人民的认同，以促进睦邻友好和我国的未来的长远发展。

进入 21 世纪，在人口、资源、环境与经济社会发展之间的矛盾日益突出

---

① 曲金良：《海洋文化概论》，青岛海洋大学出版社，1999，第 12 页。
② 王宏海：《海洋文化的哲学批判——一种话语权的解读》，《新东方》2011 年第 2 期。

的今天，海洋的战略地位越来越重要。一个不重视海洋的民族必然会走向封闭、落后，没有昌盛繁荣的未米；一个没有海洋意识的国家，便充满着危机，便会被动挨打。古今中外的史实说明，凡大力发展海洋的国家，皆走上强国之路。以争夺海洋资源、控制海洋空间、抢夺海洋科技"制高点"为主要特征的现代国际海洋权益斗争，呈现出日益加剧的趋势。① 中国必须在充满机遇与挑战的 21 世纪里重视对海洋的开发与利用，重塑国人的海洋意识，维护海洋权益，走海洋强国之路。发展海洋事业，不仅要大力发展海洋硬实力，同时在利益多元和信息化时代，更应该大力培育、提高我国海洋软实力。

（本报告内容来源：国家社会科学基金项目《和平崛起视阈下的中国海洋软实力研究》[11BZZ063] 阶段性研究成果）

---

① 冯梁：《论 21 世纪中华民族海洋意识的深刻内涵与地位作用》，《世界经济与政治论坛》2009年第 1 期。

专题六　和平海洋：中国"海洋强国"战略模式的必然选择

面对全球范围内海洋发展竞争的日益激烈，许多沿海国家都对如何在 21 世纪这一"海洋世纪"中扮演海洋大国、强国角色充满期待并雄心勃勃。我国作为世界上历史最为悠久的海洋大国，一方面，当今的海洋主权和管辖权益却不断受到挑战和威胁，传统海洋安全和海域空间、海洋资源利用权益不断受到侵袭；另一方面，国家的对外开放政策和沿海区域发展、国家战略发展对海洋的依赖度越来越大。由此，如何将我国由一个海洋大国建设成为一个海洋强国，已经成为我国政府和社会各界十分关心、重视并迫切需要解决的重大战略问题。

建设海洋强国，已经成为我国的国家战略。世界上的"海洋强国"有不同的模式，关于什么是"海洋强国"、应该建设什么样的海洋强国、如何建设海洋强国，国际国内也有不同的思想、理念和理论。我国的海洋强国建设，应该汲取世界上"海洋强国"发展的经验教训，坚持海洋和平发展道路，为了当今的海洋中国、也为了当今的海洋世界的文明、正义、健康、可持续发展，必须作出正确的理论抉择。

一　关于"海洋强国"的理念

世界上的"海洋强国"概念和理论，是伴随着近代以来西方各国"冲出地中海"四处航海"发现"和实施殖民、首先在西方各国之间展开激烈的海洋霸权竞争、进而与世界各地沿海主权国家和"后殖民"独立国家之间展开海洋权力争夺和实力较量而形成的。西欧各国的四处航海"发现"、殖民和为此而展开的海洋霸权竞争，其思想的来源和历史的渊源基础于自古希腊、罗马时代即开始的对地中海贸易线路与港口商业争夺的海上战争传统；而其近代的"现实"思想观念，则来自于其在寻找东方"香料之路"的航海中"发现"了海外"新世界"地盘后，由于争相实施侵占、殖民而引发的这些西方"发现者"之间漫长的残酷的相互竞争吞并。这种"现实"的思想观念的"代表作"，就是 1604 年荷兰人雨果·格劳修斯《海洋自由论》的问世和 1890 年美国人马汉《海权对历史的影响》的出笼。雨果·格劳修斯的《海洋自由论》攻击、否认的是在此之前西班牙人的"海洋占有权"的理论。他宣称"任何国家到任何他国并与之贸易都是合法的，上帝亲自在自然中证明了这一点"，"如果他们被禁止进行贸易，那么由此爆发战争是正当的"。这种理论随之成为西方各国竞相争霸海洋的支撑理论。荷兰、英国等在这种竞争中先后成为"海上马车夫"和"日不落帝国"。但"海洋自由论"或曰"公海论"只不过是自己从别人手中抢夺肥肉的托词，海洋竞争中的战争杀戮不可避免地从未间断。如何在这样的竞争中"脱颖而出"从而控制更大空间的海洋，成为打败老牌海洋强国的新生海洋强国？1890 年，美国人马汉的《海权对历史的影响》赫然出笼，这本书作为"海权论"至少对三个国家成为新的海洋强国产生了巨大影响，一是美国，二是日本，三是德国，并由此影响了世界历史的进程。"海权论"的实质，就是通过强大的海洋军事力量即强大的海军及其海洋舰船和武器装备力量控制海洋，实现国家的海洋霸权意志，从而保障、强化和扩大国家的海洋贸易利益、海洋资源占有、海洋管辖权益、海洋安全空间、海外殖民权利。美国、日本、德国等，走的都是这样一条"海洋大国""海洋强国"道路。世界经历了两次大战之后，德国、日本战败投降，被世界所不齿，重新缩回到了自己的老窝，其中德国向世界表示了谢罪和忏悔，但日本至今不肯悔罪，仍在梦想着军国主义复活；而美国则实实在在地得到了两次世界大战的"实惠"，成为世界上的头号海洋大国、强国。

什么是"海洋强国"、什么样的国家能够成为"海洋强国"、怎样才能成为世界"海洋强国"、怎样才能确保其"海洋强国"的地位？无论是国际还是国内政界学界，对此都有不少研究论说。从国际政界学界来看，西欧国家较为沉寂，美国较为高调，日本仍跃跃欲试，韩国从不甘寂寞。美国一直公开地宣称要保持其世界海洋强国的"领导地位"，日本近年来坚称要将日本由"岛国日本”建设成为“海洋日本”，韩国则不断宣称要建设“东亚海洋中心”。我国的学界出于拳拳爱国、强国之心，以“接受”中国历史上不但没有能够“称霸海洋”反而深受西方海洋霸权之害的“教训”和中国如何能在当代世界海洋竞争中胜出为出发点，纷纷为国家如何建设海洋大国、强国阐发主张、出谋划策。其中尤其以研究批判中国古代无海权思想的、高度评价马汉《海权论》的，强调我国应加强海军建设以在与世界海洋强国的竞争中控制海洋、保卫国家海洋权益和海洋安全的，提出为此而大力发展海洋科技、海洋经济、海洋贸易而增强国家海洋发展实力的，提出为此而大力增强全民族的海洋意识和海权观念的，论说最为多见。图书出版和宣传媒介为此而不断推出《海洋强国兴衰史略》（杨金森）、《大国的兴衰》（保罗·肯尼迪）、《大洋角逐》（宋宜昌）、《决战海洋——帝国是怎样炼成的》（宋宜昌）、《文明的冲突与世界秩序的重建》（亨廷顿）、《世界大趋势：正确观察世界的 11 个思维模式》（约翰·奈斯比特）、《美国世纪的终结》（戴维·S. 梅森）、《当中国统治世界：中国的崛起和西方世界的衰落》（马丁·雅克）、《中国新世纪安全战略》（张文木）、《中国震撼：一个“文明型国家”的崛起》（张维为）、《文明的转型与中国海权：从陆权走向海权的历史必然》（倪乐雄）、《大国之道：船舰与海权》（张炜）、《大国崛起》（中央电视台）等，有国外论说的引进，有国内论说的包装，不断引起社会反响和争鸣，表现出了国际国内学界、出版与电视传媒界和全国上下的普遍的强烈的强国崛起意识。

二　关于“海洋强国”理念的误读

分析近代以来人们对西方近现代海洋强国何以崛起与发展、中国近代以来在西方海上侵略中何以落败和应如何在当代海洋竞争中崛起与复兴的历史与现实的解读与认识，我们发现，呈现出众说纷纭的状态，但总的来看，其一，西方学术界的西方中心论、海洋自由论、海权论尽管还有相当普遍的市场，但已经不再是不可动摇的定论，西方学者已经越来越多地开始重视甚至尊崇世界强国中的中国模式；其二，中国学界受西方近代海权理论影响至深，就迄今仍然占据话语权的主流观点而言，对什么是“海洋强国”、何以成为"海洋强国"、应该建设发展什么样的"海洋强国"，在历史评价和发展理念上多有误读误解。

误读误解之一是：认为凡是在近代历史上能够耀兵海上、争霸殖民的，都是"海洋大国""海洋强国"，比如中央电视台的《大国崛起》列出的就是这样 9 个"大国"，在其导向下，以至于电视片播出后推出的《大国崛起》丛书，在各地图书市场显眼位置的书架上，一排排以英、美、德、法、日、俄、荷、西、葡 9 个国家国旗为封面的书籍显得分外显眼。

误读误解之二是：认为西方多国能够成为"海洋大国""海洋强国"的关键，是其强烈的海权观念和"坚船利炮"等强大的海军力量，而且认为这些海洋强国都是成功的"典范"，看不到、至少是忽略了其"坚船利炮"所代表的"海洋文明"模式的畸形、给海外文明带来的灾难、最终导致的自身损失乃至毁灭。

误读误解之三是：认为"落后就要挨打"，弱肉强食、丛林法则不但是必然的，而且是天经地义的，缺失了对人类文明走向应有的崇尚"文明"、摈弃"野蛮"的正义、道德标准的基本追求与基本操守。

误读误解之四是：认为西方海洋强国的道路是其本身固有的社会制度包括"民主""科学""法制"的产物，且往往追溯到其古希腊罗马时期，而对其"民主"只是贵族上层民主而对占人口绝对多数的下层奴隶和海外殖民地土著民族却只有奴役和杀戮，其"科学"在近代之前长期落后于东方世界，其"法制"如何演绎出"血淋淋"的对内镇压、对外扩张的历史，则极少给予全面分析和全面认识。其实西方的这种海洋发展的资本主义原始积累的罪恶历史早已被马克思批驳得一针见血、体无完肤，但在我国学术界近些年来却呈沉渣泛起、死灰复燃之势。

由于以上基本理念的错误，导致误读误解之五，是得出的"结论"为：世界沿海各国要成为"海洋强国"，就必须向西方学习，抛弃自己的传统，走西化的霸权、殖民道路，只有这样才能"迎头赶上"。而事实上这样的理念、这样的主张是错误的，是危险的。日本这个东方国家近代开始"脱亚入欧"，不但给世界造成了严重的灾难，也使自己成为世界上第一个遭受原子弹袭击的国家，导致其至今仍然是被美国"保护"的"非正常国家"的历史结局；中国近代开始的"洋务运动"最终失败；其后不断浮起的"全盘西化"思潮和自我矮化、奴化的一系列主张与实践，都不断导致一次次丧权辱国，不但没有使中国走向繁荣富强，反而使中国在近代整整一个世纪中饱受西方和日本欺凌、内乱频仍之苦。

因此，什么是"海洋强国"，世界上什么样的国家是"海洋强国"，中国应该建设成为什么样的海洋强国，其内涵要素、呈现形态都有哪些？世界上的"海洋强国"的发展历史经历了什么样的兴衰曲折，这些兴衰曲折对其本国、对人类历史都有些什么样的经验教训，中国的海洋强国建设应该走什么样的道路，从世界上其他海洋强国发展兴衰的经验教训中得到什么样的启示借鉴，如何才能保证我国的海洋强国建设之路走得通，走得好，使中国成为文明、正义、健康、可持续发展的海洋强国并影响世界和维护世界海洋和平，不但成为我国的国家安全、国家发展之大幸，而且成为世界和平、世界发展之大幸？这无疑既是关乎我国国家安全、国家发展、人民幸福的千年大计万年大计，也是关乎世界和平、世界发展、全人类幸福的千年大计万年大计。

三　"中国威胁论"是对中国崛起的妖魔化

党的十八大报告明确提出建设"海洋强国"，向全中国、全世界宣示了我国已经将"海洋强国"建设确立为国家战略的政治意志和国家安排。不少人认为，我国已经成为世界第二大经济体，早在此之前，国际上就有"中国威胁论"不断甚嚣尘上了，我国现在若公开提出实现"大国崛起"、建设"海洋强国"，是不是会引起国际上更激烈的反弹？这种担忧无疑是善意的，但又是大可不必的。中国需要走自己的大国复兴之路，不必仰人鼻息，看别人的脸色。"海洋强国"建设，是中国人自己的事情，是中华民族伟大复兴的发展需要。

国际上之所以会出现"中国威胁论"并不断成为"热点话题"，事实上正是因为我国外交话语也好、民间话语也好，向世界过多地、一以贯之地、单方面地传达了我们"韬光养晦"的善意的缘故，反而导致的是国际上与我有竞争关系，乃至敌意关系的国家的政客及其宣传机器，有意识地在舆论上抹黑中国，乃至妖魔化中国。我们只要检视一下世界上的"中国威胁论"者都是些什么人？就会知道他们是站在什么样的立场上、代表着谁的利益、怀着什么样的目的、用什么样的眼光和话语说话。基于他们的立场、利益、目的、眼光和话语，无论中国要不要复兴、要不要崛起，他们都是要必然地鼓吹"中国威胁论"的。在他们看来，根据他们的愿望，中国最好不要发展，更不要崛起，甚至最好不要有军队，哪怕一兵一卒都不要有，甚至最好由他们来管理，甚至来殖民，否则就是对他们的威胁。因此，他们总是无时无刻不在盯着中国，只要中国有发展，只要中国要复兴、要崛起，只要中国有军队，哪怕一兵一卒，只要中国不接受他们的价值观及其"理论"与制度，那就是"中国威胁论"。"霸权国永远不会允许任何一个挑战者长期地、持续地发展，必然会采取各类措施遏制挑战者的发展。"

四 "和平海洋"是中国"海洋强国"道路的必然选择

在世界竞争格局下的"丛林法则"中，"海洋大国"或"超级海洋大国"只能有一国或少数几国，别的海洋国家若也要成为"海洋强国"，大多是根本不可能的，能够靠军事扩张、侵略冒险、直接向"海洋强国"宣战并将其打败"取而代之"的，只有少数新的一个或几个国家。这种"丛林法则"的实质就是武力拼杀。这样的"海洋强国"道路是非人性、非人道、非正义、野蛮的，这样的海洋强国观念是不足取的。

世界上的"海洋强国"并非"千篇一律"的同一种模式、同一种类型。英国的、美国的、日本的武力拼杀、侵略扩张的"海洋强国"模式是同一种类型；如果将中国古代对海洋的开发利用、在海洋上的发展视为另一种类型，则"海洋强国"的内涵也不尽相同，其各自坚守的海洋发展理念、所走的海洋发展道路、对内对外所产生的影响也是不同的。

世界上的"海洋强国"不应该只是海洋经济、军事的"强国"，而应该是全面的、综合的文化的强国。

世界上的"海洋强国"不应该是竞争性的、对他国威胁的、倚强凌弱的霸权性"强国"，而应该是对世界海洋和谐、和平起到示范性、引领性作用的强国。自近代以来在世界上起主导作用的是西方竞争性的、侵略性、霸权性"海洋强国"，其自身在古代历史上相互之间的竞争、侵略、吞并和短命，其自19世纪中叶东侵以来导致世界的不得安宁和自身的开始衰落，都充分证明了其自身发展模式的不可持续性。

中国是历史上长达数千年领先世界的海洋大国、强国，以其和谐、和平的"天下"（世界）理念和秩序建构维持、维护了长达数千年的中原王朝统辖天下、海外世界屏藩朝贡的海洋和谐、和平历史，足以证明中国海洋发展模式、大国、强国模式的适应性、合理性和顽强生命力。当然，中国古代海洋发展的大国、强国模式，也有其致命伤：一旦遇到中央政权统辖之外的敌对势力发展强大而海上侵袭，海防不固，必然国门洞开。因此，真正的"海洋强国"，海洋军事强大，敢于、善于消灭一切海上来侵、海上威胁之敌，是必备的保障性要素。

因此，中国建设海洋强国，必须走海洋和谐、和平，海洋文化繁荣之路，海洋强国的发展目标和指导思想必须是海洋和谐、和平、繁荣，海洋强国的要素内涵既包括对国内而言海洋产业经济的可持续发展、海洋环境资源的可持续开发利用，海洋区域社会生活文化的可持续繁荣，又包括对国际而言海洋和平政治机制的建立、国家海洋权益的安全、国家在世界海洋事务中不仅有发言权，而且有主导权。这就意味着，中国建设海洋强国的实现途径，需要的是国家顶层设计；政治、经济、法律、军事、科技、文化各要素有机协调；国家目标明确、制度建设和法规政策到位；国民意识增强，自觉维护对内的海洋和谐、对外的海洋和平；国家对外宣传、主导海洋和平理念和国际合作机制，同时在当代条件下，有足以震慑和惩罚直至消灭敌对势力的海洋军事力量。

主导当今世界海洋发展应有的现代海洋观，应该不再是西方的以海洋军事霸权为主要内涵的海洋观，因为这样的海洋观不仅在历史上已经给世界上的多元文明带来了极大破坏，而且在当今时代也导致了海洋竞争日益激化、海洋强国多极军备竞赛、国际争端此起彼伏、小规模乃至大规模的海洋战争的危险无时不在，因而这样的海洋强国发展模式不可持续，这样的海洋观亟须摒弃，这样的历史教训应该汲取，代之而立的，应该是对内和谐、对外和平的海洋发展观和海洋强国发展模式。因为这是正确的，是合乎人类文明、正义道义的。这样的海洋观和海洋发展模式，在中国海洋发展传统中有悠久而深厚的历史文化基础，并且中华民族至今一直坚守着这样的海洋发展理念。中国应该、也有能力有条件倡导和建立这样的现代海洋观，中国应该、也有能力有条件为世界海洋和平做出自己的贡献。

以中国海洋发展模式为基础、以中国海洋发展观念为核心的对内致力于社会海洋和谐、对外致力于世界海洋和平的现代海洋观，其建立和推广需要根据国内条件和国际环境，不断、及时加以发展完善，既包括发展完善其时代内涵，也包括发展完善其实现条件。在对外致力于世界海洋和平的战略对策上，需要两手：一手是用中国的文化观念包括海洋发展观念影响世界并逐步主导世界；另一手是必须建设强大的海上力量，不是为了对外进行海洋争夺和侵略扩张，而是为了制约、遏制、抵抗乃至消灭那些"不和平"的海上力量，以维护和保障世界海洋和平。

（本报告内容来源：国家社会科学基金重大项目《中国海洋文化理论系统研究》［12&ZD113］阶段性研究成果）

主题三
中国海洋文化的传承发展与遗产保护

专题七　海峡两岸妈祖文化交流发展的现状分析与对策建议

一　海峡两岸妈祖文化交流意义重大

海峡两岸的文化交流，最为基础、最为活跃的层面，是民间民俗文化交流；其中对海峡两岸影响最大、信众最为集中的，是妈祖文化。

妈祖文化是以中华民族传统的海神信仰崇拜为基础，以妈祖信仰为核心内涵、在海峡两岸和海外华人世界中一直普遍传承的中国民俗文化的集成形态之一，具有悠久的历史、丰富的内涵和凸显的海洋性、民俗性、社会性、普适性、传承性特质，既是中国传统文化精华的重要组成部分，也是集中体现形态。

妈祖文化起源于宋代海峡西岸福建湄洲岛一带民间对一位据传为林姓女子默娘死后成为海神、具有保佑海上船民安全的"灵性"的信仰崇拜，逐渐在闽、广一带以及更为广泛的沿海地区和海外地区传播为对海洋神灵"妈祖"

的信仰民俗，后因其"护佑朝廷使臣"海路转危为安之"功"奏闻朝廷，遂被皇帝褒封，列为国家祀典，自此经宋、元、明、清历朝，封祀愈发隆重，成为我国"国家级"重要的海洋信仰文化形态。妈祖信仰在国家和民间建构的中外海洋交通网络中，通过政治文化交往、经济贸易交流、移民社会分布，广泛传播扩散并生根传承在东南亚、东北亚的中国文化圈中，并在近代传播生根在欧美华人社会中，对于历代海洋社会生活、海洋经济贸易、对外文化交流、国家疆域统辖、海内外移民发展等中国社会、经济、政治、文化面向海洋的发展，对于国家统一、民族认同、人心向善、社会和谐、文化传承，都起到了无可替代的巨大作用。

妈祖文化渊源于中国古代民间乃至官方的海洋神灵信仰，自宋代开始在福建湄洲出现并迅速通过航海、移民等途径在海内外传播普及，以女性航海保护神妈祖崇拜和祭祀为载体，衍生发展成为多种文化因素融汇、演变形成了一种普遍的民俗心意文化。妈祖文化是一个多层次、多元化的文化复合体。人们通过传说她生前许多拯救海难、降妖伏怪、治病救人、除水患、祈雨造福人民的"威灵显力"故事，赋予了她慈悲为怀、扬善去恶、扶危济困、济世救人、护国庇民、可敬可亲的女神形象以崇高精神与高尚品德。妈祖信仰的精神内涵，体现了中华民族的传统美德，是中国传统文化不可分割的重要内涵和形式。

明末清初，郑氏以台湾为基地，致力反清复明。清军为统一台湾，横渡海峡，据传得到了妈祖的灵威护佑：康熙十九年（1680 年），水师提督上奏，谓夜梦神妃佐风，于是开洋进兵，最后迫使郑军弃厦守台，攻占了厦门岛。朝廷闻奏后，即为妈祖褒封，封为"天上圣母"。

康熙二十二年（1683 年），施琅率水军进攻台湾，先攻克澎湖。时盛传士兵舟中恍见神妃，于是官兵奋勇前进，澎湖得以收复。传说在攻克澎湖当天，施琅入天妃宫，见到天妃衣袍湿透，其左右神将两手起泡，后报澎湖得捷，施琅方知此战是得到神明默佑。在收复台湾过程中，又传左营千总刘春夜梦天妃告之曰："二十一日必克澎湖，七月可得台湾"，结果台、澎都得以及时攻克。台、澎收复得受天妃神佑的消息奏报朝廷，康熙帝后颁诏，赐封妈祖为"天后"。

关于妈祖信仰在清政府统一台、澎中所起的作用，其传说故事至今在台湾地区流传，说明海峡两岸的统一一体，是深得民心，包括台湾民心所向。

有不少人认为妈祖信仰是一种宗教，妈祖文化是宗教文化。这是不准确的。妈祖文化不同于一般意义上的宗教，也不同于一般意义上的民俗，而是一种由我国古代海洋发展历史上的海洋神灵信仰演变而来，至今普及于我国沿海地区并辐射于内陆地区，犹以台湾海峡两岸闽—台地区最为盛行，并在东南亚、日本、欧美地区的海外华人世界中广泛传承，以公众信仰和社区祭祀为基本特征，集精神文化、艺术文化、建筑文化、商业文化、生活文化于一身的民间传承文化。

妈祖文化通过精神崇拜、宫庙建筑、祭祀礼仪、口碑传说、庙会运营、诗词文章、戏曲搬演等，形成民众信仰与心理生活的风俗习惯，并通过历代统治者对妈祖的褒封升华其规格，扩大其影响，因而在海上交通、对外关系、抗倭灭盗、抗灾祛病，乃至娶妻生子、入学升官、生意发财、凝聚乡情族缘等上至国家、下至民间无所不包的政治经济社会文化和文学艺术生活各个领域，都体现、渗透着妈祖文化的因子，成为一种强大的国家、民族的向心凝聚力量，并在长期以来成为全球华人心向祖国、注重族缘乡缘和故国情怀、保持全球中华民族凝聚力的重要精神纽带。

历代政治家、思想家和文学家都十分重视发挥妈祖的教化功能、向善功能、社会凝聚与和谐功能，希望使这一广泛、普遍的精神信仰成为促进国家昌盛、民族团结、民生富饶的推动力。从这个意义上说，妈祖文化无疑是中华民族优秀的文化遗产。

在弘扬中国优秀传统文化已成为中国现代发展的基本国策的今天，弘扬发展妈祖文化，对于促进和维护国家统一、增强世界华人的民族认同感和文化自信力、提升中国文化和中华民族的国际竞争力和影响力，推进建设和谐社会和和平世界的历史进程，都具有特别重要的现实意义和历史意义。

二　海峡两岸是妈祖文化传承的核心区域

中国本土是妈祖文化的故乡。妈祖文化的核心区、重心带及其传播辐射范围，构成了中华本土世界和海外世界统一的妈祖文化圈。其中，妈祖文化以福建的湄洲岛为发源祖地，以湄洲庙为祖庙；闽台，福建与台湾，是妈祖文化传承的核心区，其传承主体，族源上都是闽人，闽、台是一体的两翼，是海峡两岸紧密联结的文化纽带。妈祖文化的重心地带，从福建向南，有广东、香港、澳门、广西等沿海地带；从福建向北，包括浙江、江苏、山东、河北、辽宁、黑龙江等沿海地带。由核心区和沿重心带的传播与辐射，向内陆，是由大陆沿海与江河水运构成的驿路、漕路、商路等政治、经济、文化系统；向海外，是由大陆和海峡两岸的港口与海外世界的港口地区之间的航线构成的商路与移民网络等政治、经济、文化系统。随着中国移民尤其是福建人的足迹，南下广东、海南、香港、澳门，北上浙江、江苏、河北、北京、天津、辽宁，东渡台湾；远达日本、菲律宾、新加坡、马来西亚、泰国、印度尼西亚、越南，乃至美国、加拿大、葡萄牙、法国等地，形成一个庞大的中华妈祖文化圈。"海水到处有华人，华人到处有妈祖"①，妈祖信仰已经成为一个广泛的世界性信仰。

台湾的妈祖信仰是在明清之际由大陆移民渡海来台时引进。四百多年前，先民们从大陆沿海移民台湾，为祈求航海平安、谋生顺利，随身带着妈祖的香火，提供心灵上的慰藉。由于妈祖神力庇佑、灵验无比，全台湾各地信众纷纷建庙奉祀，妈祖信仰于是遍及台湾各个角落，成为台湾民间最大的宗教信仰。

自宋朝开始，妈祖信仰逐渐由中国福建沿海流传到邻近各省，内陆各地只要有海港或河埠，几乎都可以见到奉祀妈祖的庙宇香火。后来随着经商与移民的人口流动，妈祖信仰更是华人漂洋过海、开荒屯垦时的重要心灵寄托与精神支柱。台湾的妈祖信仰是在明清之际由大陆移民渡海来台时引进。为了祈求海上航行的安全，先民们随身携带妈祖的香火袋上船，或奉请一尊妈祖分身神像安置于船上（称为"船头妈"或"船仔妈"）。先民们安抵新的拓垦地后，便在家中厅堂或另外建祠奉祀。根据考证，妈祖到台湾始于明朝万历年间，至今已历经四百年，镇海安澜、护国庇民，一路守护着千千万万的台湾人到现在，香火日益鼎盛，已经成为台湾民间最普遍的信仰对象。换言之，在先民们离开

---

① 林文豪：《关于妈祖，妈祖庙与妈祖文化》，《海内外学人论妈祖》，中国社会科学出版社，1992，第1~10页。

祖居地到台湾拓垦的过程中，无不仰赖妈祖灵验神佑，妈祖信仰早就深植在台湾先民们的心中，世代相传，直到现在。

从宗教信仰的功能而言，台湾民间信仰象征着地方民众的共同意识，信仰所在的寺庙跟当地的政治、经济，以及文化发展息息相关。妈祖信仰自然也不例外，台湾各地最出名的妈祖宫庙往往都是当地的政经活动中心，由地方信众与士绅积极参与妈祖宫庙事务，将信众捐献结余的香油钱回馈乡里，从事社会公益慈善事业，例如补助地方建设、普设教育基金、救济贫穷家庭、提供急难救助、捐建图书大楼等等。信众透过对妈祖的虔诚信仰，将妈祖慈悲为怀、救苦救难的无私无我精神发扬光大，也反映出信众对乡土的认同与关怀。

开台澎湖天后宫是全台湾历史最悠久的妈祖庙，最早可追溯到无论是元朝或稍晚的明朝，距今都已超过四百年。开台澎湖天后宫亦是台湾少见的金面妈祖，乃清康熙皇帝册封为天后之尊荣。再者，开台澎湖天后宫出土的"沈有容谕退红毛番韦麻郎等"石碑是台湾出土最早的一方石碑。开台澎湖天后宫是全台湾独创妈祖出巡海域绕境活动与元宵节乞龟的妈祖庙，也是全台湾首创与海峡对岸进行"宗教直航"会香的妈祖庙。

台湾的妈祖庙有民建与官建之分，民建的是指早期移民自大陆祖庙分身来台，众人集资合建供奉，其规模由小逐渐扩大，成为各乡镇的主要大庙。民建的妈祖庙比官建的要早，明万历三十二年（1604 年）由荷兰商人登陆澎湖马公岛时所发现的澎湖天后宫是全台湾历史最悠久的妈祖庙，已列为台湾一级古迹。官建的妈祖庙则以清康熙二十三年（1684 年）由靖海侯施琅所建的台南大天后宫为最早。

台湾的妈祖信仰的传播普及，源自于明清大规模的以闽、广两省为主体的大陆移民（至今台湾人口 2300 万中的 98% 是汉族人口，2% 少数民族的远古祖先大多也是大陆移民），其中以闽南人最为集中（至今台湾人口有 70% 祖籍为闽南）。明清一代一代的政府大规模移民和自由零散移民，将原在闽广一带最为盛行的妈祖信仰带到了台湾，并通过村村镇镇、城城乡乡大大小小的妈祖庙宇、大大小小的妈祖信仰圈和祭祀圈，使台湾人保持强烈的国家（中国）认同、民族（中国人）情怀、原乡（大陆）意识、祖籍观念和中国思想文化与生活方式的传承，并以此凝聚着血缘宗族和地缘社群关系。

在台湾历史的发展过程中，妈祖信仰也是构成台湾文化传统的重要支柱。目前全台湾人大小小的妈祖宫庙合计超过 2000 座，几乎每个乡镇都建有妈祖庙，而且全台湾的妈祖信徒多达 1400 万人，占台湾人口总数的 61% 之多。

三 妈祖信仰深深扎根于台湾民众精神生活之中

台湾有相当多有关妈祖的别称，大多以分灵源头为起因而定。这反映了妈祖信仰的普遍性和社会性。如上述之湄洲妈、温陵妈、银同妈，乌面妈（黑面妈）等，还有开台妈、开基妈、船头妈、鹿港妈、关渡妈、大甲妈、两水妈等等。就是台湾北港朝天宫，在台湾分灵出来有"镇妈祖"，另有"二妈""副二妈""三妈""副三妈""四妈""五妈""六妈""塔郊妈""太平妈"等等。

建于清朝乾隆三年的南瑶宫位于彰化市南门外，俗称彰化"南门妈"。其信仰圈包括旧时彰化县所辖之今彰化、南投县及台中县、市等地。清朝嘉庆年间，彰化来自大陆漳、泉的社群械斗迭起，为了形成同乡的凝聚力，漳州人为主发起成立南瑶宫妈祖神明会，后发展出十个妈祖会，各以会员（旧时称会脚）分布地区为组织单位，各妈会每年都定期在南瑶宫举行妈祖祝寿祭典，并在农历四月份举行"过炉"，即"绕境大拜拜"，各妈会每年轮流做"炉主"值东，宴请其他角头会员吃会，俗称"着角"。其"十妈会"及其会员分布情形如下：

　　老大妈：会员分布彰化市郊附近，会员约有二万五千人。

　　新大妈：会员分布彰化北门口，会员约有一万五千人。

　　老二妈：会员分布台中市郊附近，会员约有三万六千人。

　　兴二妈：会员分布台中市西屯、南屯等地，会员约有一万五千人。

　　圣三妈：会员分布彰化市南门口，会员约有一万八千人。

　　新三妈：会员分布彰化西门口，会员有一万六千人。

　　老四妈：会员分布彰化县大村、埔心、花坛乡等地，会员有二万人。

　　圣四妈：会员分布彰化县田尾、埔心乡等地，会员约有二万人。

老五妈：会员分布台中县乌日、雾峰乡及南投县草屯地区等，会员约有三万五千人。

老六妈：会员分布台中市顶桥头、四张犁等地，会员约有二万五千人。[①]

不同的地域，有不同的妈祖庙作为祭祀圈，形成了区域社会性信仰，他们既是共同的妈祖信仰，又有不同的区域社会文化性质和特色，是十分普遍的。如位于台南县西港乡西港村的庆安宫，主祀妈祖，祭祀圈有七十八庄。大甲镇澜宫主祀妈祖，信徒是以五十三庄为范围。位于社头乡枋桥头的天门宫，主祀妈祖，香火来自鹿港天后宫，创建于乾隆嘉庆年间，往昔有七十二庄的组织，系开基祖妈、湄洲妈、大妈、大二妈、旧社二妈、武西二妈、太平妈、浦雅大二妈之信徒所属的聚落单位所构成的结合体。位于大肚乡顶街村的万兴宫，主祀妈祖，创建于乾隆元年左右，自彰化天后宫分香而来，由万兴宫保存的"五十三庄由来及现况资料"可知，往昔辖五十三庄，虽现已不存，但万兴宫每年例祭三次，即三月廿三日妈祖生日祭典，四月二十日迎妈祖，十月半作平安戏，皆由顶街居民分四角头祭祀，以庙为界，分南北两边，每边各二角。位于苗栗县竹南镇中港的慈裕宫，主祀妈祖，创建于明朝万历年间，据"中港慈裕宫志"，慈裕宫自古以来由中港街及附近五十三庄人民共同祭祀与管理。以往每逢妈祖圣诞，五十三庄轮流来慈裕宫祭拜，轮值的村庄每户敬备牲礼，以八音阵领队前去慈裕宫祭拜，各庄轮流在庙前演戏，一天一庄，要一个多月才轮得完，不过现在妈祖的祭典只有圣诞前后三天。

除了上述五个区域性民间信仰的宗教组织之外，台湾还有很多类似的例子，譬如大庄妈祖也有五十三庄的说法，范围在梧栖镇、龙井乡、大肚乡、沙鹿镇。清水紫云岩观音妈也有统辖大肚顶堡五十三庄的说法。

台、澎地区每到农历三月"妈祖生"（即妈祖生辰，为农历三月二十三日），就形成"三月疯妈祖"的热潮，全台大大小小妈祖庙宇纷纷举行祭典仪

---

① 陈炎正：《闽台妈祖信仰文化涵构》，《中华妈祖文化学术研讨会论文集》，http：//www. chinamazu. cn/mzdg/wxsj/xs/w20140331/23247. html。

式，其中以台中地区"大甲妈进香"和台南地区的"北港朝天宫妈祖绕境"最为知名，成为沿途万户空巷、人声鼎沸、香烟缭绕、宠信炽热的妈祖文化景观，电视台每日实况转播各式庙会活动。整个"大甲妈进香"动员十几万人，香客自组车队、管乐艺阁等，加上徒步进香的信众，队伍绵延二百多公里，近年电视转播车随行；"北港妈祖绕境"也是台湾妈祖庆典的重头戏，当天北港朝天宫前有弄狮、宋江阵、锣鼓阵、八家将等表演，晚上宫前灯火通明，香烟缭绕，演出精彩的歌仔戏、布袋戏、卸马戏等，观众挤得水泄不通。与此同时，一批批台湾信徒或乘飞机或坐渡船，到大陆湄洲祖庙和漳泉妈祖庙朝拜进香，两岸之间的"妈祖外交""妈祖小三通"，对于形成促进"大三通"的民心所向，起到了无可替代的作用。[1]

四 湄洲妈祖祖庙在海峡两岸妈祖文化中的神圣地位

"世界妈祖共一人，天下信众是一家"。在海峡两岸和海内外妈祖信众的心目中，福建湄洲岛妈祖庙是天下妈祖的祖庙，台湾妈祖是大陆湄洲妈祖的分灵。妈祖的分灵，就是"分身"和"分香"，就是从妈祖祖庙捧持木雕或泥塑的妈祖神像，或者捧持神符或香灰，而经水路或陆路到各地另建妈祖庙进行奉祀。目前，全世界妈祖庙（天妃宫、天后宫）约有5000多座，而人们都相信妈祖祖庙的神像为正身，其他妈祖庙及其神像都是分灵、再分灵来的。人们认为只有分灵而来的妈祖庙才是血脉相连的直系，才是"合法"的。分灵，或曰分香或分身，实际上表达的是原乡故国的族群网络，寄托的是信仰者对妈祖祖地、故地的眷恋与亲情，即"毋忘祖根，毋忘故土"。

台湾人民的祖先大多是来自妈祖的故乡闽东南，"大陆向台湾移民，历史上以闽人居多，闽人又以泉、漳二府为最。"[2] 据统计，1926年台湾总人口为3751600人，其中福建籍3116400人，占总数的83.07%。[3] 1979年台湾当局"

① 陈炎正：《闽台妈祖信仰文化考察》，《台湾源流》1999年第15期。
② 连横：《台湾通史（下）》，商务印书馆，1983，第413、405页。
③ 王宏刚：《妈祖崇信——海峡两岸文化认同的历史基石》，海峡两岸妈祖文化研讨会论文，上海，2006。

公布，在台湾 2300 多万人口中，闽东南人占 80% 以上。根据"台湾文献会"统计，台湾的前十大姓氏占台湾总人口的一半以上，来台之前大部分世居闽东南。早期福建移民渡海或贸易，交通工具比较简陋，海上形势恶劣，其艰辛与危险非语言所能表达。在惊涛骇浪中，生死未卜，为强化心理支柱，人们便在船上供奉妈祖，祈求妈祖神灵的庇佑，以使他们安然抵达台湾。故在台湾移民心目中，妈祖如同救命恩人，在知恩报恩的心理下，乃立祠膜拜，并尊为航海船只的守护神。据 1987 年报刊公布的统计资料，台湾的妈祖庙超过 800 座，今天大约有 2000 座，信仰者多达 1600 万人，占到台湾人口总数的 60% 以上。①

湄洲祖庙，位于湄洲岛北端，初建于宋雍熙四年（987 年），是祭祀妈祖的原始庙，所以被称为湄洲祖庙天后宫。

妈祖分灵的历史很早。据考，湄洲岛上的第一座妈祖庙于宋雍熙四年（987 年）建庙 12 年后，即宋咸平二年（999 年），莆田平海村海边兴建了"通灵神女庙"，香火旺盛，被认为是第一个从妈祖祖庙分灵出来的妈祖庙。到元祐元年（1086 年）又分灵到兴化湾宁海旁的圣墩，是为圣墩顺济祖庙，至宣和五年（1123 年）给事中路允迪请赐，皇帝封"顺济"庙额，该庙成为第一个"上达天听"，被皇帝赐封的妈祖庙。在此之前的元符初年（1098 年）又有分灵，即湄洲湾枫亭港的顺济祠。到南宋初的绍兴十九年（1149 年）又有分灵，是为兴化湾的白湖顺济祠。这是宋代莆田地域妈祖分灵的几个较早较著名的祠庙。由这些分灵而建的祠庙再分灵出去很多，这些祠庙也就成了"次级"祖庙。

大陆沿海的妈祖庙（今多以"天妃""天后"为庙额），在沿海地区十分普遍，内陆地区也有不少，而最普遍的是海峡西岸的福建尤其是闽南地区。其中仅以厦门市为例，至今仍有湖里区濠头社濠沙宫、湖里区洞炫宫、湖里区枋湖太源宫、湖里区忠仑神宵宫、湖里区禾山镇后坑村西潘福元宫、开元区西林贤龙宫、开元区塔厝社长兴宫、仙岳村仙乐宫、同安区大嶝岛双沪灵济宫、同安区银同妈祖天后宫等等。

---

① 马书田、马书侠：《全像妈祖》，江西美术出版社，2007，第 168 页。

台湾早期的妈祖多自大陆分灵而来，分别是分灵自湄洲屿朝天阁的"湄洲妈"、分灵自同安地区的"同安妈"、分灵自泉州地区的"温陵妈"、分灵自长汀地区的"汀洲妈"，以及分灵自兴化地区的"兴化妈"等。一般信徒常误以为台湾妈祖全是分灵自湄洲，其实不然。湄洲妈祖的分灵，其途径和形式多种多样，有的是直接分灵，有的是转道间接分灵。公元1895年日本占领台湾之后，两岸交通断绝，台湾新建的妈祖庙则前往本岛历史较悠久的妈祖庙迎请分身供奉，其中分灵最多的当属北港朝天宫，其次包括鹿港天后宫、笨港港口宫、安平天后宫、鹿耳门天后宫、新港奉天宫与北投关渡宫等也有不少分灵庙宇。早期妈祖分灵自大陆地区，故有湄洲妈、银同妈、温陵妈、兴化妈、汀洲妈之分。来台多年的妈祖早已成为台湾地方的保护神，于是有在地化的称谓，如北港妈、大甲妈、干豆妈、鹿港妈、新港妈、旱溪妈、南屯妈、笨港妈、内妈祖、外妈祖等等，表示台湾妈祖信仰的在地化。将妈祖信仰在台湾发扬光大、香火鼎盛的妈祖庙为数不少，从北到南包括台北市的北投关渡宫和松山慈佑宫，台中县的大甲镇澜宫，台中市的万和宫，彰化县的鹿港天后宫、鹿港兴安宫、鹿港新祖宫、彰化南瑶宫，云林县的北港朝天宫，嘉义县的新港奉天宫，台南市的大天后宫、安平开台天后宫、开基天后宫、鹿耳门天后宫、正统鹿耳门圣母庙，以及澎湖天后宫。

在妈祖分灵过程中，妈祖神像的不同面色表现出不同的神态。例如，台湾岛的妈祖神像有肉色、黑色和金色，这些不同颜色表明不同神态。据台湾妈祖信众介绍：肉色的妈祖神像，是表示妈祖平时处世原生态的表现；黑色的妈祖神像，是救苦救难的时候表露出的神态；金色的妈祖神像，则代表妈祖普度众生庇佑平安之顺利的神情或代表得道尊严。

妈祖分灵之后，因各个分布地区使用语言不同，对妈祖的称谓也不同。北方人通称妈祖为天后、天妃、娘娘、海神娘娘等；而南方闽粤地区通常以"妈祖"称呼。莆田与潮汕地区以"妈祖"或"娘妈"为称，漳州、泉州和厦门则称"妈祖"或"妈祖婆"。香港一带也有称"祃祖"者。

妈祖文化，正是通过一千多年的分灵传播，从湄洲逐渐走向全国沿海以及内陆，并走向台湾、走向全世界的。[①]

---

① 黄国华：《妈祖分灵考》，《湄洲日报》2007年11月22日。

五 海峡两岸妈祖文化交流的内在需求

在妈祖祭祀活动中，有一种"回娘家"仪式，即妈祖神像返回故乡，分灵妈祖回到自己出生地的仪式。表面上这是一种祭祀海神的仪式，是人们对海神及其出生地的崇拜，祈求分灵妈祖永葆其灵性，同时也表示后建妈祖庙对湄洲屿祖庙的依附性和从属关系。[1] 事实上它更体现着人们对祖居地的深厚感情以及华侨落叶归根的心理诉求，体现了海峡两岸同胞共同的文化心理和不可分割的血肉联系，也反映了中华民族的巨大凝聚力，显示了两岸同胞实现民族大团结的洪流不可阻挡。回顾并了解这种现象的历史和现状，探求这种割舍不断的情感根源，对于研究妈祖文化与海峡两岸的关系等有不可忽视的作用。

由于妈祖肇灵于湄洲，所以追根溯源，湄洲妈祖庙是世界上所有妈祖庙的祖庙，世界各地的妈祖庙则皆是湄洲妈祖的行宫。不少文献史料载有各地行宫从莆田和湄洲直接割火分灵的记录。台湾台南大天后宫存清道光十年林登云题联："赤嵌壮璇宫，奉英灵为海外砥柱；皇朝隆祀典，钦慈济本湄岛渊源。"新港奉天宫尚存一副联板："圣慈皎皎焕湄洲，风清月白；母德洋洋弥海甸，浪静波恬。"台湾香火鼎盛的北港朝天宫圣母殿的楹联是一位台湾籍进士陈望曾所撰书，其联文是："圣迹溯湄洲，蹑电飞升，八百载神灵遍布；慈云庇台岛，安澜永庆，亿万家顶祝馨香。"台湾其他各天后宫也几乎都有溯源到湄洲祖庙的联句。湄洲妈祖祖庙每年都吸引着百万海内外信众竞相朝拜，尤其以台湾信众为多，妈祖信仰已是台湾最重要的人文现象之一。

妈祖"回娘家"风俗，在全国各地的妈祖信仰文化圈中都有。台湾各大庙作为湄洲祖庙的分灵或再分灵，为了保持和增强与大陆祖庙源与流的特殊关系，增强分庙的灵性，对到湄洲祖庙谒祖寻根都非常重视。只要条件成熟，来往方便，每年或每三年都要回祖庙谒祖省亲，规格庞大，气氛隆重，仪式讲究。受到历史上不同时期政治、经济、文化等环境因素的影

---

[1] 李露露：《妈祖神韵——从民女到海神》，学苑出版社，2003，第246页。

响，台湾妈祖"回娘家"、两岸的妈祖文化交流在不同时期也呈现出不同的特点。

在清朝统治时期，台湾大甲镇澜宫每隔廿年便前往湄洲进香。1895年台湾被割让给日本，与大陆往来受阻，才停止往湄洲进香①，改为每数年往北港朝天宫进香及"刈火"，因为据说北港朝天宫有供奉妈祖之父母（圣父母），女儿回父母居处"做客"乃理所当然之事，因此才就近到北港朝天宫进香。②但也有台湾信众不顾日本殖民者的禁令，渡海进香。台湾的鹿港天后宫就不定期组团越海到湄洲谒祖进香，其中1917年和1922年两次进香的规模最大。1937年中日战争爆发后妈祖进香活动曾中止过几年。

1945年日本战败，台湾又回到了祖国的怀抱，当时的台湾政治、经济、文化事务等相当活络，宗教活动也不例外，各地寺庙或重建或新建，如雨后春笋一般。台湾光复后的第一个妈祖诞辰日，鹿港天后宫就组织大规模的进香团到湄洲谒祖和割火。大致来说，当时台湾民众的宗教信仰，是享有传布等自由的。不过，民间信仰寺庙的迎神赛会活动是被当局禁止的。③

1949年冬国民党政权退居台湾后，为求统治顺遂，当局随即发布戒严令，增设《动员戡乱时期临时条款》，冻结宪法部分条文，同时对宗教自由的政策也有所修正，④谒祖进香活动被迫中断。此后至改革开放之前，台湾民众一直无法实现到福建祖庙进香的愿望，他们就将思乡之情融入台开基祖庙进香的活动中，如大甲镇澜宫妈祖进香北港活动规模日趋盛大；或者是隔海遥祭，如1984年鹿港天后宫就举行了隆重的隔海遥祭大典。20世纪80年代，随着大陆改革开放的深入发展，大陆沿海各地的妈祖庙修饰一新，香火日趋旺盛，1986年的妈祖诞辰纪念日，福建省莆田还举办了妈祖学术研讨会，台湾妈祖信众要求回湄洲进香的愿望越来越强烈，他们甘冒政治危险，冲破台湾当局的阻挠封锁，以不同的方式回到大陆寻根，并从祖庙迎请妈祖像回家供奉，形成了

---

① 唐彦博：《以妈祖文化为根开拓两岸多元交流》，海峡两岸妈祖文化研讨会论文，上海，2006。
② 郭金润主编《大甲妈祖进香》，台中县立文化中心出版，1988，第36页。
③ 王见川：《1946～1987年的台湾妈祖信仰初探——以北港朝天宫转型和妈祖电影、戏剧为考察中心》，《莆田学院学报》2006年第1期。
④ 王见川：《1946～1987年的台湾妈祖信仰初探——以北港朝天宫转型和妈祖电影、戏剧为考察中心》，《莆田学院学报》2006年第1期。

"官不通民通，民通以妈祖为先"的局面。① 据有关部门的不完全统计，1982年台湾有 4 批 10 人到湄洲进香，从 1983 年湄洲祖庙寝殿修复后至 1987 年 11月 2 日台湾当局开放探亲前，到湄洲谒祖的台胞有 157 批 562 人，请回神像 76尊。②

　　总的来说，这一时期因为受当时政治环境及交通的影响，两地的妈祖文化交流活动时断时续。但是由于台湾信众对前往湄洲祖庙进香仍怀有热切的愿望，除了将思乡之情融入在台开基祖庙进香的活动中，他们还寻求来祖庙的各种可能的渠道，形成"官不通民通，民通以妈祖为先"的局面，不过整体上规模不大，也无法形成常态性活动。

　　1987 年台湾当局开放探亲后，谒祖寻根的传统又得到恢复，并逐渐被推向高潮。这一时期的台湾香客分两种，一种是以庙组团或联合组团，其团队少则几十人，多至两三千人；另一种是散客，多为结合到大陆探亲旅游或经商而顺道诣湄洲祈愿或还愿。③ 组团中开风气之先的是台湾大甲镇澜宫，1987 年10 月 23 日（农历九月初九）"妈祖千年祭"之日，台湾大甲镇澜宫冲破重重阻力从台湾辗转日本再到湄洲祖庙谒拜妈祖，之后每年都组织信众前往湄洲朝拜，目前已来过 20 次。仅 1988 年上半年，台湾就有 500 多人来湄洲进香。这一年，台湾北港朝天宫首倡同湄洲祖庙缔结至亲，体现了分灵庙对祖庙的尊崇敬重之情，也定下了永远膜拜相亲之规。当时虽开放探亲，但是严令禁止直航大陆，可在信众心中，禁令远不及妈祖来得神圣，他们以进香为名，公开组团，直航湄洲。1988 年一年台胞从湄洲迎回去的妈祖神像就有 1000 多尊，或供奉在家里或供奉在庙内。1989 年 5 月 5 日（农历三月二十三日），台湾宜兰县南天宫率 19 艘渔船 225 名香客，带着 5 尊从湄洲庙"分灵"去的妈祖像直航湄洲，先后来到港里祖祠和湄洲祖庙进香朝圣，轰动整个台湾岛，首创了1949 年以来两岸妈祖信仰活动直航壮举。同年，台湾彰化福海宫组成 430 人

---

① 王宏刚：《妈祖崇信——海峡两岸文化认同的历史基石》，海峡两岸妈祖文化研讨会论文，上海，2006。

② 范正义：《妈祖与保生大帝进香仪式的比较研究》，海峡两岸妈祖文化研讨会论文，上海，2006。

③ 蒋维锬：《妈祖研究文集》，海风出版社，2006，第 289 页。

的大型进香团，也抬着本宫妈祖神像和"谒祖寻根"的大匾额，浩浩荡荡到湄洲"回娘家"。[①] 1989 年 10 月 8 日（农历九月初九），台中县以大甲镇澜宫为首，联合 38 个宫庙和文化团体组成 2000 人的超大型进香团，到湄洲祖庙和港里祖祠谒祖寻根，并奉请妈祖圣父母雕像渡台，在台湾引起极大反响。1991年 3 月 21 日，台湾嘉义圣恩宫组织 327 人从高雄乘客轮绕道日本开往湄洲进香，这是台湾同胞首次乘客轮来湄洲岛，结束了两岸同胞不能乘客船直航湄洲的局面。[②]

这一阶段的谒祖进香热潮，表现了台湾民众回祖国寻根和盼望两岸统一的迫切心愿。此阶段不仅出现了首次直航湄洲的创举，并且出现了大型的进香团，内容上不拘泥于台湾妈祖"回娘家"谒祖寻根，而且还请妈祖圣父母雕像渡台，这些都是新的尝试。两岸民间信仰的活动还推动了两岸其他领域的交流，并产生了一定的政治影响。1987 年以后，两岸民间祭祀妈祖活动的交流从未中断。

1993 年底至 1994 年 6 月，莆田市妈祖民俗文物赴台湾巡回展览，吸引了包括一些台湾高层政要在内的 80 多万台湾信众，引起了台湾岛内的轰动。1994 年 5 月 7 日，莆田市政府和福建省旅游局共同主办了湄洲妈祖文化旅游节，一举打响妈祖故乡独特的文化品牌，在两岸关系发展上亦具有重要的影响——在此之前，祖国大陆刚刚发生"千岛湖事件"，台湾当局以此为借口，禁止台胞赴大陆探亲旅游。有关部门透过祖庙董事会这个管道，动员了 300 多名台胞前往湄洲岛参加妈祖文化旅游节，从而打破了台湾当局的禁令，使台胞前往大陆逐渐升温。目前这项活动已成功举办了 8 届，规格不断提升，历届湄洲妈祖文化旅游节均吸引成千上万名台湾妈祖信众参加。1995 年，湄洲岛又举行了"妈祖民俗风情旅游节"，同样吸引了众多台湾同胞参加。此后湄洲妈祖祖庙不仅重视组织好当地的妈祖文化活动，起到联系两岸、促进关系的作用，而且积极赴台开展妈祖文化交流活动。

应台湾北港朝天宫的邀请，湄洲庙董事会于 1996 年 4 月 29 日到 5 月 8 日

---

① 《莆田乡讯》1988 年 10 月号。
② 《香港商报》2000 年 6 月 25 日。

组团参加北港朝天宫妈祖石雕像开光庆典，并走访部分妈祖分灵庙，同时与台北、高雄的蒲仙乡亲恳亲聚会。这次访问是1995年两岸交流暂时中断后的第一支大陆民间团体赴台交流，也是湄洲祖庙第一次走访台湾分灵庙。①

1997年1月24日至5月5日，湄洲祖庙妈祖金身巡游台湾更是影响巨大。妈祖金身在台102天，巡游了台湾18个县、市，驻跸了35个宫庙，受到台湾信众1000多万人次的热烈欢迎和朝拜，从而创下了两岸交流史上活动时间最长、涉及范围最广、行程最长、参与人数最多、在台湾影响最大等多项纪录而载入史册。②

1998年4月19日（农历三月二十三日），妈祖诞辰日节庆，两岸同胞在祖庙举行了盛大的节庆活动。5月6日，两岸同胞欢聚一堂庆祝"纪念妈祖金身出游台湾一周年"，并参加了"妈祖金像奉赠"和"祭拜妈祖"仪式。1998年6月25日，"湄洲妈祖祖庙回访团"一行9人赴台湾进行回访。11月，福建省又组织了50部324册族谱和61件家传文物赴台参加"闽台族谱暨家传文物特展"，一个月时间，吸引了6万多人次的台湾民众参观。

在这些历史性事件的推动下，两岸妈祖文化的交流和经贸往来以及寻根谒祖的热潮方兴未艾。2000年4月29日，由福建、台湾、澳门、天津联合举办的妈祖文化旅游节在湄洲岛举行。数万香客齐集祖庙，再次掀起一股"妈祖热"。其中，来自台湾宜兰县苏澳六艘渔船的45名香客，冲破台湾当局的阻挠，自行组团直航福建湄洲妈祖庙朝拜妈祖。这年，台中县大甲镇澜宫进香团也分别于4月和7月来福建莆田谒祖进香。其中7月份的进香团一行达2000多人，形成20世纪90年代以来海峡两岸规模最大、人数最多的一次民间民俗交流活动。③仅2000年，300人以上的台胞赴湄洲的"进香团"即近30个。

继谒祖进香热潮之后的这第三阶段，台湾妈祖"回娘家"的热情不减，且有新的发展，这一阶段的突出特点是湄洲祖庙开始积极作出回应，赴台开展各项妈祖文化交流活动，促进了两岸各方面更加密切的交往，两地开始走向双向交流。同时，湄洲妈祖文化旅游节更是妈祖文化活动官民互动特色的主要标

---

①　《莆田乡讯》1996年5月15日。

②　《人民日报·海外版》2000年1月28日。

③　刘启芳：《浅议台湾"女神"妈祖》，《中华女子学院学报》2003年第2期。

志，推动了妈祖热的不断升温。

2001 年元旦两岸"小三通"，马祖各界一行 500 余人的平安进香团就搭乘"台马轮"，首次从马祖出发进香，经大陆马尾港再抵达湄洲，为两地开启了交流和合作的大门。这一年，由"台湾妈祖联谊会"牵头发动台湾基隆市圣安宫等 18 家宫庙团体捐资 160 多万元人民币启动"妈祖故居"修复工程，工程于 2002 年 10 月份告竣，并且这 18 家宫庙与祖庙缔结至亲。

2002 年 5 月 8 日至 12 日，湄洲妈祖金身乘船直航金门巡安，实现了湄洲岛与金门、乌丘岛之间 50 年来的首次双向客运直航，为两岸民间交流开启了新的历程，《金门日报》专栏文章："妈祖巡安金门，彰显出两岸'本是同根生'这一脉香火相传的真实。妈祖是一种无私奉献的文化，两岸亲情相系的文化……期待这趟巡安之旅，不仅可以为浯岛带来合境平安，更能为两岸开启长长久久的和平契机"。

2002 年 10 月在湄洲岛举行的妈祖文化旅游节中，有 1300 多名台胞参加了开幕式，创下当时台胞单次进岛人数的新纪录。据统计，2002 年全年湄洲岛共接待 10 万台胞朝拜妈祖，接待台胞团队 1300 多个。[①]

2003 年来湄洲祖庙进香朝圣的台湾进香团有 800 多批次 10 万多人次。[②]根据台湾"行政院大陆委员会"统计，台湾在 2003 年以宗教交流名义，透过"小三通"方式来大陆的人数约 3046 人，2004 年有 5141 人，2005 年有111333 人，人数明显呈倍数增长。

2004 年 5 月 10 日至 12 日，湄洲妈祖祖庙祭典团从福州马尾港乘船，首次直航台湾马祖岛，参加马祖天后宫重修开光庆典，与当地民众共同纪念妈祖诞辰 1044 周年，再次谱写了两岸妈祖文化交流新篇章。同年 6 月 18 日，莆田市组织了 79 套 161 件妈祖文物赴台参加湄洲妈祖文物特展。这是祖国大陆近年来规模最大的妈祖文物赴台展出活动，历时 6 个月，在台湾掀起了新一轮"妈祖热"。这年 10 月 31 日，中华妈祖文化交流协会在湄洲岛成立，包括 50 多家台湾妈祖文化机构在内的海内外 170 多家妈祖文化机构申请入会。

---

① 徐向阳、吴清泉、许海生：《2002 年湄洲岛接待 10 万台胞朝拜妈祖》，《台声》2003 年第 2期。
② 陈启庆：《福建妈祖信仰的新特点及对台湾的影响》，《莆田学院学报》2005 年第 3 期。

这标志着在海内外具有广泛和深远影响的妈祖现象被正式界定为妈祖文化，纳入中华优秀传统文化的范畴。它的成立有利于积极推进海峡两岸民间的交流与合作。

2005 年 3 月 30 日，台湾省彰化市南瑶宫 1079 位信众赴湄洲妈祖祖庙谒祖进香。2005 年 4 月 19 日，金门县各界代表 300 多人再次组团直航湄洲岛，祭拜妈祖暨参加湄洲妈祖祖庙董事会赠送妈祖石雕像给金门县天后宫妈祖会仪式。2005 年 9 月 9 日，台湾宜兰县苏澳南天宫 122 名妈祖信众搭乘 21 艘渔船再次直航湄洲岛朝拜妈祖。[①] 2005 年 11 月 1 日，由中华妈祖文化交流协会主办，台湾妈祖联谊会、台湾北港朝天宫董事会协办的首届"湄洲妈祖·海峡论坛"在湄洲岛举行，两岸三地专家学者 300 多名聚首畅谈"妈祖文化与两岸情缘"。

2006 年 3 月，湄洲妈祖祖庙、贤良港天后祖祠和文峰天后宫联合组团赴台，参加大甲镇澜宫八天七夜徒步绕境活动，共同纪念妈祖诞辰 1046 周年。2006 年 5 月 24 日上午，300 多名金门游客乘坐金门"东方之星"客轮从海上直抵湄洲岛朝圣旅游，这也是湄洲岛与金门的首次旅游直航。2006 年 9 月 25 日，台湾妈祖联谊会大甲镇澜宫等 50 家宫庙 4300 名信众护送 40 尊台湾妈祖神像（还不包括许多台湾同胞个人携带的）"回娘家"，更是轰动世界的盛举。这次来湄洲谒祖进香是历史以来人数最多的、最为隆重的一次，而且此次走的路线是"大三通"的方向，从台中港直接开到厦门东渡码头，意义重大。

2007 年 5 月 15 日，500 多名马祖乡亲又首次以直航方式前来福建省莆田市湄洲岛"回娘家"谒祖进香，这是马祖岛规模最大、级别最高的一次进香活动，开辟了马祖至湄洲朝圣旅游新的通道，成为湄洲与马祖以妈祖文化为桥梁进行文化交流的又一盛事。

湄洲岛是海上和平女神妈祖的故乡，妈祖文化的发祥地。2009 年联合国教科文组织将妈祖信俗列入人类非物质文化遗产代表作名录。

其后，每年海峡两岸妈祖文化大型活动举办不下几十场，例如 2012 年、2013 年仅见诸报端的就有 30 多次。

---

① 《湄洲日报》2005 年 9 月 10 日。

总的来说，这一时期两地妈祖文化活动的特点是：实现了更加积极的互动交流，并且参与人数明显增多，形式上从开始的间接通航到不断尝试直接通航，内容也更加多样化。

综上我们不难发现，台湾妈祖"回娘家"、两岸妈祖文化交流的发展有几个明显的特点，即交流方向由单变双、交流人数由少变多、交流通航由间变直、交流形式由简变繁、交流规模由小变大①、交流次数更加频繁、交流态势更加常规化。迄今湄洲祖庙已同台湾 1200 多家分灵庙建立关系，来湄洲朝拜妈祖的台胞达 148 万人次，湄洲岛已成为台湾同胞赴大陆最集中的地区之一。这更加有力地说明了，无论是自然界的大海狂涛，还是人间的政治势力，都无法阻隔妈祖信众对湄洲祖庙的认同和向往。通过历史上的这些文化交流活动，两岸特别是岛内广大妈祖信众体验到了先人对妈祖的诚敬，加深了对大陆经济、文化、宗教信仰的了解，促进了两岸人民文化、经济等各方面的沟通。相同的文化和信仰是两岸人民心连心的纽带。人同宗，神同缘，两岸一家亲。来自台湾妈祖各宫庙的妈祖神像一次一次地"回娘家"聚首在海峡西岸，一次一次地推动着两岸经济文化的交流交往，一次一次地见证着两岸人民的鱼水深情。

就两岸妈祖文化交流热而言，无疑，这种热度发展的态势是由海峡两岸双方因素的互动对接形成的。一方面，在台湾，就妈祖文化的大众化、普及化、信仰的普遍与虔诚程度来说，是大陆地区所不及的。比如，在台湾，每年三月，数以十万计的妈祖信徒聚集大甲，组成徒步香团，举着旗幡，排成队列，浩浩荡荡，步行 300 多公里，历时八天七夜，奉妈祖到北港进香祭祖。如此大规模"万众一心"的徒步长途跋涉"朝圣"，在大陆，至少在可预计的将来，是不可能的，在众多人看来，似乎是不可思议的事情。而另一方面，台湾妈祖信仰的源头在大陆，台湾妈祖信仰的文化内涵源自大陆，台湾妈祖庙宇的祖庙在大陆，台湾妈祖文化发展的族群形态所形成的寻根取向直指大陆。这是妈祖文化的性质所决定的。在大陆方面，妈祖文化自宋代即开始形成、传播、传

---

① 唐彦博：《以妈祖文化为根开拓两岸多元交流》，海峡两岸妈祖文化研讨会论文，上海，2006，第 7 页。

承，历经宋元明清各代，受到宋元明清历代帝王的敕封，庙宇遍及南北沿海并深及内陆，同时伴随着海外交通的拓展和海外移民的增多而扎根海外，但由于近代以来西方文化的入侵，以及五四以来对传统文化作为封建文化的革命，大陆妈祖文化的传承产生了近百年的断层，直到 20 世纪末叶才开始恢复，并正在走向中兴，形成了大陆沿海各地的妈祖文化热很快蔓延开来、与海峡对岸妈祖文化热主动对接和交流的良好发展态势。

六　海峡两岸妈祖文化交流的可持续发展及其对策思考

大陆自 20 世纪末叶开始的与海峡对岸妈祖文化热的主动对接，无疑基于大陆自 20 世纪末叶开始对中国自身的海洋文化历史的强调、对中国自身的东方特色传统文化的弘扬，对各地开发旅游资源发展旅游经济的重视，对海峡两岸一家亲的认同和对两岸和平合作发展的企望。这些都恰恰与海峡对岸妈祖文化热度的传导力和对大陆妈祖文化的向心力一拍即合，从而很快形成了海峡两岸妈祖文化发展交流与互动的热度局面。

然而必须看到，大陆的妈祖信仰历经百年弱化乃至中断，30 年来主要是作为"妈祖文化"而主要不是作为"妈祖信仰"走向繁盛红火的，目前主要处于两岸一家的政治导向、发展旅游的经济导向、文化品牌建设的城市导向等政府运作层面，在大众民俗信仰层面上，还远远没有达到海峡对岸的热度。

至于发展旅游的经济导向、文化品牌建设的城市导向等政府运作层面，由各地举办的妈祖文化活动普遍显而易见。福建湄洲举办的妈祖文化活动冠名为"中国湄洲妈祖文化旅游节"，至 2012 年已举办 14 届。我们随机看一看"中国湄洲妈祖文化旅游节"的活动内容，例如 2005 年第七届，即可发现其政府导向、经济导向。该届"中国湄洲妈祖文化旅游节"以"两岸同胞心连心，中华儿女手牵手"为主题，11 月 1 日开幕，主要包括十多项活动，包括：（1）第七届中国·湄洲妈祖文化旅游开幕式；（2）中华妈祖文化交流协会第一届理事会第三次会议；（3）首届湄洲妈祖·海峡论坛；（4）首届海峡妈祖旅游工艺品展销会；（5）经贸洽谈暨投资项目签约仪式；（6）旅游项目开工典礼及竣工剪彩仪式；（7）"雪津之夜"啤酒品尝会；（8）妈祖祭祀大典；（9）电视连续剧《湄洲岛奇缘》开拍仪式；（10）"我心中的妈祖"征文活动；（11）"妈祖情缘"楹联笔会。此前·天，10 月 31 日，首届世界莆商大会在莆田市召开，海内外莆商和各界来宾近 800 人汇聚一堂，现场签约安特电子、鸿闻仓储、旺宏科技等投资项目 20 个，投资总额 20076 万美元，利用外资 8975 万美元。与"中国湄洲妈祖文化旅游节"同样，由天津举办的妈祖文化活动也冠名为"中国·天津妈祖文化旅游节"，随机以 2006 年 9 月 20 日开幕的第三届中国·天津妈祖文化旅游节的全部内容"板块"为例：（1）盛大的开幕式和天津传统的大型"皇会"踩街活动；（2）妈祖文化学术研讨会；（3）中华妈祖文化交流协会第一届理事会第四次会议；（4）港澳台与环渤海旅游推介会；（5）环渤海经济发展合作项目洽谈会等学术性会议；（6）天后宫民间祭拜；（7）大型海河焰火晚会；（8）妈祖京剧专场演出；（9）妈祖文化知识竞赛；（10）民俗文化灯展；（11）妈祖文化书画摄影展。

各地的妈祖文化节会，大多是由政府主办，如在湄洲岛的，由莆田市人民政府和福建省旅游局共同主办；在天津的，由天津市政府主办；在长岛的，由长岛县政府乃至烟台市政府主办；等等。当然，这是十分重要、十分需要的，如此大型的妈祖文化节会活动，设若没有政府的支持和投入，显然难以举办，尤其是在妈祖文化热的启动阶段。这是值得予以充分肯定的。但我们看到，各地政府对文化的投入，主要是指向文化旅游等文化产业，指向"文化搭台、经济唱戏"的旅游经济层面。在各地的妈祖文化节会上，都有"中外游客、观众"达万人、数万人乃至数十万人的报道。但就妈祖文化的基础是民俗文化而言，这些"中外游客、观众"的基本层面，大多的确是来旅游观光、游赏看"景"、审美看热闹的"游客、观众"，并非是妈祖文化的虔诚的信众，也主要不是腰缠万贯、随时准备掏腰包写支票前来投资做生意的商家老板；而且节会期间，几乎主要的祷告祭祀、烧香祈福设施、场所都被官办仪式和中外"贵宾"所占，普通民众多被"维持秩序"人员挡在外面，很少有人能够"挤"上前来。长此以往，普通民众对这样的节会就会渐失兴趣，变得漠不关心。妈祖文化虽然本是民间的信仰文化，本是民众自己的事情，而若如此大型的妈祖文化使老百姓被边缘化，甚至没有了老百姓的"份儿"，就会变得"非民间化"了。那么，妈祖文化在非节会期间若何？我们看到，各地的妈祖宫庙，大多是作为旅游景点提供给外来旅游者的，进门要收价格不菲的门票，烧香燃纸的香火钱也多"定价"不低，还有一些诸如"开光""解符""讨彩"之类则更是"定价"高高。不少游客往往当时被"导游""牵着鼻子走"，走马观花，难以进行实质性的妈祖文化活动体验。如此，妈祖文化的进一步普及、发展和繁荣，路子应该怎么走？

妈祖文化是中国海洋信仰文化的集大成，也是海峡两岸海洋信仰文化普适化、生活化的集大成。近 30 年来，曾经中断的海峡两岸妈祖文化交流发展得以恢复，并呈现出越来越热的繁荣态势，这是由海峡两岸双方因素的互动对接形成的。台湾妈祖信仰的源头在大陆，祖庙在大陆，信众族群的寻根取向直指大陆；而大陆妈祖文化的传承则经历了近百年的断层，20 世纪末叶开始恢复和走向复兴，目前尚主要处于两岸和平的政治导向、文化节会旅游产业的经济导向、文化资源的品牌导向等政府运作层面上。事实上，大陆妈祖文化热的进一步普及、深入发展，离不开大陆民众自身对妈祖文化的民俗需求基础，这是海峡两岸妈祖文化热可持续对接、交流与互动的基本前提。为此，进一步拓展大陆妈祖文化传承的地理空间、进一步深化大陆妈祖文化渗透的民俗生活层面，与进一步开辟两岸妈祖文化多层次、多元化、更为便利便捷的交流通道同样重要。

因此，我们要牢牢打造大陆民众自身对妈祖文化的民俗的、生活的、心理的需求基础，以下三个方面应是不可或缺的，而且是急需的。

1. 加大宣传力度，提高民众对妈祖文化的性质及其功能的认识，理直气壮地传承发展妈祖文化

对于重视、宣传和传承妈祖文化，有不少人心存顾虑：妈祖在信众心目中是"神灵"，宣传、传承妈祖文化，是不是在宣传、传承迷信？对此，我们必须解决思想观念和认识论问题，必须打破对"迷信"的迷信，对"迷信"作出具体的实事求是的分析。第一，不能把一切以"科学"手段不能"解释"的事物都判为"迷信"；第二，我们反对"迷信"的前提，是"规定"了"迷信"都是麻痹人的思想意识、消解人的积极意志，使人走向愚昧、走向沉沦的精神现象，因而必须反对；而妈祖信仰和妈祖文化不是这样，而且是恰恰相反。试看历代王朝对妈祖褒封的原因，试看历代进行的中外海路政治交往、文化交流、航海贸易、海外移民的历史悠久的大规模海洋活动实践，试看天下妈祖信众向往崇美向善、积极进取的生活态度和生活质量，显然不能把妈祖文化以"迷信"视之。

妈祖信仰表现的是大仁大爱、大慈大悲、大智大勇的精神。妈祖本性善良，自幼即接受儒家仁爱思想的熏陶，具有大慈大悲，悲天悯人的情怀。近千年来所流传的关于妈祖的传说，都是她救苦救难、闻声救难、善行义举的故事。妈祖文化蕴含海洋文化中的冒险精神，人们相信妈祖对于过往的商客和船只，凡是遇险不测，往往有求必应，以无比的勇气和超凡的智慧与能量，使需要救助的人解除恐惧与不安，逢凶化吉，转危为安，从而获得亿万大众的崇敬。

为此，我们必须解放思想，打破近百年来对西方科学奉若神明、对本土传统斥为"封建迷信"的迷信。在强调建设和谐社会、建设强盛国家的今天，人们需要这样的妈祖的道德与精神；在促进海峡两岸和谐和平合作发展的今天，人们需要这样的妈祖文化精神财富。

2. 加强妈祖文化在大陆沿海和内陆各地历史遗迹的系统普查与挖掘，进一步拓展妈祖文化传统资源的"原生态"传承空间

以弘扬妈祖精神为核心的妈祖信仰给我们留下了极为丰富的文化遗产。

湄洲妈祖祖庙祭典自成一体，历史悠久，影响深远，是"中华三大祭典"之一，已列入首批国家级非物质文化遗产名录加以保护。

妈祖自宋代成为国家神灵，是我国古代至高无上的海洋神灵和全能神灵，自南宋以来，历代帝王不仅对妈祖频频褒封，还由朝廷颁布谕祭。元代，曾三次派朝臣代表皇帝到湄洲致祭。明永乐则在南京天妃宫举行谕祭，由太常寺卿主持，并配备乐舞。清康熙统一台湾后，又屡次派朝臣诣湄洲致祭，清雍正复诏普天下行三跪九叩礼。

湄洲祖庙祭祀大典于清代编入国家祀典，与陕西省黄陵县黄帝陵祭典、山东省曲阜市祭孔大典并称为"中华三大祭典"。为弘扬中华传统文化，将妈祖祭仪引向规范，1994年参照历史资料和民俗祭仪制定《湄洲祖庙祭典》。

妈祖祖庙祭祀大典在每年妈祖诞生之日（农历三月二十三日）和羽化升天日（农历九月初九），在湄洲祖庙广场或新殿天后广场举行，全程约45分钟，规模分大、中、小三种。

2009 年 9 月，联合国教科文组织正式将妈祖文化列为《世界文化遗产》名录，对其保护的责任与保护程度将会进一步加大。

除了妈祖庙宇和祭祀仪式之外，妈祖文化遗产还包括众多的宫庙建筑、碑刻、工艺精美的各种供奉祭品、绘画等古迹文物，以及丰富多彩的民间传说与民情风俗。这些文化遗产，上可溯至宋元时期，下已流传到当今时代，内容涉及我国古代政治、经济、文化、外交、移民、华侨、港口、民俗、宗教、科技、艺术等各个方面，可归为妈祖文化有形遗产和妈祖文化无形（非物质）遗产两大类。以下以庙岛显应宫和环渤海地区妈祖为例。

（1）妈祖文化有形遗产

妈祖文化是珍贵的历史遗产和文化资源。妈祖信仰不仅仅是一种民间信仰，在历代沧桑中它已经发展成为一个多层次的文化综合体。妈祖庙作为妈祖文化遗存的重要组成部分，无论对建筑学、文化学，还是考古学都具有重大意义。

历代的妈祖信仰场所也聚积了相当丰富的有形文化，构成中华文化遗产的宝贵资源。如环渤海地区庙岛显应宫里的北宋铜身妈祖像，此尊妈祖像通高140 厘米，宽 90 厘米，重约 430 千克。为拥圭坐姿像，面部丰腴，体态清秀，神情娴雅威仪。服饰较简素，外饰云衣，主衣为女装礼服，腰束官带，中饰绅黻，衣褶自然飘逸。其造型风格与宋代绘画中的侍女人物或石刻造像极相似。铸造于宣和七年（1125 年），距今 880 多年，是目前存世的唯一一尊宋代妈祖造像，作为主神供奉于长岛显应宫寿身殿内，是显应宫的镇宫之宝，当年是由闽籍南日岛船民将其从福建移入庙内的。北宋宣和五年（1123 年）妈祖受封为"顺济夫人"，本尊妈祖像就是顺济夫人的形象。该铜像于 1992 年 10 月经国家文物局文物鉴定专家组鉴定，确定为北宋国家级文物，其对于妈祖史学研究具有很高的学术价值。

此外，还有安放在显应宫寿身殿东暖阁内的北宋铜镜，铜镜镜高 146 厘米，宽 76.3 厘米，厚 1.3 厘米，其同样铸造于宣和七年（1125 年），由福建南日岛船民移至庙内。1992 年 10 月，经国家文物局文物鉴定专家组鉴定，确定为北宋国家级文物。

古代有一种航海习俗，即在新船下水出航时，必须同时制作一只船模供奉在妈祖庙内，这样妈祖就会时刻关心此船的安全。所以许多妈祖庙内便留下了大量的古代船模。如上文所提到的庙岛显应宫里的古船模最多时达 350 余只，包括福船、沙船和民族英雄邓世昌供奉的"威远号"军舰模型，这些船模成为研究我国古代造船历史的重要资料。

建于元末明初的北运河畔天津丁字沽"娘娘庙"，当年十分繁华和兴盛，该庙民国年间已废圮，现仅存西配殿（即早年天妃庙的观音堂），近年其北山墙内墙皮脱落，现出一幅近 70 平方米绘有观音和韦驮及其他佛教故事的精美古壁画，据当地老者回忆，这座庙的正殿中央供奉的是天后娘娘，两旁是子孙娘娘娘和瘌疹娘娘，而西配殿供奉的是观音菩萨及其他一些佛像，这对研究当时此地的民俗和信仰有很大的文物价值。

各地妈祖庙还保存一些特殊的科技文物，如天津天后宫所存的灭火"水机"，是迄今发现最早的机械消防器材之一，反映了当时的海洋科技成就；有的妈祖庙中，历代立有不少碑记，记述了一些重大的航海事迹，为航海史的研究提供了极有价值的文字史料。

与妈祖相关的有形文物还有天津天后宫收藏的清嘉庆皇帝亲赐"天津天后宫天上圣母之宝印"的铜印；中国历史博物馆珍藏的清代百米彩绘长卷《清人天津天后宫过会图》；以及锦州天后宫内的二十四孝壁画和嘉庆年间的铜钟等等。

（2）妈祖文化无形（非物质）遗产

环渤海地区妈祖文化中非物质文化遗产也很多，如各地世代相传的民谚俗语，"先有天后宫，后有天津卫"（天津天后宫），"分香灵应庙，乞火孝廉船"（庙岛显应宫），"先有大庙，后有烟台"（烟台天后宫）等；还有关于妈祖的民间传说浩如烟海，如"娘娘赐灯""娘娘灵光""娘娘灵迹"等。

这一地区因妈祖信仰而衍生的民俗文化也是传承广泛，各具特色，如渔民送船还愿的习俗以及各地的庙会、渔灯节等妈祖信仰活动。其中的天津皇会更是由专事天后祝寿而兴起的集民间舞蹈、杂技、音乐等于一体的民间艺术，演习至今，久盛不衰。从这一点来看，妈祖信仰产生了盛大的妈祖庙会，妈祖庙会又有力地促进了民间艺术的发展，极大地丰富活跃了人民群众的文化生活。而且，因为较大的妈祖庙都建有戏台，妈祖庙会也促进了民间戏曲的发展，为其提供了表演的舞台。如天津天后宫娘娘庙会，曾产生了不少戏曲名作——《洛阳桥》《胖姑学舌》《长亭》等，也为不少名角提供了献艺的机会——评剧皇后白玉霜，著名京剧名角谭鑫培、龚云甫、李世芳、张君秋等都曾在娘娘会上表演过。举行相关的妈祖祭典活动，往往也伴随戏剧歌舞、百戏杂耍等众多民间文化娱乐活动，因此祭祀妈祖活动与歌舞戏剧娱乐活动得以相互渗透和发展。1994年天津歌舞剧院还曾演出过大型舞乐《妈祖》，通过对妈祖形象的塑造，弘扬了优秀民族文化，歌颂了中华传统美德，净化了人们的心灵。

对于妈祖文化，保护只是手段，不是目的。保护的原因是珍惜、爱护、敬畏，保护的目的是传承。

3. 丰富妈祖文化在大陆民俗文化生活各个领域的传承载体，进一步拓展妈祖文化在社会各个层面的发展空间

妈祖文化既是民俗文化，其发生、发展的历史就是其民俗化的历史，生活化的历史；也就是说，妈祖文化原本就是渗透在民俗信仰里、民俗生活中的，她的民俗功能最早是"护佑"航海人们的安全，进而是所有海上作业人们的平安、收获、幸福，进而还能驱虫、抗旱、除病、禳灾，进而又"管"起了人们的婚丧嫁娶、生儿育女、升学升官、生意发财，变得几乎无所不能。[①] 我国近代之后的社会思潮是反传统、学西方，五四之后兴起"新文化"，破除迷信，提倡科学，直至"文化大革命""破四旧""立四新"，近30年来又开始大规模地工业化、城市化、现代化，传统文化在民间层面上大大失缺了其赖以存续的民俗生活基础。但无论如何，祛凶迎祥、祈求平安幸福，是人类普遍的精神心理诉求，社会再现代化，也不会使人类的心理活动被完全"科学化"。因此，充分挖掘、开发妈祖信仰呈现在民俗生活尤其是衣食住行中的已有和应有内涵，应是大有作为的。比如马来西亚雪隆海南会馆就推出了"天后面"与信众结缘。"天后面"的佐料有香菇、红萝卜、包菜、紫菜、豆包、松子

[①]　这方面的研究有不少。其中张珣《从妈祖的救难叙述看妈祖信仰的变迁》（载林美容、张珣、蔡相辉主编《妈祖信仰的发展与变迁：妈祖信仰与现代社会国际研讨会论文集》，台湾宗教学会、财团法人北港朝天宫，2003）考察的内容有："从海上救难到定居陆地"，可"抵挡番害""避战乱兵难""击退匪徒""驱除虫害""旱灾祈雨""治平山洪""祛除瘟疫"；"免除地震灾难"；"抵御环境污染"等等。

等，以素取代原有荤的佐料。"天后面"的菜式色彩艳丽，搭配和谐，里面的配菜都有讲究：紫菜，有紫气东来之意，象征富贵；香菇象征团圆；翠绿的包菜和鲜黄的豆包象征健康；小巧的松子象征平安吉祥。据说吃了"天后面"，妈祖就会保佑信徒平安长寿。类似的例子当有不少，类似的做法可以借鉴。只有妈祖文化深入民间、渗透民俗了，妈祖文化的发展才会有最普遍、最广泛、最有活力的根基。

妈祖文化在各地的历史传承积淀，是今天的妈祖文化在各地重新恢复、复兴的民俗基础。对原有的妈祖文化历史遗迹遗产的挖掘、验证，找到其"根"，修复甚至重建，显然比新造一个新的神像、建一个新的庙宇、修一个新的院落更可信、可敬，更有"神性"、吸引力。人们对假"古董"早已深恶痛绝，对假"民俗"早已喊打。[①] 就妈祖文化作为民俗文化而言，它不同于时髦文化，时髦文化可以是一阵风，"各领风骚三五天"，民俗文化，尤其是民俗信仰文化，是越"老"越好，越有根基、越有"来历"越好，含金量也越高。

审视海峡两岸妈祖文化及其文化市场的运作，我们可得如下认识：

其一，作为民俗文化，必须有普遍的信众基础。仅台湾岛内就有妈祖庙 2000 多座，信众 1400 万之多。如前所论，大陆沿海由于经历了几十年的消歇时期，尤其是快速的城市化、工业化给沿海人们的生活方式所造成的转变，妈祖文化仅仅靠民间的自觉自发，已经断掉了广泛的信众基础，因而政府的主导、主办和促发，也许是一个"不得已而为之"但可殊途同归的过程；但政府本不应该、因而不能长期作为经济行为的活动的主角，更遑论文化产业。

其二，作为信仰文化，必须有虔诚的敬仰敬畏之心。如前所述，台湾妈祖信众往往几天几夜长途跋涉、为了一点点香灰的奉若神灵，没有虔诚之心甚至是狂热的感情投入，是不会收到多少香火钱的，其文化的市场含金量必然会大

---

① 如杨萍：《再论民俗旅游资源的保护：层次、措施及模式》，《经济问题探索》2004 年第 5 期；羡渔：《有些民俗旅游变"味"了》，《中国人口报》2005 年 6 月 23 日；陈勤建：《文化旅游：摒除伪民俗，开掘真民俗》，《民俗研究》2002 年第 2 期；左小庆：《民俗专家：别让假民俗乱了真》，《衢州日报》2004 年 5 月 8 日；唐凡茗：《旅游开发对民俗文化影响的预测与调控》，《桂林旅游高等专科学校学报》2004 年第 3 期；钟声宏：《民俗文化环境保护与民俗旅游的可持续发展》，《广西民族研究》2000 年第 1 期；闫喜琴：《论民俗旅游对旅游地民俗文化的"污染"与防治》，《贵州民族研究》2006 年第 1 期；等等。

大贬值的。在大陆一个不大的省级电视台搞出几个小小的"超级女声"，于是乎就有了数以百万计的"fans"和数以千万计的着迷受众，若不是由衷地着迷，就很难解释。

其三，台湾妈祖文化的运作，并不是像一般性的文化产业、文化产品和文化市场那样进行商业化操作和"炒作"，而是把它的经济、产业特性放置在"非营利"的"公共慈善事业"上。妈祖的信众是忠诚的、虔诚的信仰的奴隶，他们不以其信仰为赚钱、营利的砝码，但就文化产业、文化市场的发展来说，首先应该是打动心灵的东西，恐怕越是一心想着赚钱，"铜臭气"十足，民众越是不会买账。这是文化消费的一个定律和法则。

以台湾北港朝天宫庙会与山东庙岛显应宫庙会两者的案例比较言之，其区别在于，前者是基于民间信众心理诉求而延续传统的自发自觉的、内在的本能的文化呈现，后者是政府基于"文化搭台、经济唱戏"目的而对民间文化的传统资源元素加以包装组合的文化"表演"；前者的参与主体是这一民俗文化的信众主人，后者的参与主体则更多是这一民俗文化的观光看客；在前者所形成的文化产业链及其"市场"中，产品的"定价"与"消费"取决于信众主观的心理需求，后者的产品的"定价"与"消费"则取决于游客客观的商品价值判断。因而两者在文化性质、文化面貌、文化效应、产业效益上呈现出明显的不能忽视的不同。而在当下，政府主导对于大陆沿海地区的妈祖文化产业来说，无疑是与海峡对岸妈祖文化产业相互对接的必经"启动"阶段，但"启动"之后，只有政府角色淡出，经过与民间需求和民间运营的双向互动互融阶段的"转换"，才会使妈祖文化产业以民间文化本生本色的本性和形态，与海峡对岸以及海外华侨社会的妈祖文化形成真正的"共同市场"，实现殊途而同归的繁荣。

（本报告内容来源：国家社会科学基金艺术学项目《海峡两岸妈祖文化交流现状与发展对策研究》）

专题八　中国海岛文化的内涵价值、现状分析与对策建议

一　我国海岛的基本情况

海岛文化，是海洋文化的重要内涵之一。

我国是世界海洋大国，拥有海洋面积300多万平方公里，辽阔的海域中分布着众多海岛。根据我国20世纪90年代初的调查资料①，我国海域共分布有面积500平方米以上的海岛7394个，其中有居民海岛433个，无居民海岛6961个；海岛的海岸线总长为121710公里（不含海南岛本岛和台湾、香港、澳门等所属岛屿的海岸线长度）。这些海岛南北绵延数千公里，北自渤海辽东湾北端，南到南海南部。从行政区划上看，我国最大的海岛台湾岛、海南岛分别建省，管辖相关岛屿和海域，另有香港、澳门两个规模较小的半岛－海岛特别行政区，其余海岛自北向南，分别隶属于辽宁、天津、河北、山东、江苏、上海、浙江、福建、广东、广西共10个省、自治区、直辖市，加上海南、台湾两省和香港、澳门两个特区，我国管辖海岛海域的一级行政区有14个。除台湾省所辖海岛市县外，我国最大的群岛"市"级行政区有三个，一个是厦门市，为我国唯一的海岛计划单列市；一个是舟山市，辖有舟山群岛及其海域，素有"千岛海洋城市"之称，共有大小岛屿1390个，岛屿数量占全国的25.7%；一个是新近设立的三沙市，辖有西沙、中沙、南沙三个群岛及其海域，陆地－海岛总面积全国最大；根据20世纪90年代初的数据，海岛县（区）有14个，海岛乡（镇）为191个。海岛总人口近4000万人②，

---

① 中国工程院金翔龙：《论加强海岛管理与经济发展的战略意义》，"2009厦门海洋周"专家论坛，http：//www.oceanweek.org/UserFiles/Upload/2009123034951565.pdf，2009，厦门。

② 国家海洋局海岛管理办公室吕彩霞：《中国海岛管理的政策与行动》，"2009厦门海洋周"专家论坛，http：//www.oceanweek.org/UserFiles/Upload/2009123034951565.pdf，2009，厦门。

相当于一个或多个小国的人口规模。

从我国海岛在渤海、黄海、东海和南海四大海域中的分布情况看，东海岛屿数量最多，约4615个，占全国海岛总数的66.3%；南海岛屿数量居第二位，1641个，约占我国海岛总数的23.6%；黄海岛屿数量较少，只有433个，约占我国海岛总数的6.2%；渤海是我国海岛数量最少的海域，约占全国海岛总数的4.2%。

从海岛的分类看，我国海岛数量多，分布广，类型齐全，包括了世界海岛分类的所有类型。根据海岛的区位条件、自然环境和自然资源状况，从其形成原因、物质组成、离岸距离、所处位置和有无人居住等情况，我国的海岛主要可以分为四种类型：（1）按成因可分为大陆岛、海洋岛和冲积岛；（2）按海岛分布的形态和构成的状态，可分为群岛、列岛和岛三大类；（3）按海岛的物质组成，可分为基岩岛、沙泥岛和珊瑚岛三大类；（4）按有、无居民海岛分类，有居民海岛，指在我国管辖海域内作为常住户口居住地的海岛，约占全国海岛总数的6.2%；无居民海岛，指在我国管辖海域内不作为常住户口居住地的海岛，约占全国海岛数的93.8%。①

我国海岛分布和构成的主要特征还有：一是大部分海岛分布在沿岸海域，距离大陆小于10公里的海岛约占我国海岛总数的67%以上；二是基岩岛的数量最多，占全国海岛总数的93%左右；泥沙岛（冲积岛）占6%左右，主要分布在渤海和一些大河河口处；珊瑚岛数量很少，仅占1.6%，主要分布在南中国海。三是岛屿呈明显的链状或群状分布，大多数以列岛或群岛的形式出现。四是我国海岛98%以上是面积小于5平方公里的海岛。②

我国海岛的战略地位十分重要。一是国家主权与海洋权益地位。海岛的归属问题是国家主权的象征，根据《联合国海洋法公约》规定，岛屿是划定领海基点的重要依托，直接影响到国家内水、领海、毗连区、专属经济区和大陆架的范围和面积。一个岛屿的存在可以确定1550平方公里的领海海域，还可

① 中国工程院金翔龙：《论加强海岛管理与经济发展的战略意义》，"2009厦门海洋周"专家论坛，http://www.oceanweek.org/UserFiles/Upload/2009123034951565.pdf，2009，厦门。

② 国家海洋局海岛管理办公室吕彩霞：《中国海岛管理的政策与行动》，"2009厦门海洋周"专家论坛，http://www.oceanweek.org/UserFiles/Upload/2009123034951565.pdf，2009，厦门。

以拥有 43 万平方公里的专属经济区。二是资源与经济价值。随着沿海地区空间资源的日趋紧张，开发、建设海岛，发展海岛港口、旅游、能源等优势，以海岛为依托发展我国的海洋经济带，成为推进我国经济社会与文化发展的重要保证。三是海岛的军事地位。散布于辽阔海域之中的海岛、群岛在军事战略上具有重要意义。从军事利用的角度，作为特殊的战场空间，海岛可以为制海权提供重要的保证。例如可以建成为军事要地、海防前哨，成为可控制海域的战略通道，有的远离大陆的洋中岛屿，可作为核试验基地等。①

目前，我国大陆管辖有 12 个全境位于海岛上设有县区级政府的海岛县区，分别为辽宁长海县，山东长岛县，上海崇明县，浙江舟山定海区、普陀区、岱山县、嵊泗县，浙江玉环县、洞头县，福建平潭、东山县，广东南澳县。加上福州琅岐经济区、珠海万山海洋开发试验区、珠海横琴岛经济区以及台湾管辖的澎湖县、金门县以及在原福建连江县马祖乡基础上建立的"连江县"，我国海岛县区数量为 18 个。

辽宁省长海县：属大连市，是我国东北地区唯一的海岛县，位于辽东半岛东侧，黄海北部海域，东与朝鲜半岛相望，西南与山东省庙岛相对，西部和北部海域毗邻大连市城区及普兰店市、庄河市，为大连地区距离日本、韩国最近的区域。县辖：大长山岛镇、獐子岛镇、小长山乡、广鹿乡、海洋乡。

山东省长岛县：长岛县以长山岛而名，所辖海岛为我国北方最大群岛庙岛群岛，也称庙岛列岛。全县由 32 个较大岛屿组成，岛陆面积 56 平方公里，是山东省唯一的海岛县，隶属烟台市。

上海市崇明县：位于长江入海口海域，为长江口淤积与东海海流长期"互动"共同的"产儿"，东为东海，南与浦东新区、宝山区和江苏省太仓市相望，北同江苏省海门、启东两市一水之隔，总面积 1400 平方公里。

浙江省嵊泗县：属舟山市，海岛由嵊泗列岛组成，共有 404 个岛屿，其中居人岛屿 16 个，海岛总面积 86 平方公里，常住人口 8.6 万。嵊泗列岛是我国著名的国家级列岛风景名胜区，西与上海芦潮港隔海相望，北接黄海，南临普

---

① 中国工程院金翔龙：《论加强海岛管理与经济发展的战略意义》，"2009 厦门海洋周"专家论坛，http://www.oceanweek.org/UserFiles/Upload/2009123034951565.pdf，2009，厦门。

陀山，东临浩瀚的太平洋。

浙江省岱山县：属舟山市，位于长江口南端，杭州湾外缘的舟山群岛中部，海岛总面积 326.4 平方公里（其中潮间带滩涂 57.4 平方公里），全县辖 7 镇 1 乡，人口 20 万。

浙江舟山市定海区：由定海本岛与周边大小海岛、海域组成。定海是舟山市中心城区，城市历史有 1200 多年，文化内涵悠久丰富。早在新石器时代，定海的先祖们就已在此耕海牧渔，繁衍生息，"海上河姆渡" 马岙唐家墩出土的文物是典型的良渚文化，有 6000 年历史。唐开元二十六年（738 年）设翁山县，清康熙二十七年（1688 年）改名定海县，1987 年舟山撤地建市，定海改县为区。

浙江舟山市普陀区：本岛为 "海天佛国" 普陀山（岛）。

浙江省玉环县：位于浙江东南黄金海岸线近海中段，宁波、温州之间，扼台州、温州海上门户，海岛总面积 378 平方公里。现人口 51.8 万，其中外来常住人口 17 万。

浙江省洞头县：地处浙南瓯江口外近海海域，由 103 个岛屿组成，有 "百岛县" 之称。有 7 大景区。

福建省平潭县：有 "千礁岛县" 之称，由以海坛岛为主的 128 个岛屿组成，面积 369.75 平方公里，人口约 40 万，通行闽东方言福州话。唐为牧马地，清置平潭厅，1912 年置平潭县。海坛岛陆地面积 251.4 平方公里，是福建省第一大岛，地扼台湾海峡要冲，距台湾仅 68 海里，其形成属于陆连岛性质，地形以花岗岩丘陵为主。中南部有三十六脚湖，为福建省最大天然淡水湖。南亚热带海洋性季风气候。

福建省东山县：属亚热带海洋气候，风光秀丽，极具南国海岛特色，国内外影视界冠之以 "天然影棚" 之誉。东山主岛东南沿岸有七个月牙形海湾相接绵延，是天然海滨浴场。东山湾内小岛星罗棋布。东山铜陵古城为福建十大风景名胜区之一，有戚继光、郑成功屯兵遗址，明朝大学士黄道周 "读书处"，香火鼎盛的关帝庙等人文景观。

广东省南澳县：坐落在闽、粤、台三省交界海面，濒临西太平洋国际主航线，距厦门 97 海里，距广东汕头 11.8 海里，距台湾高雄 160 海里，距香港

180 海里，处在这几大港口城市的中心点。岛上已发现的文物古迹 50 多处，寺庙 30 处，周围近海渔场 5 万平方公里，鱼、虾、贝、藻类 1300 多个品种。

二　我国海岛文化的鲜明特征

作为世界上历史最为悠久的海洋大国，我国的沿海地区和岛屿地区，是我国海洋文明历史的基础空间，在中华民族数千年乃至数以万年的海洋文化历史上，无论是有居民岛屿还是无居民岛屿，我国的海岛大多都已经成了"文化海岛"。有居民海岛自不必说，即使无居民海岛，也早就纳入了人们的视野，无论是渔民在追寻鱼汛进行海洋捕捞的过程中，还是穿梭不断的海商、海运过程中，人们对这些千姿百态的海中岛屿，大多都赋予了丰富的、历史的或审美的文化内涵。

海岛是大陆和海洋间的一种桥梁和纽带，海岛文化是陆地文化和海洋文化的融合。海岛文化具有较强的外源性特征。我国海岛发展的历史至少可追溯到8000 年前的新石器时代。随着大陆的社会经济不断发展和延伸，大陆文化也不断移入海岛，从而使海岛文化与大陆文化同源。海岛文化的悠久和其传承性，在我国许多海岛的人文特点和传统文化中都有充分反映。比如 20 世纪 80年代，浙江省考古专家曾在嵊泗县菜园镇基湖村发掘过新石器时代的土墩遗址和石斧器物。在山东长岛所属的海岛中，已经发现上万件文物，既有旧石器时期的打制石器、新石器时期的彩陶、龙山文化时期的蛋壳陶、商周的青铜器，又有汉代的漆器、唐代的三彩、宋代瓷器及明清文物。这些文物按历史发展进程有序排列，说明海岛与大陆传统文化一脉相承。这在台湾所属海岛上也是如此，台湾的几处新石器时代遗址，也都与大陆发掘的文化遗址相似，可以验证台湾早期文化是从大陆东南沿海传播过去的。

在与大陆文化同源的同时，海岛相对封闭的自然条件，也使海岛文化具有显著的海洋性。海岛居民的行为方式和思维模式都与海洋密切相关。此外，由于受历史期文化传播延续性的影响，海岛往往具有文化博物馆的作用。许多在大陆上已经消失的文化现象和文化景观反而在海岛得到很好的保存。海岛上的生产、生活、信仰、音乐、歌谣等无不带有浓厚的"海味"。比如说舟山群岛中的嵊泗列岛，作为一个海洋大县，尽管耕地面积稀少，但是海洋生物资源丰富，因此，渔业生产自然成为嵊泗人繁衍生息最主要的经济来源和劳作方式，即使在经济发展多元化的今天，渔业依然是嵊泗从业人口最多的主要产业。嵊泗岛上的其他职业基本上都是由渔业衍生或者派生出来的，直接或间接为渔业生产服务的。据统计，在20世纪90年代以前，嵊泗直接或间接从事渔业生产的人口占到了总人口的90%左右。而当前这个比例也还有60%左右。所以嵊泗的海洋文化实际上就是历代嵊泗人在以渔为生、以渔为业的实践中创造的纯粹度非常高的海洋渔文化。另外，嵊泗的民俗风情、宗教信仰习俗、民间文化艺术等文化内容，也都是或以鱼为符号，或与渔业生产密切相关的。可以说，显著的海洋性是海岛文化最普遍和最主要的特征。

三　我国海岛文化的丰富内涵

1. 悠久的历史文化

海岛历史文化悠久，它由物质遗存和文化遗存构成。物质遗存包括古航道、古灯塔、石崖刻、古沉船等遗迹和文物，其价值在于以物质形态反映了不同历史时期、不同海洋地域、不同内容形式的政治、经济、文化活动。文化遗存包括与海岛相关的历史人物、地名、民俗、文献等内容。其价值在于以精神文化的形态体现了不同历史时期、不同海洋地域人类活动与海岛、海洋的联系。

考古文化和历史文献表明，早在新石器时期，中华民族的祖先就有了广泛的航海活动。在公元前后的汉代，已经开辟了以沿海各地为基点，通向东北亚朝鲜半岛和日本列岛，东南亚岛屿地区、印度洋沿海地区以及波斯和红海等沿海地区的海上航线，被后人称为"海上丝绸之路"。作为中国走向世界的黄金水道，它在联系中国与世界、促进东西方文化交流中发挥了巨大的作用。唐代是"海上丝绸之路"的黄金时代，而宋元两代的"海上丝绸之路"更是达到了其鼎盛时期。古航道集纳了古代中国物质文明与精神文明的多种人文元素，是海岛文化内涵中不可或缺的组成部分。再比如嵊泗列岛境内有堪称远东第一大灯塔、世界历史文物灯塔之一的花鸟灯塔，以及明清抗倭将领所题刻的20

多处摩崖石刻，还有丰富的水下文物，这些都有着十分重要、广泛的价值意义。从相关考古发现、文献记载和实地调查来看，在我国海岛历史文化的遗迹、遗址、遗物不仅数量庞大，而且类型丰富。

地名是反映海岛文化变迁的活化石。我国海岛地名就大量记载于各种文献记述中。作为最典型的自然和人文特征的反映，我国海岛地名具有厚重的人文性。地名不但反映出民族的分布、时代的变迁，还反映出海岛的地貌特征和地理沿革。例如海南岛的历史、地域的变迁便涵养在数万个地名中，每一个地名都有其独特的由来。如昌化角、铜鼓角、大花角、牙龙角、临高角、棋子湾等地名，就充分表现了海南环岛海边的地貌形态。

2. 多彩的海捕渔业文化

中国海岛大多面积较小，且海岛多岩石，农田较少。于是，相对封闭的独特海洋自然环境条件，自给自足的经济意识，使海岛人群逐渐把获取生存资源的目光投向大海。长期以来，中国海岛人世代以捕鱼为生，生产和生活处处不离"鱼"：渔业生产工具、饮食、民居、服饰、装饰、民间传说、戏曲歌舞等等，都与渔文化结下了不解之缘。

海岛的非物质捕鱼文化异常丰富。一是海岛涉渔口头文化传承，即海岛与渔捕生产有关的口头文化表现形式和内容，主要包括渔号、渔歌、渔谣、渔谚、渔捕传说等，它们直接与渔捕生产过程密切联系。二是海岛渔捕手工技艺，即海岛人群制作渔捕工具技艺以及身口相传的渔捕技术等，它们充分体现了海岛人群在长期渔捕生产和生活中所积聚的伟大创造才能，渗透着深厚的海岛历史与社会文化底蕴。三是海岛渔业民俗礼仪，即海岛人群在渔捕生产和涉渔生活中逐渐形成并遵循的文化行为，反映了他们的渔捕风俗文化及精神信仰面貌。海岛渔捕风俗礼仪包括造船行船习俗、渔捕祭祀习俗、渔捕禁忌习俗和涉渔生活习俗等。造船行船习俗，是在新造渔船时、行船出海时所要遵循的习惯行为；渔捕祭祀习俗是祈求避祸降福、获得渔业高产的祭祀行为；渔捕禁忌习俗是渔民为保证渔捕平安高产而必须避讳的言语行为，有些出于信仰，有些出于经验；涉渔生活习俗是海岛人日常生活中与渔捕文化有关的社会生活习惯。

再以舟山嵊泗县列岛为例。嵊泗列岛位于我国四大渔场之一的舟山渔场的中心，也是我国东海的渔场中心，盛产鱼、虾、蟹、贝等几百种海洋生物，素有"东海鱼舱""海上牧场"之称。其中有着 400 年发展历史，曾在 20 世纪六七十年代一度创造了东海渔业辉煌的著名渔场——嵊山渔场，其就在嵊泗境内。历代嵊泗人在长期的渔业生产中创造了独具特色的嵊泗渔业文化。主要内容包括以捕捞、加工等生产方式为主的渔业生产活动和方法方式；渔船、渔网、渔具等生产工具的制作技艺、使用方法及船饰文化、鱼饰文化等；谢海龙王、请船官老爷等渔业信仰习俗及渔业禁忌避讳；以及繁荣热闹的渔港码头文化、独具风情的渔家村镇文化和丰富多彩的海洋社会风情。

3. "海味"十足的生活习俗

海岛居民长期以海为伴、靠海为生，因此他们的日常生活方式深受海洋的影响，在吃、穿、行、住、礼仪、节令等多方面形成了富有"海味"特色的生活习俗。

以饮食为例，早年的海岛交通不便，岛内缺乏新鲜的蔬菜，于是主要利用海鲜制作酱菜。如山东省长岛县渔民，每年春季鲜鱼上市，家家都要"腥腥锅"，除熬鱼吃之外，多喜欢大如拳头的大鱼饺子、鱼包子、鱼丸子和鲜鱼面。当地还习惯制作干鱼、鱼米、咸鱼、鱼酱、鱼肠酱、鱼子酱、蟹子酱、虾酱等。再如嵊泗的海鲜饮食习惯中，海鲜制鲞、盐呛、风干、酒糟，以及海鲜煮蔬菜等，都具有海岛社会的饮食生活特色。

在居住方面，旧时海岛渔民的住房与内陆地区迥然有别。更有以船为家者，如中国东南沿海的"疍民"，则更是独具特色。北方海岛渔民多住海带草房。从前北方海中多生细长的海带草，被海浪冲卷上岸，成堆成簇，渔民常用海带草来披苫屋顶。每幢房用草数千斤。房顶苫得极厚，坡度很陡，卷棚式，浑圆、厚实。苫成之后，为防风揭，还常用旧渔网罩起来。这种房子，不仅外观特异，实用上也有许多特点。因为苫草很厚，隔热隔寒，确有冬暖夏凉的优点。因为海草耐腐烂，苫得好的房子可保 50 年不漏，精工苫成的百年不坏的老屋并不罕见。渔家民居，独显渔家"靠海吃海"的风格与情调。

4. 海洋特色的海岛宗教文化

海岛居民主要以渔业为生，生活环境艰苦，海上作业凶险，因而海岛居民信神者较为普遍且虔诚。海岛的宗教和民间信仰是多元的，有佛教、道教、国家和民间祭祀中的诸多大神和"名不见经传"的民间神灵。调查资料显示，大多数有居民海岛上的庙宇密度大，神祇类型多。比如舟山群岛的虾峙岛，岛屿面积只有 17.5 平方公里，却拥有多座佛教寺院庙庵、民间道教与民俗神灵宫宇。岛上有较大的佛教寺庙兴泉寺和清凉寺（清凉庵），民俗神庙有张公庙（供奉张公、土地神、财神）、圣塘庙（供奉康府侯王、财神、土地神）、桫枋殿（供奉桫枋老爷）、黄沙殿（供奉东方老爷）、蒋公庙（供奉蒋大神）、安庆庙（供奉关公、土地神、天后妈祖）、财神殿（供奉财神、龙王、土地神）、玄坛庙（供奉赵财神）等等，五花八门，各有"神通"。

舟山群岛普遍信仰佛教，但佛教中的观音信仰在此地已经成为海神。其他的海神信仰主要有海龙王信仰、天后娘娘信仰以及潮神、船官老爷、鱼神等。其中，妈祖信仰和海龙王信仰最为盛行，遍及我国自北到南的海岛。福建湄洲岛上的妈祖庙是祖庙，北方最早的妈祖庙在长岛县的庙岛上。海岛的渔民将渔船称为木龙，在渔船上画龙身，描龙眼，挂龙旗，并在开洋之时举行祭龙王仪式。正月十五要舞龙。而且海岛的很多地方也是以龙命名的，体现了对海龙王崇拜、敬仰的普遍性、渗透性。

5. 厚重的海防军事文化

海岛是海防前沿，与军事关联密切，因此许多岛上都有军事遗存。如定海沥港的"平倭港碑"和小洋山摩崖碑刻，都保留至今。嵊泗诸岛上遗留的摩崖石刻多为明清抗倭名将巡海督汛时题写，如枸杞摩崖石刻"山海奇观"，即是明万历年间浙江总兵侯继高题刻。另外，近代海战遗留的炮台、坑道、战壕等海防军事设施在嵊泗也是随处可见。鸦片战争以及甲午战争期间，在刘公岛、舟山群岛、海南岛等许多海岛上发生了大量可歌可泣的抗敌英雄事迹，留下了大量抗敌历史遗迹。新中国成立后，海岛成为守卫国家海疆的最前沿防线，很多海岛上驻扎海军、陆军部队，有很多战士甚至献出了宝贵的生命，在很多海岛建有烈士陵园、纪念碑、军史陈列展览馆。山东刘公岛上有"甲午战争博物馆"，舟山定海竹山门有"鸦片战争纪念馆"，舟山岱山县有"海防博物馆"，海南三亚有"海上军事博物馆"。

6. 丰富多样的海洋文学艺术

世代生活在岛上的海岛人在长期与海相伴的过程中也创造了一大批富有海

洋气息的民间艺术，既有各种鱼类故事、海龙王的传说、海岛风俗传说、岛礁地名传说、渔俗渔谚、渔业对联、气象谚语等民间海洋文学，也有渔民号子、渔歌、渔民画、渔乡剪纸等海洋民间艺术。许多海岛文学艺术，尤其是民间文学艺术，已经成为被国家、省市列为保护对象的非物质文化遗产。这是海岛文化中最富有精神感召力、最富有艺术感染力的不可忽视的重要内容。

例如舟山群岛上流传在民间的海洋、岛礁、鱼龙、观音等故事和歌谣、谚语，灿烂而又传奇。尤其是诸多的东海鱼类故事、东海龙王的传说和南海普陀观世音的故事，极富海洋文化风采。早在舟山古方志宋宝庆的《昌国县志》中，就有《东海黄公少能幻制蛇虎》《徐偃王筑成翁浦》《隋炀帝神游洋山》《宋高宗御舟发昌国》《安期生隐居马秦山》等故事传说的记载；在《四明图经·昌国卷》中有《陈（长威）将军提师出流求途经朐山岛》《徐福入海求仙药》《安期生洒墨成桃花》等故事传说记载；到元代，大德二年（1298年）编纂的《昌国州图志》，更有许多舟山民间地方传说，一类是龙王传说，如《皋泄龙潭》《泄潭龙王》《小呑龙潭》《九节龙潭》《菖蒲龙潭》《郑家山龙潭》《高鳌山龙潭》《岱山龙潭》《高大山龙潭》《灌门蛟龙》等；另一类是地方人物传说，诸如《梅福炼丹》《罗隐留题书字岩》《柳永题写煮海歌》《史浩拜相》《神童应傃四岁诵论语》等。到民国初年编纂的《定海县志》，记载的民间文学内容更为丰富。其中"名胜及古迹""人物志""故实志"三部分最集中。"名胜及古迹"中有"普陀山传说""蓬莱十景"的由来，"宋高宗避兵道隆观""安期生洒墨成桃花""单奇修道中峰山""黄杨尖上仙人岩""偃王与城隍头山""义頁河古城土轻移镇鳌""丁高士海巢"等故事、掌故几十个；尤其在"故实志"中，详细记载了"宋高宗避兵航海""宋遗臣张世述海外孤军""元末方国珍之乱""明初汤和经略海上""倭寇扰海始末""明遗臣舟山死难始末""蔡牵扰海始末""清代（舟山）之对外交涉案"（包括鸦片战争英军入侵定海、定海乡民攻打天主教堂、英法联军入侵定海、法天主教争夺朱家尖僧田）等史事、逸闻，记述详尽，多是民间传说故事的历史母本。[①]

---

① 参见金立《浅谈舟山民间文学的特色》，《舟山日报》2005年12月25日，第2版。

海岛方言，也是海岛文化的重要内容。语言既是人类文化的重要有机构成，同时又是人类文化得以传承、传播的主要载体。受海岛生态的相对独立性影响，海岛岛民的语言往往以独具的方言特色呈现出来。于此，徐波《舟山方言与东海文化》（中国社会科学出版社 2004 年版）对舟山群岛方言的研究，可见一斑。

海岛民间的谚语，既是方言的重要内容体现，又是海岛独特的文化体现，是世世代代海岛人民海洋生活智慧的科学与艺术的结晶。例如舟山谚语，尤其是其独具口语化、地方化特点的渔业谚语和气象谚语，语句简练，科学价值高，艺术性强，是舟山渔民几千年生产、生活实践中总结出来的经验之谈，是劳动人民的智慧结晶，其中有许多谚语成为人们指导生产、观天测海的传世经典，成为人们驾驭海洋、掌握天象的一种本领。诸如"上山靠健，落洋靠韧""北洋潮急，南洋礁多""老大好做，西堠门难过""浪叫有礁，鸟叫山到"等谚语，都是渔民海洋航行中的经验之谈。有的气象谚语至今还是人们自测气候天象的一种简便方法，诸如"蜻蜓成群绕天空，勿过三日雨蒙蒙""蜜蜂出巢天放晴，鸡不入窝雨来临""缸爿（海鸥）飞进岙，大水漫上灶""缸穿裙、雨来临"等等，这些以物候来预测气象的谚语，是一种朴素而又含有一定科学道理的经验总结。还有来自对各种海洋生物观察得出的经验性谚语，科学认知程度之高，语言艺术提炼概括程度之妙，令人不得不叹服。各种鱼类的生理机能不同，在各个不同的生活阶段，又各有不同的环境要求，为了满足其生理上的需要，追求适合其不同的生活环境，而引起的一种带有规律性的群体移动，即"鱼类洄游规律"，其中又有"产卵洄游""索饵洄游""季节洄游（亦称适温洄游或越冬洄游）""成育洄游"等不同类型的规律，并都有一定的周期性，每年总是循着基本相同的时间、水层、路线而移动。渔民在长年累月的捕捞实践中，掌握了这种洄游规律，适时地出海捕捞，而且把这种规律总结成简明扼要的谚语，世代相传，成为一种"捕鱼经"。比如小黄鱼是一种暖水性近海洄游鱼类，平常散栖于水色澄清、水深 20~40 拓的海区下层，直到春分前后，才开始集群进入近海渔场产卵，而且一般都是从南而北依次起发，在产卵期间会发出叫声，谷雨前后发得最旺，直到立夏前后产卵完毕，又洄游去外海。所以渔民就有"春分起叫攻南头""清明叫，谷雨跳""正月钶鱼闹花灯，二月钶鱼步步紧，三月抲鱼迎旺风""岸上桃花开，南洋旺风动""癞司（蛤蟆）跳，黄鱼叫""夜里田板叫（指青蛙叫），日里洋地闹"等谚语。渔民还从节气迟早和水温寒暖，来判断鱼发的好坏，比如小黄鱼一般在清明前后是旺发期，因此渔民中又有了"二月清明鱼似草，三月清明鱼似宝""二月清明鱼迭街，三月清明断鱼卖"等谚语，意思是说，清明在二月份，天暖得早，鱼发得好，捕的鱼多得像草一样迭满街；如果是清明节在三月里，捕点春鱼就像宝贝一样，街上"断鱼卖"，说明天气暖得迟，鱼发也差。还有一些谚语是反映风向、潮流与大黄鱼鱼发的关系，诸如："东风摧潮是鱼叉，西风阻潮鱼扫光""春雷勿离山顶，大黄鱼勿离滩边""一潮夜东涨，高产有指望""十二、十三喜上洋，十八、十九鱼满舱""二十、下五潮未下，初八、廿三有鱼抲""十一、廿六鱼啼潮，十二、廿七双船摇""鱼叫随潮，产量必定高"等等。如此之类谚语，都是渔民根据鱼体生理状态和它的洄游规律，以及当时潮流涨落情况，经过长期生产实践所总结出来的捕捞经验。而且，许多用于谚语中的专用名词，也都是渔民自己根据实践经验而创造出来的，方言、地方文化特色浓郁。如今随着渔场、海况和水产资源的变迁，随着"现代科学技术"的发达，许多谚语虽然已经渐渐淡出时世，但它作为一种极富地域性、科学性、趣味性的民间口头文学、口传文化，仍然具有历史价值、科学价值和审美价值，值得重视、保护和传承。①

四　我国学界的海岛文化研究

我国学界对海岛文化有意识的研究起步较晚。20 世纪 80 年代，部分学者开始关注海岛文化，海岛文化研究才逐步开展。从现有的研究文献看，我国的海岛文化研究主要集中在以下几个方面：

1. 海岛文化综合研究

包括海岛文化理论的探索和海岛文化的系统研究。20 世纪 90 年代，陈伟在《岛国文化》（文汇出版社 1992 年版）一书中提出了以"岛国（或岛屿）

---

① 浙江省非物质文化遗产网：《舟山渔业谚语》，http：//www.zjfeiyi.cn/xiangmu/detail/45 - 859.html，2010/8/722：25：43。

文化"区别于平原文化、高原文化、山区文化、盆地文化、内陆文化、沿海文化的文化区划分类型，并以世界 43 个岛国为例，对这一"跨地域文化"的鲜明个性特征——外源性、复合性及文化冲突与融合的表现过程都作了阐述。舟山市政协文史和学习委员会编有《舟山海洋鱼文化》（海洋出版社 1994 年版）、《舟山海洋龙文化》（海洋出版社 1999 年版）等；符永光著有《海南文化发展概观》（香港新闻出版社 2001 年版）；徐波著有《舟山方言与东海文化》（中国社会科学出版社 2004 年版）；姜彬、金涛编有《东海岛屿文化与民俗》（上海文艺出版社 2005 年版）；陈海克著有《舟山海洋文化资源的现状与研究》（中国文联出版社 2004 年版）；陈智勇著有《海南海洋文化》（海南出版社 2008 年版）；柳和勇著有《舟山群岛海洋文化论》（海洋出版社 2009 年版）；金涛著有《舟山群岛海洋文化概论》（杭州出版社 2012 年版）；等等。

2. 海岛文化要素专题研究

海岛文化要素的研究在内容上的特点是其多元化，主要涉及内容为海岛的历史文化、渔民行为方式、海岛方言、宗教信仰、渔歌谚语等。

1991 年，浙江省民俗学会曾在温州的洞头县召开"全国渔岛民俗学术研讨会"，会议论文会后结集印行①，其中有多篇是对浙江海岛、渔民与渔业生产信仰民俗的研究。2005 年出版的《东海岛屿文化与民俗》②一书，将近一半的篇幅是对以浙江为主的海岛民间信仰事项的叙述。该书从造船的礼仪与信仰、海岛人生产与生活中的信仰与礼仪、海岛人的神赐信仰等方面，描述了东海海岛人的信仰历史与现状，并对这些信仰现象进行剖析。③

相关论文成果，按发表时间划分，主要有：赵江南、姜庆华等的《海岛与陆地男性居民饮酒行为调查》（《中国心理卫生杂志》1998 年第 6 期）；葛庆华《宋元时期舟山群岛经济文化的发展》［《中州学刊》（人文科学版）2000 年第 2 期］；王家忠《论海南历史文化》［《海南师范学院学报》（人文社会科学版）2000 年第 3 期］；黄虚峰《20 世纪海岛妇女生活方式的演变》

---

① 叶大兵编《中国渔岛民俗》，温州市民俗文化研究所编印，1993。
② 姜彬主编《东海岛屿文化与民俗》，上海文艺出版社，2005。
③ 叶涛：《浙江民间信仰现状及其调研述略》，载金泽、邱永辉主编《宗教蓝皮书——中国宗教报告 2009》，社会科学文献出版社，2009。

[《浙江海洋学院学报》（人文科学版）2000 年第 4 期]；朱竑《海南岛文化区域划分》（《人文地理》2001 年第 3 期）；徐波、张义浩《舟山群岛渔谚的语言特色与文化内涵》[《宁波大学学报》（人文科学版）2001 年第 1 期]；徐波《舟山群岛渔民词汇及其海岛民俗特色》（《民俗研究》2002 年第 2 期）；程俊《论舟山观音信仰的文化嬗变》[《浙江海洋学院学报》（人文科学版）2003 年第 4 期]；张耀光等的《洞头列岛方言的分布与形成条件分析——兼谈玉环岛方言特征》（《人文地理》2003 年第 6 期）；柳和勇《舟山观音信仰的海洋文化特色》[《上海大学学报》（社会科学版）2006 年第 4 期]；郭振民《从徐公山岛看舟山海洋历史文化》[《浙江海洋学院学报》（人文科学版）2006 年第 3 期]；赵利平《论舟山海洋文化的源流及其发展》[《浙江海洋学院学报》（人文科学版）2007 年第 1 期]；翁英《明清时期闽台海岛文化初探》（《福建史志》2008 年第 5 期）；柳和勇《论舟山海洋文化名城内涵》[《浙江海洋学院学报》（人文科学版）2009 年第 1 期]；张建国《岱山渔歌——海岛艺术文化解析》（《音乐探索》2009 年第 1 期）；高洁《浅谈山东长岛渔号的文化底蕴》（《黄河之声》2011 年第 1 期）；翁源昌《从舟山古民居看海岛民俗文化的现世观》[《温州大学学报》（自然科学版）2011 年第 2 期]；胡素清《海岛妇女民间信仰活动的调查与思考》（《浙江社会科学》2011 年第 7 期）；等等。

3. 海岛文化应用研究

随着改革开放的深入和经济的持续发展，海岛逐渐成为新的经济增长点，尤其是近些年出现了海岛开发热。这种现象在研究层面上的反映也十分明显。对海岛文化开发应用问题的关注点主要集中在海岛文化与海岛旅游的结合，以及发展海岛文化产业等问题。主要成果有：袁铁坚《文化·渔俗与海岛旅游——玉环诸岛发展海岛旅游的民俗学思考》（《民俗研究》1991 年第 3 期）；陈智勇《海南海洋文化及其与海南海洋产业发展关系的几点思考》[《海南师范学院学报》（人文社会科学版）2001 年第 1 期]；骆高远、安桃艳《舟山开发海洋文化旅游的思考》（《金华职业技术学院学报》2004 年第 3 期）；陈航、王跃伟《浅论我国海岛旅游文化资源及其开发》（《海洋开发与管理》2005 年第 5 期）；叶云飞《试论海岛海洋文化产业的发展策略——以舟山群岛海洋文化产业发展为例》[《浙江海洋学院学报》（人文科学版）2005 年第 4 期]；柳和勇《海岛非物质渔捕文化资源的开发》（《探索与争鸣》2008 年第 4 期）；秦波等《海岛特色信息资源整合与海洋文化库构建》[《浙江海洋学院学报》（人文科学版）2009 年第 2 期]；王琦、李悦铮《文化型海岛的旅游开发与研究——以刘公岛为例》（《海洋开发与管理》2010 年第 1 期）；秦良杰《舟山海岛历史文化资源类型与开发对策》[《浙江海洋学院学报》（人文科学版）2010 年第 4 期]；王文洪《舟山市海洋文化产业发展的 SWOT 分析》（《中国渔业经济》2011 年第 3 期）；易婳《浅析岛屿旅游文化特色设计方法——以山东北长岛旅游文化特色设计为例》（《广西城镇建设》2010 年第 8 期）；李培英等《我国北方海岛古文化特征及其保护与管理——以长岛县和长海县为例》（《海洋开发与管理》2010 年第 11 期）；赵增华《海南海洋文化资源开发利用研究》（《学术理论与探索》2011 年第 2 期）；任肖嫦《海岛旅游开发的社会文化影响研究》（《青岛行政学院学报》2012 年第 2 期）；王辉等《旅游型海岛文化保护与传承的思路探讨——以大连广鹿岛为例》（《海洋开发与管理》2012 年第 11 期）；等等。

上述海岛文化的学术研究有几个主要特点：一是在海岛文化的起源、特征、传播等基础理论方面研究较多，但成熟的海岛型文化的理论体系尚未建构；二是海岛历史文化、渔俗文化、海岛方言、宗教信仰、渔歌谚语等海岛文化要素研究取得了比较丰富的成果，但以论述性研究为主，实证研究不足，较少运用建立在大量田野考察基础上的案例分析、数据处理等技术方法；三是海岛文化的应用研究成为热点。海岛文化产业，尤其是海岛文化与海岛旅游之间关系的研究近几年增加较快，成果比较集中，但关于海岛旅游对海岛文化的影响方面，尤其是正负价值的客观分析研究寥寥。

综上，今后的海岛文化学术研究应该在以下方面加强和完善：一是加快建构海岛型文化的理论体系。海岛文化是相对独立的文化类型，故应在深入探讨海岛文化发生和发展的过程中发现其独特的规律。二是加强海岛文化的实证研究。要投入人力和财力，进行大量系统的田野调查，认真挖掘海岛文化元素。三是加强海岛旅游与海岛文化关系的研究。随着海岛旅游热的急速升温，海岛旅游对海岛的生产和生活习俗以及信仰等文化要素产生的影响日益明显，因而注重探讨发展旅游对海岛文化的影响具有重要的现实意义。

五 我国海岛文化的现状与发展对策

1. 我国海岛文化的生存发展现状

随着现代经济社会的高度发展，尤其是改革开放后人口流动、文化传播以及海岛经济开发的加快，我国的传统海岛文化也发生了显著的变化。一方面是对海岛文化价值的认识得到提升，海岛文化在文化建设和经济发展中的重要作用日益显现；另一方面，生产方式和观念的变化以及海岛基础建设和旅游业的蓬勃发展，导致传统的海岛文化正在快速消失，同时也出现了新的海岛文化形态。主要表现为以下几方面：

（1）对海岛文化重要性的认识普遍提高

如前所述，进入 21 世纪以后各类有关海岛文化的研究成果明显增加，研究的领域也有很大的拓展。从实践层面看，党的十七届六中全会召开以后，全国各级政府均高度重视本地文化的发展建设。沿海岛屿往往以其特殊的地理位置、迷人的风光、洁净的环境吸引着大批的游客，相关部门也竭力发展海岛旅游文化，以不断增强其吸引力。比如在舟山，政府牵头组织实施了非物质文化遗产普查，整理汇编物质文化遗产系列丛书。目前舟山已经建立起四级非物质文化遗产代表作保护体系，拥有国家级非遗项目 5 项、省级 29 项、市级 62 项、县级 187 项，陆续认定了一批非遗项目代表性传承人，并建立了一批非遗项目传承和教学基地。第一次舟山的非物质文化遗产普查共收集 17 大类非遗线索 40205 条，完成项目调查 4085 项。

（2）海岛文化资源得到较普遍的开发和利用

一是海岛管理部门或企业注重打造海岛文化品牌，提高海岛知名度。很多海岛都举办了系列海洋节庆活动，如长岛的妈祖文化节、舟山的中国海洋文化节、沙雕节、贻贝文化节、开捕节等。二是表现海洋文化元素的旅游工艺品设计开发发展较快。三是创作了一大批具有海岛生产、生活气息的文化艺术作品，其中主要有渔民画、渔歌、渔乡风光摄影、渔乡剪纸等。四是打造海岛地方海洋特色的文娱队伍，如舞龙队、渔嫂船鼓队、渔嫂高跷队等。五是各地相继打造了民俗博物馆、海洋渔业博物馆、台风博物馆、航海博物馆、渔俗风情馆、花鸟灯塔等一系列具有浓郁海岛特色的文化和旅游项目。这些举措促进了各地海岛文化的繁荣，也为海岛旅游增添了文化内涵。

（3）海洋文化发展意识中的唯经济主义思潮有待转变

尽管近年来海洋文化逐渐被人们关注和重视，但是依然没有像发展海洋经济那样在全社会形成一致的共识，而且多数海岛所在政府部门在发展海岛文化方面看到的不是其文化传承的重要性，注意力不在其文化的历史价值、审美价值、民俗民生价值，依然唯经济主义意识浓烈，经济至上，看到的主要是文化产业的经济价值和 GDP 数字，尚未摆脱"文化搭台经济唱戏"的思维模式，关注、发展文化建设的能动性远远不及发展经济，甚至关注、发展文化的动力机制就是产业、经济、GDP。在海岛文化遗产的保护与传承方面，许多地方的"开发"着眼于"利用"，"利用"的主要是其旅游经济价值、产业价值，没有形成完善的文化保护与传承体系和采取切实措施，从而影响了海岛文化的保护与传承。

（4）海洋文化资源流失和破坏严重

一方面，海岛的许多传统的生产习俗、生活习俗以及信仰习俗随着生产方式和思想观念的变化而淡化甚至消失；还有不少属于非物质文化遗产内容的海洋文化资源在时代变迁中由于传承者消失或爱好群众断层而逐渐走向衰亡；另一方面，现代化建设，特别是随着海岛工业化、城市化、房地产化、旅游化的开发和设施建设，很多渔村的原貌正在发生巨大变化，原先有着浓郁海洋人文气息的渔家风情正在不断消失。而部分海洋历史文物由于缺乏保护或保护不当而不同程度地受损与遭到破坏，还有为了旅游而打造景观、改造景观、伪造景观的"保护性"破坏。海岛作为相对独立的地理单元，因大多远离陆地，本来可使很多原有文化得以保存，成为这些海岛本土文化难能可贵的遗产资源，但在当代市场大潮中，为了迎合市场的需求，对海岛文化进行盲目性、随意性、商业性开发的势力凶猛，使得很多文化资源的原真性被改变、淹没，海岛文化在很大程度上失去了其原有的意义和价值。至于其"新价值"，则往往由于各地开发规划、设计的千篇一律，几乎到处一样，多样化消失，风景雷同单一，价值受限，甚至恶俗化泛滥，本来期望赚钱，但大多惨淡经营，不少一败涂地。

2. 我国海岛文化发展的对策思考

（1）在海岛文化传承保护上要切实强化政府职能作用。政府不应有经济功能，政府的功能只能是公正、公平、公益、正义、良知、服务。因此，在海岛文化的传承、保护方面，政府有着不可推卸的责任与至关重要的作用。政府要高度重视对于海岛文化的保护与传承，制定相关的法律规范和明确的保护传承方法，形成完善的海岛文化保护与传承体系；要通过出台政策，加大资金投入，对具有重大历史、文化和科学价值，并处于濒危状态的文化资源进行保护。同时，在海岛开发中注重传统文化的保护，防止海岛文化破坏。

海岛居民海洋文化素质的提高，无疑是政府的责任。政府要进一步加大对海洋文化的传播和教育力度，积极开展影响面广、参与性强的海洋性文化活动，使海岛居民进一步深入了解海洋文化，熟悉海洋文化，进而更深层次地去认识海洋、热爱海洋，不断地改进一些落后的海洋观念、不断增强现代海洋意识。特别要加强对学生的海洋文化和海洋知识的教育，要让海洋知识和海洋文化走进校园的课堂，可以开设青少年夏令营和冬令营基地，使学生从小接受海洋教育和海洋文化的熏陶。此外，旅游行业从业者是保护海岛文化资源的重要人群。在旅游企业培训基地、旅游者培训基地等，要以海岛保护为重点，传授海岛文化相关知识，增强旅游者对海岛文化的认识，提高其文化保护的思想觉悟，从而强化海岛文化保护意识。

（2）大力加强海岛文化的研究工作。文化资源需要挖掘、整理和提升，在这一方面文化研究者的工作至关重要。文化研究也是提高文化影响力的基础。通过研究者对海岛文化资源的深入研究，丰富海岛文化内涵，分析并确定海岛文化的历史价值和艺术价值，为海岛文化建设、社会和谐生活以及海岛旅游和文化产业提供更多的文化资源，凸显各自的亮色。

无论国内还是国外，海岛文化研究的主体大多为高等院校和社会科学研究机构的人类学、民俗学、文学、历史学等学科的研究者。但民间的文化研究者、爱好者的作用也不可小视。前者依据系统的学科理论，能够对文化现象进行理论分析，研究成果更具普遍意义；后者则多数成长乃至一生生活在海岛上，对海岛文化有更为直观的接触和认识，有得天独厚的天时地利之便，是实证研究的主力军。前者与后者结合，共同组成团队，联合攻关，因此，对政府来说应该说是一种理想的组合形式。与国外研究者相比，我国文化学者往往轻实践，较少走进田野进行艰苦的调查工作。这一方面是由于意识不足，一方面往往是经费、时间等条件限制。因此，政府应该鼓励学者深入基层，与地方文化人结合，走向民间，进行田野实地调查；政府应制定政策措施，为这样的调查研究提供便利条件。

（3）合理开发利用海洋文化资源。一是培育和打造海岛特色文化资源，使其成为海岛的文化名片。比如富有特色的海岛民居建筑，保持传统渔家风格的海岛小渔村，保持古朴传统的渔港码头，旧时的帆船等。二是将海洋文化元素充分融入海岛建设。可以运用渔民画、渔网、渔歌渔谚等渔俗文化元素去点缀海岛渔村的街头巷尾和渔家宾馆的装修布置，使海岛不仅具有原生态的海岛自然景观，同时也充满浓郁的海洋文化气息。三是大力发展海洋文化产业。利用丰富的海洋文化资源发展海岛文化产业，促进海鲜饮食文化、海洋旅游文化、海洋民间工艺、海洋文艺演出、海洋体育文化、海洋文化创意等海洋文化内容的产业化。关于文化产业，政府应制定规范，既要促进其发展繁荣，又要限制其内容、形式的恶俗化和内容、载体上的破坏原生态，以发挥海岛文化的正价值作用。

（4）要充分发挥岛民在传承保护海岛文化传统上的作用。海岛居民是海岛和海岛文化的主人。据报道，在浙江省玉环县珠港镇城关外马村龙山乐园，数年前由 14 位老人发起，办起了海岛民俗博物馆。1500 多件民俗古物，生动反映了玉环农耕时代海岛民俗文化，展现了一部玉环农、渔业发展史：有着 200 年历史的舂米石臼，用木头做的鼓风机，称药材的象牙小秤，摸鱼时挡雨用的各式笠篷，给稻田除草的"直推"，磨稻谷的"木砻"，还有虾蚁推、河螺稍、补网刀、捕捞小蛏苗用的刮小蛏袋，古老的水车、脚踏纺车、烟斗等等，它们被分在农业馆、手工业馆、生活馆三大馆展出。每一件展品上，都用小标签仔仔细细地标注了名称、年代和捐赠者。博物馆负责人之一、84 岁的蔡纪明老人告诉记者："展出的 1525 件器具，都是我们玉环渔民、农民日常生产生活使用过的器具，98%由群众无偿提供。"为鼓励岛民创办民俗博物馆、传承保护民俗文化的积极性，玉环县、城关办事处都给予了资金、场地等方面的大力支持。①

---

① 洪卫等：《玉环 14 位老人开办民俗博物馆展现海岛民俗》，《浙江日报》2008 年 6 月 27 日。

（5）要加大对无人岛作为海洋景观文化资源乃至海洋历史文化资源的保护力度。为保护无居民海岛，限制开发，我国实行了无居民海岛开发名录公布管理制度，2011 年公布了全国首批 176 个可以开发利用的无居民海岛名录。凡是公布可供开发的无居民海岛，最长开发使用年限为 50 年，外籍人士和外资企业也可以按照相关规定申请开发。这 176 个无居民海岛，分布在辽宁、山东、江苏、浙江、福建、广东、广西、海南等 8 个省区的海域，其中辽宁 11 个、山东 5 个、江苏 2 个、浙江 31 个、福建 50 个、广东 60 个、广西 11 个、海南 6 个，海岛开发主导用途涉及旅游娱乐、交通运输、工业、仓储、渔业、农林牧业、可再生能源、城乡建设、公共服务等多个领域。国家对海岛实施这一管理制度，目的是使我国无居民海岛得到科学合理的开发利用，将造成不利影响的风险降低到最小，要求单位和个人提出用岛申请后必须按照政府编制的海岛保护和利用规划，对拟开发的海岛编制详细的开发利用具体方案，在经专家进行充分论证认可后报经国务院或省级人民政府批准，方可取得无居民海岛使用权。原则上无居民海岛不进行房地产住宅开发；旅游、娱乐、工业等经营性用岛有两个及两个以上意向目的的，一律实行招标、拍卖、挂牌方式出让。这一公布名录管理制度纳入常规工作后，沿海各省将依据海岛保护规划和海岛开发建设的实际需要，陆续公布无居民海岛的开发名录，积极发挥政府在无居民海岛开发建设中的管理与引导作用。[①]

对无居民海岛实施这种管理制度，目的是实现海岛开发和保护并举，推动海岛经济社会又好又快发展。但对于大多海洋海岛生态价值突出、景观价值独具或重要的无居民海岛，必须加大对其作为海洋景观文化资源乃至海洋历史文化资源的保护力度。国家、地方在审批无居民海岛开发名录中，对此必须严加限制，严格管理。

（6）要充分发挥海岛在维护国家主权和海洋权益上的作用。我国东海、南海的许多岛屿及其海域，至今仍有日本、菲律宾、越南等国的抢占或与我国的争端，管理好、保护好我们自己的海岛和海洋，是我们中华民族不但再不用仰人鼻息，并且扬眉吐气地重新作为海洋大国、强国在世界上站立起来的标

---

① 《我国公布 176 个可开发无居民海岛》，中国新闻网，2011 年 4 月 12 日。

志。充分发挥海岛在维护国家主权和海洋权益上的作用，是我国海岛文化的重要内涵之一和价值作用之一。

（本报告内容来源：国家社会科学基金重大项目《中国海洋文化理论系统研究》[12&ZD113]、国家社会科学基金一般项目《渤黄海区域无居民海岛的史地研究》[13BZS081] 阶段性研究成果）

专题九　中国海洋文化遗产及其研究的现状分析与对策建议

一　我国海洋文化遗产的丰富内涵与价值

我国是世界上历史悠久的海洋大国，也是世界上重要的海洋文化遗产大国。

我国的海洋文化遗产，在空间分布上，无疑是以环中国海为中心的。

"环中国海"与"中国海"是两个不同的概念。"中国海"即环绕中国的广大海域，包括（由北到南）渤海、黄海、东海、台湾海峡及台湾东部近海、南海凡五大海区；国际上多将渤、黄、东海统称为"东中国海"（East China Sea），将南海称为"南中国海"（South China Sea），而将台湾海峡和台湾东部近海作为"东中国海"与"南中国海"的中间地带。"环中国海"，则是指环绕中国海、与中国海共同构成海－陆一体的东亚"泛中国海"地区；"环中国海"的内缘，是中国大陆及其近海岛屿；"环中国海"的外缘即外围，是（由北到南）东北亚的朝鲜半岛、日本列岛、琉球群岛，和东南亚的菲律宾、马来西亚、印度尼西亚、新加坡、文莱、泰国、越南等国家和地区。因此，"环中国海海洋文化遗产"的空间范围，不仅是指"中国海"内的海洋文化遗产，而且是指由"中国海"海内和"中国海"海外共同构成的海－陆空间范围的海洋文化遗产。环中国海海洋文化遗产的内涵，就是环绕中国海这一海洋空间，中华民族与海外民族共同利用海洋所创造和积淀下来的文化存在。

在这一"环中国海"海－陆空间内，在长期的历史时期，中国一直是最大的内陆文明大国和海洋文明大国，一直对"环中国海"外缘周边国家产生着巨大的辐射影响力，并由此不但在政治上构成了历史上东亚世界直到近代才解体的以中国政治为中心的庞大的中外朝贡政体，而且也在文化上形成了

"环中国海"以中国文化为中心的庞大的"中国文化圈"（亦称为"汉文化圈"或"儒家文化圈"），在经济上形成了"环中国海"（并由此连通了"环印度洋"和"环地中海"）以中国经济为中心、以中国商品为大宗的庞大的中外"海上丝绸之路"贸易网络。这种"环中国海"的中外之间的政治互动、经济互连、文化互通，都是通过历史上一直梯航不断的中外海上往来实现的。这就是我们常说的中外航海文化。除了"环中国海"中外航海往来之外，还有更为大量、更为频繁的"环中国海"内缘中国自身的南北航海，既有作为国家行为的航海大漕运，也有更为频繁的作为民间行为的航海大贸易。由于"环中国海"历史上的中外航海一直多以中国为"轴心"，由于中国作为一个历史悠久的统一大国，拥有漫长的海岸线、遍布沿海的港口和辽阔的幅员腹地，不但大量地"对外"而且更为大量地"对内"，因此，中外航海文化的主体是中国航海文化。

航海的目的是载人载物：以载人为主的主要是政治、文化往来，以载物为主的主要是海上贸易。历史上长期的中外海上贸易，从中国源源不断地运走的大宗的"船货"主要是丝绸、陶瓷、茶叶，由此才被称为"海上丝绸之路"；但丝绸、陶瓷、茶叶从来不产自海上，而是产自陆地，因此航海文化从来不是"纯粹的"海洋文化，而是具有海－陆一体性的海洋文化存在。而无论是中外航海政治联系、文化往来，还是海内外航海贸易、国家海漕，由于海洋环境复杂多变，桀骜难驯，往往难以"一帆风顺"，间或会有意外，造成海难。因此，海洋文化遗产中的"水下文化遗产"，就是那些因间或发生意外而不幸葬身海底的难船。由于"环中国海"之间中外航海历史悠久，不幸葬身海底的难船经日积月累，"沉积"既多，加之一些人为的"海难"，如海盗劫杀、两军海战，从而导致沉船量极大，作为海洋文化遗产内涵丰富，因后世难以打捞出水而极度"稀缺"，从而弥足珍贵，如"南海一号"即有"海上敦煌"之称。但这些海底难船作为海洋"水下文化遗产"，只是全部航海文化遗产中的"冰山一角"（更是"环中国海海洋文化遗产"中的"冰山一角"），更为大量、更为丰富的环中国海的航海文化遗产，是那些历史港湾、历史航道、历史码头、历史灯塔、造船遗址、港口海岸弃船、国家和民间用作海洋信仰祭祀的岸上庙宇、海商社会的岸上会馆、船民社会的造船与行船风俗、中外航海人集散的港口馆舍、相关人口社会聚居的港口城市遗产。它们是环中国海航海文化世代传承发展历史的内涵主体，也是现代社会条件下极易遭到破坏、大面积濒临灭绝、一定要加大力度保护的环中国海航海文化的遗产主体。

环中国海航海文化遗产，包括水下遗产和岸上遗产，在"环中国海海洋文化遗产"序列中还只占到较小的比重。占比重更大的，是历代政府进行海疆管理和治理的一系列设施遗存，历代兴建万里海塘、万顷潮田、万座海防设施（如烽火炮台、军镇卫所建筑）等大型海事工程，以及沿海地区占大量人口比例的渔业社会、盐业社会所遗留下来的物质的和非物质的海洋文化遗产。

历史上渔民社会的聚落主要是渔村；其打鱼的海域是渔场；其渔业组织是渔行渔会；其渔产交易买卖的地点是渔埠集市；政府对其管理和收税的地点是渔政衙门；其信仰祭祀的场所是山巅、海口的海神庙、龙王庙；其娱乐和审美的文化空间往往是节庆庙会；其出海打鱼的渔场海域往往没有"国界"，因而其进行"国际文化交流"是家常便饭。

至于环中国海历史上的盐业社会，仅就中国本土而言，就一直是一个庞大的海洋社会存在，他们分布在南北蜿蜒漫长的海岸线上，经营着或煮或晒的官办盐场，自先秦时期就是国家"官山海"的主要产业大军，历代国家财政往往"半出于盐"甚至更多，历代盐政是中国的一大行政部门，历代盐官是中国官员队伍的一大序列，历代盐商是中国"红顶商人"的一大群体，历代盐神是中国官府正祀和民间淫祀的一大景观——中国海盐一直占据着中国盐产的大半壁江山，充分显示着海洋对于中国的极端重要价值——其历史文化遗产，无疑是"环中国海海洋文化遗产"不容忽视的重要组成内涵。

环中国海海洋文化历史的中心是中国，环中国海海洋文化遗产的主体是中国的海洋文化遗产。中国的海洋文化遗产资源极为丰富，占据着中国文化遗产整体的半壁江山。其重大价值不仅仅在于人们常说的作为文物、遗迹本身所具有的具体的历史、科学与艺术三大价值，对于中国来说，更在于其作为文化遗产整体价值的四大重要方面：

其一，它是彰显中国不但是世界上历史最为悠久的内陆大国，同时也是世界上历史最为悠久的海洋大国的整体历史见证，是揭示长期以来被遮蔽、被误读、被扭曲的中国海洋文明历史、重塑中国历史观的"现实存在"的事实基础。

其二，它是我国大力弘扬中华传统文化国家战略的重要资源。中华海洋传统文化，是中华传统文化的有机构成。缺失了这一有机构成的"中国传统文化"的内涵是不完整的，而且近代以来已经被批判、抛弃得支离破碎。长期以来，人们一提中国传统文化，就认为是内陆农耕文化，而中国海洋文化遗产、以中国海洋文化为中心为主体的环中国海海洋文化遗产也是中华民族自身并通过与海外世界的海上交流而形成的长期的、广泛分布的大面积、大容量文化积存，只要正视它的存在，就会重视它的价值，就会形成保护它、传承它，在当代条件下弘扬其精神、利用其价值、促进其发展的文化自觉。只有这样的全面、整体意义上的弘扬中华传统文化的国家战略，才会带来中华文化全面、整体的复兴和繁荣。

其三，它是我国海洋发展国家战略中海洋文化发展战略的重要基础内涵。国家海洋战略包括海洋政治战略、海洋经济战略和海洋文化战略，细分包括对内和谐海洋、对外和平海洋秩序的构建，海洋防卫军事力量的加强，海洋权益的维护，海洋科技的创新，海洋环境的治理，海洋产业的发展，海洋文化资源（包括遗产资源）的保护和利用与当代海洋文化的创新繁荣等等。其中海洋文化遗产资源的保护与利用，其意义不仅在于对增强民族海洋意识、强化国家海洋历史与文化认同、提高国民建设海洋强国的历史自豪感和文化自信心、发展繁荣当代海洋文化、对内构建海洋和谐社会、建设海洋生态文明的意义，还在于在很大程度上，它对于国家对外构建海洋和平秩序的战略价值。以中国海洋文化遗产为中心、主体的环中国海海洋文化遗产，不仅蕴藏分布在环中国海"内侧"的中国沿海、岛屿和水下，而且广泛、大量分布在环中国海"外侧"亦即"外围"的东北亚与东南亚国家和地区。在这些国家和地区广泛、大量分布蕴藏的具有中国文化属性的海洋文化遗产，总体上彰显的是中国文化作为和谐、和平、与邻为伴、与邻为善的礼仪之邦文化的基本内涵，见证着这些国家和地区的人民的祖先与中国本土友好交往交流，长期进行政治、经济、文化互动，构建和维护着东亚和平秩序的悠久历史。历史不应被忘记；历史会昭示后人。如何充分保护和尊重这些海洋文化遗产，如何充分尊重和善于汲取古代先人构建东亚海洋和平与和谐秩序的历史智慧，对于今天的东亚乃至整个世界的海洋和平秩序构建，是最具基础性、真实性、形象性，最具说服力因而最具启发性和感召力的"教科书"。

其四，它是维护我国国家主权和领土完整、保障国家海洋权益的事实依据，因而也是法理依据。法理的基础是事实和在事实面前的公正。无论是在东中国海还是南中国海的不少岛屿与海域，《联合国海洋法公约》生效以来都存在着外围国家与我国的海洋主权和相关权益争议，而作为环中国海海洋文化遗产的中心和主体的中国海洋文化遗产，在这些争议岛屿与海域都有广泛、大量的分布，因而充分认识和重视这些中国海洋文化遗产在这些岛屿和海域中的历史"先占性"和长期占有性，对于维护我国国家主权和领土完整、保障国家海洋权益具有不可替代的价值意义。事实上，我国学者和我国政府已经为此作出了不懈努力，但由于对这些遗产的发掘和掌握尚不充分，加之思维空间尚未放开，理念模式尚多局限，对这些遗产的价值的利用与发挥尚不到位（例如中日钓鱼岛之争，如果我国掌握更多的遗产证据，将历史上的中琉封贡海路作为中国的海上文化线路遗产加以"申遗"和"保护"，或可改变对日"只争一岛"的局限；中越北部湾划界，如果将中国沿海渔民所有的传统渔场——这是中国沿海渔民和海洋捕捞业的生命线——作为"历史水域"加以对待和保护，北部湾中国沿海渔民就不至于大量"失海""失渔"）。以中国海洋文化遗产为主体的环中国海海洋文化遗产，对于维护我国国家主权和领土完整、保障国家海洋权益和我国沿海社会的生存与发展权利，对于国计民生，都具有不可低估的重大价值。

二　环中国海海洋文化遗产的存在状况

环中国海海洋文化遗产具有如上多方面的重要价值，广泛分布在环中国海的广大海–陆空间内，但其"生存"状况却面临着来自多方面的威胁、破坏乃至大量损灭，其整体现状令人担忧。

一是危险来自在环中国海的外围。随着21世纪"海洋时代"的来临和全球性海洋竞争白热化态势的出现，我国的海洋权益的维护包括海洋文化遗产安全的保护面临着越来越严重的挑战。作为环中国海海洋文化遗产的中心和主体的中国海洋文化遗产广泛、大量分布在一些与环中国海周边国家存在主权和权益争议的岛屿和海域，而这些岛屿和海域大多已被周边国家和地区实际控制，他们一方面作为政府行为，为了"证明"其"主权"和其他"权益"的归属及其"存在"，遮蔽中国海洋文化遗产的历史存在，故意破坏、铲除具有中国属性的海洋文化遗产，建筑他们自己的现代海洋设施，或改头换面为他们"自己的"海洋"遗产"，从而导致中国海洋文化遗产的损灭；一方面由于其遗产法规体系和管理制度的不够完善，也由于中国属性海洋文化遗产的"价值连城"，作为其政府行为，往往与国际上"先进的"海底捞宝公司"合作"借以分赃获利，作为民间行为，则肆意偷盗、抢挖破坏和贩卖中国海洋文化遗产，从而导致中国海洋文化遗产的损灭。

二是危险来自环中国海内缘和外缘普遍的快速度城市化、工业化和经济全球化乃至不同程度的"文化全球化"所导致的"建设"性破坏。环中国海东亚世界作为"中国文化圈"或曰"汉文化圈""儒家文化圈"的传统的改变始自近代：中国自鸦片战争以后成为"半封建半殖民地"社会，日本自明治维新逐步"转身"为"脱亚入欧"的军国主义和帝国主义，其他环中国海东亚地区大多被西方或日本完全殖民。东亚世界的这种近代历史虽然早已结束，但其"后遗症"却至今不乏端倪，其在文化上的显现，即是自近代以来对传统文化程度不同的外力破坏和自身自觉不自觉的破坏。进入现代社会以来，人们为了"赶英超美"，不惜将传统文化遗产夷为平地，而代之以比西方还高的高楼、比西方还大还多的林立城市；人们为了工业化，不惜抛弃传统的作业方式和生活方式，为的是在经济数字包括 GDP 数字和诸多"指数"上竞相获得排名。这在我国同样如此，甚至在近三十年中更甚。我国沿海是最先对外开放、城市和经济发展最快、现代化程度相对最高的地区，同时也是对海洋文化遗产遗存造成最为直接、最为严重的破坏的地带——既包括海滨海岸港口遗产、海湾航道遗产、涉海建筑遗产、岸上和水下航海文物与遗址等海洋物质文化遗产，也包括海洋社会信仰、海洋社会风俗、海洋社会艺术等海洋非物质文化遗产。其"建设"性破坏的主要威胁方式，仅就"合法"的而言，就有大规模"旧城改造"（包括"旧街区""旧民居""旧港口""旧建筑"等"改造"）的"破旧立新"工程；有"城区"空间不断拓展、不断将"边区"古港古码头古渔村铲平而建设为新城区甚至城市中心的"大城市化"乃至"大都市化"工程；有"围海造地"向海滩要地、向海湾要地的"大炼油""大化工"工程；有以现代化陆源污染为主的海洋污染和海洋沉积导致的对海滨海岸和水下文化遗产的大面积"覆盖"与侵蚀工程；等等。如何对我国18000公里大陆海岸线上、6500多个大小岛屿上、300多万平方公里管辖海域中大量重要的海洋文化遗产进行有效保护利用，并对数百万平方公里管辖外海域及其岛屿、海岸中具有中国属性的海洋文化遗产进行有效监护，已经成为摆在我们面前的十分严峻的课题。目前，我国正在转变经济发展方式，转变经济发展方式必然会带来文化观念的转变，我们抱有极大乐观，但又深知任重道远。

三是危险来自国内沿海民间社会对岸上和水下海洋文化遗产的非法行为。这表现在多个方面。其一是沿海地区不少工程企业或为抢赶工程进度、或为抢占土地和海域，不经文物部门勘探批准就施工挖掘，甚至瞒天过海，故意掩埋、破坏海洋文物遗产；其二是一些沿海地方的旅游部门、旅游企业为"吸引"游客而肆意改造、"重建"海洋文化遗产景观，造成了对遗产本身乃至其生态的破坏；其三是沿海一些渔民非法进行水下文物打捞，对海底船货文物非法侵占、买卖，并对水下船体本身造成破坏，还有的与内陆、与海外相互勾结进行海洋文物走私，造成文化遗产的大量流失；等等。有的海上盗宝者甚至组成"公司"，在对海洋水下遗产的非法盗窃中，有的负责"勘探"，有的负责打捞，有的负责"侦察"和"保安"，有的负责非法贩卖乃至国际走私。我国政府对水下文化遗产的考古打捞，实际上都是被动的"抢救性"考古发掘，如"南海一号""华光礁一号""碗礁一号""南澳一号"等"一号工程"，用我国水下考古工作者的话说，实际上是被国际国内的非法打捞盗窃行为"逼"的，是"迫于文物破坏和流失的严峻形势"的"不得不为"。由于政府组织的或经文物部门批准的正规考古打捞行动一直较少，对岸上尤其是水下文化遗产的存在状况并没有全盘掌握，这种非法盗窃打捞的民间行为如若得不到彻底制止，则海洋文化遗产尤其是水下文化遗产受到的威胁和损灭将无法估量。

四是危险来自全球性气候变化带来的海平面上升和海洋灾害频发所导致的海洋文化遗产的淹没、侵蚀等慢性蚕食与突发灾难性破坏。这对海滨海岸文化遗产造成的威胁尤大尤多。目前我国海洋部门和海洋科学界对海洋环境所进行的研究监测与技术治理，尚未顾及对海洋文化遗产的保护。

五是危险来自政府对海洋文化遗产的管理尚不到位。我国政府对海洋文化遗产尤其是水下文化遗产重视较早，且多有强调，但其一是相关法规尚不够完善（如 1989 年发布实施的国家《水下文物管理条例》，尽管对其修改的呼声一直很高，但至今尚未行动）；其二是政府管理条块分割，海洋水下文物及遗址遗迹等遗产"存在"环境状态极其复杂，只靠文物部门难以济事；其三是近几十年来"经济"二字趾高气扬，其他往往被迫让位，每遇经济发展与文物保护冲突，文物保护往往难以招架"经济发展"的至高无上，给文物管理和执法带来极大难度。

六是危险来自国民海洋文化意识和遗产保护意识的淡漠和缺失。没有意识，就没有自觉。尽管近些年来情形已大为改观，但尚未普遍。全体国民海洋文化意识得到普遍提升、海洋文化遗产保护意识得到普遍强化之日，才是海洋文化遗产得以全面保护、海洋文化精神得以全面弘扬、当代海洋文化得以全面繁荣之时。

三　环中国海海洋文化遗产调查研究的意义

环中国海海洋文化遗产调查研究的重大意义，既基于环中国海海洋文化遗产的广泛、大量分布及其重大价值，更基于其面临的令人担忧的存在状态。

其一，环中国海海洋文化遗产调查研究，是摸清环中国海海洋文化遗产的家底，阐明环中国海海洋文化遗产的内涵，为学术界今后开展多学科的全面、系统、立体、深入的环中国海海洋文化研究奠定基础的学术建设需要。毋庸讳言，我国学术界对环中国海海洋文化的全面系统研究尚未开始，更遑论立体、深入，原因就在于我们对环中国海海洋文化遗产从未进行过全面系统的调查研究这一最为基础的工作。连全面整体的基本家底尚不掌握，自然谈不上对其全面整体的评价和利用。

其二，环中国海海洋文化遗产调查研究，是服务于国家对全国文化遗产实行全面有效管理保护的需要，进而是服务于保障文化资源安全的国家战略的需要。我国海洋文化遗产是我国文化遗产的重要组成部分，但国家重视对海洋文化遗产的管理和保护，目前还处于其作为"水下文化遗产"的意义层面，与海滨海岸和岛屿上的"海洋文化遗产"尚处于理念上和管理上的分割状态，这是着眼于考古发掘技术手段和文物保护技术要求上的差异的结果。环中国海海洋文化遗产的调查研究，无疑将会通过全面、系统的中国海洋文化遗产遗存信息的获得和对其价值内涵的全面、系统的揭示与阐释，强化社会和文物部门对岸上和水下"海洋文化遗产"的整体、系统认识，从而在国家文化遗产保护体系中，对其作为文化遗产的一大主题类别，建构整体、系统的管理保护与价值利用机制。特别是环中国海外缘的中国属性海洋文化遗产，由于上述外国非法侵害破坏现象以及潜在危险因素的普遍存在，时时处于濒危状态，及时开展环中国海海洋文化遗产的全面、系统调查研究，可以为国家文物部门和相关执法部门提供中国权属的海洋文化遗产遗存的家底，以国家行为维护我国文化遗产资源的安全。

其三，环中国海海洋文化遗产调查研究，是揭示和彰显中国作为世界上历史最为悠久的海洋大国的丰厚海洋文化积淀，为提升国民的海洋文化主体意识、重塑国人的中国历史观和中国文化观、促进中国文化全面发展繁荣提供历史基础，从而服务于国家文化发展战略的需要。如前所论，长期以来国人大多对中国的海洋文明历史重视不够，尤其是近代以来在知识界"拿来"西方"精英"理论作为"经典"并长期占据教科书话语权的影响下（如黑格尔的《历史哲学》，其中就阐述了只有西方文化才是海洋文化、中国没有海洋文化的"高论"），"西方文化是海洋文化"而"中国文化是农耕文化"，"海洋文化开放开拓开明先进"而"农耕文化保守封闭愚昧落后"几乎成为国人的"共识"，从而导致国人往往对于中国自己的历史和文化产生一种"己不如人"的自卑意识，甚至动辄对自己的历史和文化口诛笔伐，自我矮化，自惭形秽。尽管多年来中央一直将弘扬中国传统文化纳入国家战略决策，理论战线也不断加以阐述和倡导，但对中国传统文化中的海洋文化内涵，还强调得不多，重视得不够，还没有形成国民的海洋文化主体自觉。通过全面、系统、深入的调查发掘以中国海洋文化遗产为中心、主体的环中国海海洋文化遗产，研究认识其丰富内涵，进而揭示、阐明其作为中国文化有机构成的丰富存在和重要价值，无疑会有助于扭转长期以来被扭曲的中国海洋文明历史观念，增强国民对自己国家、民族文化整体的自豪感和自信心，进而促进中国当代海洋文化的健康发展和全面意义上的中国当代文化的发展繁荣。

其四，环中国海海洋文化遗产调查研究，是服务于国家海洋发展战略的需要。如前所及，一方面，有效保护国家海洋文化遗产安全和充分发挥其价值作用，本身就是国家海洋发展战略的有机内涵；另一方面，通过揭示以中国海洋文化遗产为核心、主体的环中国海海洋文化的多方面价值，既可对内使国人增强发展海洋的文化自觉与文化自信，又可对外发挥其作为中国和谐文化、和平文化载体对于构建当代区域海洋和平秩序乃至世界海洋和平秩序的历史借鉴价值。另外，通过对环中国海海洋文化遗产的全面、系统调查研究，可以查清海洋文化遗产的重点分布区域及其当下状态，为国家战略中重大海洋开发、重大海底设施工程、重要海底资源开采等国家规划的制定和作为企业行为的海洋开发与工程的实施，提供必须绕道而行的"路线图"，从而服务于国家海洋开发战略。

其五，环中国海海洋文化遗产调查研究，也是服务于维护我国海洋主权安全和领土完整、保障国家海洋权益的国家战略的迫切需要。对此，前面的论述已经有简要的说明。

总之，环中国海海洋文化遗产价值重大，环中国海海洋文化遗产现状堪忧，环中国海海洋文化遗产调查研究具有既服务于我国包括海洋文化的整体文化研究和相关学科研究的学术发展需要，又服务于国家文化遗产管理、国家文化战略、国家海洋战略和国家安全战略需要的多方面重大意义，不能不受到我们的高度关注。重视和保护环中国海海洋文化遗产，已经成为政府、学界等社会各界刻不容缓的当下使命。

四　环中国海海洋文化遗产的研究现状

中外学术界对中国海洋文化遗产现状及其保护机制的整体、全面的系统研究，迄今仍是空白，但在中观和微观层面，则已有众多成果。通观中国相关学界对中国海洋文化遗产及其保护已有的或局部或个案或相关的研究成就，主要在以下六大方面：一是中国沿海、岛屿区域文化考古及其文化内涵研究；二是海岸带第四纪考古，尤其是全新世海陆环境考古研究；三是海外交通历史文物和遗迹的调查研究与展示；四是海洋水下考古与水下文化遗产研究；五是海洋文化遗产的管理保护与国家政策、制度和国际国内法规研究；六是中国海洋文化遗产存在空间的海权争端研究。

1. 沿海、岛屿区域文化考古及其文化内涵研究

考古学对于海洋文化遗产的发现和具体内涵的揭示，不但对于缺乏文字记载的史前时期而言具有独有的价值意义，而且对于历史时期而言，也具有大面积弥补文献记载匮乏的巨大功绩。中国自有现代意义上的考古学百年以来，在沿海地区、岛屿地区以及相关中原地区，发现发掘了大量史前时期和历史时期具有海洋文化遗产性质的遗址遗迹遗物，并在揭示中国文明起源和考古文化区系上提出了"海岱考古文化"[①]"环渤海考古文化"[②] 以及沿海及内陆"向海文化"等概念和理论，揭示了中国广袤的沿海地区及关联中原地区大量相关文化遗产的内涵与性质。其中遍布南北沿海的贝丘文化、浙江沿海的河姆渡文化、山东海州湾畔的两城镇文化、莱州湾畔的盐业文化、长岛（庙岛群岛）石器文化等，因其年代较早、遗存丰厚而成为中国早期海洋文化丰富内涵的标志。就对沿海民族的考古文化而言，北部沿海的东夷族、中部沿海的吴越族、南部沿海的百越族等，都是中国早期海洋文明的奠基民族。尤其是北部沿海和东部沿海民族地区，最早纳入中原王朝"天下"版图，对中国早期海洋文化的内涵发展，作出了最直接的贡献，相关早期考古遗存也最为常见。东南部沿海、海南岛等地区百越部族的相关早期文化遗存，近年来也发现较多。至于台湾先辈学者凌纯声[③]、大陆先辈学者林惠祥[④]等的早期研究，都是以人类学和

[①] 参见高广仁、邵望平《中华文明发祥地之———海岱历史文化区》，《史前研究》1984 年第 1 期；栾丰实：《海岱地区考古研究》，山东大学出版社，1997；张富祥：《海岱历史文化区与东夷族形成问题的考察》，《山东师范大学学报》（人文社会科学版）2003 年第 6 期；高江涛、庞小霞：《岳石文化时期海岱文化区人文地理格局演变探析》，《考古》2009 年第 11 期；等。

[②] 参见苏秉琦《环渤海考古的理论与实践》（1988）：环渤海考古是"打开东北亚（包括我国大东北）的钥匙"。苏秉琦《关于环渤海—环日本海的考古学》（1994）：环渤海考古包括了"两个海——渤海就是中国海，东邻就是日本海；三个半岛——辽东半岛、胶东半岛和朝鲜半岛；四方——中国、朝鲜、俄罗斯、日本"。均见《苏秉琦文集 3》，文物出版社，2009。

[③] 参见凌纯声相关著作《台湾与东亚及西南太平洋的石棚文化》《中国远古与太平印度两洋的帆筏戈船方舟和楼船的研究》《中国与海洋洲的龟祭文化》《中国边疆民族与环太平洋文化》等。

[④] 参见林惠祥相关著作《文化人类学》《中国民族史》《苏门答腊民族志》《婆罗洲民族志》等。

民族学视角对东南亚及太平洋史前百越族或称"南岛语族"的跨海迁徙进行考古学"证明"的，贡献良多，但因所据"碎片"过于零散，牵涉问题太广，历史文献缺乏，历史断条难续，虽有学者热心，不时发起研讨，但仍多自说自话，难以形成整体、系统的认知。关于"殷人东渡"美洲之说，中外学者对墨西哥奥尔克文明遗址中的器物刻文、祭祀玉器等遗存多有解读，似不容置疑，但缺乏历史文献记载，尚需考古学、历史学与海洋学、航海学研究结合加以证明。中国沿海各地七八千年前的独木舟、古船器物，几十年来时有发现，充分揭示了中国人早期发达的航海能力和水平，现在需要的是将这些零散的遗存复原成历史的链条，再现中国海洋文化自古以来历史的辉煌。历史学对此已多有贡献。诸如对"海上丝绸之路"及其遗产的相关研究，考古学都离不开与历史学的联姻与互证。这其中，中国海外交通史学会、中国中外关系史学会的诸多老一辈和中青年学者，在认定、解读和揭示"海上丝绸之路""郑和下西洋"以及相关的"妈祖信仰"等中国重要海洋历史文化遗产的内涵，复原中外航海交通和中外关系的历史面貌上，成果颇多，贡献颇大。这些都为完整勾勒环中国海海洋文化遗产历史形成的整体过程和整体面貌，奠定了充分的基础。

2. 海岸带第四纪考古，尤其是全新世海陆环境考古研究

由于现代文理工科的分野，这一归属于"理科"的考古往往与人文考古学互不纳入视域，长期以来很少相互结合起来解读、解决问题，这一情况直到近些年来才有所改观。"理科"的海岸带全新世环境考古的指向尽管也在于研究认识人类（尤其是早期）的生存环境问题，但具体的考古工作可以不将"人文"问题作为其具体解决的对象，而人文考古却不同，离开了对环境变迁的认识，很多考古文化现象便难以说明。尤其是对于海洋文化遗产的考古来说，由于海洋环境变迁极为复杂，海平面升降可以使沧桑互变，现在的海洋是过去的陆地，现在的陆地是过去的海洋；风暴潮灾害可以使人类陆上的生活文化设施甚至连同人群聚落顷刻间葬身海底；在环中国海海域历史上的航海网络，包括东北亚和东南亚以及连通南亚和西方世界的"海上丝绸之路"的具体航线，之所以是这样而不是那样，为什么在一些海域沉船"累积"极多而在另外的海域极少，这些都必须通过对历史上的海洋环境的研究才能得到说明。包括"南岛语族"在东亚－太平洋区域迁徙的状况，包括"殷人东渡"到底是否到达过美洲以及如何到达过美洲，都必须通过海洋地理、海洋环境研究才可以解释。在人文考古学和历史学看来往往不可能的"历史"，却往往可以通过渐变和突变的海洋环境史得到解释。另外还有更多的海洋自然景观和岛礁景观，如"海市蜃楼"及由此而生成的"登州海市－蓬莱阁"人文景观和"海上神山"信仰遗迹，如从"青州涌潮"到"广陵涛"再到"钱塘江大潮"的自北向南的"潮文化"景观遗产，如从山东半岛"天尽头"的"秦桥遗址"到海南岛三亚海滨的"南天柱石"作为"天涯海角"，更有18000公里大陆海岸线和众多岛屿海岸线上、大海之中大量千姿百态、令人叫绝的海蚀礁石，都是中国海洋文化遗产中自然－人文景观遗产的绝唱，也只有借助海洋环境学、海洋地质学和海洋化学等海洋学科，才能找到其"来历"答案。对于如上这些海洋文化遗产的方方面面，相关的研究和认识大都分散在各自的相关的学科之中，尚未进行有效的学科交叉整合。这种"相关"学科如何整合，是今后海洋文化遗产研究的重要课题。

3. 海外交通历史文物和遗迹的调查研究与展示

1959年挂牌成立的"泉州海外交通史博物馆"是全国最早的专题性、区域性博物馆。其展示的是在泉州后渚港沉积海湾中发现发掘的海外交通史文物，反映着宋元时期有"东方第一大港"之称的刺桐港（即泉州古港）与中国对外航海、贸易、文化交流的发展历史。1978年《海交史研究》在该馆创刊；1979年"泉州湾宋代海船科学讨论会"举行，"中国海外交通史研究会"同时成立，"海交史"研究由此具有全国性学科意义。1986年联合国教科文组织（UNESCO）将泉州列为"海上丝绸之路"考察点。UNESCO自1987至1997年进行"海上丝绸之路"考察项目10年，福建社会科学院为此成立了"中国与海上丝绸之路研究中心"，并创办了不定期学术集刊《中国与海上丝绸之路研究》，发表了大量国内外学者的相关历史学与考古学论文。在此前后，该馆组织了对妈祖文化遗迹的专题性调研，为其后的妈祖文化研究奠定了重要的史料基础。该馆发展至今，已成为国内藏量最为丰富的以泉州地方为主的海外交通专题性海洋文化遗产博物馆。

中国南北沿海海外交通历史港口众多，海交史文化遗存其后在沿海各地都有大量发现，还有渔文化、盐文化、商埠文化、海防文化、海洋信仰文化等海洋文化遗产，20 世纪七八十年代以来在各地发现更多，沿海各省地方博物馆的藏量都极为丰富，并先后建立了许多专题性博物馆、展览馆，有不少已被列为国家重点文物保护单位。近些年来的"海上丝绸之路""申遗"，从南到北如北海、广州、泉州、福州、宁波、蓬莱等地，都热情极高，悉数发掘，各亮底牌，大加宣传，呈现各自都各有特色、遗产丰富、难分伯仲的重要性。中国是一个历史悠久的海洋大国，"海上丝绸之路"作为中外航海文化的代称，在中国南北沿海各个历史大港中都有发掘不尽的遗产系列乃至文化序列，因此国家相关部门只能协调"捆绑"、作为中国航海文化遗产整体，并与"陆上丝绸之路"实行"并轨"，整体"申遗"。中国是世界上重要的文化遗产大国，而"世界遗产名录"毕竟"容量"有限，不可能将中国所有重要文化遗产（哪怕是"丝绸之路遗产"、更何况"海上丝绸之路遗产"）照单全收，因此关键的问题不在于是否能够"申遗"，而在于各级政府和全体公民对文化遗产及其文化内涵的整体尊重、关爱和呵护。这些年各地为争"海上丝绸之路始发港"各显其能，而缘何重视，应如何重视，则忧喜参半。认识问题、理念问题、机制问题、措施问题都没有得到很好的解决。

4. 海洋水下考古与水下文化遗产研究

港口是"海上丝绸之路"的始发和登岸的两端，而连接这些港口之间茫茫大海大洋上的一条条海上航线的，是难以计数的穿梭如织的帆影。数千年乃至数以万年，日复一日，不知有多少不幸葬身海底的沉船，则是历史的"鲜活"存在，"海上丝绸之路"的整体面貌，尚需更为大量的水下文化遗产被我们所知所识，连接复原出不同时空的历史的点点与面面。而目前海洋水下考古已做的工作，还远不能满足这种需要。

"水下考古"（Underwater Archaeology）与"海洋考古"（Maritime/Marine Archaeology）是两个既有重合而又有区分的概念。"水下考古"的对象是水下文化遗产，尽管其最终目标是揭示其所反映、体现的文化，但既可以是海洋的，也可以是内河、湖泊的；它与其他考古最大的区别在于实施"水下"考古作业的技术与工程方法，和探测打捞出来的"出水物"与岸上、陆上考古挖掘出来的"出土物"的不同。"海洋考古"的对象是海洋文化遗产，它与

"水下考古"的不同之一在于考古发掘的遗产本身的海洋文化属性和相关属性，不同之二在于它并不专门关注水下（海底），它还要关注岸上乃至陆上甚至内河与湖泊中的海洋文化遗址遗物。这就是说，"水下考古"的本体特性在于其水下考古技术，"海洋考古"的本体特性在于其海洋考古内容。"水下考古"与"海洋考古"两个概念的重合部分，大致相当于"航海考古"（Nautical Archaeology）。而这里的"航海考古"的对象，只是在海洋文化历史上不幸葬身海底（及相关河底、湖底）的部分，同样远非全面整体意义上的"海洋文化遗产"；而更为广泛、普遍、大量的全面整体意义上的海洋文化遗产主体，是没有被埋藏的、还遗存在人们现实生活空间中的海洋历史文化存在，包括具有历史、科学和艺术价值的海洋历史人文存在和海洋历史自然－人文（人文化了的自然）存在，包括船舶船具船货等航海器物、港口灯塔栈桥仓储海关等海事建筑、码头商埠等海事社会生活文化设施及其所在的"文化街区""文化片区""文化线路"等"文化空间"。所有这些，作为中国海洋文化遗产整体，长期以来，直到近年全国第三次文物普查包括水下文化遗产专项普查之前，在国家层面上一直没有给予重视。近些年来国家对于海洋文化遗产的重视主要表现在两个方面：一方面对"海上丝绸之路"这一"申遗"专题的重视，另一方面对作为"水下文化遗产"（主要是海底沉船及其船货遗产）及其保护的重视。

"水下文化遗产"的考古发掘，所依靠的主要技术手段和途径是"水下考古"。"水下考古"在世界上的出现，是 20 世纪 60 年代的事。自携式水下呼吸器（SCUBA）1944 年才被法国海军发明出来。人们一般把 1960 年美国宾夕法尼亚大学教授乔治·巴斯（George Bass）携带水下呼吸器潜水考古作业，对土耳其格里多亚角海域一艘古代沉船遗址的调查发掘作为西方水下考古学的起点。1973 年，乔治·巴斯在德克萨斯 A&M 大学创立了航海考古研究所，并在多年水下考古实践基础上编写出版了《水下考古》一书。在此前后，水下考古快速升温，英美人很快在世界上的多个海域探索和打捞沉船。四处"探宝"，在西方人那里有悠久的传统。在此期间，英国调查、发掘、打捞了大西洋海域的不少古代沉船，并很快成立了"航海考古学会"，编辑出版了《国际航海考古与水下探索杂志》。在亚洲太平洋海域，英国人吉米·格林（Jeremy

Green）等在澳洲、泰国、菲律宾海域和中国南海海域进行了大量水下考古发掘，至20 世纪70 年代初期就已发掘和打捞古代沉船达20 多处。[①] 受到西方人打捞中国的古代沉船瓷器并在文物市场上大肆贩卖获利的刺激，中国的海洋水下文化遗产考古于 1986 年正式启动：政府对“水下考古工作”开始重视，1986 年成立“国家水下考古协调小组”、1987 年成立中国博物馆水下考古研究室（后改为水下考古中心），同年创刊《水下考古通讯》，其后组织考古人员参加中外合作的水下考古培训，中外合作在中国近海进行沉船调查勘探等。1989～1990 年在青岛举办的第一届海洋考古专业人员培训班，被学界视为当代海洋考古学水下考古技术传入中国和中国建设水下考古专业队伍的标志。此后，在辽宁、山东、浙江、福建、广东沿海先后开展了 10 多处宋元明清不同时期沉船遗址的水下调查和发掘工作，学术反响和社会反响巨大。水下考古（主要以海洋考古为文化指向）已经成为中国考古学中最具学术效应和社会效应的领域之一。

尽管中国开展水下考古比西方国家略晚，但在国家高度重视和大力投入下，经过 20 多年来与沿海各地政府和文物考古部门的共同努力，中国的海洋水下考古取得了一系列重要成就。中国的水下考古是政府公益行为，不以营利为目的，是真正的考古学意义上的考古，不像西方的水下考古那样更多的是公司行为，通常考量的是遗产本身的经济价值，因为通常是考古打捞公司与“船主”即政府平分其利。中国所有重要水下文化遗产的考古发掘和研究都是经国家文物局立项批准，在国家博物馆水下考古中心的总负责和统一组织下，与沿海当地文物考古部门和国家其他相关部门合作进行的。中国已先后对多个海域的大量沉船进行了考古勘测，并进行了绥中三道岗沉船、“南海一号”“华光礁一号”“碗礁一号”“南澳一号”等重要沉船的考古发掘。其中“南海一号”已成功整体打捞出水，移至广东阳江海岸专门建造的“海上丝绸之路博物馆”的大型“玻璃宫”内，一方面可供海水环境中对沉船船货继续进行考古研究，另一方面可供游客和相关人员进行实景观察观赏。这在世界上是一个先例。

---

① 参见吴春明等编著《海洋考古学》，科学出版社，2007。

随着中国水下考古工作的开展，一些相应的水下考古报告相继推出。主要的"中国水下考古报告系列"有张威主编的《辽宁绥中三道岗元代沉船》（科学出版社 2001 年版）、《西沙水下考古（1998～1999）》（科学出版社 2006 年版）以及《东海平潭碗礁一号出水瓷器》（科学出版社 2006 年版）等。海洋考古学的专著和教材，主要有张威等编著的作为国家文物局第二届水下考古专业人员培训班教材的《中国海洋考古学的理论与实践》（国家博物馆水下考古中心 1999 年印行），吴春明的《环中国海沉船》（江西高校出版社 2003 年版），张威主编、吴春明等编的《海洋考古学》（科学出版社 2007 年版）等。在此之前，日本小江庆雄的《水下考古学入门》（王军译，文物出版社 1996 年版）较早翻译介绍到中国，成为中国水下考古理论与实践的参考书。值得注意的还有杜玉冰编著的《驶向海洋——中国水下考古纪实》（文物出版社 2007 年版），真实记录了中国水下考古工作者 20 多年的艰辛历程和水下探密的勇敢故事。这本书虽是报告文学，非研究专著，但对于海洋水下考古，无疑具有重要的知识普及意义，正如当年徐迟的报告文学《哥德巴赫猜想》，是科学界不可多得的文献。

我国自 2008 年开展全国第三次文物普查，自 2009 年开始实施全国水下文物普查，全国除港澳台之外 11 个沿海省区市先后铺开，这是第一次全国范围内除港、澳、台之外对水下文化遗产进行大普查的统一行动，不但对水下，对沿海陆上的也进行了相应的调查，所得遗产信息十分可喜和惊人，而其"生存"和"存续"状况却令人十分堪忧。统一使用这些资料，对于中国海洋文化遗产的整体研究，具有前所未有的重大意义。

但是，对于大多海域的水下文化遗产来说，由于水下考古探测人员、探测技术和海洋设备条件的限制，这次普查还只是初步探路，大量信息还只是靠走访渔民等"采风"调查手段所得，发现最多的是"疑存"。其在茫茫大海中具体方位何在、其具体海况如何、其遗产内容、状况到底怎样，由于多种条件的限制，得不到海洋科学与工程技术的支持运用，要使"疑存"成为真正掌握并得到保护的"遗存"，还有很远的距离。目前，中国经过专门培训的水下考古人员 90 余人，水下文物保护修复人员不到 20 人，且不说面对浩渺博大的整个中国海，即使面对中国领有和管辖的 300 万平方公里海域的水下文化遗产，要进行"人工"潜水探测考查（且不说打捞），也只能是选择重点，真正大面积的"普查"，则只能"望洋兴叹"。中国最近已成功自主研制出"蛟龙号"载人深海潜水器，潜水深度可达 7000 米，这是世界奇迹。能否应用于水下文化遗产考古，现在尚得不到答案。今后的海洋水下考古，更为需要的，还在于取得海洋科学与工程技术的支持，并且从长远看，海洋水下考古和水下文化遗产保护，必须从与海洋科学与工程技术结合的海洋文理工交叉学科建设和人才培养入手。

在海洋考古学学科建设上，厦门大学海洋考古学研究中心 2004 年成立，是继"北京大学中国考古学研究中心""吉林大学边疆考古研究中心""山东大学东方考古研究中心""中山大学岭南考古研究中心""南京大学文化遗产研究中心""香港中文大学中国考古研究中心"等之后成立的专于海洋考古的研究单位，它以历史系考古专业的教学、科研人员和研究生为基本力量，已承担国家社会科学基金、教育部人文社会科学基金、省部级横向课题多项，取得了一系列创新成果。

5. 海洋文化遗产的管理保护与国家政策、制度和国际国内法规研究

对海洋文化遗产的考古，无论是陆上也好，水下也好，其主要行动是对海洋文化遗产本身的考古发掘；而无论是发掘之前、发掘之中，还是发掘出来之后，都有一个长期保护的问题。这既是政府的责任，也是民间的责任，而更为主要的是政府的责任。"保护"对于国家来说，就是管理，就是政策与法规的制定，就是各级政府对政策和法规的执行，包括国际合作。

以《中华人民共和国水下文物保护管理条例》（以下简称《条例》）1989年发布施行为标志，国家水下文化遗产保护作为国家立法保护自此开始。《条例》起草和几经修改修订的过程，体现了学界的相关研究理解。但由于《条例》本身毕竟是当时历史条件下的产物，不够完善，对《条例》进行修改的呼声一直很高，但至今尚未行动。比如《条例》规定，中国内水、领海内的一切水下遗存、领海以外其他管辖水域内（即毗连区、专属经济区和大陆架）起源于中国的和起源国不明的水下遗存，都属于国家所有，国家对其行使管辖权；对于外国领海以外的其他管辖海域以及公海区域内起源于中国的文物，国家享有辨认器物物主的权利。据此，问题在于，其一，对中国管辖水域内

（即毗连区、专属经济区和大陆架）起源国明确是外国的水下遗存的权利，没有作出规定；其二，对于外国领海以外的其他管辖海域以及公海区域内起源于中国的文物，国家只是享有辨认器物物主的权利，至于辨认之后有何权利、如何行使，也未作规定，这显然有损对中国属性的文化遗产的国家权利。再如《条例》规定，破坏水下文物，私自勘探、发掘、打捞水下文物的，依法给予行政处罚或者追究刑事责任。但如何才能发现破坏水下文物，私自勘探、发掘、打捞水下文物的活动，该《条例》没有具体规定。而且由于这只是一个条例，由文物部门作为主管执行机关，要真正解决如何发现违法的问题，难度极大。有没有必要将海洋水下文物的保护纳入国家海洋维权行动的范畴，建立巡航监视制度等，都需要认真研究，从制度上加以解决。另外，随着《中华人民共和国海域使用管理法》的颁布实施，《条例》如何与之衔接，也是一个新的重大问题。因为《中华人民共和国海域使用管理法》规定，"单位和个人使用海域，必须依法取得海域使用权"，"法"相对于"条例"是上位法，任何海域的水下文化遗产发掘和保护都要使用海域，像"南海一号"从1987年被发现到近年发掘出水历时20年，前后过程都属于持续使用特定海域3个月以上的排他性用海活动。类似的海洋水下考古打捞是否、如何获得海域使用权，是必须在法律法规上解决的问题。尤其是，中国海洋水下文化遗产分布极广，层积深厚，内涵丰富，价值极大，显然——对其进行单体保护，代价太高，若不从其"生存"的生态环境上着眼，往往会事倍功半。而如果实行区域保护，选定一大批水下文化保护区，纳入国家或地方"海洋特别保护区"体系，保护能力和效果就会妥善得多。①

还有，如上所及，不管是陆上的也好，水下的也好，海洋文化遗产如何才能既得到保护，又满足社会公众的观赏了解、鉴赏认知需求，同时得到社会公众对发掘、保护的支持和参与，这对于中国这样一个海洋文化遗产大国而言，是个重要课题，必须从相关法规与管理制度层面的完善设计方面加以解决。

国内学界对文化遗产研究众多，但无论是学理研究、制度研究，还是应用研究，大多不涉海洋。对海洋文化遗产保护的研究，最早是以海洋文化的发展

---

① 参见周秋麟等《积极推进我国水下文化遗产保护工作》，《中国海洋报》2008年7月4日。

传承为学术指向，从理论分析、现状问题和国家管理的视角入手的。对此，中国海洋大学海洋文化研究所已有多年关注，2003 年笔者发表《海洋文化艺术遗产的抢救与保护》①、2005 年发表《中国海洋文化遗产亟待保护》② 等文章，这一领域受到学校和教育部高度重视，多次纳入教育部人文社会科学重点基地重大项目招标立项和教育部人文社会科学规划基金立项，2006 年主持教育部基地重大项目"东北亚海上交流历史文化遗产研究"，2011 年主持教育部基地重大项目"中国海洋文化遗产现状及其保护的创新机制研究"，2012 年主持教育部人文社会科学规划基金项目"世界文化线路遗产视野下的中国海洋文化线路遗产保护研究"，举办了相关国际研讨会，出版了相关论文集③，并在历史学硕士点培养方案中专门开设了海洋文化遗产保护课程，在环境资源保护法学博士点设置了海洋文化遗产保护方向，受到国内外广泛关注，并受邀赴韩国、日本、英国、爱尔兰、美国等学界和世界考古学大会、国际水下考古学大会，发表了一系列演讲，出版了多篇论文。④

对于中国海洋水下文化遗产的保护问题，来自海洋水下考古一线和相关部门根据实际状况所作的研究尤为重要。其中，中国国家博物馆一直是负责和主抓全国海洋水下考古的机构，其在大量水下考古与海底沉船文物发掘、研究和出版发布考古报告的基础上，发表了一系列关于海洋水下文化遗产保护问题的专著、论文，对海洋水下文化的存在质量与现状、面临的来自人文社会原因造成的遗产威胁、来自海洋水文环境、地质环境原因造成的遗产威胁等多有来自

---

① 曲金良：《海洋文化艺术遗产的抢救与保护》，《中国海洋大学学报》2003 年第 3 期。
② 曲金良：《中国海洋文化遗产亟待保护》，《海洋世界》2005 年第 9 期。
③ 如《中国海洋文化研究》集刊第 1~6 卷相关论文较多，其中第 6 卷为《东北亚海上交流历史文化遗产研究》专集（曲金良主编，海洋出版社，2008）。
④ 笔者近年来的研究，有拙文《东北亚海洋历史文化遗产的现状与政策思考》，韩国《韩国地方行政学报》2007 年第 2 号；《环黄海文化圈的历史发展与现代构筑——环黄海文化圈海上交流历史遗产研究构想》，日本《环东亚细亚研究年报》2007 年第 2 号；《"环中国海"中国海洋文化遗产的内涵及其保护》，《新东方》2011 年第 4 期；《我国海洋文化遗产保护的现状与对策》，《青岛行政学院学报》2011 年第 5 期；《关于我国海洋文化遗产及其保护的几个问题》，《海上敦煌在阳江：首届南海 1 号与海上丝绸之路论坛文集》，中国评论学术出版社，2011；《关于中国海洋文化遗产的几个问题》，《东方论坛》2012 年第 1 期；"Protecting China's maritime heritage: Current conditions and national policy," *Journal of Marine & Island Cultures* 1 (2012)；等等。

实践一线的观察、体验与思考，提出的相关对策富有针对性和可操作性，值得重视。目前，中国国家博物馆水下考古研究中心编有《水下考古学研究》，由科学出版社出版。①

中国是联合国教科文组织《保护水下文化遗产公约》的参与制定国，中国法学界对水下文化遗产的法理内涵及其现实可操作性已有不少研究成果。其中傅琨成等的《水下文化遗产的国际法保护——2001 年联合国教科文组织〈保护水下文化遗产公约〉解析》（法律出版社 2006 年版）、赵亚娟《联合国教科文组织〈保护水下文化遗产公约〉研究》（厦门大学出版社 2007 年版）是国内较早的研究专著。傅的研究主要在于对公约背景资料的搜集介绍和文本内容解析，赵的研究主要在于对公约的法理及如何应用于各国实践尤其是中国海洋水下遗产保护因之面临需要解决的问题。《保护水下文化遗产公约》已经生效，中国是参与起草国，但关于中国是否要加入，学界意见不一，问题在于加入之后是否对中国水下遗产的保护和国家文物安全有利。为了保护中国的海洋文化遗产，国家的保护政策、法规体系和管理制度应该如何完善，是必须要加以重视解决的问题。这关系到海洋文化遗产的"生死存亡"。

6. 中国海洋文化遗产存在空间的海权争端研究

无论是东中国海中国的钓鱼岛问题、中日东海划界问题至今存在争端，还是南中国海中国的不少岛屿被相邻国家实际控制、并声索主权，这些问题自 20 世纪 70 年代《联合国海洋法公约》生效以来就纷争不断。对此，中国在如何维护岛屿 - 海洋主权和相关海洋权益问题上，国际法学、海洋法学界已有研究颇多，国家有关部门也专门设置相关研究机构，组织学者和政府实际工作者在法理、史证、国际政治与外交方面多有攻关。但由于诸多岛屿、海域被外国实际控制，在具体问题的解决上则摩擦不断。如何转变观念，减少、化解争端，化干戈为玉帛，实现东亚乃至世界的海洋和平，需要国家和国际社会的高度智慧。对于争议岛屿、海域地区的中国海洋文化遗产如何认定、如何保障权益的问题，学界尚鲜有专门的研究涉及。这取决于两大层面。一是国家相关主权和相关权益能否、何时、怎样真正解决；二是在目前尚不能真正解决的前提

---

① 中国国家博物馆水下考古研究中心编《水下考古学研究（第 1 卷）》，科学出版社，2012。

下，能否实现中国对这些海洋文化遗产整体面貌的掌握，协调相关国家妥善加以整体保护和利用，还有很大的空间。因此，加强对中国海洋文化遗产存在空间的海权争端解决方案的研究，与在争端情况下如何加强对中国海洋文化遗产进行认知和保护的法理与应用研究，必须交叉结合进行。比如在南中国海争议岛屿－海域，即使一些文化遗产及其所在岛屿和海域的主权和管辖权一时不能得到解决，也可以探讨能否在《南海各方行为宣言》框架下，以联合国《保护水下文化遗产公约》为基础，阐明"法理"，提出对策，由中国牵头合作保护相关岛屿和水下的文化遗产，在政治合作和经济合作的已有实践基础上，在文化合作方面闯出新路。

台湾岛及澎湖列岛位处东中国海和南中国海之间，且其东面的太平洋边缘海海域同样是中国（两岸同属一个中国）的海域，西面即与福建之间的台湾海峡，作为中国海洋文化遗产的重要组成部分，岛岸和水下文化遗产极为丰富。台湾对此研究较早，值得重视。台北"中研院"早年的凌纯声和后来的臧振华对岛岸遗产的研究贡献颇多，而对水下遗产，因水下考古技术限制，也是从 20 世纪八九十年代才开始的。其中臧振华论述过台湾海峡水下考古的重要性、主持过澎湖水域水下文化遗产考古调查等；"中研院"海洋史专题研究中心汤熙勇是对环台湾地区岛岸和水下海洋文化遗产调查研究的重要学者，尤其是对水下，主持研究项目、发表研究报告和相关论文尤多。

另外，香港和澳门作为中国的特别行政区，都是国际性重要港口城市，尤其是澳门，自明代由葡萄牙租借，成为中国南海与东南亚和西方世界沟通的重要桥梁和枢纽通道，港航和妈祖信仰等海洋人文历史遗产众多，内涵丰富。这方面内地学者接触不多，香港中文大学、澳门大学、澳门中华基金会、澳门海事博物馆等组织过较多研究，其相关研究成果和资料汇集，值得重视。

外国学界，即使是环中国海外缘国家学界对中国海洋文化遗产现状及其保护的系统研究，也同样一直阙如。国外学界对其本国本地区内的具有中国内涵、源于中国的海洋文化遗产，其调查研究与法规保护，都是作为其"本国"海洋文化遗产进行的。例如韩国新安郡（即今木浦市）海域的元代中国沉船，1975 年发现，1976～1984 年发掘，最终将沉船打捞出水。从这条元代中国沉船上，共发掘出两万多件青瓷和白瓷，两千多件金属制品、石制品和紫檀木，800万件重达28吨的中国铜钱，其中船货中有明确文字，说明是从中国明州（今宁波－舟山）起航，开往日本的中国商船。这是一件时称"震惊世界"的海洋水下考古事件。韩国为此在木浦市建成"韩国国立海洋遗物展览馆"，并成为韩国相关海洋文物遗迹遗物的展示与研究中心。对此，中国与韩国政府文物部门、专家研究与保护的合作，应该是十分重要的。但两国政府文物部门并没有这样做，尚止于相关地方、民间、学术层面，这显然远远不够，远远没有发掘、发挥出其本有、应有的价值和作用。

中国学界关注环东中国海外缘国家所藏中国海洋文化相关文物的学者也有不少，2003年宁波文化文物部门还专门组织了大型"海外寻珍团"，多次赴韩国、日本调研，编辑印行了《千年海外寻珍——中国宁波"海上丝绸之路"在日本、韩国的传播及影响》一书，掌握了大量相关信息资料。

中国学术界许多相关机构近年来开始重视海洋文化遗产研究的国际合作，已举办了多次国际研讨会。例如：中国海洋大学主办的"东北亚海上交流历史文化遗产国际研讨会"（2007年8月18~21日），中日韩学者80多人参加；中国海洋大学与美国德克萨斯A&M大学在北京"中美关系30年高峰论坛"合作主办的"中美海洋文化遗产考古与保护"国际圆桌论坛（2009年10月23日），中国国家博物馆水下考古中心、美国海洋与大气局海洋遗产机构等都派代表参加了论坛；还有中山大学"南中国海考古高峰论坛"（2010年5月9日）；厦门大学人文学院和中国百越民族史研究会"中国与太平洋早期海洋文化"国际论坛（2010年5月19~21日）；上海交通大学"台湾海峡水下文物保护合作研讨会"（2010年6月26~27日）；等。这些都为中国海洋文化遗产的今后研究建构了开放的国际合作网络空间。

总体而言，对于中国海洋文化遗产，无论是对沿海、岛岸遗产，还是对海洋水下遗产，主要是国别的、局部的、专题的遗产调研与保护对策研究，成果丰富，成就显著。但就中国海洋文化遗产作为一个整体的现状把握与保护机制研究，尚未系统开展，尚处于基本家底不清、总体现状不明、保护措施不力的状况，不但制约着对其形成全面认知，而且制约着国家层面的相关战略决策与行动。这种状况亟须改变。

五 我国海洋文化遗产研究与保护的对策建议

1. 加强海洋文化遗产的整体认知和保护

"环中国海海洋文化遗产"，是一个内涵极为丰富，边界极为广大的整体时空存在。以往，之所以国内外学术界一直未能对此作过整体研究，一方面是因为中外学术界对海洋文化遗产的较普遍重视（尚远远不是普遍重视）历时尚短，另一方面就是因为"环中国海海洋文化"是一个文化整体，历史悠久，空间广大，遗产极为普遍，其形态、内涵极为丰富而复杂，在现代条件下又牵涉多国，中外之间、外外之间在领土和海洋问题上多有争端，且一些国家极端民族主义情绪高涨，对一些历史文化的认识与历史本面南辕北辙，因而无论中外学界，一直难能对环中国海海洋文化遗产作出整体观照。为此，紧紧抓住对环中国海海洋文化遗产形成整体认知和加强管理保护的关键性基本问题，即摸清家底，阐明价值，搞清现状，提出对策，为国家海洋文化资源安全和遗产保护国策，为维护国家主权和海洋权益，为国家海洋战略发展，提供学术支撑和对策支持，是目前学界和文化遗产管理与保护界的基本任务。

"环中国海"是一个极为广袤的海－陆区域，我们要全面调查摸清环中国海海洋文化遗产的基本家底，全面系统地研究认知环中国海海洋文化遗产作为一个整体的基本概念内涵、基本形态、基本特色、基本时空边界、基本空间网络与线路分布、基本历史作用与当代价值等。

具体而言，我国的海洋文化遗产的整体认知和保护，需要从以下两个方面展开。

（1）全面系统地研究认知环中国海海洋文化遗产作为一个整体的基本概念内涵、基本空间边界、历史积淀过程、主要类型形态、基本内容特色、整体空间网络与线路分布、主要历史作用与当代价值等一系列重要基础问题。

（2）全面系统地调查摸清中国海水下文化遗产的基本家底。只有调查摸清了环中国海海洋文化遗产的基本家底，研究认知了其内涵价值，分析搞清了其面临的主要问题，才能对应该如何对其重视，如何解决问题，如何实施保护，如何实现价值利用等问题，得到有针对性、可操作的系统的战略对策答案。

一是全面系统地调查摸清中国海水下文化遗产的基本家底，包括黄、渤海水下文化遗产，东海水下文化遗产，南海水下文化遗产，台湾海峡水下文化遗产，台湾东海水下文化遗产凡五大组成部分，并归并整合为一个整体加以分析研究。对于其中尚未探测过的海域中的重要"历史海域"、已经调查"疑似点"较多或认为有重要"疑似点"的海域，运用现代海底探测技术与设备如水下摄像、自主式水下航行器、深海原位激光拉曼探测技术、水下传感器网络、水下结构光自扫描三维探测技术、水下采样装置、深海电视抓斗、海洋遥感相关技术等，加以调查探测，并得到其实景图像及相关遗存环境资料。研究指出主要水下遗产集聚区域及其海域和重要水下遗产本身及其海域所面临的人文和自然环境的主要问题，包括国内问题和中外争议海域水下遗产及其环境问题，并研究提出具体对策方案。

二是全面系统地调查摸清环东中国海、环南中国海沿岸和岛屿包括台湾－澎湖列岛陆上海洋文化遗产的基本家底，包括分区域的主要内容、分布、数据、目前存在状态、类型、特色、作为"文化线路"的对外（海外）对内（内河线路）的基本网络结构（包括"海上丝绸之路"在各区域的具体线路及其重要节点等）及其内涵等。研究指出主要遗产集聚区域及其环境和重要遗产本身及其环境所面临的人文和自然环境的主要问题，包括国内问题和中外争议岛屿区域的遗产及其环境问题，并研究提出具体对策方案。

2. 加强海洋文化遗产学科的整体建构

海洋文化遗产学科，是海洋文化学科的重要构成部分。海洋文化遗产学科包括海洋考古——它离不开水下考古的技术与工程手段，但它的考古对象是海洋文化遗产，学术宗旨是考察认知海洋文化；包括海洋文化遗产管理保护——它离不开保护措施与手段，例如政策法规的、行政管理的、具体技术的等等，但它的保护对象是海洋文化遗产，宗旨在于海洋文化的价值认同与保护传承。

海洋文化遗产的主要分布空间是海洋水下和岛屿、海岸带，具有与内陆文化遗产不同的特点，难以进行单体、单一地一一发现、发掘和保护管理，须与海洋科学和海底探测等理论与手段，与海洋、海岸带生态环境管理与保护综合施行。这样的海洋相关文理工学科的交叉整合研究，可有利于实现海洋文化遗产资源调查研究、国家与地方政策保护、海洋生态环境综合管理等相关研究领域的整体化、系统化，凸显海洋文化遗产保护与管理微观与宏观相互结合、治标与治本统一观照的学术理念和研究需求。

我国 20 多年来的海洋水下考古活动，一直极为缺乏的就是与海洋科学和海洋工程技术学科的学科联姻，因此一直停留在"水下考古工作"阶段，尚未发展为"海洋水下考古学"，没有在整体学科建设、人才培养上下功夫。如前所述，每次较大型的水下考古探测打捞工程，都是临时调集各路人马上阵，而一般性水下考古探测行动，则难有能力如此"兴师动众"，因此难有进展。包括这次全国水下文物普查，也只是"全国范围内"的"普遍调查"而已，确认的水下遗存远远不够广泛，大多只是"疑似""疑存"。要大面积调查探测、获得大面积的可靠信息，并了解掌握这些海底遗产的具体存在状态如何，就需要及时采取措施，必须依靠现代海洋科学与工程技术的加盟，一方面请海洋"理工"相关学科关注海洋水下文化遗产的探测调查和必要的发掘研究，为摸清中国海水下文化遗产的家底打开千百年沉睡浅海、深海的更多、更大面积遗产的"门窗"；另一方面实际探索海洋文理工学科整合建设现代海洋考古学学科的可行性，为今后的海洋水下考古探测探索应走的学科发展与人才培养道路。

环中国海海洋文化历史悠久，自古受海洋环境影响巨大，文化遗产丰富。这些年既有的研究，主要在历史学、民俗学、考古学、文化遗产学等方面。由于中国设置考古学的高校、科研机构大多未设置海洋相关学科，已经设置的也与相关学科综合交叉不够，面向海洋、海岸带的环境考古研究和海洋文化遗产发掘探测与保护技术相对薄弱，大大限制了对海洋文化遗产的认知、发现、保护及其价值作用的发挥。因此，全面意义、综合研究的海洋文化遗产保护学科，除了要加大历史学、民俗学、考古学、文化遗产学等学科向海洋"倾斜"之外，还应该加强"海洋海岸带环境考古""海底水下文物探测技术""海底水下文物保护技术""海洋文化遗产资源与环境综合管理"等学科方向的研究。在这方面，我们的学术视野、学科发展思路还不够开阔，许多海洋自然学科与技术科学的已有研究成果足以支撑海洋考古与文化遗产保护的综合、交叉与立体研究，但我们对这些已有学术与技术资源的发现、结合与利用还远远不够。

这里试举中国海洋大学的已有海洋自然学科与技术科学（海洋理工学科）的已有研究成果资源为一个案例，以资我们思考进行相关学科交叉、整合的可行性和今后努力的方向。尤其是在以海洋相关学科为主要学科、主要特色，或者在海洋学科发展实力较强的高等学校中，这样的海洋理工学科可供交叉结合、利用的学术与技术资源或多或少已经具备。

中国海洋大学是中国"211""985"重点建设的海洋特色综合性大学，海洋考古与文化遗产发掘保护所需要交叉依托的海洋人文与海洋理工相关学科门类齐全。就海洋理工相关学科而言，中国海洋大学河口海岸带研究所、物理海洋教育部重点实验室、教育部海洋环境与生态重点实验室、教育部海底科学与探测技术重点实验室、教育部海洋化学理论与工程技术重点实验室、教育部海洋信息技术工程研究中心、教育部海洋材料与防护技术工程研究中心等重要平台机构，在海洋环境考古与海洋环境研究上，事实上对海洋文化遗产，尤其是海洋水下、海底文化遗产的探测发掘与保护，完全可以形成强有力的学术与技术支撑。

在"海洋环境考古"方面，中国海洋大学上述平台相关学科，以海洋环境、海洋地质学科的海洋沉积与环境变迁为交叉学科方向，已主持承担的国家973计划、863计划、国家自然科学基金和国际合作重大重点项目有"中国典型河口—近海陆海相互作用及其环境效应"（2005CB422304，翟世奎主持，2006～2010）、"末次冰消期以来东部陆架泥质区海洋环境演化的地质记录"（90211022，杨作升主持，2003～2007）、"渤海西部全新世海侵前的古环境和古河道"（刘冬雁主持，2007～2009）、"过去十万年北太平洋表层水温与冰盖关系的空间和时间变化"（40676032，赵美训主持，2007～2009）、"人类活动和气候变化对我国边缘海有机碳汇影响的有机分子记录"（41020164005/D0604，赵美训主持，2010～2013）等等，产生了丰富的相关成果，长期以来形成了重点研究探索人类活动与社会发展所依存和与之互动的环境变迁问题，尤其是海洋–河口三角洲与海岸带环境变迁问题的环境考古相关特色理论和方法。

在"海底水下文物探测技术"方面，中国海洋大学上述平台相关学科，已经进行了大量海底水下目标搜寻与探测技术领域的发明与应用研究，主持承担了大量国家自然科学基金、国家973计划、863计划等重大重点基础研究与技术研究项目，如"水下机器人视频图像高压缩比编码关键技术研究"（2006AA09Z237，李庆忠主持，2006～2009）、"水下集束光、激光差频扫描三维视觉技术研究"（郑冰主持，2007～2010）、"复杂海底环境下具备自主导航能力的水下航行器研制”（2008GG1005011，何波主持，2008～2010）、“QC09 区块海底浅层剖面和侧扫声纳探测调查与研究”（908－01－QC09，杨荣民主持，2005～2007）、“大尺度海底未知环境下的 AUV 定位与地图构建方法研究”（BS2009HZ006，何波主持，2009～2011）、“水下探测器导航与控制的关键技术”（2005－383，何波主持，2005～2008）以及“旁侧声呐在海底探测中的应用和工作船动态定位施工技术”（李安龙，2006）、“基于 Adams 与 Matlab/Simulink 的水下自航行器协同仿真”（刘贵杰，2009）、“自主式水下机器人数据采集与管理系统及其可靠性”（何波等，2010）、“深海电视抓斗技术研究”（2006.1，教育部科技进步一等奖）等成果，在针对复杂海洋环境进行海底水下目标搜寻探测的基础理论和技术开发中，将海洋遥感技术、水下探测可视化技术、水下机器人探测技术研究相结合，已经形成了水下考古急需的水下机器人探测技术、水下目标探测可视化技术方面的特色优势，可满足现代海洋水下考古和人才培养在这方面的需要。

占地球面积 71% 的海洋水下蕴藏着古代人类生活和航海活动的大量遗址、遗迹和遗物。对其作为水下目标进行海上和海底搜寻与探测，是水下考古亟须大力发展、突破的重要高端技术领域。

在“海底水下文物保护技术”方面，中国海洋大学上述研究平台的相关学科，以海洋环境化学与工程技术、海洋材料等学科的海洋环境腐蚀、水下材料防腐保护研究为基础，承担完成了多项国家基金、973 计划、863 计划等相关重大课题，发明了多项技术专利，积累了适应不同海洋水下环境对多种水下文物材料实施防腐防变保护的丰富的技术成果与实践经验，可直接应用于不同海洋环境条件下水下文物的现场保护工作，针对我国海洋水下文化遗产多为陶瓷文物、金属文物的特点，着力进行对水下陶瓷文物、水下金属文物实施防腐防变保护的基础理论与工程技术研发，直接面向我国海洋水下文化遗产在水下原址、出水之后防腐防变保护的技术与工程，和人才培养上的需要。

在“文化遗产资源与环境综合管理”方面，中国海洋大学依托教育部人文社会科学基地暨国家创新基地海洋发展研究院、教育部海洋环境与生态重点实验室等多个研究平台，已签约成为中国文化遗产研究院暨国家水下文化遗产保护青岛基地的合作机构（2010），并与美国德克萨斯 A&M 大学海洋考古与遗传保护中心建立了长期合作关系，主持承担了国家社会科学基金、国家自然科学基金、国家海洋局等大量项目，可满足海洋（水下）文化遗产资源及其所依存的海洋生态环境的整体调查评价研究、整体保护管理对策研究与人才培养需要。

不过，要实现这样的学术与学科发展目标，绝非一日之功，需要创新、"突破"的瓶颈太多，还有很长的路要走，需要付出艰苦的不断探索实践、不断趋于完善的努力。好在除了中国海洋大学这一国家"211""985"大学，海峡两岸冠以"海洋"的高等学府已有多所，且许多综合性"211""985"大学设置了海洋学科相关机构，国家海洋局也联手教育部对这些"海"字高校或"海"字学科加大了支持发展的力度，所以上述将海洋人文社会学科、海洋理工学科交叉综合、"联手"合作打造不再单一、不再瘸腿、不再难见全貌的海洋文化遗产学科，是可行的，可以期待的。关键在行动，包括国际合作。

3. 加强"海洋文化线路遗产"的重点"发现"与保护

自 1994 年于西班牙马德里召开的"文化线路遗产"专家会议上第一次正式提出"文化线路"这一新概念并予以重视和研讨，至 2008 年国际古迹遗址理事会第 16 次大会通过《文化线路宪章》，"文化线路"作为一种新的大型遗产类型被正式纳入《世界遗产名录》范畴以来，世界各国以"文化线路"类型申报世界遗产已经成为一种备受重视的新趋势。

目前，世界范围内被纳入《世界文化线路遗产名录》的"文化线路"已有西班牙圣地亚哥朝圣之路、法国米迪运河、荷兰阿姆斯特丹防御战线、奥地利塞默林铁路、印度大吉岭铁路、阿曼乳香之路、日本纪伊山脉圣地和朝圣之路、以色列香料之路等；被国际古迹遗址理事会确认以备推荐给世界遗产委员会的"文化线路"已有 30 多条，中国的京杭大运河、丝绸之路（中国段）都在其中；另有茶马古道、古蜀道等也都已排上了中国申遗的议事日程。

"海上文化线路"遗产，就是人类跨越海洋实现文化传播、交流和融汇的历史形成的线性文化遗产。海上"文化线路"遗产的存在空间，就是人类历史上的海上航线；"海上文化线路"遗产的历史内涵广泛而丰富，远远超越人们所熟悉的海上"丝绸之路"以海上贸易为中心视域的历史遗产内涵。但是，尽管海洋是人类最大的依存与发展空间，跨海交流的海上线路是世界上最为典型和广泛的文化交流线路，但已有的世界遗产尽管有不少与海洋相关、关联的遗产，但专门的"海洋文化遗产"还没有一项；尽管中国是历史悠久的海洋大国，历史上连通海外世界的海上文化线路有多条，但至今中国尚乏对海洋文化遗产及其保护的广泛重视，至今没有专门的系统研究和作为国家行为、跨国合作行为的"世遗"申报。

重视研究和保护中国与环中国海区域包括朝鲜半岛、日本列岛、琉球群岛、东南亚地区之间跨海连接的一条条海上"文化线路"，对于丰富世人关于"中国文化"既包括中国内陆文化也包括中国海洋文化的历史内涵的了解和认同，认知中国海洋文化在中国文化对外跨海交流、对外辐射影响和构建东亚中国文化圈中的作用，强化国人在中国文化遗产保护中既重视内陆文化遗产保护也重视海洋文化遗产保护的意识和理念，切实加强我国文化遗产的全面系统保护包括跨国合作保护与价值利用，都具有不容忽视、不可替代的意义。

这样的研究的学术目标，是以完整的概念、内涵和形态呈现，将"环中国海海洋文化遗产"作为一个整体文化空间理念和范畴引入学术界，纳入世界海洋文化遗产和中国海洋文化遗产基础理论研究和管理（保护）应用研究的整体视野，同时纳入世界文化遗产和中国文化遗产基础研究和管理（保护）应用研究的整体视野，推进我国的文化学术繁荣。

这样的研究的应用目标，是服务于"发掘和保护我国丰厚的历史文化遗产，提升我国文化软实力，推动中华优秀传统文化走向世界"的国家文化战略，同时服务于我国维护文化资源安全，保障海洋主权权益，建设现代海洋强国的国家战略。

4. 加大国家法规、制度与措施的建设和实施力度

全面系统地研究梳理环中国海海洋文化遗产保护相关的国内外政策、法规与政府管理体系中的问题，研究与外国争端岛屿和海域主要遗产的认定标准及方法、行使相关权利的可行性问题，联合国《海洋法公约》《世界文化遗产公约》《保护水下文化遗产公约》等主要国际法规对我国海洋文化遗产管理保护和相关权益的利弊及对策问题，综合系统高效有力执法的体制与体系问题，海洋文化遗产的调查技术规范问题等，为国家决策提出一揽子综合性战略对策参考方案，已经刻不容缓。

对环中国海我国海洋文化遗产实行全面有效的国家管理保护，主要包括：

进一步完善政策法规。这里之所以提出"完善"，是因为对于历史文化遗产，各国及其各地或早或迟都已制定有相关政策、法规，联合国及其他有关国际组织也制定有不少公约、协定等制度性文件，但损毁历史文化遗产的违法违规现象还是屡屡发生。有鉴于此，以笔者之见，应该加大对损毁历史文化遗产的违法违规行为的打击、处罚力度。如中国 2002 年出台的《中华人民共和国文物保护法》第六十六条规定："（1）擅自在文物保护单位的保护范围内进行建设工程或者爆破、钻探、挖掘等作业的；（2）在文物保护单位的建设控制地带内进行建设工程，其工程设计方案未经文物行政部门同意、报城乡建设规划部门批准，对文物保护单位的历史风貌造成破坏的；（3）擅自迁移、拆除不可移动文物的；（4）擅自修缮不可移动文物，明显改变文物原状的；（5）擅自在原址重建已全部毁坏的不可移动文物，造成文物破坏的；（6）施工单位未取得文物保护工程资质证书，擅自从事文物修缮、迁移、重建的"，犯有这些行为，只需要"由县级以上人民政府文物主管部门责令改正"；"造成严重后果的"，仅仅"处五万元以上五十万元以下的罚款"；"情节严重的"，仅仅"由原发证机关吊销资质证书"。《中华人民共和国文物保护法》第六十九条规定："历史文化名城的布局、环境、历史风貌等遭到严重破坏的，由国务院撤销其历史文化名城称号；历史文化城镇、街道、村庄的布局、环境、历史风貌等遭到严重破坏的，由省、自治区、直辖市人民政府撤销其历史文化街区、村镇称号；对负有责任的主管人员和其他直接责任人员依法给予行政处分。"这些都无疑使犯法的成本太低，因而难以从根本上抑制和消灭犯罪。再如 1989 年发布实施的《中华人民共和国水下文物保护管理条例》，规定只要是位于中国领海内的所有水下遗产，都"属于国家所有"，这就存在着如何与相关国家的及国际的法律规定的相互对接问题；而对于"遗存于外国领海以外的其他管辖海域以及公海区域内的起源于中国的文物"，则只规定"国家享有辨认器物物主的权利"，这又显然是在既知为"起源于中国的文物"的情况下减损了国家应有的文物属权权利。另外，该《条例》还规定"水下文物不包括 1911 年以后的与重大历史事件、革命运动以及著名人物无关的水下遗存。"这些都存在法理上和实践上的问题，都有待于进一步修订完善。中国目前正在修订《文物保护法》，《水下文物保护管理条例》也会随之修订。

政策配套、保障有力、执法必严。在管理上、在执法上，都需要制定相应的政策法规，建置相对独立的部门、独立的队伍，建构配套的保障机制，强化法规、政策的执行力度，一方面激励公民保护海洋历史文化遗产的积极性，另一方面严厉打击盗掘破坏海洋遗产的犯罪行为。

加强对海洋文化遗产考古与保护科学技术的成本投入与最大化利用。海洋考古不同于一般的陆地考古，而且有一大部分是水下考古，乃至深海考古，需要很高的考古成本和考古科学技术成本。这一方面需要国家和相关地方政府的投入，另一方面也需要国家、地方以及区域间乃至国际的合作，以实现投入效益的最大化，避免重复研制投入，造成本区域人力物力资源的浪费。

事实上我国作为一个历史悠久的海洋大国，海洋文化遗产无比丰富，要实行个个发掘、单体保护的模式，尤其是像"南海一号"那样的研究与保护模式，显然不堪重负，是不可取的，海洋文化遗产保护亟须转变观念，改变模式。我们之所以强调整体认知、整体保护，与其所在生态统合保护，意义就在于此。

加大海洋文化遗产研究与管理的学科建设和人才培养力度。这方面的区域、国际政府、非政府合作尤其必要。

5. 加强国民对海洋文化遗产的价值认同

海洋文化的历史是人民群众创造的，海洋文化的主人是人民群众。海洋文化遗产是属于国家的，而这个国家的主人是它的国民。人民群众有保护自己的文化遗产的责任、权利和义务。人民群众对海洋文化遗产的文化内涵及其价值的普遍认同与自觉传承，是最有力的保护，最好的保护。只作为古董的保护，是保护不住的。

要加强国民对海洋文化遗产的价值认同，就要加大宣传和教育、影响和引导的力度，充分发挥海洋文化遗产的历史教科书、文化教科书作用。通过揭示和彰显中国作为世界上历史最为悠久的海洋大国的丰厚海洋文化积淀，提升国民的海洋文化主体意识，重塑国人的中国历史观和中国文化观，包括海洋史观和海洋文化观，为促进中国文化包括海洋文化全面发展繁荣提供历史的和文化的认同基础，从而服务于国家文化战略和海洋战略发展，提升海洋文化包括文化遗产在人民群众社会生活中的多功能作用。长期以来，国人大多对中国的海洋文明历史重视不够，尤其是近代以来在知识界"拿来"西方"精英"理论作为"经典"并长期占据教科书话语权的影响下（如黑格尔《历史哲学》，其中就阐述了只有西方文化才是海洋文化、中国没有海洋文化的"高论"），"西方文化是海洋文化"而"中国文化是农耕文化"，"海洋文化开放开拓开明先进"而"农耕文化保守封闭愚昧落后"几乎成为国人的"共识"，从而导致国人往往对于中国自己的历史和文化产生一种"己不如人"的自卑心态和自残意识，动辄对自己的历史和文化口诛笔伐，自我矮化，自惭形秽。尽管多年来中央一直将弘扬中国传统文化纳入国家战略决策，理论战线也不断加以阐述和倡导，但对中国传统文化中的海洋文化内涵，还强调得不多，重视得不够，还没有形成国民的海洋文化主体自觉。我国海洋文化遗产的系统研究与保护，就是要通过全面、系统、深入的调查发掘以中国海洋文化遗产为中心、主体的环中国海海洋文化遗产，研究认识其丰富内涵，进而揭示、阐明其作为中国文化有机构成的丰富存在和重要价值，以扭转长期以来被扭曲的中国海洋文明历史观念，增强国民对自己国家、民族文化整体的自豪感和自信心，进而促进中国当代海洋文化的健康发展和全面意义上的中国当代文化的发展繁荣。

6. 加强海洋文化遗产研究与保护的国际合作

加强海洋文化遗产研究与保护的国际合作的必要性在于，一方面环中国海海洋文化遗产无论从空间上还是从内容上看，尤其是海洋文化线路遗产，往往与现在的周边国家有联系、有交叉，甚至有重合，需要合作发掘与保护；另一方面这也为符合相关国际法规宗旨，为其所提倡。

在国际上，众所周知，国际性政策法规是各相关国家和地区基于各自的传统法规理念和各自的利益相互竞争与妥协的产物，而在当代条件下，对于国际上的同一个问题，在制定国际法规政策时，各个国家、地区的"话语权"大小实际上是不同的。这就必然给一些国家间的海洋文化遗产的对待与处理带来事实上的不平等，或者不合理。① 这就需要进一步研究、协商和修订这些国际性法规政策，使其更趋向于公平、合理；而尤其需要加强大区域之内政府间、

---

① 参见赵亚娟《联合国教科文组织〈保护水下文化遗产公约〉研究》，厦门大学出版社，2007。

非政府组织间的沟通、协作、协调，研究制定适应于本区域的政策法规和管理标准。区域性政策、法规和管理制度的制定，是相对最为迫切、也是相对最为容易的，因为本区域之内关联度紧密，打交道多，迫切需要施用相同的政策、法规和管理制度；同时，本区域之内历史上就关联度紧密，历史遗产的内涵有很大一部分是相互联接的，甚至是共同形成的，尤其是海洋文化遗产，在历史上的一个大区域之内，国家、政区之间近海之外的海域往往是没有国界的，因此有大量海洋历史遗产，现在区分应属于哪一国，往往会形成争议，为了建立区域和平机制，建立合作之海、和平之海，最聪明的智慧的办法，只能是区域间的协调与合作，对那些可能存在争议的海洋遗产，实行共同拥有的区域政策。这无疑将对区域内各国都有利。和平、共赢，应该成为 21 世纪人类聪明智慧的标志。我们认为，环中国海是一个大区域海洋文化遗产的空间与内容整体，环中国海相关国家与地区很有必要，也很有可能就此达成共识，并且付诸实施，使之成为现实制度。

总之，我国海洋文化遗产价值重大，我国海洋文化遗产现状堪忧，我国海洋文化遗产需要从整体上进行系统研究和系统保护与利用，这既是我国文化遗产包括海洋文化遗产整体研究、整体保护利用的学术需要和实践需要，也是服务于国家文化战略、海洋战略的多方面国家战略需要。为此，学界刻不容缓的当下使命，是在整体发掘与认同、整体保护与传承的新理念、新视野下，将我国海洋文化遗产的丰富内涵、多彩面貌整体系统地复原、揭示出来，进而为如何实施国家保护和跨国保护与传承利用提供一套切实可行的战略对策方案，并使之尽快上升为国家战略行动。

（本报告内容来源：教育部人文社会科学基地重大项目《中国海洋文化遗产现状与保护机制创新研究》[12JJD82000]、教育部人文社会科学规划基金项目《世界"文化线路遗产"视野下的我国"海上文化线路遗产"及其跨国保护与利用研究》（11YJA850017）阶段性研究成果）

主题四
国民海洋教育与海洋人才发展分析与对策

专题十　中国国民海洋素质教育的
现状、问题与对策建议

国民海洋文化素质教育，指的是面向国民的、普及性、基础性文化知识教育，包括海洋意识、海洋观念、基础性海洋知识等属于"文化素质"层面的普及性海洋内容的国民教育，包括国家"从娃娃抓起"的中小学义务教育、大中专的公共性人文素养教育和国家与地方政府、非政府组织和公益性机构面向所有公众的旨在提高公众海洋意识与观念、普及海洋知识与素养的开放性国民教育。本文在行文中统称为"海洋教育"。

一　我国对国民海洋教育的重视及措施

在我国国民教育中，关于我国同时也是一个"海洋大国"的相关概念和知识，长期以来一直是被忽视、被遮蔽的，我国公众海洋意识薄弱，现实状况令人担忧。由于海洋在世界竞争发展格局和国家发展战略中越来越显要的地位，国家相关部门、团体和社会各界有感于国民海洋意识有待增强、海洋观念有待树立的"基本国情"，对加强国民海洋教育，尤其是从青少年抓起多有提倡，呼声不断，并相继推出一些措施和行动。这里仅举数例。

20 世纪末 21 世纪初，人们对作为新千年纪念的标志性建筑"中华世纪坛"以 960 块花岗岩暗喻的国土面积、主要面向少年儿童教育的广东版《新三字经》中没有海洋海疆等海洋意识缺失问题提出质疑，标志着我国国民海洋意识的初步觉醒。

较早对国民海洋意识的普遍性问题给予关注、对加强国民海洋教育发出相关呼吁的是团中央及其所属《中国青年报》，以及中国海洋石油总公司等涉海央企和《中国海洋石油报》等涉海行业报。早在 1997 年，中国海洋石油总公司举办"蓝色国土"知识竞赛活动，在《中国海洋石油报》刊登"蓝色国土"知识系列问答，内容涉及海洋政治、经济、历史、地理、文化、环保、法规、科技、海洋石油基本常识等十个方面的广泛知识，以期读者了解海洋，热爱海洋，树立适应新时期的海洋意识。竞赛活动在海洋石油系统广大职工和中小学生中反响热烈。1998 年是国际海洋年，《中国青年报》联合《中国海洋石油报》等举办"中国青年蓝色国土意识大型读者调查"活动，发现我国青年的海洋国土意识不容乐观，即使是《中国青年报》的读者，其海洋知识、海洋意识也是薄弱的，有 63.1% 的被调查者不知道我国有 300 多万平方公里的海洋国土，78.3% 的被调查者对"我国是一个海洋国家"的说法全然陌生，有 80% 的被调查者承认自己对海洋知识一知半解。① 调查活动引起中外媒体重视，新华社、中央电视台、日本共同社等给予报道。当年，中央电视台制播电视片《走向海洋》；中国少年儿童出版社出版王佩云编写的《海洋三字经》和《我爱蓝色国土》等海洋教育系列丛书。1999 年《中国海洋报》创刊，未几就开辟"海洋文化"副刊，从文化高度强化人们对海洋的认识。

但这些宣传、强调的普及性效果和影响毕竟有限，据报道，南沙守备部队代表曾应邀到地方政府机关、学校、企业作报告，常常碰到一些学生、职工甚至机关干部发出"守几个小礁，那么辛苦，值得吗？""南沙离大陆那么远，

---

① 《中国青年蓝色国土意识大型读者调查》，《中国青年报》1998 年 4 月 13 日。

我们有必要费老大劲去管它吗?"等令人哭笑不得的提问。①

　　为增强全民海洋意识，我国政府决定自 2005 年起，将每年的 7 月 11 日设立为"中国航海日"，同时也作为"世界海事日"在中国的实施日期。正如我国政府有关部门负责人所指出的那样，设立"航海日"对于增强全民的航海意识、海洋意识，促进航海及海洋事业的发展，开展爱国主义教育，弘扬中华民族精神，增进中国和世界各国的友好交往意义重大。2005 年 7 月 11 日是郑和下西洋 600 周年纪念日，选定郑和下西洋的日期作为中国的"航海日"，有着特殊的意义，这有利于弘扬中国睦邻友好的悠久历史传统，树立和平外交的国际形象；有利于增强海内外华人的情感凝聚力，特别是增强海峡两岸同胞对悠久传统中华文明的认同感，有利于促进两岸"三通"，推进祖国统一大业。

　　2005 年 12 月，北京一所著名高校就北部湾的归属问题向 100 名大学生调查，依然有 97% 的学生错误地回答说"北部湾在越南"。北京、上海部分高校的一些大学生对《瞭望周刊》提出的 海洋问题"并没有显示出太多的兴趣："南沙群岛距离大陆那么远，产生争议也很正常""中国国土面积那么大，争几个小岛有意义吗?"这些事实说明，我国公众的海洋意识是相当薄弱的。虽然近些年来国人的海洋意识有所提高，但还远远不够。②

　　2006 年，李华等对广州大学学生采取以班级为单位的整群抽样法做过"大学生海洋权益和海洋环境知识调查"。这些学生来自广东、广西、湖南、湖北、江西、山东、四川共 7 个省的 330 所中学，依然有近 50% 的学生对有关海洋权益如领海制度、专属经济区等知识不了解；有 86.62% 的学生只知道我国有 960 万平方公里的陆地面积，而不知道我国还有 300 多万平方公里的海域面积，知道的只有 13.38%；有相当部分的学生对《联合国海洋法公约》的内容了解不多，甚至完全不知道（18.08%），对 12 海里领海制度和 200 海里的专属经济区以及大陆架制度，还有近 5 成的学生不知道。我国在东海海域与邻国发生争执的原因，他们也完全不知道（13.88%）。他们中有 57.96% 的学生认为自己的海洋知识主要来自公众媒体，有 47.26% 的人表示在中学时曾接

---

①　见任似娅《普及海洋教育，增强海洋意识》，《浙江海洋学院学报》2001 年第 9 期。

②　黄昌丽：《关于提高我国公众海洋意识的思考》，《魅力中国》2010 年第 15 期。

受过相关海洋教育。调查发现，大多数学生海洋知识需求强烈，如有95.41%的学生把海洋知识作为自己知识视野的一部分，有85.35%的学生认为有必要在大学开设海洋类选修课程。调查说明我国年轻的一代人接受海洋教育的意识越来越强烈，他们所缺的和期待的就是这方面的教育。李华等指出，我国的海洋教育和一些国家相比，还有很大的差距，诚如媒体所称，海洋意识是中国人需要"恶补"的一课，必须从初级、中级、高级教育做起。①

这是他们的部分调查内容及统计结果：

表 1

调查内容	调查结果（比例%）
1. 有关《联合国海洋法公约》的内容	完全不知道 18.08
2. 领海制度	答对人数 53.50
3. 专属经济区和大陆架制度	答对人数 47.13
4. 钓鱼岛问题的由来	完全不知道 5.99
5. 在东海我国与邻国争拗的原因	完全不知道 13.88
6. 我国的陆地面积	答对人数 75.03
7. 我国的海域面积	答对人数 13.38
8. 我国海岸线长	答对人数 23.06
9. 在没有人烟的南沙群岛驻军，你认为这些岛屿	可以不要 2.16
10. 你有关海洋权益、海洋环境方面的教育主要来自（多项选择）	学校 44.97
	公众媒体 57.96
11. 在个人的知识视野中，你认为海洋知识	应该有一席之地 95.41
12. 在中学开设的环境教育中含有海洋教育吗	有 47.26
13. 在大学开设海洋类的选修课程，你认为	有必要 85.35
14. 毕业后，你想到沿海城市或地区工作吗	想 74.39
15. 你认为将海洋教育作为国民终身教育的一种国策	应该 66.50
16. 你认为我国在宣传海洋知识和海洋教育方面的工作做得	一般 61.40
17. 你了解美国、英国等国家开展海洋教育的情况吗	完全不了解 62.68
18. 有关海底可燃冰的新能源	完全不了解 21.90
19. 有关海啸的形成和危害知识	完全不了解 1.78
20. 赤潮是否由一种海洋污染引起的	完全不了解 7.64
21. 广州、中山市等地自来水变咸的原因	完全不了解 27.01
22. 水母是否具有毒素，能否伤人	不知道 29.04

① 李华等：《大学生海洋权益和海洋环境知识调查及分析》，《海洋开发与管理》2006 年第 6 期。

面对这种情况，国家有关部门、团体建议、呼吁强化国民海洋教育尤其是青少年海洋教育的声音不断。如 2009 年，九三学社中央委员会网站（www.93.gov.cn）刊出《关于在我国中小学生中加强海洋教育的建议》，指出，纵观当前世界主要大国的发展史，许多都是通过赢得海洋权益而发展壮大，这些国家都非常重视海洋权益，然而我国目前的国民教育中，海洋地理知识的内容却越来越少，广大青少年海洋意识薄弱、海洋知识贫乏、海洋国土观念严重欠缺。因此，在中小学教材中增加有关海洋基础知识与海洋权益方面的有关内容，培养下一代公民从小树立正确的海洋基础知识和海洋权益意识已成为一项刻不容缓的任务。为此建议：一是加强海洋基础知识教育。一方面，统一全国中小学各版本教材中有关海洋知识的内容，明确基本的数据和概念；另一方面，增加《联合海洋公约法》、国际海域局势、海洋经济、海军装备等学习内容，从小培养学生对海洋的兴趣，帮助学生增长有关海洋的知识。沿海地区的学校更是要积极组织学生实地参观海岸和岛屿，增进学生对海洋的感性认识。二是加强海洋国土观教育。通过海洋国土教育，帮助学生树立海洋国土意识，使学生明确知晓我国不仅拥有 960 万平方公里的陆域面积，还拥有 300 多万平方公里的管辖海域（含内海、领海、专属经济区、大陆架、群岛水域等）。三是加强海洋与国家主权教育。通过加强海洋与国家主权之间关系的教育，特别是我国近代由于丧失制海权造成的屈辱历史，使学生知晓海洋权是国家主权的重要组成部分，海洋与我国主权和领土完整密切相关。

2009 年，国家海洋局向教育部发出《关于商请加强中小学海洋知识教育的函》，指出：海洋意识直接影响和制约着国家总体发展，是国家综合竞争力的重要组成部分。青少年学生海洋知识的储备，海洋意识的强弱，关系未来海洋中国的长远发展。为认真贯彻执行中央领导同志的批示精神，把"海洋知识进学校、进教材、进课堂"工作落到实处并推向深入，特此建议：（1）由教育部和国家海洋局联合成立"全国海洋知识教育委员会（或办公室）"并成立专家咨询委员会（或专家咨询组），就"海洋知识，特别是我国海洋权益知识进学校、进教材、进课堂问题"进行专题研究，对目前的中小学海洋知识教育进行整体评估和系统梳理，形成解决方案和具体对策（制定工作意见或实施方案），建立长效机制，逐步组织落实。（2）针对"海洋知识进教材"问题，在九年义务教育阶段增加海洋科普知识、海洋文学作品的分量。为增强海洋知识的宣传教育效果，将海洋相关知识纳入高考必考范围，改变目前学习海洋知识"软任务"的状况。（3）教育部、国家海洋局联合组织"海洋知识进校园"专家巡回讲座活动，在大学每年举办海洋形势报告会，在中小学校开展海洋科普知识竞赛和讲座。（4）教育部、国家海洋局合作，在全国范围选择相当数量的大学、中学、研究所、博物馆作为海洋科普教育基地，为大中小学生的海洋知识教育提供条件。

2008 年 9 月 12 日，国家海洋局、教育部、共青团中央联合印发了《关于开展"首届全国大中学生海洋知识竞赛"活动的通知》（国海发〔2008〕23 号），"全国大中学生海洋知识竞赛"自此每年举办一届。国家海洋局并为此成立专门"宣传教育中心"。该竞赛是 7·18 全国"海洋宣传日"活动的主题组成部分，旨在对我国青少年进行海洋观教育，帮助青少年牢固树立合乎时代要求的现代海洋意识。2008 年 7 月 18 日，全国"海洋宣传日"暨首届"全国大中学生海洋知识竞赛"活动在青岛举办，《人民日报》、新华社、中央电视台、中央人民广播电台、国际广播电台、中国新闻社、《经济日报》《光明日报》《法制日报》《中国青年报》《科技日报》《中国日报》《中国海洋报》《大众日报》山东电视台、山东台《直通金海岸》《海洋世界》杂志等新闻报刊媒体十分重视，纷纷给予报道。

全国"海洋宣传日"暨全国大中学生海洋知识竞赛活动发言人指出，提高全民族海洋意识是建设海洋强国的基础性工作，对实现中华民族的伟大复兴具有重要的战略意义。我国是一个发展中的海洋大国，党中央、国务院高度重视海洋工作和全民海洋意识的提高。传播海洋知识，强化海洋教育，从根本上扭转重陆轻海的观念，是国家相关政府部门的重大责任。为了贯彻落实中央领导的指示精神，我们将根据不同人群的特点，有重点、分步骤地开展海洋意识的宣传教育工作。青少年，尤其是大、中学生将成为未来海洋事业发展的生力军，对我国大、中学生进行海洋观教育，帮助他们牢固树立合乎时代要求的现代海洋意识，意义重大。

"全国大中学生海洋知识竞赛"面向全国范围内在读的中学生（含初中、普通高中、职业高中、中等专业学校、中等职业学校、技术学校在校生）、大学生（含全日制高等学校本科、高等职业、预科班在校学生）。竞赛题范围涵盖海洋政策法规与权益、海洋行政执法、海洋军事、海洋水文气象、海洋地质、海洋地理、海洋生物、海洋环境、海洋技术、海洋文化、海洋经济、海洋时事、极地大洋、中国海洋、英语（针对大学生试题）等内容。国家海洋局为此发布《首届全国大中学生海洋知识竞赛规程》。国家海洋局为此组织出版了参考书，在全国印刷发行，对全国青少年海洋知识教育的开展和国民海洋意识的提升，起到了重要的推动作用。

为进一步贯彻落实党中央、国务院关于增强全民海洋意识的重要指示精神，了解全民海洋意识的状况，国家海洋局海洋日活动办公室于 2010 年 3 月委托深圳市互通传力企业管理咨询有限公司进行全民海洋意识调查工作（《关于开展全民海洋意识调查活动的通知》，国家海洋局海洋日活动办公室，2010年 3 月 9 日）。

除了进行全国性海洋教育的普及工作，2010 年 9 月 16 日，教育部和国家海洋局在北京大学举行签字仪式，与北京大学、清华大学、北京师范大学、中山大学等 17 所高校实行合作共建，进一步提升共建高校海洋相关专业人才的培养能力。教育部部长袁贵仁指出，中国是海洋大国，海洋战略是国家发展战略的重要组成部分。海洋事业的振兴离不开高素质人才和高水平科技的支撑。教育部直属高校作为中国培养高素质专门人才和创造高水平研究成果的重要基地，理应成为中国科技兴海战略的生力军。通过新的共建，可进一步提升共建高校海洋人才培养能力，进一步推进高校涉海学科建设及科技创新平台建设，为国家实施海洋战略提供人才支持，围绕国家海洋战略，进一步提高涉海科研能力。国家海洋局局长孙志辉指出，当前中国正处于全面推进国家海洋战略、建设海洋强国的关键时期，大力发展海洋高等教育，尽快培养造就一支规模宏大、素质优良的海洋人才队伍，才能不断提升海洋综合管理和海洋科技创新水平。今后，国家海洋局将对共建高校海洋特色学科建设、海洋科研项目立项、海洋人才培养等方面给予大力支持。同时，鼓励海洋系统各级部门进一步加强与教育系统的广泛合作。① 国家相关部门根据国家海洋战略和整个国家战略发

---

① 《教育部与海洋局携手提升中国海洋人才培养能力》，中国新闻网，2010 年 9 月 16 日。

展的需要进一步加强高校海洋相关专业人才的培养能力，尽管不是全民性的抑或主要面向中小学生的普及性的海洋教育，但对于全民关注和重视国家海洋战略发展，对于增强全民族的海洋意识，尤其是对于提高中小学生接受海洋教育的积极性意义重大，因为全国高校中的涉海专业多了，更受国家重视和支持了，无疑就会给增强了海洋意识、热爱海洋、立志投身海洋事业怀抱的中小学生创造更多的升学机会，提供更好的深造平台。

二　我国大中小学海洋教育开展的主要形式

在国家海洋局、教育部、团中央和其他相关部门、组织近几年来的积极倡导和推动下，全国和各地纷纷行动，国民海洋教育在各个层面上均取得了快速进展，尤其在大中小学层面出现了较为普遍性的成绩。海洋教育最为重要、最为基础的是"从娃娃抓起"。

我国大中小学海洋教育目前开展的主要形式有：

1. 开展"海洋知识竞赛"

其中规模最大、范围最广、层次最高的是由国家海洋局、教育部、团中央开展的"全国大中学生海洋知识竞赛"。该竞赛分大学生、中学生组。我国中学生是个十分庞大的群体，目前初中在校生规模为 5440.94 万人，普通高中在校生规模为 2434.28 万人（均为 2009 年数字，且不包括成人高中、中等职业学校），总规模近 8000 万人，接近于 1 个德国（82398326 人，2008 年数字，下同）、1.3 个英国（60094648 人）、1.3 个法国（60180529 人）、1.5 个韩国（48289037 人）、2.5 个加拿大（32207113 人）、4 个澳大利亚（19731984 人）。"全国大中学生海洋知识竞赛"每年进行，全国中学生是其面向的主要庞大群体，由于是"国家级"竞赛，其对全国中学生的影响是广泛的。除了这一"国家级"竞赛，各地甚至有些中小学校也进行类似的海洋知识竞赛。如上海南汇区（新近合并入浦东新区），2007 年由区教育局、团区委主办，区青少年科技艺术指导中心承办的南汇区青少年海洋文化节，即通过积极营造海洋文化氛围，以让中小学生进一步了解海洋，关爱海洋。"青少年海洋文化节"活动包括中小学生海洋生物服饰展、关于海洋生物——鲨鱼的知识竞赛、外来农民工子女学校海洋知识竞赛、以海洋为主题的文学作品诵读比赛、各学校少先队海洋知识争章活动、少先队队课竞赛活动等（《浦东年鉴2008》）。

2. 创办中小学"海洋学校"

这主要出现在沿海、海岛地区等有海洋环境条件的中小学校。浙江舟山市自 1988 年开展中小学海洋教育，1989 年在地处国际航道虾峙门的虾峙岛中心小学挂牌成立了"未来渔民学校"。该校在地方海洋教育方面探索实践了 10 年后，于 1997 年经普陀区教委批准，实行小学课程方案改革，自此结束了海洋教育十年中一直依靠兴趣活动、班队课程活动在课程教学计划之外"打游击"的局面，使海洋教育活动课正式列入学校教学计划。这是国家实行中小学教学课程改革，设立国家课程、省本课程、校本课程三级课程体系在地方学校中体现的结果。1993 年，学校鉴于原校名"未来渔民学校"的约束性，将其更名为"少年海洋学校"。随着"校本课程"这一全新的概念进入校园，学校的海洋教育发展有了"制度化"的政策环境，经过实践与探索，逐渐形成了一套比较适合海岛小学的海洋教育校本课程体系和方法。例如，海洋教育课程体系设计出来之后，教材配备不可或缺，但无先例可循，整个浙江省乃至全国也还未有过一本系统的、适合小学海洋意识教育的教材。于是，1998 年虾峙中心小学发动全体教师编写了《虾峙中心小学海洋教育活动课教案集》，在此基础上，1999 年编印出各年级《海洋》读本，2005 年编印出《海洋教育》教材。在海洋教育的课程化体系管理方面，其制度设计模式为"虾峙中心小学教导处"与"少年海洋学校教务处"共同负责"海洋教育校本教材""海洋教育校本课时""海洋教育专职教师"，另外"少年海洋学校教务处"专门负责"海洋文化陈列室""校园海洋文化月"等活动。为使海洋教育有充足的课时，他们将单位课时缩小到 35 分钟，增加周课时，为海洋教育以及其他发展性学习提供有效的时间；将海洋意识教育分主题编排，实施海洋英语、海洋歌曲以及具有海岛特色的渔家基本技能操作训练，初步形成了以海洋活动课为主、实践课程与环境课程紧密结合的小学海洋课程体系。为打造学校作为"少年海洋学校"的特色氛围，学校谱写了"虾峙中心小学校歌"《探海》；不断设计举办多种海洋教育活动。例如 2010 年 5 月，他们开展了以"人人学会一手活、争当海洋小主人"为主题的海洋技能大赛，分绳网、渔家基本生活技能、海韵艺术作品三大系列，具体有装梭、织网、兜绳、劈拼网片、手织渔网袋、剥虾、剖鱼、烧鱼、打绳结、贝壳粘贴、船模制作等内容，全校约 74% 的学生参加了活动。[①] 2010 年 10 月，学校举办了为期一个月的"海洋教育品牌建设"大家谈活动，为此专门发出《通知》，阐明了活动背景、活动对象、活动流程，作出系统安排。《通知》说：该校海洋教育历经 20 多年的探索实践达到了一个"制高点"，且有"高原"现象产生，而学校规模的日趋缩小、新校园的即将建造、学校"十二五"发展规划的启动和社会、时代的发展变迁对海洋教育的发展深化提供了新的机遇，提出了新的要求。这一背景使该校海洋教育品牌的深化建设亟须冷静思考，群策群力，针对实际，努力寻求海洋教育新的突破口或切入点，以此传承发展，不断丰富海洋教育新的内涵。学校为此问计于"民"，全体教师交流思考，群策群力，围绕"海洋教育"品牌建设，总结已有经验，分析存在不足，提出建议思路，并在"大家谈"论坛会上集中交流，人人参与，发挥了教职员工的主人翁精神，为学校的品牌建设提供了鲜活有力的智力支撑。教师们提出的"建议在新校园建设规划中开辟海洋文化走廊，建立海洋技能辅导专用教室；建议在海洋月活动中增设海洋歌曲大家唱项目；建议拓展海洋教育校外基地"等富有真知灼见的建设性意见和建议得到采纳，收到了显著效果，促进了该校作为"少年海洋学校"的进一步发展。多年来，作为该校的"海洋教育成果"，学校先后成为"全国劳动技术教育先进学校""浙江省绿色学校""浙江省首批现代教育技术实验学校""浙江省首批示范小学""浙江省少先队雏鹰网络计划实验学校""浙江省十佳少科院""舟山市爱国主义教育基地""舟山市教育科研基地""普陀区对外宣传采访基地"，并在一系列相关海洋主题大赛中获得了"海洋美术区团体一等奖""海味舞蹈区一等奖"等，该校的"海洋教育活动课程设计"也荣获全国首届活动课程设计二等奖，"小学海洋教育课程研究"获浙江省政府基础教学成果二等奖。[②]

---

① 普陀教科网，http：//www. ptec. gov. cn/view. php？ id = 53972010 – 05 – 24。

② 参见普陀教科网，http：//www. ptec. gov. cn/view. php？ id = 53972010 – 05 – 24。

　　1998 年，由中国海洋学会批准命名的"青岛少年海洋学校"成立。该校是青岛市市南区实验小学成立的，建设"少年海洋学校"的宗旨，就是要借用青岛是全国海洋科学研究、海洋技术开发和海洋人才培养的中心城市的优势，发挥学校基础教育主渠道的作用，普及海洋知识，从小培养学生的海洋国土意识、海洋资源意识、海洋环境意识、海洋权益意识、海洋可持续发展意识，进而增强新一代热爱海洋的情感和献身海洋的能力。为此，学校把海洋知识引进课堂，让学生学习到科学的海洋知识；学校邀请海洋专家、教授来校，讲授海洋科学知识，并结合小学教育的特点，根据学生年龄和接受能力，为学校编创适合三至六年级使用的《少年海洋科普教材》，以期让三至六年级学生较为系统地接受有关海洋概况、海洋鱼类、海洋动物、海洋植物、青岛的海湾、祖国的海岛、四大洋、世界的海峡和海湾、海洋环保、海洋军事、南极和北极等海洋科普教育。学校相关教师为此精心设计形式新颖、符合学生年龄和兴趣的课堂教学和丰富多彩的活动，使小学生在亲身感受中获取海洋知识，培养海洋兴趣，增强海洋意识。学校的海洋知识教育和海洋特色活动多次被中央和地方电视台、广播电台等新闻单位报道。

3. 创建全国和地方"海洋科普教育基地"

　　"全国海洋科普教育基地"的创建和命名，主要由中国海洋学会组织实施。2004 年 9 月，中国海洋学会召开海洋科普教育基地工作会议。在此之前，中国海洋学会确定命名了一批"全国海洋科普教育基地"，包括太平洋海底世界、青岛市市南区实验小学、舟山定海区教育教学研究中心、上海海底世界博览馆、长沙海底世界、北京海洋馆等。会议通过了《中国海洋学会海洋科普教育基地管理暂行规定》，各海洋科普教育基地进行了工作交流，并研究形成了进一步推进海洋科普教育及基地建设的意见和共识。主要有：（1）水族馆可利用馆内资源，开辟科普教育区域，有条件的可开设现代化的多媒体电脑教室、标本室、多媒体大屏幕等。（2）少年海洋学校可创编《少年海洋科普活动教材》，在编写教材的过程中，可利用"海洋科普活动课"，让学生通过亲历体验和参与活动来不断完善教材。（3）把中小学"海洋教育"实践与研究作为课题，把开展海洋历史观、海洋发展观、海洋责任观、海洋经济观和海洋人才观的教育与办成有特色的海洋教育基地结合起来。（4）应积极与所在地的科委、教委、科协以及科普与新闻媒体密切结合，加大海洋科普新闻宣传力度。①

"全国海洋科普教育基地"的创建和命名，一般是在沿海地方"海洋科普教育基地"建设基础上经申报评选确定的。沿海各地海洋科普教育基地众多，显示出沿海各地对海洋教育的重视。例如在青岛，已有多家本市和全国海洋科普教育基地。多年来，为推动科普工作常态化，青岛海洋科技馆、青岛海底世界充分利用丰富的海洋旅游资源，以弘扬科学精神、普及科学知识、传播科学思想和方法为宗旨，以馆藏海洋生物标本和活体生物为载体，充分发挥其在海洋科普工作方面的示范作用，根据自身特点和公众、社会需求，广泛开展了大量有特色、有实效的海洋科普教育活动，相继举办了"大海里的小巨人——有孔虫""大洋的奥秘""保护鲨鱼，拒吃鱼翅""鱼眼看世界，海底真奇妙""海底看特展，保护母亲湾"等海洋科普主题展和科普进社区、进校园活动。2003 年，青岛海底世界成为青岛市科普教育基地，2005 年 6 月成为"全国海洋科普教育基地"。2005 年 11 月，中国海洋学会 1998 年批准建立的"青岛少年海洋学校"成为"全国海洋科普教育基地"。2008 年 11 月，国家海洋局北海环境监测中心被正式命名为"全国海洋科普教育基地"。该基地也是中国海洋大学学生实习基地。2010 年，由中国科学院海洋研究所等共建的"海洋原生动物有孔虫科普教育基地"被命名为青岛市科普教育基地，九三学社青岛市委在崂山区凤凰台小学建立"海洋科普教育基地"等。九三学社青岛市委充分发挥社员中海洋科技人才荟萃的特点和优势，以"送知识促发展"为主题，积极开展"送海洋知识进学校"活动，在崂山区凤凰台小学投资近 10 万元，建立了海洋动植物标本室，设立了海洋科普长廊，向学校赠送了海洋科普读物，并确定定期组织有关专家上课堂讲科普，激发学生们热爱科学、崇尚科学的热情，使他们增长海洋知识，增强海洋意识，成为为国家海洋发展作出积极贡献的有用人才。

2007 年 9 月 3 日，上海海洋科普教育基地揭牌仪式在南汇区（今浦东新区）大团高级中学举行。该基地是上海市首个海洋综合性科普教育基地，由

---

① 中国海洋学会：《关于印发〈中国海洋学会海洋科普教育基地座谈会纪要〉的通知》，中海学字〔2004〕035 号。

南汇区与市海洋局合作共建，旨在普及海洋科学知识、营造海洋科普氛围，建成深受青少年欢迎的、普及海洋知识的平台和载体、传播海洋文化的阵地和摇篮，推动上海海洋事业发展（《浦东年鉴2008》）。

2008年，中国海监83船作为我国第一个以船为基地的海洋科普教育基地在广州诞生。这也是华南地区功能最齐全的海洋科教基地之一。中国海监83船隶属于国家海洋局南海分局，是我国技术性能最先进的船舶，也是海洋科技调查设备较先进的船，有各种海洋实验室，有发达的通信网络和即时图文信息传输系统，能够为海上维权、侦察、监视、调查提供各种服务。它还有船载直升机，能够为海上的维权登检和海洋调查提供空中平台。中国海监83船以中国海监第八支队为基地，定期向南海三省区（广东、广西、海南）的青少年开放，向广州市各社区开放。为了满足广大青少年的要求，第八支队表示还在机关大楼上开放一个陈列室，作为长期向社会开放的一个窗口。

据了解，海洋科普教育活动一直是中小学学生们最为欢迎的一项教育活动，中国海洋学会先后在北京、青岛、成都、大连、舟山、厦门等城市的海洋馆、博物馆、大学、小学建立了17个海洋科普教育基地，这些基地以大量的标本、实物和图片向广大青少年展现了海洋科技事业的发展历史和现状，展现了海洋事业发展的光辉前景，深受广大青少年和市民欢迎。

全国和各地海洋科普教育基地大多利用自身优势，通过公益活动开展海洋教育，既将受众"请进来"，又将海洋科普知识"送出去"，对于丰富当地和外地中小学课余生活，普及海洋科普知识，提高青少年了解和探索海洋、关心和热爱海洋、开发和保护海洋的兴趣，增强其海洋意识和观念，发挥着重要作用。

4. 中小学海洋内容选修课程的开设

在上述"少年海洋学校""海洋科普教育基地"等许多实施海洋教育的中小学那里，对建构海洋内容的课程和教材体系都已经进行了历时长短不一、深浅程度不同、内容或多或少的积极探索，他们所开设的课程大多是"校本课程"。这里以浙江省舟山群岛虾峙中心小学的"校本课程"体系建设为一重点案例。

虾峙中心小学以海洋教育为主的校本课程板块主要包括发展性课程和研究

性课程。

（1）发展性课程

A. 选修课。采取微型化、模块化、讲座式、综合性等方式，不拘一格容纳范围、难度各不相同的现代化最新信息、最新学习理论等，扩大学生的知识面，激发学生的学习兴趣，提高学生的学习能力。

B. 活动课，分为五类活动课程。一为"学科类"：通过学科的实践活动获得感性认识，加深对学科知识的理解，以提高学生运用知识解决实际问题的能力。如英语活动课，以海洋知识渗透为主，编排英语小品、课本剧等形式，创造外语学习的情境，体现海洋特色，提高了学生学习外语的兴趣，促进了英语听说读写的实际交往能力。二为"体育艺术类"：每周两节体育活动课如排球、篮球、棋类等，学生可在体育活动课中发展自己的体育强项，通过体育活动提高自己的体能，锻炼自己的意志，增强应变能力；艺术活动有绘画、舞蹈、剪纸、贝类工艺品制作等，学校每年举办艺术节。重在突出海洋特色，特别是艺术活动与海洋意识联系，以表现海洋特色为主题。三为"德育系列活动"：除正常要求开展的各类如"五爱"系列等一般化活动外，还从"认识家乡活动"出发，分年级制定目标，结合海岛渔村实际，了解海岛地形、位置及渔、农、工、贸、景等状况，从身边实际入手进行思想品德教育。四为"科技、劳技活动"：如计算机制图、航模制作与创造、海洋生物标本采集与制作、网绳铰接、鱼鲞劈晒等具有海岛特色的活动，学校每年举办科技节，为学生充分展示自己的才能和特长创造校园文化氛围。五为"社会实践活动"：以"海"字为龙头，成立"小贝壳"文学社、"海艺"书画社、"小浪花"艺术团、蓝色卫队等社团，以社团为核心结合海岛海洋世纪意识教育，开展社会实践活动。每个社团每学期都组织外出考察活动，旨在使学生步入社会现实，了解社会变革，考察大自然，在活动中领略祖国美好河山、风土人情、历史古迹等，在实践中开阔视野，综合运用各科知识促进课内学习。如蓝色卫队通过学生自己观察、分组调查、集体访问、考察等多次活动，写出了有关虾峙镇垃圾处理现状、鱼粉厂污染大海等报告，为镇政府提出了很好的建议；举行"爱护大海"漂流瓶放飞仪式，并通过电子邮件向新加坡、马来西亚等国的小朋友提出倡议；组织"绿色行动"夏令营活动等。

C. 综合课。海洋教育是集各科知识、技能、教学方法于一体的综合性课程。包括海洋意识教育系列（海洋环境与保护、海洋资源与开发、海洋国土与海防）、劳动技能与实践系列（绳网系列、生活系列、贝壳工艺品系列）和海岛乡土与传统系列。海洋教育是虾峙中心小学的主要特色课程。

（2）研究性课程

研究性课程是为了开发学生的潜能、发展学生个性而设置的较高层次的探究性、开放性学习课程，它有利于培养学生的科学态度和科学精神，为掌握科学方法、发展研究能力奠定基础。这种课程主要面向高年级部分学有余力、研有兴趣的学生。课程以主题性研究活动为基本教材内容，立足于自己开发。如"网具改革"研究小组正在虾峙成校校长、镇科协秘书长余昌明的指导下，与渔老大、网厂师傅和捕捞人员一起研制新网具。

为让这些课程有相对充足的时间得以安排，学校采取缩短单位课时时间，增加活动课时间的措施。每节课由原来的40分钟缩短为35分钟，教学内容、课时数、教学标准保持国家义务教育教学大纲标准不变。这样，在保持学生在校时间总量符合规定的情况下，每天比原教学计划净增一节课，用于增设的实践活动课、兴趣活动课等发展性课程的教学时间。活动课总量达到32.9%，比省规定的课程设置中活动课占24.2%的标准提高近10个百分点。

海洋教育校本教材分四册，上下学期合排，海洋常识内容包括海洋国防、海洋地理、海洋历史、海洋资源、海洋现象、海洋科学、海洋环保、海洋文学，穿插学生研究性调查、研究内容；每册设必修课40课，选修、选读课文若干，同时附加渔家生活实践、海洋歌曲和海洋英语内容。主要分如下两个层次。

第一，海洋意识教育。

通过对一些常见的海洋事物以及它们之间相互的联系，获取一些生动具体的、基本的海洋知识，初步了解海洋、认识海洋。让学生通过教材与教学，经历一些典型的认识海洋事物的过程，初步学会一些简单的认识事物的方法，培养学生探究问题、探求新知的能力和适应现代生活的能力。使学生从海洋实践活动和社会实践生活中接受思想情感教育，发展良好的心理质量，培养热爱海洋、保护海洋、热爱祖国、热爱家乡、热爱科学等思想感情。

具体内容与教学目标是：

A. 海洋历史。初步了解虾峙、舟山、我国以及世界海洋发展的历史概况，知道一些著名的海洋历史事件，熟悉与海洋开发有密切关系的人物。

B. 海洋地理。知道海洋国土概念，结合认识家乡（虾峙岛）教育，知道什么是海洋国土；了解中国海洋国土的概念，知道中国的四大内海，结合认识家乡（普陀）教育，激发热爱家乡的思想感情；了解地球的海域，结合认识家乡（舟山）教育，知道海洋国土建设的辉煌成就；有初步的海洋国土的法律意识，结合进一步认识家乡（普陀）教育，知道在现时代海洋世纪中的海洋国土建设；进一步认识海洋国土和经济建设的重要关系，以南海诸岛为例，完整了解祖国的国土概念，了解这方面有关海洋的各类法规及应用现状；进一步认识我国海洋国土的现状（钓鱼岛），开始具有理性的海洋国土概念，从海洋空间方面知道海洋国土的进一步概念。初步了解世界与中国海洋地理概况以及当今海域的分割方法，初步学会看地图，找海域。了解一些著名的港口、海湾、海峡、海岛。

C. 海洋资源。知道一些基本的海洋资源，如四大经济鱼类、虾、蟹、海螺等常见的海洋动物资源和以紫菜、海带为代表的海洋植物资源等；了解、认识家乡常见的渔船和不同船只的特征；初步了解近年来的外洋渔业情况和世界著名渔场，进行国际理解主义教育；并能发挥自己的想象，通过听、看、画等方式表达小朋友心中的美丽大海；进一步深入了解海洋矿藏、了解海洋对人类生活的影响，能为海洋资源的保护出谋划策。

D. 海洋现象。了解海洋中如海火、海流等一些主要现象，初步知道风暴潮、海龙卷、"厄尔尼诺"现象等海洋灾难的产生原因和防止办法。

E. 海洋国防。知道家乡有关的保卫海防的英烈事迹，通过游戏、故事等知识培养向大海亲和的感情；认识海洋，了解海洋与人类的关系；了解现代海军的基本常识，基本武器；知道祖国统一的重要性，了解有关香港和澳门的情况，知道舟山群岛在国防军事中的重要的地理价值；正确认识台湾问题。了解我国历史上海洋军事力量的兴衰以及近代我国人民反对外来侵略、封建压迫，争取独立解放所进行的海洋战争；了解世界各国军事力量以及海军装备、海洋战争故事。

F. 海洋科学。了解当今世界各国人民对海洋的探索、利用、改造，了解一些利用海洋为人类谋福的例子。

G. 海洋环保。要求在活动中知道保护海洋就是保护自己的家园，做到不向大海扔废物；在活动中认识大海与人类的关系，知道家乡的海洋环保现状，知道保护海洋环境的重要性；能够通过对家乡的水资源、休渔期等的了解，初步掌握开展海洋环保的方法；通过调查等形式去了解家乡（虾峙）的环境状况，掌握有关知识，能设计相应的措施来治理海洋环境污染；了解家乡舟山渔场的环保情况，全面认识海洋，能提出一些合理的开展利用海洋的建议。了解整个人类对海洋的破坏，树立良好的环保意识。

H. 海洋文学。通过阅读海洋文学作品，产生对海洋的热爱之情。

第二，海洋技能教育。

A. 绳、网系列。绳、网技术是渔家生产必备的基本功。要求学生逐年学会装线入梭，掌握各种网眼的织法，学会辟、拼、补网技术以及网绳、缆绳的铰接技术。

B. 生活系列（简单鱼加工）。简单鱼加工是渔家生活必备技能。要求学生逐年学会洗鱼、晒鱼、收鱼、剖鱼，掌握常见鱼类的骨架构造，并学会煮鱼、腌鱼、糟鱼、浸制盐水虾、浸制盐水蟹等传统家庭鱼加工技术。

C. 工艺系列。贝壳作品的制作实践是学校特色之一，将其编入教材，逐年要求学生学会拾贝壳、洗贝壳，并会做简单的贝壳小制作；模仿实物做贝壳小制作；高年级学生会制作具有一定审美价值的贝类工艺品。让学生了解一枚枚不起眼的贝壳通过劳动的双手变成一件件美丽的工艺品的过程，从中体会到劳动创造美的道理和海洋家乡的独特。

（3）研究性学习

在部分单元的后面，穿插了"调查研究以及报告撰写"的环节，期望学生通过环境问题、家乡军事地理位置调查、海洋生物了解、渔民捕捞现状等情况的调查、访问，让学生在研究性学习中受到教育、得到发展，从而形成对社会生活中（尤其是海洋）的现象、问题进行积极主动地、科学地探究的基本素养，形成一定规模的研究气氛。

（4）海洋英语教育

为了进一步体现海洋教育面向世界以及自身的海洋特点，教材中加入了海洋英语教学，通过对一些基本的海洋操作技能、海洋生物常用英语单词、语法的学习，培养学生的人类意识、全球观念和国际性技能。

（5）海洋歌曲

加入海洋歌曲的目的在于通过"学唱海洋歌，争做海洋人"的活动（尤其是《海洋学校校歌》更体现了对海岛儿童的要求），促进学生热爱海洋、产生建设海洋的决心。

生活技能是海岛儿童特色教育的重头戏。学校打破传统的单一的学科教学方式，采取跨学科教育的方式，更多地采取显性课程（模块课程、微型课程）以及隐性课程等方式，培养学生的生活技能。主要有：①海岛人必备的生活技能，如海洋教育中的接绳、织网技术、简单鱼加工技术、贝壳工艺品制作技术；②与人合作的技能，包括领导、倾听、参与、交流、分工协作等具体技能，在海洋环保活动、网上交流、研究性学习、兴趣活动、社团活动中加以体现；③选择与决策的能力，在学生各种自治性的实践活动中加以锻炼，在环保教育中采用决策模拟、案例研究等方法进行适当的决策训练；④应变能力，通过数学思维训练、认知策略训练、棋类活动、脑筋急转弯等训练，使学生能根据有限的信息作出预测和决定的技能，摆脱思维定式，创造性解决问题。①

再让我们看浙江宁波古塘中学 2006 年编写的"海防文化课程校本教材"《走近海防文化》一例。该校的校本课程的设计和教材内容的编写，充分反映了具有悠久海洋历史内涵积淀的宁波镇海的特色。

《走近海防文化》的内容分三个单元。第一单元"探寻海防遗址"有 6课。第一课：校名溯源；第二课：古塘变迁；第三课：招宝探奇；第四课：炮台探秘；第五课：梓荫话古；第六课：保护遗址。第二单元"追溯海防风云"有 6课。第一课：抗倭纪略；第二课：抗英纪实；第三课：抗法纪胜；第四课：抗日纪功；第五课：人民抗争；第六课：不忘历史。第三单元"探讨海防建设"有 4课。第一课：经济发展与海洋；第二课：海防现状知多少；第三课：海防建设之我见；第四课：我为海防尽义务。

我们从教材的"编写说明"中可以看到该校老师们对学校开展海洋教育、

---

① 以上综合虾峙中心小学网站资料及相关研究引用资料，http://ptxzxx.com/snhyxx/lscd.html。

编写校本教材重要性的深刻体认和努力追求：

> 这里曾几经改名，但从未离开过"海"字，它给这里带来"渔盐之利"，也给这里带来台风等灾害；这里的先民种植水稻，善用舟楫，营住干栏，是河姆渡文化的鲜明体现；这里是"浙东门户""全浙要喉"，面对外敌的入侵，留下了一曲悲壮的史诗。这里就是古称"浃口""蛟川"的宁波市镇海区。

> 岁月流逝，在改革发展中，镇海进入21世纪。现代化港口城区在繁忙的海港中、在新兴的产业中洋溢着勃勃生机。在城市的一隅，海防遗址在默默地注视着镇海翻天覆地的变化。当它们的历史使命已然完成之时，镇海人民并没有忘记它们，因为每一处海防遗址都诉说着当年民族英烈的故事，向人们展示镇海军民不畏强暴、抗击外侮、前仆后继、自强不息的民族精神，也在向人们警示着海洋意识的觉醒与忧患意识的培植的重要意义。

> 作为新一代的镇海人，我们不仅要了解镇海的历史，感悟镇海先人们的民族精神，更要意识到在现代经济大潮中保护现有文化遗产的必要性和和平环境下面临的挑战，因此我们更有责任探索、挖掘海防文化这一宝贵财富，让海防文化在历史的积淀中展现时代的魅力。

> 本着这样的目的，我们开展了海防文化课程的建设，这本教材的编写就是为有效实施海防文化课程提供文本的支持。教材基本上采用通用历史教材的编法，在史实的陈述与史料的呈现中设计相关的问题或人物情境，引导学生在感知历史中运用历史的方法阐释历史、思考历史，获得多方面的启示，促进思辨能力的提高与实践能力的发展。

> 本教材既可供初中社会学科活动性课程、拓展性课程建设所用，也可为专设性校本课程或综合实践活动主题设计提供文本或素材的支撑。教师可根据自身的条件灵活地创造性地应用本教材。限于水平及时间的仓促，教材中纰漏之处在所难免，使用过程敬请提出宝贵意见，以便完善。①

---

① 以上资料来自浙江宁波古塘中学网站。

就全国范围而言，对全国中小学海洋教育影响最大的是 21 世纪初以来国家基础教育课程改革后带来的中学地理教科书的变化。对此，《人民日报》2003 年曾以"新地理课本呈现'一片蔚蓝色'"为题作了报道。① 报道说，中学地理教科书缺乏体现"培养海洋意识、维护海洋权益"内容，一直是海洋界专家、学者备受关注的焦点，目前此方面的情况正发生积极变化，由人民教育出版社出版的 2001 年新版系列地理教材，大量充实了海洋地理、资源、环境及海洋权益等新内容，如今初中、高中学生们已经用上了这种新版的地理课本。教育部基础教育司为此组织召开了"中小学教科书有关海洋内容座谈会"，全国教材审定委员会、人民教育出版社以及国家海洋发展战略研究所的专家们参加了座谈，专家们对 21 世纪之初强化海洋内容的新版教材给予了肯定。这种"变化"的主要标志，是在"新版系列地理教材"中，"海洋地理"被作为一门"选修课程"单列了出来。关于这种"变化"的利弊，我们在后面将加以分析说明。

三 我国中小学海洋教育目前存在的主要问题

近些年来，通过国家和各地的政府相关部门、机关团体、部队和社会各界力量尤其是各地许多中小学自身的努力，我国中小学海洋教育取得了一系列成就。但我们不能不看到，我们还没有从中小学教育的根本问题上解决问题，真正使教育者和受教育者全面认识到海洋知识、海洋意识教育的重要性，从而全面形成中小学海洋教育渗透、深化在整个教育过程中的自觉性。至今在中小学生、大学生中仍然存在着前述具有普遍性的海洋观念、海洋意识缺失问题，就是现实严峻的证明。

主要问题有以下几个方面。

一是全国性和地方性海洋科普教育基地，主要分布在沿海地区海洋科普条件较好的城市，对于全国而言不具有普遍意义。由于各方面条件的限制，海洋科普教育基地难以在内陆地区尤其是中西部地区大建特建，内地已有的只是少

---

① 《人民日报·海外版》2003 年 5 月 9 日。

量"特例"。因此，全国性和地方性海洋科普教育基地建设尽管十分必要，功不可没，仍须做好并应大力发展，但因其本身是"海洋材料"的特殊性质所决定，不可能在全国范围内"全面推广""普遍建设"，因而对于全国中小学在基础教育阶段普及海洋知识和海洋意识教育而言，不应作为"必备"条件。至于在中小学建设和命名海洋科普教育基地，即使在沿海较发达地区，由于受到相关海洋科普材料设施的限制，也只占已有"基地"的少数，其"不能普及性"可知。全国中小学每年在校生近1.8亿人，对于其大多数，尤其是对于广大农村中小学的大多数学生来说，且不说把全国性和地方性海洋科普教育基地普遍建在他们学校是不可能的，即使要让他们与全国性和地方性海洋科普教育基地有机会"亲密接触"，也往往可望而不可即，甚至连"望"都不可望。何况，即使对于全国性和地方性海洋科普教育基地近在咫尺的中小学生来说，大多也只是"偶尔"接触一下"基地"、接受一下教育，对于海洋知识的真正掌握、对于海洋意识的真正增强，所起的作用毕竟有限，不能过分夸大。

二是只有在沿海地区中小学才有条件、才有可能创造条件实施"校本课程"的海洋教育，同样对于全国中小学基础教育而言不具有普遍意义。何况，即使在沿海地区，像上述浙江虾峙中心小学那样长期坚持、系统建设、不断推进发展的中小学校也不占多数，甚至可以说也为数不多，不具有普遍性。即使像浙江虾峙中心小学，其在建设之初所面对的困难，也依次有缺少适用教材（61.5%）、缺少活动基地（48.5%）、学生不愿学（23.1%）、不知如何评价（11.5%）、课时少（3.8%）、家长不认同（3.8%）等问题。面对"困难程度"占48.5%的"缺少活动基地"问题，他们所采取的措施是"共建"与"自建"相结合，"独立的教学基地"和"参与管理的实验基地"相结合。"共建"即学校与镇科技示范船、船用仪器厂、海水养殖试验场、虾峙印刷厂等合作，建立互惠基地；"自建"即充分利用校内空间建立基地，建设了海洋馆作为核心基地，内藏包括：（1）130余种，500多件舟山海域常见的海洋生物标本；（2）20世纪初以来舟山渔民曾经用过的大大小小船只28艘和海域海区图，使舟山渔业发展史、渔船作业基本情况和基本的船体结构知识一览无遗；（3）分"我爱舟山""我爱虾峙""虾峙精英""海山风光"四大板块100多幅照片，把舟山的"渔、港、景、工、贸"和虾峙新貌、精英尽收方寸之间；（4）以学生贝壳艺术制作为主的劳动实践作品。与此同时，建设了学校"海娃电视站"，经常向学生播放海洋教育电视片、校园歌曲、学生作品等。另外，充分利用学生各自家庭的海洋生活"素材"及其"场景"，也是学生接受海洋教育的直接生活来源。① 而这些条件，是只有在沿海和岛屿地区的中小学才能够具备的；就全国中小学而言，各地所能"开发"出来的"校本课程"及其"校本教材"，则只能是各自或山区或平原或草原独具的特色内容，而不是其他。所以，靠"校本课程"实施海洋教育，只能解决局部地区、少部分中小学海洋教育的问题。

三是即使在有条件或经努力创造了条件开设海洋内容"校本课程"的中小学，也因其课程内容的"非普遍性"而被排除在升中学、考大学的考试范围之外，导致这些中小学校海洋内容"校本课程"的教学教育效果大打折扣。这些中小学校开设的海洋内容"校本课程"，由于在小学升中学、中学考大学的考试中不是必考的内容，也只是具有了"乡土教材""选修课程"的意义，在升中学、考大学"唯分数是瞻"的"指挥棒"下，其在中小学生心目中的重视程度，远非"兴趣"所能左右，其学习"积极性"必然是大受影响的。即使像浙江虾峙中心小学，从其所作的一次调查的结果来看，"学生不愿学"也占到 23.1%，"不知如何评价"占到 11.5%，"家长不认同"占到 3.8%。② 因此，尽管这些学校的海洋教育"校本课程"建设十分重要，十分难得，但对于国家来说，对于全国普遍提高海洋内容教育水平，以增强全国一代代国民的海洋意识的国家战略需求来说，这只是一个方面，自然远远不够。

四是"新课改"之后的"国家标准"课程，不是强化了海洋教育，而是弱化了海洋教育。所谓"新地理课本呈现'一片蔚蓝色'"，是媒体在并不了解中学课程设置"真谛"情况下的乐观；所谓"专家们对世纪之初强化了海洋内容的新版教材给予了肯定"，则是由新版教材的"审定"者和"出版发行"者构成主体的"专家们"的"自我肯定"。

---

① 参见虾峙中心小学网站相关资料，http：//ptxzxx. com/snhyxx/lscd. html。
② 参见虾峙中心小学网站相关资料，http：//ptxzxx. com/snhyxx/lscd. html。

从目前情况看，所谓"新地理课本呈现'一片蔚蓝色'"，即所谓"新版系列地理教材大量充实了海洋地理、资源、环境及海洋权益等新内容"，主要是指高中地理"国标课程"在共同必修课程"地理1""地理2""地理3"之外设置了包括"宇宙与地球""海洋地理""自然灾害与防治""旅游地理""城乡规划""环境保护""地理信息技术应用"等七门选修地理课程，其中作为选修地理课程之一的"海洋地理"的确呈现出了"一片蔚蓝色"。但其他选修地理课程则依然了无"蔚蓝色"可言，因为都被"专门化"了；而且，原中学地理课教材中本是包含一些"蔚蓝色"的，但因为有了"专门化"的《海洋地理》课程和教材，所以在新的必修"地理"课程的教材中，就几乎一点儿"蔚蓝色"也不剩了。

图1是高中地理国家标准必修与选修课程的结构。

"海洋地理"是地理科学与海洋科学相互结合的一门综合性学科，具有自然科学、社会科学、技术科学相互交叉渗透的特点。海洋地理的研究对象，即使单从海洋自然地理方面说，内容系统也相当广泛而复杂，除海洋水体外，还包括海岸与海底，其研究范围涉及地球的岩石圈、水圈、大气圈和生物圈四大圈层，研究内容包括海洋地理环境、海洋资源开发利用、海洋环境保护、海洋立法与管理以及海洋信息技术发展应用等（后几大领域是海洋文理工交叉领域），何况从海洋人文地理方面而言，则沿海民族、人口与社会，沿海政区沿革、港口与城市、区域与民俗、"海上丝绸之路"即航海与贸易等，也都是不可忽视的重要内容。由此观之，在中学阶段就将"海洋地理"进行"专门化"的课程设置和教学，长期来看是否科学，是否可行，尚需观察和研究。

《全日制普通高中地理新课程标准》就选修课程"海洋地理"的内容标准规定如下：

课程标准

1. 海洋和海岸带

● 观察海底地形图，运用海底扩张与板块构造学说的主要观点，解释海底地形的形成和分布规律。

● 运用图表等资料，归纳海水温度、盐度的分布规律。

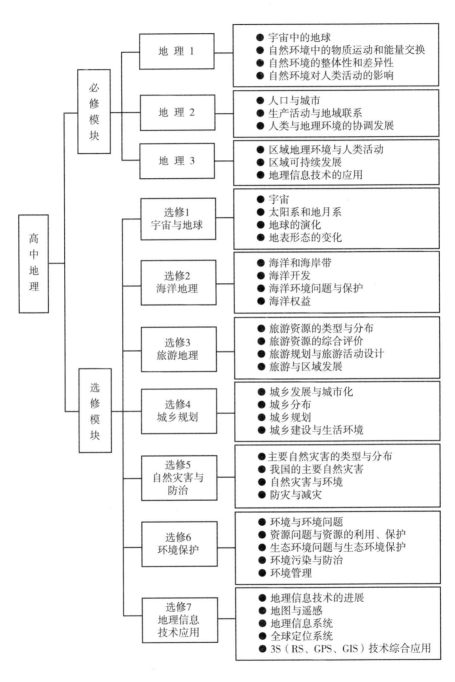

图 1

- 运用图表，分析海—气相互作用及其对全球水、热平衡的影响。
- 简述厄尔尼诺、拉尼娜现象及其对全球气候的影响。
- 说明波浪、潮汐、洋流等海水运动形式的主要成因。
- 运用地图及景观图片，概述海岸的主要类型和特点。
- 列举海岸带开发利用的主要方式。
- 运用资料，说明海平面变化对海岸带自然环境以及社会经济发展的重大影响。

2. 海洋开发

- 说出海水资源、海洋化学资源、海底矿产资源开发利用的特点和现状。
- 说出潮汐能、波浪能等的特点，以及海洋能的开发前景。
- 运用资料，说明海洋生物资源开发利用中存在的问题及对策。
- 举例说明开发利用海洋空间的重要性及其主要方式。
- 简述海洋旅游业的现状及发展前景。

3. 海洋环境问题与保护

- 分析风暴潮、海啸的成因，说出其危害及应对措施。
- 运用资料，说出海洋主要污染物的来源及其对海洋环境产生的危害，简述保护海洋生态环境的主要对策。

4. 海洋权益

- 区别海洋内水、领海、毗连区、大陆架、专属经济区和公海等概念。
- 根据有关资料，归纳我国海洋国情的基本特点，说明维护我国海洋权益的重要意义。
- 举例说出建立和维护国际海洋新秩序的重要性。

活动建议

- 收集有关资料，写一篇关于海平面上升对沿海地带影响的小论文。
- 围绕"厄尔尼诺现象利与弊"的辩题，运用材料，开展辩论。
- 沿海地区的学校，可调查本地海洋资源开发和保护的现状，并提出自己的看法和建议。

● 观看介绍海洋的影像资料或参观海洋科普场馆，以"21 世纪是海洋世纪"为主题，举办一次演讲会。

● 收集资料，展示海洋空间开发的成果，并以诗歌、绘画、科幻小品等形式畅想未来的海洋空间开发。

● 在广泛收集图片等资料的基础上，举办小型展览，展示海洋及海岛的自然风光、珍稀动物、风土人情等。

从"海洋地理"课程目前实施情况看，存在如下问题：

其一，由于较普遍看来，"海洋"知识内容在中小学基础课程中涉及最多的主要是"地理"课程，因此，要在中小学教育课程体系中加强海洋内容教育，最简便的办法就是在中学"地理"课程中加大"海洋"知识内容的量；而"地理"必修课的容量毕竟有限，所以就干脆将其从"地理"必修课内容中抽出来单列为选修课，这样一来可使得"地理"课程体系中呈现"一片蔚蓝色"，是对社会上加强中小学海洋教育呼声的较好的回应；二来正好减少了"地理"必修课复习应考的内容；三来完全可以满足对海洋感兴趣且又在主课学习之外"尚有余力"的学生们的学习需求。这样做看起来是"事半功倍"的。但这显然是一种简单化处理。事实上，中小学海洋教育不只是一个单纯的"海洋知识"问题，而是一个系统的海洋观念、海洋意识的问题，尽管海洋观念、海洋意识的获得需要海洋知识作为基础；而且，仅就"海洋知识"而言，也绝不仅仅是"海洋地理知识"的问题，而是体现、呈现在语文、政治、历史、数学、物理、化学等方方面面。

其二，就"海洋地理"教科书的编写而言，也存在质量参差不齐等问题。我国基础课程教材实行了多样化、多层次化和竞争化的编写与出版制度，尽管制定有"国家标准"和审查要求，但毕竟有各地教育行政部门、教育出版社出版发行范围等"地方权益"的存在与制约，例如每种教材每省市只申报一家为"某版"，"别无分店"，因此所编教材只要不是明显太差太烂，一般情况下都能审查"过关"，这就很难保证全国所有教材的质量。尤其是像"海洋地理"这样的内容极广、综合性极强而又是新设课程的教科书，其保证质量的难度可想而知，何况目前中小学教科书的编写，大多是听取各方面专家的意见，即使聘请了专家班子，"名家挂帅"，所起的也多是"顾问"作用，执笔编写者则至多只是"教育"专家，而非某一内容学科的专家，这就很难保证"海洋地理"教材从观念到知识的正确性、准确性和系统性。

其三，尽管"海洋地理"教材有了，但如此多学科交叉的庞大的体系、复杂的内容，在各个中学的地理教研组师资中，要找到现成的合适师资，则大多是个难题。对于选修课程，普通高中地理课程标准的"规定"是："有志于从事相关专业（如地学、环境、农林、水利、经济、管理、新闻、旅游、军事等）的学生建议在选修课程中修满4学分。"对此，权威解读高中地理新课标的有关专家解析说："这就是说，有志于进入大学的上述相关专业深造的学生，应该在选修课程的七个模块中至少选择两个模块进行修习，并且必须获得相应的学分。"①这样解说是不准确的。因为课标只是"建议"，毫无"必须"可言。而且，即使高考内容作出对选修课程也要考试的规定，也是只要开出七门选修课中的不少于两门即可的，由于"海洋地理"毕竟是"一门新开设的地理选修课程"②，毕竟"'海洋地理'对于学生在地理学习中，相对说来接触较少；且这是一门地理科学与海洋科学相互结合的综合性学科，具有自然科学、社会科学、技术科学相互交叉渗透的特点；其涉及的面也较广——海洋地质地貌、海洋水文、海洋气象、海洋资源、海洋环境等"③，对于教师来说其教学难度、对于学生来说其学习难度都相对较大，因而对于大多数高中来说，"只要高考可以不考"，出现这门选修课"有条件要上，没有条件创造条件也要上"的可能性概率是可想而知的。"地理"必修课已经有之一、之二、之三，再加上七大"地理"选修课，若全面开设，教师、学生何堪重负？因整个"地理"在高考"分值"中就是弱门之一，而"海洋地理"毕竟只是只有2学分的七大选修课之一，且内容如此"庞杂"量大，且师资不易获得，既然学生可选可不选，学校可开可不开，高考可考可不考，那么在高考压力特大、升学率是"第一要务"的竞争状态下，大多数中学选择将之"搁置"，也似乎在"情理

① 陈澄等：《高中地理新课程的框架结构》，《地理教学》2004年第7期。
② 陈澄、樊杰主编《普通高中地理课程标准（实验）解读》，江苏教育出版社，2004。
③ 葛文城：《选修模块"海洋地理"的理解与实施》，《地理教学》2005年第2期。

之中"，似乎是"可以理解"的。如此，所谓"我国普通高中开设海洋地理选修课程，是面向世界、面向未来的需要，具有深远的战略意义"；所谓"努力增强未来劳动者的海洋意识"，"树立新的海洋权益观、海洋经济观和海洋保护观以及爱海、护海、净海、养海的社会新风尚"等"'海洋地理'在情感、态度和价值观方面要求达到的目标"，所谓"以唤起对'蓝色国土'的热爱，提高未来公民的现代海洋意识"① 等"宏伟目标"，只能大面积落空。这就实际上等于"地理"这门课程的"海洋"内容，已被退出了普及教育的行列。

对于新"国标"本地理课程的改革所出现的问题，来自基层教研部门和身处高中地理教学第一线的教师对问题的发现更为具体，分析更为深刻，值得重视。江苏丰县教研室丁运超发表《地理教材中应增加有关海洋国土教育的内容》② 一文指出：近几年来媒体和权威机构的调查一再表明，我国青年的海洋意识薄弱、海洋知识贫乏，海洋国土观念严重欠缺，2007 年 6 月作者等选取有代表性的义务教育阶段九年级和高中二年级的学生共约 5000 名进行了问卷调查和分析统计，又一次验证了这一论断。这里再介绍浙江杭州第四中学耿文强老师《论高中地理新课程海洋意识教育的缺位》③ 一文对问题的发现与分析如下。

第一，解读当前中国海洋意识的觉醒：全民海洋意识的树立任重道远

耿文认为我国国民海洋意识仍处于"初级阶段"：内陆地区尚处于对海洋自然规律认识的懵懂状态；沿海地区虽意识到可以利用海洋，但还没有真正了解海洋的自然规律，只是向海洋盲目地索取；全国国民距离"与海洋和谐相处，对海洋既要开发又要保护"的国际通识还相距甚远，而且存在"知行不一"问题。如 2009 年初，菲律宾宣称黄岩岛和南沙群岛部分岛礁为该国领土，《国际先驱导报》为此进行的调查表明，国人在海洋意识"觉醒"的同时，明显存在"知识储备和行动力不足"的问题：23% 的受调查者表示，从未听说过黄岩岛；而接近 80% 的受调查者不知道黄岩岛的准确位置，仅有 19.7% 的

---

① 陈澄、樊杰主编《普通高中地理课程标准（实验）解读》，江苏教育出版社，2004。
② 丁运超：《地理教材中应增加有关海洋国土教育的内容》，《教学与管理（中学版）》2008 年第 6 期。
③ 耿文强：《论高中地理新课程海洋意识教育的缺位》，《教学与管理（中学版）》2010 年第 4 期。

人知道黄岩岛属于中沙群岛；中国人维护海权的行动力与日韩相比存在很大差距，韩国的国力、海军实力与日本相差甚远，但其海权意识和行动能力都很强，使得其在"独岛"争端中处于优势地位。

第二，审视高中地理新课程：看似强化，实为弱化的海洋意识教育

（1）高中地理新课程必修模块缺失海洋意识教育。

在新课程改革中，高中地理课程在必修模块的基础上，增设了若干选修模块，"海洋地理"作为其中一个模块进入高中地理课程，这是前所未有的，的确显示了课程改革高度的海洋意识。但是，现实的高中教育模式却让"海洋地理"教学遭遇"落空"的命运。

首先，在课程内容设置中，高中地理必修模块将原来已经纳入必修的"海洋资源""海洋环境保护""海洋权益"等内容全部删除，将其列入选修模块。这样一来，就意味着"海洋意识"教育可以有"选择"，而并非一种普及教育。

其次，高考"指挥棒"的影响使得真正有机会学习"海洋地理"模块的群体大大缩小。在当前的高考模式中，大多数省份均将地理作为文科高考科目，而文科学生只占全体学生比例的很小一部分。

最后，部分省区在制定选修课程方案和高考方案的时候已经将"海洋地理"排除在外，"海洋地理"选修模块形同虚设。目前在各省实施的新课程方案中，部分省区尽管将"海洋地理"列入选修的模块，但在高考中却未作要求，选修情况自然不会理想。而有的省区则干脆不列入选修，海洋意识教育也就无从谈起。

部分新课改省区"海洋地理"模块设置情况和高考要求：

辽宁列入选修未作要求。

江苏列入选修选地理的考生自选，满分 10 分。

浙江未列入选修未作要求。

福建列入选修文科综合自选，满分 15 分。

山东列入选修未作要求。

广东列入选修未作要求。

（2）部分教材对海洋国情、海洋权益内容的"淡化处理"使海洋地理教育的"情感、态度和价值观"目标难以达成。

根据新课程标准，"海洋地理"模块的情感、态度和价值观目标包含"增强未来劳动者的海洋意识""改变长期以来形成的'重陆轻海'传统观念""树立新的海洋权益观、海洋经济观和海洋保护观"等内容。可见，海洋国情和海洋权益是情感、态度和价值观目标达成的主要载体。然而，部分教材的中国海洋国情内容极其单薄。如普通高中课程标准实验教科书《海洋地理》选修 2（人民教育出版社 2005 年版）对我国的海洋国情的描述为："我国是一个海洋大国。我国大陆海岸线 18000 多千米，岛屿 6000 多个，岛岸线超过 14000千米，领海面积 37 万平方千米，可主张的管辖海域面积约为 300 万平方千米，其中，部分海域与其他国家的主张重叠。"这些生硬的数据，实在难以唤起学生的"海洋国土意识"和"海权意识"。在"海洋权益"的问题上，大部分教材总是"欲说还羞"。如对于台湾岛、钓鱼岛等是中国领土不可分割的一部分的问题，从地理角度往往只说明"是中国大陆架的自然延伸部分"，这对学生缺乏足够说服力（许多中国大陆架的自然延伸部分不属于中国版图）。如果从"海洋权益"角度考虑，学生们则会有更深刻的领会。因为我国的管辖海区在地理形势上被岛链环绕，具有相对封闭性，自原为我国明清王朝附属岛屿地区的琉球群岛在甲午战争之期被日本侵占、1945 年日本投降后成为联合国托管地区（托管当局为美国）、1972 年美国又将"施政权"交给日本的情况下，我国的出海通道就受到极大限制，因而台湾岛海域、钓鱼岛海域便愈发显示出其既是大陆海岸线的重要屏障，又是直面太平洋的海上通道对于我国国防，尤其是海洋强国战略的至关重要性。因此，实现台湾与祖国大陆的统一，实现我国对钓鱼岛及其海域的主权管辖，在我国国防和海洋强国战略上也有十分重大的意义。再如介绍钓鱼岛，说"钓鱼岛全称'钓鱼岛群岛'，面积 7 平方千米，主要由钓鱼岛、黄尾屿、赤尾屿、南小岛和北小岛及一些礁石组成。自古以来，钓鱼岛就是中国领土。早在明朝初期，钓鱼岛就已明确归中国所有。在地质上，钓鱼岛地处我国东海大陆架，是台湾岛东部山岭的自然延伸，与琉球群岛以冲绳海槽隔开。因此，钓鱼岛既不是无主岛，也不是琉球群岛的组成部分，而是我国台湾省的附属岛屿"。这些观点需要点明其具体针对性，无须隐瞒针对日本侵略我国钓鱼岛主权权利的现实背景，只有这样，才能直接有助于增强学生的国家主权与海洋权益意识。

（3）地理必修课程中学科主体理论的"瘦身"，影响了海洋意识的有效渗透。

地理学科的主体理论（如区位理论）深深烙上了海洋的印迹，因此，在教学活动中也可以渗透海洋意识教育。在新课程改革前的高中地理课程体系中，无论是在必修还是选修教材中，无论是显性教育还是渗透教育中，海洋意识教育均得以充分重视。但是，高中地理新课程标准将原在必修部分的海洋意识教育内容移至选修模块，而将原作为选修的"区域可持续发展与国土整治"内容移至必修模块。为了能在短时间内完成必修部分的学习，原来地理主体理论中涉及海洋意识教育的内容只能"瘦身"，在部分版本教材中甚至难觅踪影，教学中很难有效渗透海洋意识。

第三，反思高中地理新课程海洋意识教育之失：课程设计顾此失彼的结果

关于基础教育课程的设置，有三种持不同观点的学派，即社会中心主义、学科中心主义和儿童中心主义。高中地理新课程设计的指导思想是谋求基础性、时代性、选择性的和谐统一，从而达到社会、学科和学生三个方面的平衡。因此，高中地理课程的设置必须兼顾社会、学科和学生三个方面，并通过提高学生的素质来求得上述三个基点的平衡。通过对《全日制普通高级中学地理教学大纲（试验用）》（人民教育出版社1996年版）和《普通高中地理课程标准（实验）》（人民教育出版社2003年版）内容设置的对比，我们不难发现，《普通高中地理课程标准》在必修部分的内容设置上更侧重于学科的完整性和基础性，而一些具有时代性和社会性、独具地理学科特色和魅力的内容只能纳入选修模块（如"臭氧空洞问题""酸雨危害问题""海洋污染问题""海洋权益问题""各类自然灾害与防治问题"），退出了普及教育的行列。由此可见，高中地理新课程设计的"顾此失彼"更多地考虑了基础性和选择性，使得课程总体呈现了学科中心和儿童中心的倾向。而新课程所提倡的终极目标"情感、态度与价值观"的实现，则更多地还需要课程的时代性和社会性来体现。

由以上分析可见，目前我国国民海洋教育中"从娃娃抓起"的中小学海洋教育，尚处在地区的局部性、学校的部分性、课程的随机性和边缘性阶段，

对于全面普及中小学海洋教育的国家战略需求与教育目标而言，尚一无制度保障，二无规定措施，三无长效机制。

四　加强我国中小学海洋教育制度化建设的对策建议

我国中小学海洋教育基本目标的实现，如上所论，必须通过中小学正常的课堂教学这一教育主体渠道进行。因此，必须通过制度化建设加以实施。这主要包括：

1. 国家制定、颁布"国家中小学海洋教育规划纲要"，使其成为"国家中长期教育发展规划纲要"的一个附属规划或子规划，就全国中小学海洋教育进入中小学正常课程教学主体渠道的实施，包括试点和推广，进行整体规划部署和安排。

2. 发挥国家海洋局的国家政府部门职能作用，由教育部和国家海洋局为主、联合国家相关部门，组织成立"全国海洋教育办公室"并成立"全国海洋教育专家委员会"（参见国家海洋局 2009 年 8 月 1 日《关于商请加强中小学海洋知识教育的函》），负责"国家中小学海洋教育规划纲要"和全国中小学海洋教育的启动实施。全国中小学海洋教育主课堂教学全面实施并走向正规化、纳入教育部基础教育司日常管理之后，"全国海洋教育办公室"和"全国海洋教育专家委员会"可主要承担组织协调课堂及教科书教学之外的社会性国民海洋教育的职责，包括组织开展面向中小学生的海洋教育活动。

3. 由"全国海洋教育办公室"和"全国海洋教育专家委员会"适时组织开展中小学国家课程教科书"进入"海洋教育相关知识内容的立项研究与设计工作，形成"中小学国家课程各科教科书海洋教育知识内容标准"的指导文件，作为国家适时对现行中小学教科书"国家课程标准（实验）"进行修订的参考依据。

4. 适时启动对现行中小学教科书"国家课程标准（实验）"的修订，并相应进行对现行中小学国家课程教科书的修订编写工作。

5. 选择适度规模的一部分条件较具备地区，按照新修中小学"国家课程标准"，进行新修或新编中小学教科书教学使用的实验。

6. 经过一段时间的实验，总结经验，修订完善，在全国中小学中推广施行。

7. 继续加强国家海洋局"全国海洋日办公室""海洋宣传教育中心"业已开展、组织、进行的面向全国中小学和社会公众的海洋教育工作。

8. 充分发挥国家和地方相关部门、非政府组织等国民海洋教育的相关职能和作用，在"全国海洋教育办公室"组织指导和"全国海洋教育专家委员会"咨询指导下开展相关工作。

海洋教育是全民族的大事，且必须"从娃娃抓起"，从中小学教育抓起，要使之成为"必修"的功课，必须从全国中小学"通用""必修"的课程和教材入手。

海洋教育这门"必修"的功课，就国民教育、国民意识、国家战略层面而言，则不仅仅是"海洋知识教育""海洋科普教育"乃至在中小学开设一门两门孤立的"必修课"的问题——何况目前实施的仅仅是义务教育阶段"国标课"之外或开或不开的"海洋校本课"、高中阶段"地理必修课"之外或开或不开的地理选修课，而是需要贯穿、渗透、融入、体现在中小学必修的课程及其教科书中，使之成为全国中小学基础教育必修课程中的有机内容。这就如同"我爱北京天安门"却不可能在全国到处都建"天安门"、不可能在全国普遍开设关于天安门的必修课或选修课，而是要贯穿、渗透、体现在中小学课程及其教材中，成为全国中小学基础教育必修课程中的有机内容一样。只有这样，才能从制度保障、规定措施、长效机制上真正落实"海洋教育进校园、进课堂、进教材"问题，从全面意义上彻底改变我国中小学的海洋教育只在局部地区、部分学校随机进行，在中小学课程体系中处于边缘的地位的现状。

（本报告内容来源：国家海洋局部门委托课题《我国中小学海洋教育教材调查研究》）

专题十一 中国海洋人才政策与海洋人才发展的战略思考

我国是世界海洋大国，并已将海洋强国确立为国家战略，无疑需要大规模、高素质的海洋人才队伍的支撑。

随着我国海洋事业发展的推进和海洋强国战略的实施，全国对海洋人才的需求越来越多，国家和地方海洋人才政策供给与海洋人才政策需求之间呈现出了前所未有的供需矛盾。我国海洋政策的现状如何，有哪些问题需要解决，亟须进行系统研究分析，以形成系统完善的海洋人才发展对策。

海洋人才政策研究是基于海洋事业发展的实践要求和理论相结合而提出的。21世纪是海洋的世纪，海洋事业正如火如荼地开展，人们越来越注意到海洋人才政策在各国海洋人才引进、培养、管理等海洋人才队伍建设中发挥着很重要的作用。开展海洋人才政策研究，就是要立足于海洋事业的实践和发展需要，梳理我国海洋人才政策特点，分析目前我国海洋人才政策的供需矛盾及原因，借鉴国外海洋人才政策的经验，提出完善我国海洋人才政策体系的建议或对策。

海洋人才政策作为海洋政策的一种，属于公共政策体系内容之一。开展对海洋人才政策研究，有助于完善充实海洋行政管理体系和海洋公共管理体系，特别是充实海洋行政管理体系中的海洋政策体系，从政策的宏观角度指导海洋行政管理事务，促进海洋事业有序发展；有助于开拓和培育海洋人文社会科学体系，推动从人文的视角研究海洋问题。在我国，相对于海洋经济、海洋科技等方面的研究领域，海洋人才及其相关政策研究，还是一个有待大力强化发展的领域。

一 国内外海洋人才政策问题的研究现状

1. 国内的相关研究

（1）关于"海洋人才""海洋人力资源"的概念

在海洋人才的相关文献中，有的学者在研究中使用"海洋人力资源"这一提法。例如帅学明、朱坚真（2009）的《海洋综合管理概论》就认为"海洋人力资源管理必须是海洋可持续发展政策不可缺少的一环。'人力资源'是把人看作一种'资源'，结合此观点，作者将'海洋人力资源'定义为：具备一定了海洋知识，并能在海洋事业中发展运用自身知识和能力为海洋事业带来效益的人所具有的劳动力的总和。"① 另外，李铁强（2007）在《最新海洋工作百科全书》（共四卷）第二卷中，独立使用一章的内容论述海洋人力资源，该章题目为"海洋人力资源管理"，讲述海洋人力资源的开发战略和推进策略，但只给出"人力资源"的定义、特征及作用，没有明确指出"海洋人力资源"的定义。② 谢素美、徐敏（2007）也借鉴学者帅学明的观点，使用了"海洋人力资源"这个名词，并将此定义为"在一定时空范围内，具备一定了海洋知识，并能在海洋事业中发展运用自身知识和能力为海洋事业带来效益的劳动力的总和"③。

但大多数研究者使用更多的是"海洋人才"这个概念。例如，管华诗（1999）在《海洋知识经济》一书中首先提出"海洋教育与科技人才的培养"这一说法。作者指出，"面对知识经济的挑战，要发展海洋高科技产业，必须大力发展海洋教育，培养一批具有创新精神的海洋科技人才。"④ 于宜法、王殿昌（2008）在《中国海洋事业发展政策研究》中明确使用"海洋教育与海洋人才培养政策"作为一个独立章的标题，并指出，我国已"形成了由普通高等教育、成人高等教育和职业高等教育等不同类型构成，具有研究生教育、本科教育和专科教育等不同层次结构的海洋专业人才培养体系"⑤。谭骏（2008）明确界定了"海洋人才"的定义，与谢素美、徐敏界定的"海洋人力资源"的定义相同，但明确指出了海洋人才可以划分为海洋管理人才、海洋技术人才、海洋技能人才、海洋研究人才、海洋教育人才和海洋体力劳动人才。⑥

---

① 帅学明、朱坚真：《海洋综合管理概论》，经济科学出版社，2009，第214～217页。
② 李铁强：《最新海洋工作百科全书》，中国科技文化出版社，2007，第586～589页。
③ 谢素美、徐敏：《海洋人力资源管理措施初探》，《海洋开发与管理》2007年第4期。
④ 管华诗主编《海洋知识经济》，青岛海洋大学出版社，1999，第248页。
⑤ 于宜法、王殿昌等编著《中国海洋事业发展政策研究》，中国海洋大学出版社，2008，第153页。
⑥ 谭骏：《海洋人才现状分析及评价体系研究》，硕士学位论文，中国海洋大学，2008，第7～9页。

综合以上文献可以看出，在大多数研究者看来，"海洋人力资源"和"海洋人才"这两个概念之间并没有很大的差别，甚至可以通用。如管华诗、王曙光（2003）在《海洋管理概论》一书中以"海洋人力资源管理"作为一章独立内容进行论述，同时使用了"海洋科技人力资源"和"海洋科技人才"的概念，并明确提出"海洋人才战略目标就是要优化人才配置，提升人才优势，建设一支素质优良、结构合理、总量优化的海洋人才队伍，创造出一个人才辈出、人尽其才的机制和环境。具体而言就是要建设一支海洋管理人才队伍（包括各级政府海洋行政管理人才、企业经营管理人才）、一支高质量的海监执法队伍、一支高水平的海洋科技队伍"[①]。

（2）关于海洋人才队伍建设的任务与途径

在我国海洋人才的现状和现存问题方面，大多数学者认为问题集中在国民海洋意识薄弱，海洋专业技术人才和高技能人才缺少，海洋人才区域分布、年龄结构、知识结构等不均衡，海洋人才专业种类单一不全面，海洋人才流失等问题。海洋人才培养的重要性是不言而喻的。正像帅学明、朱坚真（2009）在《海洋综合管理概论》中所认为的："知识经济时代人力资源将成为主导经济和社会发展的要素，制定并实施海洋人力资源管理战略是适应国际海洋形势的迫切需要，实施海洋人力资源管理是响应国家'人才强国战略'和'科教兴国战略'的现实需要，制定并实施海洋人力资源管理战略是促进我国海洋科技持续创新的客观需要。"[②]

关于我国海洋人才的培养的主要策略与任务，不同的立论主体立足点不同，宏观与微观都有。国务院于2008年2月发布的《国家海洋事业发展规划纲要》一文中提道："把普及海洋知识纳入国民教育体系，在中小学开展海洋基础知识教育。加快海洋职业教育，培养海洋职业技术人才。紧密结合海洋事业和海洋经济发展需要，调整海洋教育学科结构，建设高水平的海洋师资队伍，努力办好海洋院校，提高海洋高等教育水平。"[③] 有的学者从海洋人才的

---

① 管华诗、王曙光主编《海洋管理概论》，中国海洋大学出版社，2003，第200~219页。

② 帅学明、朱坚真：《海洋综合管理概论》，经济科学出版社，2009，第214~217页。

③ 《国家海洋事业发展规划纲要》，http://www.soa.gov.cn/soa/governmentaffairs/faguijiguowuyuanwenjian/gwyfgxwj/webinfo/2009/09/1270102488249554.htm.2008。

开发及培养的宏观角度进行有论述。如王诗成（2004）在《海洋强国论》中指出，"造就一支结构合理、门类齐全、素质较高、数量可观的海洋人才队伍有以下五项措施：建立有利于实施海洋人才开发战略的软环境，形成尊重知识、尊重人才的浓厚的社会风气；建立有利于海洋人才开发战略的硬环境，制定有利于人才辈出的政策；瞄准海洋科学前沿和国家海洋发展中的更大关键问题，建立国家级海洋高新技术产业开发人才库；优先发展海洋教育，提高海洋从业者素质；加大投入，为海洋高层次人才开发提供可靠保障。"[①] 关于如何实施，吴德星（2010）指出："首先，相关部门要加快制定海洋人才发展规划，统筹教育部门、涉海院校、科研院所、海洋主管部门、人才需求部门等的力量，加快海洋事业发展需求的多层次、多类型人才的培养；其次，涉海院校要全面发展，实现海洋人才培养的全覆盖；再次，涉海院校除了承担人才培育重任，还要加强人才培训工作，及时满足海洋一线工作人员培训需求。"[②]台湾"行政院研究发展考核委员会"（2006）在《海洋政策白皮书》中，则从具体措施层面上提出安排，提出海洋人才培养的工作要项有以下五点："加强中小学教育、高等教育、技术教育、社会成人教育中有关海洋的教材内容，提高各级教育体系中对海洋的了解；长期补助与支持前瞻性的海洋研究、教育及传播机构；加强海洋专业教育和海事从业人员的教育和训练，将海洋事务人才培养长期纳入国家考试；在公费留学考试中订定海洋相关学门及研究领域，长期性的招考，有计划的培育高级海洋专业人才；鼓励中央、地方及公私企业选用海洋人才，处理相关海洋事务。"[③]

海洋教育是海洋人才培养和人才队伍建设的重要途径。管华诗、王曙光（2003）在《海洋管理概论》中提出深化海洋教育的改革，加速海洋人才的培养，提到以下三点："要办好综合性海洋高等院校；产学研相结合，实现海洋教育与科研、经济一体化；建设一支适应21世纪海洋科学发展需要水平较高的教师队伍。"[④] 搞好

---

① 王诗成：《海洋强国论》，海洋出版社，2004，第267～276页。
② 王秋蓉：《加强海洋人才培养是战略问题——访全国人大代表、中国海洋大学校长吴德星》，《中国海洋报》2010年3月5日，第3版。
③ 台湾"行政院研究发展考核委员会"：《海洋政策白皮书》，2006，第194页。
④ 管华诗、王曙光主编《海洋管理概论》，中国海洋大学出版社，2003，第200～219页。

海洋教育，重要的是全民族海洋教育观的提升。冯士筰（2004）在《海洋科学类专业人才培养模式的改革与实践研究》中提出，全民族海洋教育观的提升任务是紧迫与繁重的，"作为海洋科学与海洋教育工作者对此负有神圣的使命"①。

（3）关于海洋人才队伍培养建设的内涵需求与政策体系

海洋科学和海洋事业的发展需要什么样的海洋人才？于宜法、王殿昌（2008）在《中国海洋事业发展政策研究》中提出"为了适应 21 世纪海洋科学的发展趋势和我们社会、经济可持续发展的需要，应建立以提高素质和培养能力为主要内容的人才培养模式，既要完全体现新时代的海洋教育观，又要坚持拓宽专业途径、多学科交叉、渗透和综合的特点。根据海洋科学发展的趋势和国家经济建设、科技进步及社会发展的需要，今后应加大海洋专业科学人才培养的力度，按照'厚基础、宽口径、高素质、强能力'的培养目标，争取培养出更多具有创新精神、实践能力和能够参与国际竞争的高素质海洋科学专门人才"，为此，我国海洋教育和海洋人才培养的政策，应该包括强化公民海洋意识培养、海洋知识普及教育政策、海洋教育体系建设政策和海洋人才培养政策四大方面。②

（4）关于海洋人才政策存在的问题与完善对策

周达军、崔旺来（2009）在《海洋公共政策研究》中提出我国在海洋人才政策运行中存在的问题有：政府和企业人才政策落实不到位、海洋人才引进政策缺失、政府海洋人才的管理体系不健全、海洋人才培训教育制度缺乏和海洋人才保障体系不完善五个方面。③ 作者同时提出了完善我国海洋人才政策的战略选择：包括强化政府和企业人才意识、推进海洋人才资源的市场配置进程、全面提高海洋队伍的素质、构建海洋人才的激励制度和营造海洋人才健康成长的良好环境五个方面。④ 此外，王诗成（2004）在《建设海上中国纵横

---

① 冯士筰主编《海洋科学类专业人才培养模式的改革与实践研究》，中国海洋大学出版社，2004，第 8 ~ 9 页。
② 于宜法、王殿昌等编著《中国海洋事业发展政策研究》，中国海洋大学出版社，2008，第 153 页。
③ 周达军、崔旺来：《海洋公共政策研究》，海洋出版社，2009，第 234 ~ 240 页。
④ 周达军、崔旺来：《海洋公共政策研究》，海洋出版社，2009，第 234 ~ 240 页。

谈》中指出开发人才资源，要制定一系列可以激励人才辈出的政策，其中包括制定优惠政策吸引国内外优秀海洋科技人才、制定人才流动政策和平等竞争的用人政策、坚决贯彻按劳付酬政策，建立分配激励机制等。①

总的来说，对海洋人才政策的研究大多只是从问题及对策的角度概而言之，尚未形成系统化的深入研究。

2. 国外的相关研究

近十年来，对国外海洋人才相关政策的介绍，专门的文献很少，大多只是在研究国外的海洋政策时提到国外对海洋人才和海洋教育的重视，多少涉及海洋人才和海洋教育的内容。总的看来，主要集中在国外海洋科技力量建设等方面。

王军民（2007）在《北美海洋科技》一书中，通过介绍美国和加拿大的优秀海洋科研院所及其海洋科技的成果与进展，用很大篇幅展现了美国和加拿大的海洋科研院所在培养海洋人才中的重要作用。如，海洋科研机构和大学密切合作，共同培养海洋人才队伍和合作开展海洋科技与创新；海洋科研机构大多实行聘用制或合同制，促进了海洋人才的流动性和使用灵活性；大量社会资金和私人捐助支撑了海洋科研机构的运作，重视海洋科学知识的宣传与普及，树立海洋科技面向公众的理念等。② Pew Oceans Commission（2005）在《规划美国海洋事业的航程》一书中，提到皮尤海洋委员会呼吁开启把人民和海洋环境联系起来的海洋普及教育新时代，并敦促国家海洋部门更积极地参与全国的海洋普及教育活动，把海洋普及教育和国家航空航天局的宇宙空间教育计划一样抓起来，还要求学术研究机构进一步积极参与海洋科学的研究生教育计划等。③

• 美国一向重视海洋和海洋事业，2000 年建立了内阁级的美国海洋政策委员会，由 16 位专家组成。2004 年底，美国海洋政策委员会专门向美国国会提交了海洋政策正式报告，命名为《21 世纪海洋蓝图》，报告共分 9 部分，其中

---

① 王诗成：《建设海上中国纵横谈》，海洋出版社，2004，第 321 页。
② 王军民主编《北美海洋科技》，海洋出版社，2007，第 256～280 页。
③ Pew Oceans Commission 编《规划美国海洋事业的航程（上、下）》，周秋麟等译，海洋出版社，2005，第 134～146 页。

第三部分主要讲教育和公众意识在海洋管理中的重要性。主要内容包括增加中小学的海洋教育、制定终身的海洋教育、强化本民族的海洋意识培养和建立统一协作的海洋教育网等。2004 年，美国总统布什发布的行政命令《海洋行动计划》中，明确提出促进海洋终生教育，除了支持正式教育外（如 12 级的专科、大学等），还利用水族馆、动物园、博物馆和互联网等手段，为更加广泛的大众提供信息。其具体内容包括：进一步协调海洋教育、扩大国家海洋与大气局的教育和宣传的权利、支持史密森研究所关于海洋科学的创议、扩大海岸带美国学习中心网络和在国际上扩大海洋补助金计划等。①

日本在 20 世纪 60 年代就推出"海洋立国"战略。2002 年《21 世纪日本海洋政策建议书》中特别提出了完善日本海洋体制和机制的六个建议，第六部分即为充实青少年海洋教育及海洋学科之间的教育研究活动。同年公布的《新世纪日本海洋政策基本框架》指出了实施海洋政策的基本方针，其中之一为充实海洋科学知识，增强国民对海洋的理解和促进人才培养。

韩国的海洋研究所管理规定中明确将"与国内外研究机构、产业界、大学、专业团体间的共同研究，技术合作及海洋专业人才的培养"作为一项重要的执行事业。2004 年，《韩国海洋 21 世纪》中将培养海洋专门人才，提高全面海洋意识作为推进韩国 21 世纪发展的重要措施。并建立"青年科学家进修计划"，将年轻科学家派往美、俄、日等先进海洋国家进行人员交流。

二　海洋人才政策相关概念界定及体系内容

1. 海洋人才政策相关概念界定

（1）海洋人才

海洋人才的定义有广义和狭义之分，多数学者，如帅学明、朱坚真、谭骏、谢素美等在其文章中指出了共同的海洋人才定义，即具备一定了海

---

① Pew Oceans Commission 编《规划美国海洋事业的航程（上、下）》，周秋麟等译，海洋出版社，2005，第 134 ~ 146 页。

洋知识，并能在海洋事业中发展运用自身知识和能力，为海洋事业带来效益的人所具有的劳动力的总和。①这是广义解释。从狭义层面，"海洋人才"可定义为：具有大专以上学历和中级以上职称，或者具备涉海方面的专门知识和技能，并能为海洋事业作出积极贡献和创造性劳动的人才。从具体内涵而言，海洋人才所具有涉海方面的知识和技能是指管理（领导）、科学研究、专业技术、军事才能、教育能力等，具有高端性、不可替代性、专业性等特点。结合人才的分类和从事海洋事业的人才特性，我们将海洋人才主要分为以下几大类：

海洋管理（领导）人才。海洋管理人才是指在保护海洋环境、维护海洋权益、进行海洋开发利用等各项海洋事务中起到综合管理或领导作用，具有管理或领导能力的人。包括以政府为核心的海洋管理类的公共组织中的管理者、海洋企业经营管理者等。

海洋科学研究人才。海洋科学研究人才是指在海洋相关领域中专门从事海洋科学基础理论研究和海洋科学实践应用研究等科研活动，具有较高知识水平和研究经验的人。比如海洋科研单位中的科学研究核心人物等。

海洋专业技术人才。海洋专业技术人才是指从事海洋专业技术工作、并评定了专业技术职称的人。比如对海洋产品进行精加工、深加工的技术指导人员。

海洋高技能人才。海洋高技能人才是指经过海洋技能方面的专门学习和培训，掌握了高水平和高层次的海洋应用技术和理论知识，并具有独立解决海洋技术关键问题和创造性能力的人。主要包括海洋技术人才中取得高级技工、高级技师职业资格及相应职级的高操作技能的复合型人才。

海洋军事人才。海洋军事人才是指研究海洋军事活动、海军作战能力提升、海军技术升级、进行海军指挥作战等具备海洋军事学理论知识和国防意识的人，如海军指挥人才等。

海洋教育人才。海洋教育人才是指就职于设置有海洋类专业的中等职业学校、高等职业学校、普通高等学校、成人教育学校、海洋科研机构等，从事讲

---

① 帅学明、朱坚真：《海洋综合管理概论》，经济科学出版社，2009，第215页。

授海洋理论与技术、进行海洋教育与宣传的人。比如，海洋专业方面的授课教师等。

国家海洋局、教育部、科学技术部、农业部、中国科学院2011年联合印发的《全国海洋人才发展中长期规划纲要（2010～2020年)》是我国第一个海洋人才发展中长期规划，规划提出要着力打造7支海洋人才队伍，重点实施7项海洋人才工程（计划）：打造世界一流水平的科学家和技术专家队伍、海洋工程装备技术人才队伍、海洋资源开发利用技术人才队伍、海洋公益服务专业技术人才队伍、海洋管理人才队伍、海洋高技能人才队伍、国际化海洋人才队伍；实施领军人才和创新团队培养发展计划、海洋专业技术人才知识更新工程、战略性海洋人才培养工程、深远海人才培养工程、海洋高技能人才培养工程、海洋人才培养共建计划、海洋科学教育社会组织发展计划。事实上也就"划定"了我国海洋人才的主要概念和内涵。

（2）海洋人才政策

人才政策，指国家和地方制定的指导人才培养、管理工作的规范性文件的总和。人才政策内容广泛，包含了人才培养、使用、选拔、考核、流动、退休、奖惩、工资福利等人才工作的各个方面。现有的人才政策数量和内容较多，涉及面较宽，各项人才工作基本上都有对应的人才政策。① 我国的海洋人才政策，除了直接针对涉海类人才的政策外，大部分是综合性人才政策中涉及海洋人才的内容。

海洋政策是国家或政府为了满足海洋事业的持续发展，解决海洋事业进程中的问题所采取的政治行动或所规定的行为准则的总称。按海洋政策的内容范围划分，有海洋经济政策、海洋科技政策、海洋人才政策等。

海洋人才政策，就是国家和各级政府，部门机关为了满足海洋事业的长久持续发展，针对涉海类人才的现状及供需关系和发展需求，制定的海洋人才引进、培养、使用、流动或激励等的政策。

首先，我国海洋人才政策在国家层面上，体现为国家层面的宏观海洋人才总政策、涉海行业的中观行业海洋人才政策和涉海行业内某类海洋人才的培

---

① 丁向阳：《我国人才政策法规体系研究》，《中国人才》2003年第10期。

养、管理与激励等微观海洋人才政策。

其次，我国海洋人才政策按海洋人才的类别，可划分为海洋管理人才政策、海洋专业技术人才政策、海洋高技能人才政策、海洋教育人才政策、海洋军事人才政策等等。

最后，按海洋人才政策中的"人才"的具体形成、构成而言，包括海洋人才培养政策、海洋人才引进政策、海洋人才管理政策和海洋人才交流政策等等。

2. 海洋人才政策的特性

海洋人才政策既具有一般人才政策的内容，也具有海洋政策的独特性。海洋人才政策的独特性，要求政策的制定和实施具有很强的针对性。

第一，海洋人才政策的行业性。一般人才政策更多的是人力资源和社会保障部、教育部等制定的全国性人才政策，而海洋人才政策的主要对象决定了其特殊在于制定的主体更多分布于涉海的不同行业。如海洋人才政策针对的行业涉及交通部、农业部、教育部、劳动部、国家海洋局等涉海单位等。这些机构部门制定专门的海洋人才政策，不仅了解本行业的需求，更能真正发挥政策的作用和提供相应的人才队伍。

第二，海洋人才政策针对的地域性。海洋人才政策的最大特殊性就在于其作用范围主要在沿海省市，只有沿海地方对海洋人才的需求更加明显。如从北到南有辽宁省、北京市、天津市、山东省、江苏省、浙江省、上海市、广东省、海南省等地纷纷制定了适应各地海洋事业发展需求的海洋人才政策。而内陆地区则很少有专门的海洋人才政策，更多的是一般的适应当地发展需求的大众人才政策。

第三，海洋人才政策的专业性。海洋人才政策主要服务于海洋事业的发展，由于海洋事业的特殊性决定了海洋人才的高科技能力要求、高技能要求、专业要求、素质要求等。这不仅要求海洋人才政策的制定者为具备专业海洋知识、浓厚的海洋意识、丰富的海洋从业经验等组织或人员，而且要求制定的海洋人才政策内容也能凸显海洋事业的发展需要，挖掘培养更加专业、高素质、高技能的海洋人才队伍。

3. 海洋人才政策的体系构成

根据海洋人才政策和人才政策体系的特点，海洋人才政策体系可以划分为以下三个方面：不同层次、不同类别、不同内容的海洋人才政策。

（1）海洋人才政策的层次划分

根据海洋人才政策的对象和政策制定主体可以将海洋人才政策划分为不同层次。一是国家层面的，如《全国海洋人才发展中长期规划》；二是国家相关部门的，如国家海洋局行业的，交通部、农业部等行业的；三是沿海省市一级地方政府的；四是一级地方政府下各相关部门相关行业的，甚至沿海各县市区也多有海洋人才相关政策的制定。这些不同层面的政策，一般情况下是上层政策指导下层政策，下层政策体现、落实上层政策，是上层政策的具体化、地方化、特色化。特殊情况下，经上层授意或批准，下层地方性政策可以对上层政策作出突破，这种政策往往被称为"特殊政策"。

（2）海洋人才政策的不同类别

同领域和不同工作也相应有管理、科技、技能、教育等各类人才需求，根据不同类别的人才制定不同类别的海洋人才政策，如服务于海洋政府部门、涉海企业高层机构的海洋管理人才政策；指导海洋高科技、涉海企业尖端科技等机构的海洋科技人才政策；传播全国海洋意识、服务于海洋教育的海洋教育人才政策等。不同类别海洋人才政策的划分作用在于针对不同类别海洋人才的特点和作用，分别制定不同类别的海洋人才政策，有利于各类海洋人才队伍同期建设与发展，适应各类海洋人才的需求。

（3）海洋人才政策的内容构成

一项完整的人才政策链由引进、培养、使用、激励、评价、流动等不同环节构成，海洋人才政策也一样。完善的海洋人才政策体系具备海洋人才引进政策、海洋人才培养政策、海洋人才使用政策、海洋人才激励政策、海洋人才评价政策、海洋人才流动政策等，往往根据整个政策体系由进入、使用和出口三个主要流程构成。这种政策体系构成有利于海洋人才的长久成长，有利于海洋人才的长远使用和发展，更有利于人才政策的完整和海洋事业的可持续发展与优化发展。基于我国的政府体制，政策体系往往是由某一具体内容、某一具体方面的单个政策的制定和实施构成的。即整体的政策体系，是由这些政策单体构成的。

海洋事业的广泛性和专业性决定了所需要的人才队伍所服务的范围既包括综合性和宏观指导的海洋人才，也包括能服从上级，有效指导下级的中观层面的海洋人才，甚至包括完成上级的工作安排并能有针对性的做好本职工作的人才，这就需要制定针对各个层次的海洋人才政策体系，包括宏观海洋人才政策、中观海洋人才政策和微观海洋人才政策。宏观海洋人才政策是指由国家统一制定的以全国范围的海洋人才为政策对象的，引导全国海洋人才队伍建设，指导全国海洋人才工作的宏观性、全局性海洋人才政策。中观海洋人才政策是指由沿海各地方政府或是涉海行业部门制定的以本地区或本部门的海洋人才为对象的，规划或指导本地区或本部门的海洋人才队伍建设和海洋人才工作的基本海洋人才政策。微观海洋人才政策是指由沿海各地区或涉海部门制定的落实本地区或本部门海洋人才工作的实施细则，包括各类海洋人才的专门政策或海洋人才工作的各个内容政策。

三　我国海洋人才政策的供需现状与问题分析

1. 我国海洋人才政策的供需现状

人才资源是第一资本和第一资源。新中国成立以来，国家高度重视海洋，一方面大力加强海军建设，一方面大力推进海洋事业发展，包括海洋科技、海洋教育、海洋渔业盐业发展、港口建设和海上交通、贸易等，为此国家出台了一批海洋人才培养和使用的相关政策。近几十年来，随着我国海洋事业的快速发展，特别是随着国家发布《中国海洋 21 世纪议程》《中国海洋事业的发展》等白皮书，并制定实施《国家海洋事业发展规划纲要》之后，海洋人才需求量大增，我国海洋人才政策也逐渐配套和细化。这尤其体现在教育部、科技部和国家海洋局等海洋相关部门的相关人才政策制定与实施管理工作中。体现国家统一行动的，是最近由教育部、国家海洋局、中国科学院、科学技术部、农业部各部委联合制定实施的《全国海洋人才发展中长期规划纲要（2010 ~ 2020 年）》（以下简称《规划纲要》）。

《规划纲要》是我国第一个海洋人才发展中长期规划，是今后一个时期我国海洋人才工作的指导性文件。制定实施《规划纲要》是贯彻落实中共中央关于坚持陆海统筹，实施海洋发展战略，提高海洋开发、控制和综合管理能力的指导方针的重要举措，对进一步加强海洋人才队伍建设，实现海洋事业跨越式发展、建设海洋强国具有重大意义。

《规划纲要》共分为 6 个部分，分别阐述了海洋人才发展的指导思想、基本原则、发展目标、主要任务、工作机制、政策措施、重点工程和规划实施等内容。

《规划纲要》强调，要根据海洋事业各领域的发展和转变海洋经济发展方式的需要，着力打造 7 支海洋人才队伍，重点实施 7 项海洋人才工程（计划），即打造世界一流水平的科学家和技术专家队伍、海洋工程装备技术人才队伍、海洋资源开发利用技术人才队伍、海洋公益服务专业技术人才队伍、海洋管理人才队伍、海洋高技能人才队伍、国际化海洋人才队伍；实施领军人才和创新团队培养发展计划、海洋专业技术人才知识更新工程、战略性海洋人才培养工程、深远海人才培养工程、海洋高技能人才培养工程、海洋人才培养共建计划、海洋科学教育社会组织发展计划。

沿海各地政府也相应制定了适合本地的海洋人才政策，如大多数沿海省市的海洋经济、海洋经济区建设发展规划中都对海洋人才建设提出了要求，作出了规定。有些地方还制定出台了本地海洋行业系统的海洋人才规划。

《福建省海洋经济发展试点总体方案》2011 年 1 月报送稿中，就对海洋人才的政策内容作出了阐述和规定："基本思路和取向：以搭建海洋科技自主创新平台为重点，以促进海洋科技成果转化和产业化为突破口，以培育能有力支撑海洋经济发展的海洋科技人才队伍为基础，加大海洋科技教育等方面的资金投入和政策扶持力度，为福建建设海洋经济强省提供科技、教育和人才支撑。"要"加强海洋人才队伍建设。加强福建省高等院校海洋学科专业建设，完善高等院校海洋学科设置，加强厦门大学、集美大学等高等院校海洋类专业学位的硕士、博士授权点和博士后流动站建设；支持推动福建交通职业技术学院、厦门海洋职业技术学院以及泉州师范学院、漳州师范学院、闽江学院、莆田学院等组建海洋院系，培养海洋经济发展需要的应用型、技能型、复合型海洋人才，加快建立现代海洋职业教育体系。支持厦门大学、集美大学、国家海洋三所和福建省水产研究所共同建立福建海洋人才培养培训中心,支持有关高校和海洋相关企业共建人才培养培训基地和实习见习基地,共建海洋人才培养联盟。制定和实施海洋高端人才培养、引进和使用计划,建立海洋产业人才引进绿色通道,引进一批高层次海洋科技研发人才、工程技术人才、企业管理人才,构建多层次、多渠道、多元化的海洋人才培训渠道,培养一批具有较高水平的海洋科技创新团队、学科带头人和管理人才,构筑我国海洋科技人才高地。"

再如浙江省经国家发展改革委批准印发施行的《浙江海洋经济发展试点工作方案》(浙政办发〔2011〕30 号),规定:"引进培育一批海洋科技人才。推进省部合作,优化整合资源,形成学科优势鲜明、科研实力较强的综合性海洋大学。集中力量做大做强浙江海洋学院,办好浙江大学、浙江工业大学、宁波大学、温州大学等的海洋院系,加强涉海重点学科建设,加大海洋专业技术人才培养力度。通过地校联合办学或企业参与办学等形式,高水平建设浙江国际海运职业技术学院等海洋类中高职院校。加强在校学生订单培养和企业在职员工继续教育,努力提高涉海劳动者素质。"在"改革与创新举措"中规定,"(1)规划方面,2011~2012 年组织编制和实施《浙江省海洋事业发展规划》《浙江省海洋科技人才发展规划》等。(2)体制机制方面。2011~2012 年重点加快创新海洋高新人才引进机制,在职称评定、职务晋升、户口、收入分配、住房等方面给予支持。"据报道,《浙江省海洋科技人才中长期发展规划》征求意见稿已于 2012 年出台。①

据报道,海南省海洋渔业厅也已制定《海南省海洋产业人才发展中长期规划(2011~2020 年)》,明确了"围绕海南国际旅游岛建设和南海资源开发,培养造就数量充足、素质优良、结构合理、发展协调、实力强劲的海洋产业创业创新人才队伍,在海洋产业形成人才发展的明显优势,力争进入海洋人才资源强省行列"的总体目标。②

在青岛,全市拥有各类海洋专业技术人才 5000 余人,聚集了全国 30% 的海洋科研机构,50% 的海洋高层次科研人才,70% 以上的涉海两院院士,国家

---

① 《〈浙江省海洋科技人才中长期发展规划〉征求意见》,《中国海洋报》2012 年 3 月 2 日。
② 《海南制定海洋人才发展规划,大力引进人才》,《海南日报》2012 年 4 月 19 日。

海洋创新成果奖占全国的50%。目前正在"抢抓山东半岛蓝色经济区上升为国家战略的重要机遇，依托涉海科研机构集中、海洋教育研发人才密集的优势，逐步打造海洋科技人才集聚中心，加快建设蓝色人才高地"[1]。在青岛，国家海洋科技实验室已由科技部、山东省政府等共同投资30亿元兴建，规划建设15个海洋功能实验室、9个公共实验平台和3个技术支持系统。全部建成后，其科研水平将居十大国家级实验室之首，将成为我国最高级的海洋科研机构和世界七大海洋科研机构之一。据介绍，该国家实验室的人员编制是2600人，其中600人是固定编制，2000人是流动编制。该实验室今后的任务是：打造国家海洋科技创新核心力量，聚焦国家战略需求，汇聚全球优秀人才；合理配置全国资源，打造一流创新平台；创新优化体制机制，推进实践协同创新；引领海洋科技发展，服务蓝色经济跨越。[2]

在舟山，构筑国内一流的"海洋人才高地"项目正在推进。舟山市委书记梁黎明指出："人才是最活跃的先进生产力，是推进海洋经济科学发展的第一资源。推进舟山群岛新区又好又快发展，关键要牢固树立科学人才观，积极构筑国内一流的'海洋人才高地'，充分发挥人才对新区建设的强大支撑作用。一要摆到战略位置。把打造海洋人才高地放到与大项目建设、大平台打造同等重要的位置，充分发挥新区开发开放的效应，采取一整套非常规、大力度、符合人才集聚规律的政策措施，力争把新区建成集聚高层次人才、培育战略新兴产业、具有高品质人居环境的人才高地。二要突出高端引领。大力实施'百人计划'、群岛'千人计划'、海洋新兴产业人才储备等重点工程，围绕新区建设重点领域、重点区域和重点产业，重点引进一批高端人才，加快推进高技能人才本土化培育，加快培养一批企业急需的技术技能型、复合技能型和知识技能型人才。"[3]

综上所述，我国不同层次、不同类别、不同内容的海洋人才政策体系，已开始渐趋形成，在海洋发展中起到规定性、指导性和促进性作用。

海洋强国任务的艰巨性、海洋事业领域的广泛性，决定了国家和地方对规模大、素质高、结构合理、涉海门类齐全、覆盖面广的海洋人才队伍的需求。

---

① 《"筑巢引凤"打造全国人才高地》，《青岛日报》2012年10月2日。
② 《青岛建海洋科技人才高地汇聚全球海洋科技人才》，《半岛都市报》2012年7月21日。
③ 梁黎明：《积极构筑海洋人才高地》，《浙江日报》2012年5月10日。

那么我国现有的海洋人才队伍，总的状况如何？

目前，我国的海洋人才包括海洋管理人才、海洋研究人才、海洋技术人才、海洋技能人才、海洋教育人才、海洋体力劳动人才，涉及海洋经济、管理、科研与服务、教育等几大领域，分布在海洋、交通、渔业、旅游、环保等20多个涉海行业部门以及260多家科研院所和大专院校。可以说，我国已经初步形成一支规模庞大、涉及领域广、层次结构分明的海洋人才队伍。海洋人才队伍的发展壮大，是建立在充足的海洋人才供给的基础之上的。当前，我国正处于加快发展海洋事业、建设海洋强国的关键时期，各类涉海院校纷纷抓住机遇，逐步扩大涉海专业的招生规模，为国家培养了大批优秀的海洋人才，增加了海洋人才的供给。

表1　2000~2009年全国各海洋专业毕业生统计表

单位：人

年份	博士研究生	硕士研究生	本、专科学生
2000	89	191	1700
2001	103	289	5948
2002	110	291	6631
2003	146	416	9390
2004	179	546	10120
2005	235	771	11109
2006	330	940	13203
2007	323	1216	15364
2008	395	1424	17757
2009	627	2644	37245

数据来源：《中国海洋统计年鉴》（2001~2010年）。

从表1的数据中可以看出，进入21世纪以来，我国各海洋专业的博士、硕士、本科、专科毕业生呈稳步上升趋势。其中博士研究生毕业人数这十年增长了7倍，硕士研究生毕业人数增长了13.8倍，本、专科毕业生人数增长了21.9倍。

各海洋专业毕业生人数的不断增长为我国海洋人才供给的增加奠定了坚实的基础，但还远远不够。据测算，2010年我国涉海就业总人数达3350万人，海洋人才资源总量已经达到160多万人，约占全国人才总资源的2%。[①]　显然，

---

① 帅学明、朱坚真：《海洋综合管理概论》，经济科学出版社，2009。

这样的人才比重，还远远不够。

要大力发展海洋人才队伍，就必须完善海洋人才政策系统的、细化并可操作、能落实的政策体系。

海洋事业发展的主体性要素虽然已经完备，包括涉海政府机关、涉海企业、涉海类专业大学、科研机构、社会组织等，但是各涉海组织或机构中拥有的海洋人才资源非但不够充实，还分布极不均衡，甚至各个涉海主体的人才资源不能达到有效沟通和互用。因此，要全面制定各个类别的海洋人才政策，如专门的海洋管理人才政策、海洋科学研究人才政策、海洋专业技术人才政策、海洋高技能人才政策、海洋军事人才政策、海洋教育人才政策等。通过涉及不同海洋人才对象的海洋人才政策，促进各行业海洋人才队伍的建设，有利于不同类别海洋人才各自发挥作用，为海洋事业的各个方面作出各自的贡献，并充分发挥各类人才优势，达成互补，促进海洋事业的全面发展。

总结我国近十多年来的海洋人才政策，按三种不同标准进行划分，可以看出我国海洋人才政策的供给现状。

（1）不同层次的海洋人才政策供给（见表 2）

表 2　不同层次的海洋人才政策供给

不同层次	发布政府或部门	年份	政策文件名称
宏观层面	国务院	2003	《全国海洋经济发展规划纲要》
		2003	《中共中央　国务院关于进一步加强人才工作的决定》
		2008	《国家海洋事业发展规划纲要》
		2010	《国家中长期人才发展规划纲要(2010～2020 年)》
	中华人民共和国新闻办公室	1998	《中国海洋事业的发展》
	国家海洋局、教育部、科学技术部、农业部、中国科学院	2011	《全国海洋人才发展中长期规划纲要(2010～2020 年)》
		2006	《国家"十一五"海洋科学和技术发展规划纲要》
	国家海洋局、科学技术部、国防科学技术工业委员会、国家自然科学基金委员会	1996	《中国海洋 21 世纪议程》
		2008	《全国海洋标准化"十一五"发展规划》
	国家海洋局	2008	《全国科技兴海规划纲要(2008～2015 年)》

续表

不同层次	发布政府或部门	年份	政策文件名称
中观层面	国家发展和改革委员会	2011	《山东半岛蓝色经济区发展规划》
	农业部	2007	《中长期渔业科技发展规划(2006~2020年)》
	交通运输部海事局	2007	《交通运输部直属海事系统2006~2020年人才发展规划》
		2011	《海事系统"十二五"发展规划(征求意见稿)》
	山东省政府	2007	《山东省海洋经济"十一五"发展规划》
	青岛市政府	2007	《青岛市海洋经济"十一五"发展规划》
	江苏省发展和改革委员会、江苏省海洋与渔业局	2007	《江苏省"十一五"海洋经济发展专项规划》
	连云港海事局	2007	《连云港海事局"十一五"人才建设规划》
	浙江省政府	2010	《浙江省中长期人才发展规划纲要(2010~2020年)》
		2007	《浙江省渔业发展"十一五"规划》
	福建省政府	2007	《福建省建设海洋经济强省暨"十一五"海洋经济发展专项规划》
	福建省海事局	2007	《福建海事局"十一五"人才发展规划(审查稿)》
	厦门市政府	2007	《厦门市海洋经济发展"十一五"专项规划》
	广东省政府	2007	《广东省海洋经济发展"十一五"规划》
	中共广东省委、广东省人民政府	2004	《中共广东省委、广东省人民政府关于加快发展海洋经济的决定》
微观层面	国务院	1996	《中华人民共和国涉外海洋科学研究管理规定》
	交通运输部	1988	《船舶技术人员职务试行条例》及其《实施意见》
		1994	《海上救捞潜水员管理办法》
		1995	《关于加快培养交通系统跨世纪专业技术人才的实施意见》
		1997	《中华人民共和国船员培训管理规则》
		1999	《中华人民共和国潜水员管理办法》
		2003	《新世纪十百千人才工程实施方案》
		2004	《中华人民共和国海船船员适任考试、评估和发证规则》
		2006	《关于印发公路水路交通"十一五"人才工作规划的通知》
	劳动部	2006	《海洋行业特有工种职业技能鉴定实施办法》
	国家海洋局	1993	《国家海洋局享受政府特殊津贴人员选拔管理暂行办法》
		1994	《国家海洋局青年海洋科学基金管理办法》
		1994	《海洋行业工人技术等级标准》
		1995	《国家海洋局工人技术等级考核培训管理暂行规定》《国家海洋局工人技术等级考核有关收费标准的暂行办法》
		1995	《海洋工程中、高级技术资格评审条件(试行)》
		1995	《海洋站测报人员等级考核暂行办法》

续表

不同层次	发布政府或部门	年份	政策文件名称
微观层面	国家海洋局	1995	《国家海洋局机关、事业单位工人技术等级考核实施办法》
		1997	《国家海洋局重点实验室管理办法（试行）》
		2004	《海域使用论证评审专家库管理办法》
		2008	《国家海洋局主要职责内设机构和人员编制规定》
		2011	《海洋系统"十二五"公派留学计划》
		2011	《海洋系统"十二五"引进留学人才计划》
	中国海洋学会	2005	《中国海洋学会海洋科普教育基地管理暂行规定》
	浙江省海洋与渔业局	2009	《浙江省渔业高技能人才培养金蓝领计划实施工作方案》

注：表中数据由各政府网站发布的相关政策整理所得。

从表 2 可以看出我国海洋人才政策在不同层次方面的供给情况表现如下。

第一，从宏观海洋人才政策方面来说，主要的政策制定者是中央政府（国务院）或是国家海洋局。其制定的海洋人才政策一部分是着眼于全国人才队伍建设的角度，在规划全国人才队伍建设中关注涉海类人才培养；另一部分多数是在规划全国海洋事业或是海洋科技事业中提出海洋人才的政策内容，以作为海洋事业发展的保障措施之一，在推动海洋事业发展的过程中，建设一支适应海洋事业发展的海洋人才队伍。

第二，从中观海洋人才政策方面来说，主要的政策制定者是沿海地方政府或是国务院涉海部门，如交通部、农业部等。沿海地方政府制定的海洋人才政策主要是为了配合当地海洋经济发展和海洋科技水平的提高而涉及的海洋人才政策。国务院涉海部门、交通运输部、农业部等均是分别从本部门涉海专业人才的角度制定的海洋人才政策，并有利于指导地方相应部门制定相应的海洋人才政策，如全国海事系统的人才队伍规划和各地方海事局的人才队伍规划。

第三，从微观海洋人才政策方面来说，主要的政策制定者多是国务院涉海部门根据本行业专业涉海人员制定的人才培养、人才评价、人才激励等海洋人才政策。其中国家海洋局、交通运输部具有相对完善的海洋人才政策体系，其他部门及沿海地方制定的海洋人才专门政策则相对较少、较缺乏。

（2）不同类别的海洋人才政策供给（见表3）

表3 不同类别的海洋人才政策供给

类别	发布机构	政策文件名称（各个政策发布时间同上）
海洋管理人才政策	中央	《全国海洋经济发展规划纲要》《国家海洋事业发展规划纲要》
	地方	《江苏省"十一五"海洋经济发展专项规划》《连云港海事局"十一五"人才建设规划》《福建省建设海洋经济强省暨"十一五"海洋经济发展专项规划》《福建海事局"十一五"人才发展规划(审查稿)》《广东省海洋经济发展"十一五"规划》
	部门	《交通运输部直属海事系统2006～2020年人才发展规划》《海事系统"十二五"发展规划(征求意见稿)》《中长期渔业科技发展规划(2006～2020年)》《国家海洋局主要职责内设机构和人员编制规定》
海洋科学研究人才政策	中央	《全国海洋经济发展规划纲要》
	地方	《山东省海洋经济"十一五"发展规划》《山东半岛蓝色经济区发展规划》《青岛市海洋经济"十一五"发展规划》《江苏省"十一五"海洋经济发展专项规划》《福建省建设海洋经济强省暨"十一五"海洋经济发展专项规划》
	部门	《中华人民共和国涉外海洋科学研究管理规定》《国家海洋局享受政府特殊津贴人员选拔管理暂行办法》《国家海洋局青年海洋科学基金管理办法》《国家海洋局重点实验室管理办法(试行)》《海域使用论证评审专家库管理办法》
海洋专业技术人才政策	中央	《中国海洋事业的发展》《国家"十一五"海洋科学和技术发展规划纲要》《国家海洋事业发展规划纲要》《全国科技兴海规划纲要(2008～2015年)》《国家中长期人才发展规划纲要(2010～2020年)》《全国海洋标准化"十一五"发展规划》
	地方	《山东省海洋经济"十一五"发展规划》《山东半岛蓝色经济区发展规划》《江苏省"十一五"海洋经济发展专项规划》《浙江省渔业发展"十一五"规划》《福建省建设海洋经济强省暨"十一五"海洋经济发展专项规划》《厦门市海洋经济发展"十一五"专项规划》《广东省海洋经济发展"十一五"规划》
	部门	《中长期渔业科技发展规划(2006～2020年)》《海洋行业工人技术等级标准》《国家海洋局工人技术等级考核培训管理暂行规定》《国家海洋局工人技术等级考核有关收费标准的暂行办法》《海洋站测报人员等级考核暂行办法》《国家海洋局机关》《事业单位工人技术等级考核实施办法》《船舶技术人员职务试行条例》及其《实施意见》《海上救捞潜水员管理办法》《关于加快培养交通系统跨世纪专业技术人才的实施意见》《中华人民共和国船员培训管理规则》《中华人民共和国潜水员管理办法》《中华人民共和国海船船员适任考试、评估和发证规则》
海洋高技能人才政策	地方	《山东半岛蓝色经济区发展规划》《厦门市海洋经济发展"十一五"专项规划》《中共广东省委、广东省人民政府关于加快发展海洋经济的决定》《浙江省渔业高技能人才培养金蓝领计划实施工作方案》
	部门	《中长期渔业科技发展规划(2006～2020年)》《海洋工程中、高级技术资格评审条件(试行)》《海洋行业特有工种职业技能鉴定实施办法》

续表

类别	发布机构	政策文件名称（各个政策发布时间同上）
海洋教育人才政策	地方	《山东半岛蓝色经济区发展规划》《江苏省"十一五"海洋经济发展专项规划》《福建省建设海洋经济强省暨"十一五"海洋经济发展专项规划》《广东省海洋经济发展"十一五"规划》
其他综合类海洋人才政策	中央	《中国海洋 21 世纪议程》《中共中央、国务院关于进一步加强人才工作的决定》
	地方	《浙江省中长期人才发展规划纲要（2010～2020 年）》
	部门	《海洋系统"十二五"公派留学计划》《海洋系统"十二五"引进留学人才计划》《新世纪十百千人才工程实施方案》《中国海洋学会海洋科普教育基地管理暂行规定》

注：表中数据由各政府网站发布的相关政策整理所得。

从表 3 可以看出我国海洋人才政策在不同类别方面的供给状况具有以下特点。我国海洋人才政策体系涵盖范围比较全面，在海洋管理人才、海洋科学研究人才、海洋专业技术人才、海洋高技能人才等领域均予以政策支持，形成多种类别的海洋人才政策体系。从制定者的层次来说，海洋人才政策的制定者包括中央政府、地方沿海政府、涉海各部门如交通运输部、农业部、国家海洋局、各地海洋与渔业厅等。

总体而言，我国海洋人才政策体系从国家层面到沿海地方基本覆盖，可以形成上下联动的效果。特别是海洋科学研究人才和海洋专业技术人才政策居多，相对符合了海洋经济和海洋科技发展的特殊需要。随着海洋事业的深入发展，海洋高技能人才政策和海洋教育人才政策的需求将进一步加大，在完善海洋人才政策体系中需着重加强。

（3）不同内容的海洋人才政策供给（见表 4）

从表 4 可以看出，我国海洋人才政策体系中大部分是海洋人才综合政策，对我国整体的海洋人才规划及沿海各地的海洋人才队伍建设提供了宏观的综合性的政策指导，其中涉及人才引进、人才培养、人才激励等内容。而涉及专门内容的海洋人才政策更多的是人才培养、人才使用和人才激励方面，特别是非常重视海洋人才培养的内容居多。除此之外，涉及海洋人才评价、海洋人才流动的政策则相对较少，比如海洋人才评价政策更多的针对海洋专业技术人才，海洋人才流动政策针对的仅仅为海洋系统的人员，而没有针对其他类别的海洋人才和其他涉海部门和机构的人才政策，这方面还有待进一步完善。

表4 不同内容的海洋人才政策供给

人才政策类型	发布部门及地区	政策文件名称(各个政策发布时间同上)
综合	中央、各部门	《中国海洋21世纪议程》《国家"十一五"海洋科学和技术发展规划纲要》《国家海洋事业发展规划纲要》《全国科技兴海规划纲要(2008~2015年)》《国家中长期人才发展规划纲要(2010~2020年)》《中共中央、国务院关于进一步加强人才工作的决定》《新世纪十百千人才工程实施方案》《关于印发公路水路交通"十一五"人才工作规划的通知》《中国海洋学会海洋科普教育基地管理暂行规定》《全国海洋人才发展中长期规划纲要(2010~2020年)》
	地方政府	《山东省海洋经济"十一五"发展规划》《山东半岛蓝色经济区发展规划》《青岛市海洋经济"十一五"发展规划》《江苏省"十一五"海洋经济发展专项规划》《连云港海事局"十一五"人才建设规划》《浙江省中长期人才发展规划纲要(2010~2020年)》《福建省建设海洋经济强省暨"十一五"海洋经济发展专项规划》《福建海事局"十一五"人才发展规划(审查稿)》《厦门市海洋经济发展"十一五"专项规划》《广东省海洋经济发展"十一五"规划》《交通运输部直属海事系统2006~2020年人才发展规划》《海事系统"十二五"发展规划(征求意见稿)》
引进	中央、各部门	《国家海洋局主要职责内设机构和人员编制规定》《海洋系统"十二五"引进留学人才计划》
培养	中央、各部门	《中国海洋事业的发展》《全国海洋经济发展规划纲要》《浙江省渔业发展"十一五"规划》《中长期渔业科技发展规划(2006~2020年)》《国家海洋局工人技术等级考核培训管理暂行规定》《国家海洋局工人技术等级考核有关收费标准的暂行办法》《国家海洋局重点实验室管理办法(试行)》《关于加快培养交通系统跨世纪专业技术人才的实施意见》《中华人民共和国船员培训管理规则》《中华人民共和国海船船员适任考试、评估和发证规则》
	地方政府	《浙江省渔业高技能人才培养金蓝领计划实施工作方案》《中共广东省委、广东省人民政府关于加快发展海洋经济的决定》
使用	中央、各部门	《全国海洋标准化"十一五"发展规划》《中华人民共和国涉外海洋科学研究管理规定》《海域使用论证评审专家库管理办法》《海上救捞潜水员管理办法》《中华人民共和国潜水员管理办法》
评价	中央、各部门	《海洋行业工人技术等级标准》《海洋工程中、高级技术资格评审条件(试行)》《海洋站测报人员等级考核暂行办法》《国家海洋局机关、事业单位工人技术等级考核实施办法》《船舶技术人员职务试行条例》《海洋行业特有工种职业技能鉴定实施办法》
激励	中央、各部门	《国家海洋局享受政府特殊津贴人员选拔管理暂行办法》《国家海洋局青年海洋科学基金管理办法》
流动	中央、各部门	《海洋系统"十二五"公派留学计划》

注:表中数据由各政府网站发布的相关政策整理所得。

2. 我国海洋人才政策存在的问题

我国的海洋人才政策体系应该包括宏观、中观和微观不同层次的政策，也应该包括以海洋管理人才、海洋科学研究人才、海洋技术人才、海洋教育人才等为专门政策对象的政策，并包括海洋人才引进、人才培训、人才教育、人才评价、人才激励等内容的政策。我国的海洋人才政策在不同层次、不同类别、不同内容三个方面的供给状况与我国海洋人才政策的需求状况相对比，显然可以发现两者在上述三个方面的供需差距较为明显，主要指海洋人才的需求状况靠现有的政策供给还不能完全满足，而海洋人才政策的供给在一些方面有的未落实或内容重叠，具体表现如下。

（1）不同层次的海洋人才政策问题

第一，宏观性的全国海洋人才规划宣传、落实不到位。现有的宏观海洋人才政策主要在国务院及国家海洋局制定的海洋政策和全国人才政策中体现，只有一个《全国海洋人才发展中长期规划纲要（2010～2020 年）》涉及宏观性的海洋人才规划，但目前仅仅发布不久，其宣传和落实还没有展开，在涉海部门、机构或企业中还没有得到广泛传播。早先制定的海洋人才政策内容中只是简单提到海洋人才，有的只涉及一部分海洋科技人才，有的更多涉及海洋人才的引进或培养等。因此，为了适应海洋事业的全面发展，需要有全面综合的海洋人才队伍的政策支持和政策宣传与落实，急需在全国范围内大力宣传与落实全国海洋人才规划。

第二，缺乏沿海地方有特色的海洋人才规划。沿袭了宏观海洋人才政策的特点之外，中观海洋人才政策体系中缺乏像海事系统人才规划一样的地方海洋人才规划和其他涉海行业人才规划。除此之外，沿海地方中辽宁、广西、海南等地对海洋人才队伍建设的政策支持还不够，需要加大海洋人才政策支撑。另外，沿海地方缺乏相应的微观海洋人才政策。沿海地方制定的海洋人才政策更多是综合政策，缺少像国家海洋局和交通运输部针对不同类别的海洋人才出台的人才引进、人才培养、人才激励等政策。

（2）不同类别的海洋人才政策问题

涵盖各个类别的海洋人才政策体系存在以下几个问题。首先，针对海洋高技能人才的政策供给还不够。海洋高技能人才作为应用型人才，在海洋行业中的作用尤其重要，特别需要具备理论和实践知识相结合，具备相应的实践能力并熟练运用的能力。其次，海洋教育人才政策支持不够。海洋事业的发展，离不开科技、人才和教育。海洋教育人才在海洋人才的培养中发挥着不可替代的基础性的作用，海洋教育人才队伍强大，才能培养出更多、更全面的海洋人才队伍。因此，需要制定针对涉海院校中讲授海洋学科的教师、涉海研究院所或是海洋科教机构中的涉海教师的人才引进、人才培养等政策。最后，海洋军事人才政策不够完善。海军的重要不言而喻，国家虽然在海军建设中予以很好的工作、生活等保障政策，但还缺少完善的针对海洋军事人才的政策，特别是海洋军事人才和其他涉海行业人才的交流政策、海洋军事人才退役后安置涉海部门等政策。

（3）不同内容的海洋人才政策问题

针对不同内容的海洋人才政策问题表现在以下几个方面。第一，海洋人才引进政策力度不够。虽然海洋人才引进政策在各层次人才政策中都有所体现，但还缺乏根据实际需要的专门海洋人才引进政策。引进人才是建设海洋人才队伍最便捷的方法，我国海洋人才队伍中缺乏高层次、高科技水平的海洋人才，这需要从国外或是其他行业引进符合需要的高端海洋人才，需要有相应的海洋人才引进政策。第二，海洋人才激励政策还不够完善。只有人才激励体系顺畅，才能激发更多、更年轻的海洋人才的创造性。已有的海洋人才政策更多的是从资金上激励海洋人才的进取，人才激励除了靠物质奖励外，还可以依靠精神奖励或是晋升奖励。因此，需要完善海洋人才激励政策，特别是加强海洋人才在精神或是物质和精神相结合的激励措施。第三，海洋人才流动政策单一。人才市场的形成，有利于海洋人才队伍之间合理流动，相互学习与借鉴，相互提高与促进。现有的海洋人才政策更多是促进海洋人才到海外留学、进修或学习，吸收学习国外先进的海洋科技。除了需要加大海洋人才接受对外培养的力度，还需要国内海洋人才市场的形成，国内海洋人才之间交流的政策。需要有利于促进不同涉海部门、不同层级、不同地域的海洋人才交流的政策出台，形成一个活跃、有序、全面合理的海洋人才市场。第四，海洋人才保障政策较缺乏。海洋人才从事的海洋事业具有一定的特殊性，特别是在造船、航海、海洋科技等方面，海洋人才面对的是较艰苦的作业环境，在人身安全、职业保障等方面均有较高的要求，而对此方面规定的海洋人才保障政策还比较缺乏，需要针对不同海洋人才的人身保障、职业保障、家庭子女教育等保障了以政策倾斜或支持，保障海洋人才全身心投入海洋事业的工作中，促进海洋人才作出更多更大的贡献。

3. 我国海洋人才政策存在问题的原因

海洋人才政策体系是一个综合、配套的整体，实施海洋人才战略是我国建设海洋强国的中心任务，而制定完善的海洋人才政策是这个中心任务的关键。从目前我国海洋人才的供需现状及矛盾来看，结合我国海洋事业的发展需要，总体来说，我国海洋人才政策存在问题的主要原因可以总结为四个方面：包括全国人才政策环境不够完善，海洋人才政策的制定政出多门、不统一，海洋人才政策执行存在漏洞，海洋人才政策评估缺失等方面。

（1）全国人才政策环境不够完善

作为人才政策体系的政策对象之一，海洋人才政策与人才政策关系紧密，海洋人才政策的制定受全国性人才政策的指导，同时人才政策的内容也会越来越多地涉及海洋人才的引进、培养、使用等。因此，海洋人才政策是在人才政策的整体环境影响之下，并不断完善充实的。

我国历来对人才极其重视，自改革开放以来，国家出台了一系列人才政策。如 1977 年《关于 1977 年高等学校招生工作的意见》、1983 年《关于改革干部管理体制若干问题的规定》、1986 年《关于促进科技人员合理流动的通知》、1993 年《中国教育改革和发展纲要》、1996 年《人才市场管理暂行规定》《人事工作 1996～2000 年规划纲要》、2000 年《深化干部人事制度改革纲要》、2003 年《中共中央、国务院关于进一步加强人才工作的决定》、2010 年《国家中长期人才发展规划纲要（2010～2020 年）》等等。可以看出，关于人才的政策不在少数，在宏观层面上并结合时代特征出台了适宜的人才政策，指导全国人才工作有序进行。

一项完善的人才政策应该包括如下各项环节：如人才的培养、选拔、使用、奖惩、评审等环节，它是一项系统的工程，在此基础上实现由低端到高端的整个人才培养及使用链条，所有环节都要均衡发展，如果在某个环节出现断裂，那这个国家的人才培养体系将面临严重危机。目前，我国人才培养的链条呈现出重两头疏中间的状况，如重视基础教育和超级高端人才，此种政策导向使中国的人才政策出现了碎片化格局。① 这一方面体现在前后的人才政策相互冲突与重复，甚至有的人才政策出现短时有效长期无力的状况，造成政策失灵与浪费。另一方面，我国现有的人才政策中涵盖的涉海类人才内容也呈现零散碎片的状况。如《国家中长期人才发展规划纲要（2010～2020 年)》中没有专门的一部分内容体现海洋人才政策，只是在人才战略目标、人才队伍建设主要任务中大力开发经济社会发展重点领域急需紧缺专门人才、重大人才工程中专业技术人才知识更新工程三部分提到了海洋人才的内容，显得人才政策对海洋类人才的重视不够，没有专门的政策内容，只是顺带提到。同样，在沿海地方制定的当地人才政策中涉及的海洋类人才内容也呈现一样的特点。

如果人才政策体系不健全，那么海洋人才政策就没有很好的宏观指导。如果人才政策体系中对海洋人才的内容涉猎不多，对海洋人才的重视不够，也不能很好地促进专门的海洋人才政策制定，不利于海洋人才政策体系的完善与充实。总之，人才政策与海洋人才政策两者之间的关系是相辅相成的，人才政策体系完善了，才能为海洋人才政策创造良好的政策环境。

（2）海洋人才政策的制定政出多门

一般来说，政策制定的主体是由拥有决策权的高层组织或高级领导人员所组成，一般包括国家的立法、行政、司法机关及政治领袖人物，他们组织和引导整个决策过程，并在制定和决策中拥有最终决定权。② 政策制定者的作用至关重要，政策制定者所需要具备的能力、权力等也要求严格。我国人才政策的制定者从中央到地方，从先前的传统政策到现在需要的人才政策，都需要相应的人才政策制定者能前后接续，全国统一、各地方和各部门能统一配合，形成合力，最后呈现出完善充实的人才政策体系。

海洋人才政策需要专门的政策制定者，特别是针对海洋类人才的特殊性，更需要相关专业的人才政策制定者。总结我国海洋人才政策体系中各类海洋人才政策的制定者可以看出有如下几种：国务院、国家海洋局、交通运输部海事局、农业部或农业部渔业局、各地方人民政府、各地方海事局、渔业局等。这

---

① 李侠：《"千人计划"与中国人才政策的碎片化格局》，《发明与创新（综合版）》2009 年第 7 期。
② 张国庆：《公共政策分析》，复旦大学出版社，2004，第 131 页。

些海洋人才政策的制定者都没有和劳动与社会人力资源保障部及劳动与社会人力资源保障厅、局级单位形成很好的配合，甚至没有专门的政策委员会作为制定者。很多政策制定者更多的是从本部门或是当地利益出发，制定适合本部门和当地需要的海洋人才政策，而没有与其他部门或是其他沿海地方形成相应的配合，或是由于各政策制定者所拥有的人才资源数据，人才信息不集中，最后形成的海洋人才政策免不了存在片面化、缺乏系统性、整体性的问题。另外，海洋人才政策的制定者大多不是专门的政策制定委员会或是由专门的政策专家组成，同时对海洋事业的发展进程或是了解不够，所制定的海洋人才政策不能体现其针对海洋人才的特性或是制定的政策效用不明显或是摆设。最后，还需要进一步发掘海洋科研院所、海洋教育学校、涉海企业、海军部队等海洋人才的拥有主体的政策制定能力，促进鼓励这些海洋人才所在机构能制定有效、对本机构发挥海洋人才培养等作用的海洋人才政策。

要制定有特色的海洋人才政策，就需要既了解人才特点和海洋事业，又具有专门的政策制定能力的海洋人才政策制定者，同时需要各海洋人才政策制定者能有统一的机制，形成从中央到地方的包括各个环节、各类海洋人才的完整的海洋人才政策体系。

（3）海洋人才政策执行中存在漏洞

政策执行，即将政策目标转化为政策行动和政策实践的过程，其作为将政策内容转化为现实的过程，在政策活动中具有至关重要的地位和作用。我国目前的海洋人才政策为数不少，但问题在于海洋人才政策执行过程中存在漏洞，政策实行不到位，落实不够。

政策执行的过程主要包括政策宣传、政策分解、物质准备、组织准备、政策实验、全面实施、协调与监督等环节。[①] 首先，作为政策执行的第一环节，政策宣传至关重要，而海洋人才政策的宣传则没有得到有效执行。全国上下还缺乏对海洋人才政策的统一认识，对海洋人才政策的意图和政策实施的具体措施缺乏一个明确的认识和充分的了解，甚至是已经制定的《全国海洋人才发

---

① 陈振明主编《政策科学——公共政策分析导论（第二版）》，中国人民大学出版社，2006，第450 页。

展中长期规划纲要（2010～2020 年)》，也没有公开宣传，并且没有出版成册的文件全文。海洋人才政策的对象没有知晓政策内容和不能理解政策，更别谈如何自觉地接受和服从政策了。其次，保证海洋人才政策执行顺利进行的物质准备不到位。海洋人才政策的执行需要大量的各项开支和活动经费，没有做好充分的物质准备，就不能为海洋人才政策的执行创造有利条件和环境。最后，海洋人才政策的执行准备工作也没有全面展开，如没有明确的海洋人才政策执行机构和海洋人才政策执行领导者，更没有制定相应的目标责任制、检查监督制度和奖励惩罚制度等，自然不能全面确保海洋人才政策的贯彻执行。因此，各有关部门需要加大海洋人才政策的宣传力度，做好海洋人才政策执行必需的物质准备，明确海洋人才政策的执行机构和负责人，明确目标，监督落实，综合使用行政手段、法律手段、经济手段和思想诱导手段等，这样才能将海洋人才政策的作用发挥极致，真正服务于我国海洋人才队伍的建设。

（4）海洋人才政策评估缺失

政策评估可以总结政策执行的经验和教训，决定政策的继续、调整还是终结，从而对政策进行修正误差、完善政策，有利于政策的制定和执行更有针对性，促进政策对实践的正确引导。海洋人才政策缺乏系统和全面的评估，面临的困难和障碍具体表现在以下几方面：海洋人才政策评估目标的不确定性，本身没有明确可测定的目标；海洋人才政策效果的不确定性，由于政策活动涉及面广、参与者多，带来了困难；海洋人才政策资源的重合与交叉，很难将各个政策的实际效果与总体效果区分开来；公众也未能广泛参与海洋人才政策的评估，不利于调动广大公众对海洋教育和海洋人才工作的重视。

由于海洋人才政策评估面临的重重困难，很难衡量海洋人才政策是否达到预定的政策目标，甚至在政策制定中还可能改变目标或被修正。加上政策评估中的评估信息不好收集、评估经费缺乏和评估人员的抵制等一般困难，更难以引起对海洋人才政策评估的重视和认同，大大增加了海洋人才政策评估的难度。总之，只有提高政府及社会各界对海洋人才政策评估工作的重要性认识，建立独立的政策评估组织和政策评估制度，明确政策目标和收集广泛的政策信息，利用科学的政策评估理论和方法技术，才能促进海洋人才政策的科学化、民主化，力争取得较好的评估效果，使海洋人才政策真正发挥其作用。

四　完善我国海洋人才政策的路径选择思考与建议

中央和地方政府或涉海部门今后对海洋人才政策进行决策时，应认真总结历史的经验和教训，充分认识我国海洋经济和社会的发展变化，立足我国的海洋发展及现实需求，研究学习沿海发达国家及地区在制定海洋人才政策时运用的理论、技术，使海洋人才政策的决策与制定越来越科学、合理，逐渐完善我国的海洋人才政策体系。具体可以在以下几方面努力。

1. 完善国家海洋人才政策体系，狠抓落实

有了政策，就必须落实，而不使其成为一纸空文，甚至失去政府的信誉。例如国家海洋局、教育部、科学技术部、农业部、中国科学院联合制定的《全国海洋人才发展中长期规划纲要（2010～2020年)》，它是促进海洋事业快速发展和海洋人才队伍快速建设的阶段性纲领性指导文件。《规划纲要》规定了海洋人才发展的指导思想、基本原则、发展目标、主要任务、工作机制、政策措施、重点工程和规划实施等内容，但最重要的是贯彻落实。这是纲要制定的目的。一方面，应在全国范围内广泛宣传该《规划纲要》的内容与作用。在涉海政府部门、相关机构、企业、学校等各单位网站上公布该《规划纲要》的全文，以使全体民众能够随时浏览和了解其内容。另一方面，中央和地方各相关部门、单位应认真组织学习，认真研究贯彻实施。

各部门、各地的相关政策也是这样，制定出台了，就必须落实。

各部门、各地的海洋人才相关政策，在我国海洋人才政策中起着举足轻重的作用，在制定沿海各地的海洋人才规划时应该凸显各地的特色，满足各地的发展需要，这样做既有针对性，也容易落实。如，山东省拥有全国人数最多的海洋人才，其海洋人才规划应更多地体现在宏观方面的作用，并更多地发挥其海洋人才的聚拢作用，进一步加强全国海洋人才市场的作用，形成最大最有凝聚力的海洋人才基地，使山东拥有的海洋人才队伍的作用发挥到最大，对全国海洋人才队伍的建设起到榜样的作用。上海市和广东省的海洋人才具有突出的国际交流作用，需要制定适合本省发展和国家需要的与国际接轨的海洋人才政策，应重点制定从沿海发达国家及地区引进优秀的海洋人才并与之进行交流、派遣当地的海洋人才到沿海发达国家及地区进行学习交流为内容的海洋人才政策，促进我国与其他国家及地区的交流与合作，建设我国的具有国际竞争力的海洋人才队伍。又如辽宁省、江苏省等沿海省市，应按照当地经济发展需要，如大连市港口的发展、舟山群岛的旅游发展等对海洋人才的不同需求，制定相应的海洋人才政策，以符合本地的海洋经济发展需求和社会发展的要求。只有沿海各地拥有适合本地海洋经济发展需求，真真正正最大限度发挥本地特色的海洋人才政策作用，才能建设一支有本地特色的海洋人才队伍，并最终建成一支全国范围的具有国际竞争力的最优化海洋人才队伍。

2. 细化多种类别的海洋人才政策

针对海洋人才所面对的特殊环境与可能性，涉海部门、机构或企业等除了制定与执行应有的一般海洋人才政策，还需要制定针对本单位的特殊海洋人才管理措施或条例，进一步完善适应海洋人才的管理政策体系。如，针对出海船员提供舒适的工作环境和生活条件，给予其完善的生活保障和家庭保障，让其无后顾之忧并能全力以赴地工作，同时完善其长期职业发展规划，形成长期完备的政策体系。又如，针对涉海科学家的管理使用政策之外，还需完善其激励政策、保障政策等。制定物质奖励和精神激励相结合的鼓励政策，设置最高级海洋科学技术奖，鼓励尖端的海洋科学家勇于探究海洋科学的高峰。总之，除了满足一般人才的需要，更要使海洋特殊人才满意，一是显示出对其的重视，二是促进其更好地为海洋事业作出积极的贡献。

3. 完善和细化海洋人才的培养、引进和激励机制

海洋人才政策作为国家指导海洋人才队伍建设与发展的重要制度和海洋工作安排形式，对海洋人才的培养、引进与使用等各个环节起着重要的导向和激励作用，并提供一种促进海洋人才队伍形成与壮大的环境。就我国目前的海洋人才政策体系而言，需要完善的内容还有如下。

第一，健全海洋人才培养政策。首先，加大海洋人才培养的资金支持力度。设立海洋人才培养专项资金，国家和沿海省市政府划拨专项资金用于海洋人才的培养与引进、对高层次紧缺人才和高技能人才的培养与资助、对有突出贡献的海洋人才的奖励等方面。对海洋领域的科学研究项目、重大技术攻关项目、理论研究项目等配备专项经费，鼓励涉海企业投入研究经费等。其次，完善海洋人才培养教育体系。除了办好现有的涉海类高校外，还要加强沿海地方海洋类高校的建设，同时在内陆地区综合类高校开设海洋类课程，形成全国的海洋科学高等教育体系。在推进素质教育的同时，增加海洋教育改革的内容，更新教育观念与思想，促进教学改革与课程改革。推进海洋理论研究与科学研究、实践研究相结合，促进研究型人才和应用型人才相交流，实现海洋研究双轨制发展。另外，除了推进学校培养教育外，重视培养各行业在职人才，形成政府、研究所、企业等涉海单位同时培养教育的体制，并鼓励学校参与合作，促进海洋人才的再培训再教育。最后，高度重视创业型人才和高技能人才的培养。新技术的更新之快和高科技的变化之速需要对高技能的人才不断进行培训。结合国家的重大实验项目、科研项目，加强对海洋创业型人才和高技能人才进行培养，争取在海洋创业领域和高技能领域建设一支年轻高素质、高学历、高水平、有国际竞争力的海洋人才队伍。探索形成有凝聚力、有创新精神、肯吃苦肯钻研的青年杰出科技队伍，引领我国的海洋科技潮流，做我国元老级的海洋科学家的接班人，继续造就我国海洋领域的科研辉煌。

第二，加强海洋人才引进政策。首先，制定海洋人才引进计划，编制海洋人才数据库。为促进我国海洋事业的可持续发展，以扎实推进基础研究，推进海洋高科技研究和新技术研究，提高海洋人才队伍的整体技术水平为目的，制定海洋人才计划，编制海洋人才数据库，对涉海领域关键技术方向缺乏的人才着重引进，充实我国的海洋人才数据库。其次，重点引进海洋高层次紧缺人才。实施高层次紧缺人才引进工程，逐步健全海外人才创业、投资项目与资助，为引进人才创造良好的环境；建立引进人才的激励制度，开展国际交流与合作，参与国际竞争；构建引进人才项目与涉海单位企业需求项目的对接机制；鼓励高层次紧缺人才以技术入股、技术投资、技术转让、讲学兼职等途径为海洋发展服务。最后，创办海洋高科技园区，为引进人才创造创业环境。以创办海洋高科技园区的方式，吸引海洋高科技领域的国外人才和海外留学人才回国创业。制定优惠政策吸引国外企业与国内涉海企业合作，加快技术和产品的升级，推进我国海洋高科技园区的繁荣与发展。

第三，优化海洋人才使用政策。人才使用政策就是通过一定的素质能力提升机制，推动海洋人才的成长与发展。首先，完善海洋人才职业资格证书制度。在已有的职业资格认证制度基础上，建立完备的职业标准、职业规范，建立职业资格、职业技能水平认证和专业技术职称为一体的海洋人才职业资格认证制度，并逐步推广，实行资格具备再上岗、资格不够再培训的任职前提，严格要求海洋人才的职业能力。其次，建立促进青年海洋人才迅速成长的使用机制。通过以老带新、学徒制等途径促使青年海洋人才快速学习成熟的经验与能力，给予青年海洋人才适合的研究项目，放宽项目申请、承担课题的条件、资格等，鼓励青年人才承担国家重点项目和课题，使青年海洋人才快速成长为海洋科学研究和技术带头人。最后，在使用海洋人才中以产学研相结合为基础，通过产业合作、技术研发、产品生产一站式服务平台，提高海洋人才的创作能力和生产制作能力。而且通过"产学研"合作，加强对海洋产业的研究，使产业、人才、研究形成互动。

第四，制定海洋人才激励政策。首先，设立海洋人才专项基金。建立海洋人才研究专项基金的征收、管理、使用、监督制度，增强专项基金的宏观调控能力和导向性，以专项基金政策激励引导海洋人才队伍的健康快速发展。如运用基金设立突出贡献奖、先进科技奖等，激励海洋创新人才、技术人才的创新性和积极性，开展各个奖项的评奖活动。其次，引入竞争机制，完善人才激励的评价制度。废除以前的终身评价制，鼓励青年先进人才入伍，建立公平公正的考核制度，促使年轻人积极向上，激发海洋人才队伍中的高级人才和青年人才保持创造性活力。最后，建立海洋人才保障政策。如加强海洋技术保护和知识产权保护等，使其在付出艰辛的劳动和大量的资金投入以后得到产权上的保障，加大其在科技研发、项目承担、技术开发与创新等方面享受保护的力度。又如健全海洋人才的养老保险、失业保险、工伤保险和医疗保险等社会保障体系，鼓励涉海各单位在医疗、住房、交通等方面给予优惠，建立长效的优待制度等。再如，提高海洋人才的收入水平，改革分配制度。建立能吸引人才、留住人才的分配制度，较大幅度地提高海洋高技能人才和科研人才的收入水平，特别是对条件艰苦、作出重大贡献的专家学者给予支持和重奖。

第五，优化海洋人才流动政策。首先，继续发挥国家海洋人才市场的作用。沿海省市和涉海各行业要加强对海洋人才市场的支持和配合，发挥海洋人才市场的调节作用，强化人才市场的中介作用，继续完善海洋人才市场的信息网络平台，加强宣传与交流。在网络平台的基础上，完善海洋人才数据库，做好海洋人才规划与供需预测，促进对海洋人才的整体调控。其次，建立海洋人才的横向流动机制。为充分发挥海洋人才在涉海各行业各单位的作用，打破原有的体制障碍，建立海洋人才兼职和交流机制，实行涉海各单位之间、海洋人才之间、单位与人才之间双向选择，使人才与单位免受手续和体制的阻碍，以合作参与、成果分享、项目联合等多种灵活方式实现海洋人才的横向流动。再次，引导海洋人才的地域流动。海洋人才绝大部分集中在沿海省市，特别是经济发达的沿海城市拥有最多的海洋人才。通过制定区域平衡和重点扶持的制度，吸引海洋人才向欠发达的地区流动，并在欠发达的沿海地区或是内陆城市建立专门的海洋人才激励政策和保障措施，实现海洋人才的均衡分布。最后，促进人才的"入海"和"出海"的流动。科学无国界更无边界，人才在任何一方面的科学研究都是相通的。设立基金和科学研究项目，促进海洋和陆地研究项目的合作与交流，实现海洋科学家与一般科学家的合作开发，聘请陆地研究开发的科学家参与海洋科学研究项目，促使海洋科学研究专家进入国家其他重点科学项目研究，实现良性的双向交流与提升。最终以一般人才带动海洋人才发展，促进海洋人才与一般人才紧密协作的互动合作。

4. 建立健全海洋人才政策评估体系

简单地说，对海洋人才政策的评估就是对海洋人才政策及其执行后的效果进行的综合判断。海洋人才政策评估活动是一项复杂的系统过程，为了使评估活动顺利进行，并能与客观海洋发展实际相符合，就需要在具体的政策评估活动中提高对评估的认识，遵循一定的原则，建立相应的评估体系。

海洋人才政策评估体系及其制度的建立和实施，应确立海洋人才政策评估的公共利益原则、民主原则、可行性原则、信息真实与完整原则，促使评估活动规范化、系统化。为了确保海洋人才政策评估的规范和连续性，其评估必须有完善的体系保障。政策评估者要本着实事求是的态度进行，除了总结经验、肯定成绩之外，更要发现问题，找出不足，探究原因，发挥其诊断和批判的功能。在评估标准上要坚持价值判断与事实分析、定性分析与定量结论相结合的原则；在评估时间的选择上，对于见效快的政策应进行终结性评估，对于见效慢的政策则采用阶段性评估与终结性评估相结合的方式进行；完善政府信息公开制度，建立海洋人才政策评估的信息通道，形成公众舆论监督、政策对象投诉等一整套完善的办法，建立专门的渠道，防止报喜不报忧的政策评估信息失真现象；引入多元的评估者，具体可以涵盖中央政府、沿海地方政府、涉海科研机构、高等院校、留学人员团体、涉海企业集团、民间研究组织以及民众等与海洋人才政策密切相关的群体。最后，使评估结果能客观反映海洋人才政策实际效果，从而对已有的海洋人才政策作出必要的调整；同时能通过评估更多地了解海洋人才政策的管理对象的意见和建议，把评估结果能够整合到海洋人才政策的制定和执行中去。

（本报告内容来源：国家海洋局部门委托课题《我国海洋人才测评与管理研究》）

专题十二　海洋强国战略下的海洋人才高地建设现状与对策

——兼以青岛海洋人才高地建设问题为例

海洋是人类经济社会发展的重要资源和可以扩展的战略空间，进入 21 世纪以来，国际海洋资源开发竞争、战略空间争夺日趋激烈。我国经济社会发展进入攻坚克难的关键时期，国家高度重视海洋发展，已将沿海各地都先后列为国家区域战略发展规划，并在中共十八大报告中明确将"海洋强国"建设列为国家战略。这对于我国更大规模地培养造就高素质创新型海洋人才，提出了迫切的要求。国家和沿海各地对海洋人才需求的状况怎样？如何才能满足国家和地方对海洋人才建设的需求？不少地方已提出建设"海洋人才高地"，很值得加强研究。

一　海洋人才高地建设及其特点与重大意义

海洋人才高地建设所指的"海洋人才"，是指在海洋经济、管理、科研、教育和服务等领域的就业人员中，具备一定的海洋人文素养和海洋专业知识或专门技能，进行创造性劳动并对海洋事业发展作出贡献的人才。

按照大人才观的理论，海洋人才包括一切涉海行业的人才，从工作对象来看，海洋人才主要是指以海洋领域为工作对象的各类人才。

从工作岗位来分，海洋人才大致可以分为：党政海洋公务人才、海洋经营管理人才、海洋专业技术人才、海洋技能人才四个大类；从工作岗位的具体工作对象来分，海洋人才又可以分为：海洋经济人才、海洋管理人才、海洋科技人才、海洋工程人才、海洋技能人才、海洋实用人才、海洋法律人才、海洋教育人才、海洋考古人才、海洋旅游人才、海洋文化人才、海洋军事人才等。此外，还有一些虽然涉海，但同时又从事其他工作的各类人才，属于交叉型人才或者复合型人才。

人才资源是第一资源，海洋人才是发展海洋经济的第一资源。从根本上说，海洋人才的数量和质量直接决定和影响着海洋经济的发展，甚至决定和影响着国防安全。从我国整体情况来看，我国海域辽阔，只有大力加强海洋人才队伍建设，才能实现海洋强国战略。

山东半岛蓝色经济区，已经作为全国重要性的特色区域，列为国家战略发展规划。青岛市作为全国重要的区域中心城市之一，被确定为山东半岛蓝色经济区的龙头城市。为发挥青岛市素有"海洋科技城"之称、海洋科技教育相对发达、海洋科技机构相对集中、海洋科技人才相对密集的作用，青岛市已将打造中国的"蓝色硅谷"，确定为带头实施国家蓝色经济区战略，建设全省蓝色经济龙头城市，乃至全国蓝色经济领军城市的重要战略举措。为此，如何培养造就规模更为宏大、素质更为优良、结构更为合理的海洋人才队伍，更好地打造海洋人才高地，已成为青岛市的重大战略抉择。

海洋人才高地是指海洋人才高度集聚的区域，是吸引人才、引进人才的特区，并形成综合性、多层次、以高级人才为主，高、中、初级人才结构高度优化的创新团队，是推动海洋经济"产学研"一体化、有效促进海洋人才施展才能的平台和海洋人才培养、输出的重要基地。

海洋人才高地对海洋人才既有数量的要求，又有质量和结构的要求；既是海洋人才聚集中心，又是海洋人才交流中心，还是人才开发和辐射基地。

从数量上来看，海洋人才高地应该是由若干创新团队组成的、具有相当规模的海洋人才群体；从质量来看，海洋人才高地应该是以精英荟萃的创造群体为主体的创新团队；从结构来看，海洋人才高地应该能够实现各类人才结构合理搭配及优化组合，以利于形成产业集成与创新的人才团队结构。

海洋人才高地在内涵上应该拥有数量较多的高级创新团队，在外延上应该具有相当规模的海洋人才队伍；在不同的沿海城市，海洋人才高地有不同的标准，海洋人才高地的"高度"也是相对的，一般应该至少有几个或十几个创新团队。目前，我国海洋开发已形成 12 个主要海洋产业，我国海洋人才遍及 20 多个涉海行业部门。根据全国海洋人才中长期规划，"到 2020 年，全国造就百名具有世界一流水平的海洋科学家和技术专家，高层次创新型海洋科技人才达到千人左右"①。从海洋强国的国家战略需求来看，如果全国沿海重要的省市都要建设或创造条件建设海洋人才高地，显然这样的数字是远远不够的。

"海洋人才高地"具有如下特征：

第一，具有数量较多的研发创新团队，具有领先国内乃至国际先进海洋科技创新水平的诸多学科和领域的领军人物。

第二，高层次创新型海洋人才荟萃，形成较大的人才创新优势，具有人才发展的活力，能够产生积极互动的集聚与共生效应。

第三，国际化程度较高，围绕产学研的需要，海洋人才高地能够研发出国际先进的成果，且能够转化为巨大的产业效益。

第四，海洋人才高地具有自由创新的文化氛围，团队成员具有相互协作、相互促进、共同发展的和谐环境。

第五，海洋人才高地具有完善的管理、评价和激励制度，具有可持续发展的后劲和活力。

海洋人才高地建设，具有如下重大作用：

第一，有利于按照产业化、集约化、专业化、信息化和国际化的要求，形成强大的人才吸引力和凝聚力，最大限度地整合海洋人才资源。

第二，有利于集聚海洋特色的"高端技术、高端产业、高端产品和高端人才"创业园区、科技之区和宜居之区，为稳定既有海洋人才、吸引外来海洋人才提供创业与发展的更高平台。

第三，有利于推动"产学研"的融合与互动，提高海洋科技成果转化的速度和效益，促进海洋经济产业化的加速发展。

第四，对区域乃至全国的海洋经济与社会的发展具有重要的科技文化示范与引擎作用，对相关行业、相关地区的发展具有重要的辐射与带动作用。

第五，有利于搭建国际交流与合作的海洋科研及教育创新的平台。

---

① 教育部、国家海洋局、中国科学院、科学技术部、农业部联合印发《全国海洋人才发展中长期规划纲要（2010～2020 年)》。

二　国内外海洋人才建设的现状分析

1. 国外对海洋人才的重视和海洋人才建设现状

海洋事业是科学技术密集和人才密集型事业。海洋科技发展及其人才队伍的建设，已成为发达国家和地区重要的人才战略。在建设海洋人才队伍，推动科技进步和海洋产业发展方面，国外有很多值得我们借鉴的经验。

从美国未来十年海洋科学优先研究计划与实施战略来看，美国尤其注重对海洋预测人才、海洋生态系统管理人才的培养，确保为美国称霸海洋提供科学支持和海洋观测的智力支持。美国的沿海地区的产业在国家经济中占有相当的比重，美国不断挖掘沿海的经济潜力，注重协调环境与发展的关系，对海洋人才的需求量不断增加。早在 1966 年，美国就已实施《国家海洋赠款学院计划》（NSGCP），它作为一项学术界、政府、工业界之间的伙伴计划，致力于实现海洋资源的可持续发展。研究、教育和对外宣传是 NSGCP 计划的三条业务主线，其中教育计划的重点是培养和造就海洋资源管理领域的专门人才，致力于提高公众的海洋意识以及对下一代进行海洋科学知识的教育。经过几十年的发展，NSGCP 计划已形成科研、教育与成果推广为一体的美国全国网络，成长为实现海洋产业多样化，推动沿海经济健康、持续发展的主力军。

加拿大魁北克市与魁北克大学致力于形成海洋人才培养的协同创新机制。凭借科研及教育机构、技术转让及研究中心和以创新为主的中小企业三个层面的力量，魁北克海洋地区与魁北克大学共同协作，将自己定位于成为国内外海洋科学和技术领域的领先者。大学及其合作伙伴协同合作，直接为社会提供了人力资本、各种知识以及创新思想，形成了良性互动机制，同时，魁北克市也从大学的发展中受益，人均拥有大学学位的比例高达21.3%。

日本对海洋人才的重视注重从中小学开始抓起，每年都要派大量留学生赴美国学习海洋科技，大部分海洋人才具有留学国外的经历。东京大学的海洋联盟—海洋横断学科注重跨学科海洋人才的培养，注重对海洋人才的海洋科学培养，海洋科学不仅涉及自然科学，还涉及政治、经济、法律等社会科学，培养跨学科的全方位的复合型人才。东京大学十个学院总计230余位从事海洋科学的研究者或教育者，通过构建"海洋联盟教育体系"（AORI）平台，对新型海洋科学人才培养发挥了重要的促进作用。

韩国高度重视对海洋人才的培养。近年来，韩国注重对海洋高层次人才和海洋文化产业人才的培养。设在木浦大学专门研究海洋人文社会科学的岛屿文化研究院已有近30年的历史，该机构在东亚加强与促进海洋人文社会科学的国际化交流的同时，正筹备招收海洋文化学专业的研究生。

2. 我国海洋人才教育和队伍建设的现状

我国从事海洋教育和研究的机构，可以分为五大系统：一是大学系统；二是中国科学院系统；三是国家海洋局系统；四是中国地质调查局系统；五是各行业部门所属的涉海研究所，涉及工业、渔业、运输、建筑、军队等各个行业。五大系统的机构，或独立或与大学合作开展海洋领域的研究生教育，而海洋领域各学科的本专科生教育，则全部由大学系统来承担。

从国内经济发达地区对海洋人才的认识水平看，广东、浙江、上海、江苏和大连等地都高度重视海洋人才队伍的建设。许多省市为了培养海洋人才，把原来的相关学院改为海洋大学或海洋学院，或在综合性重点大学增设涉海专业来培养海洋人才。其中，上海涉海的大学、科研院所就达20多个。就全国范围来看，目前已拥有5所海洋大学（不包括台湾的海洋大学）。此外，全国一批重点大学或省属重点院校纷纷成立涉海学院，新增了55个涉海学科专业。宁波大学2011年9月还专门为浙江省和宁波市的海洋经济制定了对接计划，在大力培养海洋人才的同时，力求充分发挥各类海洋人才的作用。其中，浙江在制定的《浙江省高校海洋学科专业建设与发展规划（2011～2015年）》中提出，浙江将重点支持3个海洋学科一级学科建设，大力扶持30个涉海重点学科，科学规划建设50个涉海特色专业，培养一批海洋应用型人才，基本完成与现代海洋产业体系建设的对接，促使海洋高等教育综合实力、国际竞争力和可持续发展能力显著增强，有力地支撑和引领海洋经济的发展。德勤集团股份有限公司是舟山远洋散货运输业的老大，全国排名第七，拥有一支23艘万吨巨轮组成的船队。德勤吸引人才的口号是"薪水高出同行三成"，给船长开出的月薪达3.8万元，大副也有3.3万元。台湾高度重视海洋人才的专业设置和培养，已经建设了海洋人才资料库。

从目前国内海洋人才情况分析来看，对创新型人才和高层次领军人物以及技能型海洋人才队伍的建设重视不够，海洋人才大多以传统产业为主，新兴的海洋产业人才严重匮乏。根据 2011 年出版的《中国海洋统计年鉴》的统计，2009 年我国海洋生物医药科技人才只有 83 人，其中具有高级职称的仅有 19 人，这与我国海洋产业对人才的需求极不相称。《2010 年中国海洋经济统计公报》显示，我国海洋生产总值从"十五"末期的 1.77 万亿元，增长到了 2010 年的 3.8 万亿元，海洋生产总值占国内生产总值的 9.7%；从对区域经济贡献来看，海洋生产总值占沿海地区生产总值的比重从"十五"末期的 15%，增长到 2010 年的近 16%。至 2010 年，在我国遍及 20 多个涉海行业部门以及 260 多家科研院所和大专院校里，海洋人才资源总量已达 201 万人，但其中的专业技术人才仅 137 万人，中国科学院院士和中国工程院院士 50 多位①。研究统计表明，"十一五"初期，我国海洋产业职工或劳力中的专业技术人员比例不足 1%，远远落后于世界海洋中等发达国家的水平，海洋人才队伍的缺口量极大，还远不能满足经济社会发展的要求。随着海洋产业的大力发展，海洋人才队伍的建设也需要加大力度。

3. "海洋科技城"青岛市的海洋人才现状

青岛海洋人才云集，聚集了全国 30% 的海洋科研机构，近 50% 的海洋高层次科研人才，30% 的涉海两院院士，获得的国家海洋创新成果奖占全国的 50%。截至 2010 年底，青岛市有中国海洋大学、中国科学院海洋研究所、农业部中国水产科学院黄海水产研究所、国家海洋局第一海洋研究所、国土资源部青岛海洋地质研究所等 28 个驻青岛海洋科研与教学机构。在海洋领域，已建成部委级重点实验室 17 个，省级重点实验室 15 个，市级重点实验室 8 个；拥有各类海洋专业人才 5000 余人，其中高级海洋专业技术人才 1300 人，占全国同类人才的 40%；有中国科学院院士、中国工程院院士 19 人（不含外聘）；博士生导师 281 人；有博士学位一级学科授予点 7 个，博士学位二级学科授予点 42 个，博士后流动站 8 个，国家级重点学科 5 个；有海洋科学观测台站 11 个，其中国家级 1 个，部委级 6 个；有各类海洋考察船 20 余艘，其中 1000 吨

---

① 《全国海洋人才中长期规划纲要》。

级以上的远洋科学考察船 7 艘；建有科学数据库 12 个、种质资源库 5 个、样品标准馆（库、室）6 个。根据青岛实现蓝色跨越、建设宜居幸福的国际化城市的发展定位和打造中国蓝色硅谷的需要，青岛的高素质人口未来将会有较大增长。2010 年末，全市共有各类大专院校 28 所（含民办高校），其中普通高校 25 所，在校学生 27.9 万人，因此，青岛海洋人才高地的建设具有广泛的人口基础和人才资源基础。目前，全市 15 岁以上人口人均受教育年限已经从 2006 年的 8.8 年增长到 11 年；户籍人口高等教育毛入学率从 2008 年的 36% 增长到 42%。青岛这些丰富的人才资源为青岛市建设成人才强市，加快蓝色经济的发展，打造海洋文化名城，促进经济社会又好又快发展，提供了科技支撑和人才保障。

青岛海洋人才的优势还表现在对海洋人才队伍建设的高度重视及初见成效上。比如崂山区在聚集海洋人才、建设蓝色硅谷方面，采取科研机构整体引进、领军人才带动引进、创新团队集体引进等形式，紧密围绕引进培养创新型高层次人才，组织实施"高端机构引进工程""领军人才培养工程""拔尖人才选拔工程""创新团队建设工程""产业人才聚集工程""海外人才引进工程"等 6 大重点人才开发工程，汇集了包括中国科学院生物能源所、中国科学院兰州化学物理研究所等科研院所在内的 60 多家科研机构，形成了 5800 余人的科研人才队伍，选拔出 60 名拔尖人才，并对 30 个后备高层次人才团队给予重点支持培养，建立适应蓝色经济发展需要的创新型人才团队。即墨市和胶南市对海洋人才队伍建设也高度重视，采取有效措施，并取得了显著成效。

此外，青岛中小学刚刚开始进行海洋知识的教育，开始从义务教育阶段重视对海洋人才的培养。青岛所有小学在全国率先开设海洋课，由青岛出版社出版发行的《海洋教育》教材内容涉及海洋自然环境、海洋资源与经济、海洋文化与生活、海洋开发与科技、海洋生态与环保和海洋权益与国防等六大领域。2011 年青岛第三十九中学设置的高中海洋教育创新人才培养班开始招生，成为青岛培养海洋创新人才的崭新亮点，为培养青岛未来的海洋人才进行了积极探索和创新。

从整体上来看，青岛海洋人才在全国虽然已经初步具有人才高地的优势，但与打造蓝色硅谷、实现蓝色跨越的要求相比，依然任重道远。在海洋科技创新方面，青岛尽管拥有一批涉海国家重点实验室、相关高校及研究机构，但由于青岛海洋科技机构分属中央与地方的诸多不同系统和部门，没有形成有序的分工协作体系，海洋科技力量相对分散、协同性差，对海洋科技重大研究项目难以有效地统筹协调，海洋资源信息大多因为部门所有而难以共享，难以发挥海洋科技的整体优势，严重制约了海洋人才队伍的建设，客观上没有实现人才的集群效应。此外，涉海企业之间以及涉海企业与涉海科研机构和高校之间缺乏有效的协作与交流，不能有效地整合集聚资源，产学研联合培养海洋人才的脱钩现象还比较严重。

根据我们对青岛市涉海企业的调查发现，目前海洋人才占企业职工人数的比重不大，且主要是对海洋经济人才和海洋实用人才有一定需求，海洋科研人才、海洋文化人才、海洋法律人才的"需求"人数、比重更少。受企业规模和市场、资金等多方面因素的影响，高级海洋经营管理人才和海洋专业技术人才偏少，特别是高级研发人才奇缺，已经制约和影响了企业的升级与加速发展。

对中国海洋大学、中国科学院海洋所等6家中央、省驻青高校和科研机构的调研表明，这些部门人才结构中海洋专业技术人才比重大，其次是海洋管理人才，但从事产品研发的科研人员相对较少，与企业的研发联系尚不够紧密。

目前，全市海洋人才的学科结构主要以传统的海洋基础学科为主，海洋新兴学科和应用学科总量偏少，行业分布主要是传统的海洋产业领域，集中表现在传统的捕捞业、养殖业和加工业，在生产经营方式上主要以粗放式经营为主，不能从根本上满足打造蓝色硅谷的需要。近些年来，青岛的海洋人才学科开始逐渐突破传统的研究领域，转向海洋生物工程、海洋勘探、海洋工程、海洋药物、海洋文化与海洋旅游等多个海洋交叉学科领域。从涉海行业的分布看，海洋人才主要存在于高校、科研院所、涉海企业、涉海管理等单位，分布在海洋科学与工程、海洋渔业、海洋交通运输物流、海洋化工、海洋装备、海洋能源矿产等领域。

从所调研单位的海洋人才年龄结构来看，6所高校、科研机构的海洋人才年龄主要集中在30~45岁（50%~75%）；8家涉海企业的海洋人才的年龄构成主要分布在20~45岁。海洋人才年龄整体趋向年轻化，但海洋高层次人才年龄偏大，50岁左右的领军人物总量偏低。

从海洋人才培养与利用的培养体系来看，青岛高校的涉海专业大多是比较传统的海洋学科的培养模式，新增的涉海专业数量偏少，不能满足新兴海洋产业对人才的需求。在本、专科专业中，海洋工程技术、涉海交叉专业、海洋人文社会科学方面的人才培养尚不能满足社会应有需要。目前青岛缺乏海洋职业教育的专门学校，尚未建立海洋技能人才和海洋实用人才的培训体系。

从海洋人才培养与利用的体制机制来看，青岛市在育才、聚才、用才等方面，尚未建立产、学、研有机融合的机制；政府有关职能部门对各类海洋人才的统筹协调的功能没有得到足够的发挥，人才引进与流动的壁垒尚未完全打破；各类海洋人才市场的建设还不能满足经济社会发展对海洋人才的需求；各类用人单位对海洋人才的引进、培养和稳定等还没有建立科学完善的人才机制。

从青岛市海洋人才的学科结构、行业分布、引进、使用和培养体系、体制机制等基本情况及与国内外对比分析来看，在国内涉海城市中，青岛具有独特的海洋人才资源优势，但在港航物流服务业、船舶工业、海水利用业等领域的海洋人才现状相对落后；青岛在海洋人才战略上的国际化视野还不够开阔，国际化程度与发达国家的沿海城市相比，存在明显的差距，不能满足其打造中国蓝色硅谷的需要。

三 海洋强国战略对海洋人才的需求

从整体来看，国家实施人才强国和海洋强国战略，迫切需要大批海洋人才。根据《全国海洋人才发展中长期规划纲要（2010～2020 年）》的预测，我国到 2020 年海洋人才资源总量将达到 400 万人（见表 1）。

表 1　全国海洋人才资源现状和发展目标

指　　标	2010 年	2020 年
海洋人才资源总量	201.1 万人	400 万人
海洋专业技术人才	137.3 万人	314 万人
海洋技能人才	58.7 万人	79 万人
海洋管理人才	5.1 万人	7 万人
海洋人才占海洋产业就业人员的比例	20.3%	35%
本科以上学历占海洋产业就业人员的比例	14.2%	30%

　　由表 1 可见，到 2020 年，我国海洋人才需求量最大的主要是海洋专业技术人员和海洋技能人才，届时两种人才需求数量分别为 314 万人和 79 万人。根据《全国海洋人才发展中长期规划纲要（2010～2020 年）》的预测，到 2020 年，要造就百名具有世界一流水平的海洋科学家和技术专家，高层次创新型海洋科技人才达到千人左右，海洋工程装备技术人才达到 15 万人，海洋资源开发利用技术人才达到 9 万人，海洋公益服务专业技术人才总量达到 8000 人，海洋管理人才达到 7 万人，海洋高技能人才总量达到 55 万人，高层次国际化海洋人才总量达到 2000 人。参照国家对海洋人才需求的预测，我们应该以强烈的使命感和责任感，自觉加强海洋人才队伍的建设。

　　从山东省的情况来看，山东省半岛蓝色经济区建设需要大量的海洋人才。根据《山东省中长期人才发展规划纲要》，山东省专业技术人才总量 2015 年达到 615 万人，2020 年达到 755 万人；企业经营管理人才总量 2015 年达到 320 万人，2020 年达到 360 万人；高技能人才总量 2015 年达到 200 万人，2020 年达到 280 万人；农村实用人才总量 2015 年达到 210 万人，2020 年达到 290 万人；到 2020 年，在全省建成一批技能大师工作室，50 个高技能人才重点培训基地，培养 10 万名高级技师。

　　《山东省中长期人才发展规划纲要》明确规定了"现有人才政策和人才工程向蓝色经济领域倾斜"的原则，强调要"加强山东半岛蓝色经济人才建设"，要建立蓝色经济人才创新团队，"建立一批蓝色经济人才培训基地"，"促进科技人才、管理人才和产业化人才向山东半岛蓝色经济区集聚，引领和支撑山东省蓝色经济快速发展"。根据山东省这一规划，很显然，青岛市在建立蓝色经济人才创新团队和蓝色经济人才培训基地方面，应该在引领和支撑山东省蓝色经济快速发展方面发挥龙头作用。

　　截至目前，全国沿海省、市、自治区都已将区域发展规划纳为国家战略。山东半岛三面环海，山东省以海洋经济为主体的蓝色经济区发展，面临着各沿海地区发展的竞争挑战。这里举列全国沿海省、市、自治区尚未将区域发展规划纳为国家战略时已有很高的海洋经济发展速度的几个例子：

2010 年天津市海洋经济生产总值占地方 GDP 的 25% 以上，居全国之首。①
到 2015 年，天津市海洋生产总值占全市 GDP 比重将达 33%。②

2010 年广东省海洋生产总值达 8291 亿元，占全省地区生产总值的
18.2%，成为全省重要经济支柱③。

"十一五"期间，海南蓝色经济"蛋糕"越做越大。2010 年海南省海洋
生产总值达 523 亿元，比 2005 年增加 245 亿元，增幅达 88%，2006～2010 年
平均增长 14%。海洋生产总值占海南生产总值比重为 25%，比 2005 年提高了
9 个百分点。海南省加快发展海洋经济，逐步形成了海洋渔业、滨海旅游业、
海洋交通运输业、海洋油气业等四大支柱产业。2010 年四大支柱产业增加值
达 280 亿元，占海南海洋生产总值的 54%④。

2011 年《山东省人民政府工作报告》中提到，到 2015 年，"黄""蓝"
经济将成为山东省经济发展的重要引擎，海洋经济占生产总值比重将达到
23%。而 2011 年，青岛市主要海洋产业总产值达到 1890 亿元，同比增长
12.3%；2012 年，全市主要海洋产业总产值增长目标为 15%，力争突破 2000
亿元关口⑤。

由此可见，无论是山东省还是青岛市，海洋产业总产值及其所占省、市生
产总值的比重，尚有很大的发展空间。

山东半岛蓝色经济区发展规划明确了现代海洋渔业、海洋生物、海洋能源
矿产、海洋运输物流、海洋文化旅游等 14 个优先发展的重点产业。其中，青
岛要建设"三个重点"和"四个中心"。"三个重点"是指：一是加快推进青
岛市一批海洋生物、海洋装备制造、海洋交通运输物流、海洋文化旅游等重点
项目；二是加快培育一批规模大、实力强，具有国际竞争力的涉海大企业集

---

① 《天津海洋经济生产总值占地方 GDP 比重超 25%》，人民网·天津视窗 2011 年 5 月 15 日，http：//www. 022net. com/2011/5 - 15/511564252644816. html。

② 人民网·天津视窗 2013 年 9 月 27 日，http：//www. 022net. com/2013/9 - 27/483024373096635. html。

③ 人民网：http：//gd. people. com. cn/GB/14566416. html。

④ 《山东省做大蓝色经济"蛋糕"海洋生产总值占全省 GDP 的 25%》，《海南日报》2011 年 5 月 9 日。

⑤ 青岛网：http：//qd. chinanews. com/xinwen/qdnews/201202/0811297. html。

团，实施涉海中小企业的创新与拓展计划，集中力量扶持一批涉海高技术企业、精深加工企业和创新型中小企业；三是加快推进青岛西海岸海洋经济新区和青岛中德生态园的建设，凸显海洋产业特色，并引导其向海洋优势产业的特色园区聚集。"四个中心"是指：（1）打造青岛新型海洋生产基地，建设国际一流的海洋生物研发和产业中心；（2）打造现代海洋渔业基地，加快推进青岛海水养殖优良种植研发中心建设；（3）打造现代海洋制造业中心，大力发展高技术含量、高附加值的海洋装备产品，培育一批年产值超过百亿元的龙头企业；（4）打造现代海洋服务业基地，重点建设青岛港物流中心，打造以青岛为龙头的东北亚国际物流中心。

根据山东省对青岛市发展规划的总体布局，青岛将按照"突出重点、集聚发展、功能互补、互为支撑"的原则，依托"一区一带一园"打造中国蓝色硅谷，建设国际一流的海洋科技研发和人才集聚中心、海洋科技成果孵化中心、海洋高技术产业培育中心，引领海洋科研抢占世界制高点，强力带动全市海洋经济发展和山东半岛蓝色经济区建设。为把青岛打造成中国蓝色硅谷，加快蓝色经济的跨越式发展，建设现代国际城市，需要大力加强青岛海洋人才高地建设，通过提供科技支撑和人才保障来促进经济社会又好又快发展。目前，青岛迫切需要一批从事海洋文化研究及海洋文化产业研发的人才和能够处理海洋国际事务的管理类人才。青岛打造中国蓝色硅谷，需要规模宏大、布局合理、质量一流的海洋人才队伍，其中既要有数量众多的高层次海洋科技领军人物，又要建立诸多具有高度创新能力的科研创新团队，还要有一大批具有复合型知识结构和能力结构的海洋管理人才以及一大批海洋技能人才。

青岛蓝色硅谷对海洋人才的需求，主要表现在如下几个方面：

1. 需要一批高素质的管理人才

打造蓝色硅谷，需要既懂海洋经济，又懂管理，熟悉海洋法规和国际事务的管理人才。一是党政机关和事业单位的涉海管理人才，二是港口、航运等涉海企业的管理人才，三是海洋执法人才。

2. 需要引领传统海洋产业升级的海陆统筹的高级人才

传统海洋产业急需升级，迫切需要能够海陆统筹的复合型人才。海洋产业与其他产业存在着直接或间接的多种联系，因此，青岛特别需要能够对海陆经济进行统筹规划的企业家和研发人才。

3. 需要带动战略性海洋新兴产业发展的研发创新人才

在培养战略性海洋新兴产业发展的研发创新人才方面，需要重点培养和汇聚海洋生物育种与健康养殖产业、海洋药物和生物制品产业、海水利用产业、海洋可再生能源与新能源产业等组成的海洋高技术产业群所需要的各类海洋人才。

4. 需要引领传统海洋产业升级的高层次科技人才

青岛市海洋产业面临升级的巨大压力，迫切需要一大批能够引领传统海洋产业升级的高层次科技人才。产业升级应该注重推陈出新，不是简单否定传统产业。

5. 需要能够把高水平海洋研究成果转化为产业效益的成果转化人才

青岛市海洋科技研究成果比较丰富，但转化为海洋产业效益的还比较少，主要原因是缺乏能够把高水平海洋研究成果转化为产业效益的成果转化人才。

6. 需要推动外向型海洋经济发展的国际化人才

围绕国际化城市建设，青岛急需一批在世界经济一体化背景下精通国际贸易的人才、涉外事务交流与管理的复合型人才。

7. 需要海洋文化产业创意与研发人才

根据国家文化产业发展战略，到2020年文化产业将成为国民经济的支柱性产业。青岛市第十一次党代会的报告中提出了做强"帆船之都""音乐之岛""影视之城"等城市文化品牌，完善文化遗产保护体系，提升城市文化品质的要求，而青岛不仅要发展一般文化产业，尤其需要发展海洋文化产业，为此需要一大批具有海洋文化创意与研发能力的人才。

8. 需要海洋旅游、帆船、游艇等技能、体育和演艺人才

青岛作为"帆船之都"，为打造海洋文化名城，迫切需要一大批海洋旅游、帆船、游艇等技能、体育和演艺人才。其中包括各类高素质的导游人才、帆船和游艇表演技术人才等。

9. 需要海洋公益服务业专业人才

打造青岛蓝色硅谷，需要大量的海洋公益服务业专业人才作支撑。其中需要较大规模的海洋调查与测绘、海洋观测检测、海洋信息化、海洋预报、海上交通安全保障、海洋防灾减灾等方面的专业人才。

10. 需要适应海洋经济发展的各类涉海工程技术人才以及技能型人才

随着董家口港区的建设，青岛市需要大批涉海工程技术人员，主要是养殖业、港口、航道与海洋工程的技能型人才。

11. 需要各类海洋教育与海洋科普推广人才

海洋教育与海洋科普是促进海洋人才队伍建设的基础性工作，因此需要大批这方面的推广人才，主要是海洋教育师资，博物馆、海洋科技馆的讲解人员，广播电视、文化出版业的涉海记者、编辑、主持人等。

12. 需要海洋考古专业技术人才

目前，国家文物局已经把水下文化遗产保护基地落户青岛，水下考古人员培训在青岛。此外，国家级项目水下文化遗产保护中心将由青岛代建，将来还要建立水下文化遗产博物馆，而国家水下考古考察船也基本将停靠青岛。这些项目的落户对青岛打造海洋文化名城，无疑丰富、增加了其文化内涵。海洋考古是我国考古业战略转移的重要领域，21世纪我国的考古将会从陆地主要转向海洋考古，因此，青岛需要一批海洋考古勘探技术人才和海洋考古研究人才。

根据《青岛市中长期人才发展规划》，青岛市 2015 年和 2020 年各项人才发展的目标如下表：

表 2　青岛市人才发展主要指标

单位：万人

指　　标	2009 年	2015 年	2020 年
人才总量	115	153.5	206
党政人才	4	4	4
企业经营管理人才	38	52.5	72
专业技术人才	50	66	86
高技能人才	10.7	16.5	22.5
农村实用型人才	12.3	16	21.5
社会工作人才	1.2	1.8	3
国家级创新型科技人才	0.098	0.12	0.15

根据《全国海洋人才发展中长期规划纲要（2010～2020 年）》对海洋人才的需求，《山东省中长期人才发展规划纲要》对各类人才的预测以及《山东

半岛蓝色经济区发展规划》对蓝色经济人才建设的要求，参照《青岛市中长期人才发展规划》，为满足青岛建设人才特区、打造蓝色硅谷以及建设现代化国际城市的现实需要，我们对青岛海洋人才的未来量化需求，作出如下预测：

表3　青岛市对海洋人才的量化需求

单位：人

海洋人才类型	2015 年	2020 年
海洋党政人才与海洋经济管理人才	12000	20000
国内一流、世界先进的海洋科学领军人物	70	100
引领海洋产业升级海陆统筹的复合型人才	1200	2000
带动海洋新兴产业发展的研发创新人才	1500	2000
海洋工程人才	2000	3000
把研究成果转化为海洋产业效益的转化人才	1200	2000
推动外向型海洋经济发展的国际化人才	1200	2000
海洋文化产业创意与研发人才	1500	2000
海洋旅游、帆船、游艇等演艺型人才	1500	2000
海洋法律人才	200	300
海洋经济需要的各类技能型人才	40000	80000
海洋实用人才	35000	60000
海洋考古专业技术人才	160	200
海洋公益服务、海洋教育与海洋科普人才	3000	6000
合　　计	90350	181600

我们认为：一是青岛建设全国蓝色经济领军城市、打造蓝色硅谷、实现蓝色跨越需要大量各类海洋人才；二是青岛建设宜居幸福的现代化国际城市需要增加大批海洋专业人才；三是青岛建设现代海洋文化名城，发展海洋文化产业、海洋新兴产业，促进海洋产业结构升级与优化，需要进一步扩大海洋人才规模和调整优化海洋人才的结构。

四　青岛海洋人才高地建设的对策思考

青岛市是山东半岛蓝色经济区的龙头城市，青岛的海洋人才高地建设发展已经刻不容缓。因此，政府要高度重视海洋人才高地建设，这是建设海洋人才高地重要的组织保障；要打造蓝色硅谷，形成高层次海洋人才集聚的巨大效应，这是吸引和稳定海洋人才的重要途径；要建设高水平的科研平台与人才特区，这是打造海洋人才高地的重要基础；要建设科学的人才管理与激励机制，这是促进海洋人才高地建设的制度保障；要形成尊重海洋人才的文化氛围与创新环境，这是促进海洋人才高地建设的重要社会"软件"保障；要大力建设美丽青岛，建设宜居城市，这是吸引海洋人才重要的空间环境。

在制定青岛市海洋人才高地建设对策时，既要对应"率先科学发展、实现蓝色跨越"的目标，也要瞄准建设宜居幸福现代化国际城市的目标，对照世界知名湾区城市标准，继续拓展、深化和提升"环湾保护、拥湾发展"战略，全域统筹、三城联动、轴带展开、生态间隔、组团发展，拉开城市空间发展大框架，加快建设生态化的海湾型大都市，让青岛真正具有国内领先、世界知名的大城市品质①。

1. 青岛市建设海洋人才高地的应有思路与目标

根据国家制定的《全国海洋人才发展中长期规划纲要（2010～2020年)》精神，海洋人才发展要遵循"需求牵引、创新机制、以用为本、统筹开发、突出重点"的基本原则，根据青岛市的"十二五"发展规划以及打造青岛蓝色硅谷的需要，青岛市应紧紧抓住引进人才、培养人才、使用人才和留住人才四个环节，形成政府、企业、学校、科研机构与社会团体建设海洋人才队伍的合力，建立政策驱动、市场导向、企业参与、学校为教育和培训主体的"产学研"一体化的海洋人才引进、培养、稳定与使用机制；吸引高层次创新型海洋人才荟萃，形成较大的人才创新优势，产生积极互动的集聚与共生效应，逐步形成以海洋科技进步带动传统产业升级和新兴产业快速发展的格局；建立一批高素质的研发创新团队，培养和引进领先国内乃至国际先进海洋科技创新水平的诸多学科领军人物。围绕建设青岛国际一流的海洋高科技创新平台，为推进国家深海基地、海洋科学与技术国家实验室等战略性建设，加快引进各类高端海洋人才向蓝色硅谷聚集，打造蓝色硅谷所需要的国际一流的高科技人才基地，大

---

① 参见李群《率先科学发展，实现蓝色跨越，加快建设宜居幸福的现代化国际城市——在青岛市第十一次党代会上的报告》，《青岛日报》2012年2月10日。

力营造适应国际化海洋人才集聚的特区环境，打造"蓝色人才高地"。

通过未来几年的努力，实现青岛海洋人才高地建设的"一个创新""两个拓展""三个提高""四个优化"，即创新海洋人才的管理机制；拓展海洋人才的总量，拓展海洋人才的国际化视野；提高对海洋人才重要性的认识，提高海洋人才的创新能力，提高海洋人才在青岛蓝色经济发展中的重要地位；优化海洋人才的知识结构和能力结构，优化各类海洋人才结构类型的科学配置，优化海洋人才与其他行业各类人才之间的互动关系，优化海洋人才与青岛人才强市发展战略的科学互补关系。到2020年左右，争取建立一支数量宏大、具有创新能力和国际视野的高素质、高水准的海洋人才队伍，为实现青岛蓝色经济的跨越与腾飞夯实坚固的海洋人才资源基础。

2. 青岛市建设海洋人才高地的发展重点

在建设青岛海洋人才高地的过程中，发展重点主要应有如下几点：

（1）建设世界一流水平的科学家和技术专家队伍

依托人才特区和海洋人才高地，以国家重大科研和工程项目、国际合作项目、重点学科和科研基地为龙头，建设多领域、综合性、多学科交叉的人才高地海洋实验室，建设由国际一流科学家领衔的科技创新团队和科学家工作室，形成高层次创新型海洋科技人才培养机制。

（2）建设海洋工程装备技术人才队伍

随着国家海洋战略的实施以及深远海开发的需要，全国将需要大批的海洋工程装备技术人才队伍。从青岛市情况来看，青岛市海运工程还落后于发达省市。以沿海地区海洋修船完工量为例，截至2010年的统计表明：浙江修船完工量3790艘，福建1761艘，山东只有1108艘[①]，排第三位；以沿海地区海洋货物运输量为例，截至2010年的统计表明：上海36057万吨，浙江30089万吨，广东16686万吨，福建11970万吨，天津11256万吨，山东9780万吨[②]，排第六位。由此可见，青岛市对海洋工程人才仍然有很大的需求，特别是围绕海洋工程和海洋装备制造业的巨大需求，需要大批海洋监测观测仪器设备开

---

① 国家海洋局：《中国海洋统计年鉴2010》，海洋出版社，2011，第72页。
② 国家海洋局：《中国海洋统计年鉴2010》，海洋出版社，2011，第73页。

发、海洋船舶工程、海洋油气勘探开发装备、港口和航道工程、海洋渔业工程、海洋能发电装备、海水综合利用装备和深海工程装备等领域人才。此外，董家口港区建设客观上需要一大批海洋工程装备技术人才。

（3）建设海洋资源开发利用技术人才队伍

海洋资源开发利用已经成为新的战略和经济热点，海洋产业结构亟需优化升级，新兴产业亟待茁壮发展，为此，青岛市应该建立以社会需求为导向，以涉海企业为主体，以海洋科研院所和高等院校为依托的海洋资源开发利用技术人才培养体系，重点培养海洋生物资源开发、海洋矿产资源勘探开发、海洋油气资源勘探开发、海洋新能源开发、海水综合利用等海洋专业技术人才，逐步形成海洋科技成果转化、新兴产业发展和人才培养协调发展的一体化模式，打造一支高素质、高水平的海洋资源开发利用技术人才队伍。

（4）建设海洋公益服务专业技术人才队伍

打造蓝色硅谷，发展蓝色经济，客观上需要大批海洋公益服务专业技术人才。围绕海洋公益性事业发展需求，重点培养海洋监测、预报、信息等公益服务人才，包括海洋环境监测与保护技术、海洋灾害预报预警技术、海洋渔业防灾减灾技术、海洋突发事件应急处理技术和复合型海洋信息技术等人才。

（5）建设具有高素质的海洋管理人才队伍

建设具有高素质的海洋管理人才队伍，这是打造蓝色硅谷、实现蓝色跨越的必然要求。围绕青岛市海洋综合管理的需要，应该培养海域使用、海洋渔业、海洋执法、海洋环境保护、海上交通安全等管理人才，不断提升管理人才的综合素质与管理能力，尤其是需要具备人才资源开发的能力，需要现代管理意识和服务能力。建设一支高素质、复合型的海洋管理人才队伍，对于吸引更多的世界 500 强及顶尖企业落户青岛市，推动现代化的国际城市建设，意义非常重大。

（6）建设海洋高技能人才队伍

无论是海洋产业升级还是新兴海洋产业，青岛市的企业经营都已经由过去的粗放式逐步转向知识密集型的生产，这客观上需要大量的高技能型人才。围绕海洋环境调查、海洋资源开发和海洋产业发展的需要，青岛市需要培养海洋观测员、调查员、船员、潜水员、深潜器潜航员、领航员以及海洋装备制造人

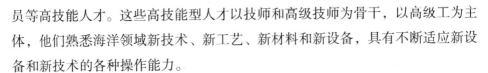

员等高技能人才。这些高技能型人才以技师和高级技师为骨干，以高级工为主体，他们熟悉海洋领域新技术、新工艺、新材料和新设备，具有不断适应新设备和新技术的各种操作能力。

（7）建设国际化海洋人才队伍

根据国家主体功能区的划分，青岛市应该建设现代化的国际城市。我们只有在更高水平、更宽领域、更深层次上对照国际城市标准，坚定地融入现代化、国际化进程，不断赋予现代化国际城市以新的内涵，才能真正建设国际化城市。为此，在未来的发展过程中，青岛应该积极参与国际海洋事务，培养一支熟悉外向型海洋经济、国际贸易、国际交流等方面事务的国际化海洋人才队伍，特别是精通国际海洋法与国际惯例的海洋法律人才、国际合作交流人才。

（8）建设一支海洋文化产业创意、研发人才队伍

根据国家的发展规划，我国到2020年，文化产业将会成为国民经济的支柱性产业。青岛作为滨海城市，不仅要发展一般的文化产业，而且更要注重发展海洋文化产业。发展海洋文化产业既是打造蓝色硅谷、发展蓝色经济的需要，又是建设现代化国际城市的需要，为此，我们需要建设一支高素质、具有文化创意能力的海洋文化产业创意、研发人才队伍。

3. 青岛建设海洋人才高地的应有措施

在政策措施方面，青岛要确立政府主导，市场导向，确保海洋人才投入优先保障、海洋人才资源优先开发、海洋人才制度优先创新、海洋人才结构优先调整，坚持以用为本，发展壮大海洋人才队伍，充分发挥海洋人才在打造蓝色硅谷中的保障和支撑作用。

（1）加强对青岛海洋人才高地建设的组织领导

加强对青岛海洋人才高地建设的组织领导，是建设青岛海洋人才高地的组织保障。我们建议成立青岛市海洋人才高地建设协调机构，由市委市府统一领导，组织部门牵头抓总，有关职能部门各司其职，明确责任，分工负责，密切配合，中国海洋大学和重要的海洋研究机构等社会力量广泛参与，逐步建立"上下联动、纵横贯通、辐射全市"的海洋人才工作新机制。

（2）制定青岛海洋人才建设中长期规划

为了突出对蓝色经济的引领作用，高水平规划建设蓝色硅谷，整合海洋科

技资源，充分发挥驻青国家和国际海洋科研机构作用，促进创新要素集聚，全力打造国际一流的海洋科技研发中心、成果孵化中心、人才集聚中心和海洋新兴产业培育中心，青岛市应尽快制定青岛海洋人才中长期规划，尽快完善引进、培养、稳定与使用海洋人才的各项政策。青岛市应按照特殊区域特殊政策、特殊人才特殊使用的原则，建立人才特区，给予政策和经费支持。通过高起点人才特区的建设和发展，不仅使其成为人才发展的摇篮，而且还能为全市人才的开发提供宝贵的经验。

（3）实施系统的海洋人才工程计划

第一，制定和实施海洋经济管理干部、涉海企业家和专业技术人才的国际培训计划。采取政府出资和企业投资相结合的方式，加大国际培训力度。一是"请进来"，请外国专家来青岛举办讲座、学术交流等；二是"走出去"，组织参加培训班的管理干部去海外参观学习，开阔国际化视野。

第二，实施领军人才建设计划。建设领军人才队伍，既要注重就地取才，注重本土培养，又要加大引进领军人才的力度。用人单位要为领军人才配备好学术梯队，搭建高水平的科研平台，提供全方位的优质服务，对领军人才要采取特殊的评价方式和考核标准。

第三，实施创新团队培养发展计划。每个创新团队都是一个特殊的组织结构，也是一个特殊的"小社会"，可谓是"五脏俱全"。建设创新团队要注重如下几个因素：一是要选择好德才兼备的领军人物；二是要有相应的学术梯队；三是要有优良的科研平台；四是该团队成员在知识结构、能力结构、年龄、个性等方面，能够形成优化互补与发展的合力，能够产生集聚效应和共生效应。

第四，实施海洋专业技术人才知识更新计划。围绕青岛蓝色经济的发展以及重点海洋产业的研发，结合重大科研和工程项目，依托中国海洋大学、中央驻青科研机构和基地，通过继续在职培训、脱产进修、岗位自学、参加国际学术会议和学术交流等方式，大力实施海洋专业技术人才知识更新工程。

第五，实施海洋高技能人才培养计划。随着产业从粗放式经营逐步转向知识密集型，随着产业结构的升级以及新兴产业的发展，企业更加需要具有多种技术能力的高技能人才。培养海洋高技能人才的主要措施：一是加强涉海职业学院的建设，为培养海洋高技能人才提供教育平台；二是涉海企业自主在岗位上进行实践性技能培训；三是企业根据需要，委托职业学院对员工进行技能培训；四是产学研联合培训高技能型人才。

第六，实施海洋科学教育社会组织发展计划。实施海洋志愿者计划，加强海洋教育和海洋科普推广，对于打造蓝色硅谷具有重要的作用。为此，青岛市要鼓励和引导青岛的涉海学会、协会等社团组织、高校、图书馆和博物馆开展海洋知识普及，传播海洋科学文化，通过组织海洋人才论坛、海洋文化论坛、假期海洋课程培训、海洋夏令营和海洋知识竞赛等活动，营造有利于海洋人才发展的良好社会环境，吸引优秀青少年走近海洋、了解海洋、立志海洋。同时，政府要采取送海洋科普下乡活动，每年选派业务能力强、海洋知识丰富的青年志愿者重点深入各市区的学校、社区、村镇，对青少年以及普通市民开展海洋科学文化知识普及和技术培训指导。

第七，实施海洋人才培养共建计划。为了实施海洋人才培养共建计划，政府、企业、高校和科研机构需要形成人才培养合力，共同建设海洋人才教育和培训体系。充分发挥国家驻青涉海科研机构、青岛市人民政府的主导作用，在中国海洋大学等涉海高校共建青岛海洋人才培养基地。政府牵线搭桥，指导和鼓励涉海企业与高等院校、科研机构进行产学研联合培养海洋人才，推进联合培养人才模式创新和产学研相结合的机制建设；政府指导和鼓励涉海企业实施员工培训计划，把人才培训纳入企业的重要发展战略。

第八，实施战略性与深远海人才培养工程。对海洋的战略性开发，对深远海领域的拓展，都需要大批战略性与深远海人才。为此，青岛市应该围绕海洋发展的战略需求，大力培养海洋新能源、海洋生物资源开发与利用、海洋油气、海水综合利用、海洋工程装备、海洋信息服务等战略性新兴产业和海洋战略研究人才。同时，青岛应依托国家驻青涉海科研机构对深海、大洋和极地科学考察活动和专项工程，加快培养青岛市深远海资源开发利用和工程装备技术人才，需要重点培养深海大型油气勘探技术和理论研究人才、国际海底区域调查与资源勘探开发人才、深海高技术研究人才、深海装备研发和安装人才、深海油气田运行管理和风险评价人才、海上试验研究人才、极地与全球变化科学研究人才。尤其要加大培养从事深海、大洋等资源勘探开发利用和工程装备技术研发人才的力度，为拓展海洋发展空间提供人才保障。

第九，实施海洋潜人才的"发现"工程。人才是需要被发现的。政府、企业、科研机构和学校都要制定发现人才的具体措施，为各类潜人才提供发展的平台和各种创新机遇，及时发现、使用各类海洋人才，并及时培养、提高他们的水平。

第十，实施海洋人才"筑巢引凤"工程。青岛市要打造蓝色硅谷，时间紧任务重，在加大对海洋人才培养力度的基础上，还要加大引进海洋人才的力度，大力实施海洋人才"筑巢引凤"工程。

十年树木，百年树人。为了打造蓝色硅谷，充分发挥海洋人才对青岛经济社会发展的整体辐射带动作用，我们必须建立海洋人才培养的长效机制。

一是实施全过程的海洋人才培养工程，建立科学的海洋人才教育和培训体系，把对海洋人才的培养贯穿于小学、中学、大学、工作岗位继续教育全过程的人才培养体系之中。从娃娃抓起，通过动漫、童话故事、极地世界、水族馆等设施，培养孩子对海洋生物和海洋科学的兴趣，做到海洋人才培养后继有人；在中小学开展海洋科普教育；涉海职业学院和大学要根据社会对海洋人才的需求，通过调整和优化海洋学科和专业设置、课程体系和教学内容，注重对学生实践能力和创新能力的培养，不断提高培养海洋人才的水平。

二是完善海洋继续教育培训制度，制定海洋行业继续教育规划和组织实施办法，依托中国海洋大学、国家驻青涉海科研机构和大型涉海企业现有的科技人才资源，建设海洋人才继续教育基地，在高校设置海洋产业从业人员培训基地，提升从业者素质和能力；在重要的涉海单位设立"技师工作站"；对海洋人才进行形式多样的人才培训。

三是拓宽海洋人才培养途径，支持青岛高校设置新增涉海学科专业，与中国海洋大学的涉海学科专业形成互补；充分利用山东省高校发展规划，建立海洋高等职业学院、职业中专培养海洋技能和实用人才。在涉海高校、科研机构和大型涉海企业增设博士后流动（工作）站；利用国内国际两种教育资源，加强与国际著名大学的学术交流与合作。

（4）建立科学的海洋人才评价、激励机制和公共服务体系

第一，成立海洋人才评价中心。成立市人才评价认定委员会，与市人才交流中心的人才素质测评部联合成立海洋人才测评中心，建立海洋人才的测评体

系，对引进的海洋人才进行测评，按照相应的评价标准，确认享受的有关待遇。

第二，评价海洋人才，逐步实现从"重学历、重知识"向"重素质、重能力"转变，把品德、知识、能力和业绩作为衡量人才的标准，不唯学历，不唯职称，不唯资历，不唯身份，注重评价海洋人才的实际工作能力和创新能力。

第三，建立有利于海洋人才发挥效能的激励机制。采取物质激励和精神激励相结合的方式，根据贡献大小，多劳多得，优劳优酬，上不封顶，通过弹性激励，建立不拘一格的激励机制。同时，酌情授予海洋人才各种不同的荣誉称号，注重荣誉称号对海洋人才以及其他人才的激励效应。

第四，不断完善青岛市海洋人才的公共服务体系，加快推进人才公寓和公租房建设，实行优才优房政策，完善各项服务优惠政策，为海洋人才创业发展提供资金、信息、培训等多方面的帮助，完善海洋人才的落户、职称评聘、工资待遇、家属安置、子女上学等政策。对人才的综合配套服务，要兼顾生活与事业发展两个方面，尤其是要在事业发展方面提供切实可行以及特事特办的优质服务。

（5）建立国际海洋科技教育与研发中心

建立国际海洋科技教育与研发中心，加快集聚一批世界一流的海洋科研机构和研发中心、海洋高科技领军人才和创新团队，加强与国外海洋学科的交流与合作，参与国际重大海洋科研活动，引进和利用国外智力资源，构筑具有国际影响力的海洋科技教育人才高地和科普基地。

（6）发挥"中国海洋人才市场"的枢纽作用

2012年8月，国家人力资源和社会保障部批复，同意山东省在青岛市建立国家级专业性海洋人才市场，名称定为"中国海洋人才市场（山东）"。这是根据《山东半岛蓝色经济区发展规划》提出的加快培育专业性海洋人才市场，建设东北亚地区的海洋人才集聚中心和交流中心的要求，报请国家设立的目前国内唯一的国家级海洋人才市场。"中国海洋人才市场（山东）"的批准建立，将对山东省暨青岛市建立专业化、信息化、国际化、产业化、一体化的人才综合服务体系，加快引进聚集国际化海洋高端人才，提升国际人力资源开发水平，巩固提升国家海洋科教人才中心地位具有重要的辐射、带动和示范意义。"中国海洋人才市场（山东）"将紧紧围绕落实人才发展规划纲要和服务蓝色经济建设的大局，依托山东省暨青岛市海洋自然、科研、产业和人才优势，为蓝色经济区建设提供人才配置、引进、培训、高层次人才猎头、海洋科研成果转化等专业化综合服务，创建运营"中国海洋人才网"，设立海内外人才工作站，承办国际海洋人才交流活动，搭建海洋人才创业公共平台，推进蓝色经济区人才开发一体化，使山东半岛蓝色经济区率先成为中国海洋人才的集聚区、人才综合服务辐射的核心区、海洋科研成果转化孵化的先行区、人才体制机制创新的示范区，为我国海洋经济发展提供强有力的人才支撑和智力保障。

（本报告内容来源：青岛市招标重大课题《青岛市海洋人才高地建设问题研究》）

附录 中国海洋文化发展动态信息举要

1. 全国海洋意识教育基地建设初具规模

为增强全民族的海洋意识，推动我国海洋强国的战略目标的实现，国家海洋局自2011年积极开展"全国海洋意识教育基地"建设工作，出台《全国海洋意识教育基地管理暂行办法》，对基地的申报条件、命名程序、基地职责、管理评估等内容进行全面规范，已先后在青岛市第三十九中学（中国海洋大学附属中学）、中国海监西中南沙执法站、浙江海洋学院、浙江省舟山市普陀区沈家门小学、青岛海洋科技馆（青岛水族馆）、北京海洋馆、北京市海淀区向东小学、上海海洋大学附属大团高级中学、广东海洋大学等9个单位建成全国海洋意识教育基地。

基地的主要任务，是按照海洋教育资源优势、海洋经济发展现状和海洋生态建设情况，因地制宜地开展丰富多彩的海洋知识宣传教育活动，努力营造热爱海洋、关注海洋、保护海洋的浓厚氛围，进一步提升教育对象和社会公众的海洋意识，不断为建设海洋强国注入强大的精神动力。

目前，全国海洋意识教育基地已经分布在首都北京及北海、东海、南海3个海区，覆盖了大学、中学、小学3个教育阶段及部分海洋类场馆，成为普及海洋科学知识、宣传海洋强国思想、增强公众海洋意识的重要阵地，在团结社会力量、壮大海洋意识宣教队伍方面发挥了积极作用。

2. 全国海洋科普教育基地建设全面推进

为发展海洋经济、倡导海洋文明、保护海洋生态，推进海洋科普工作的社会化、群众化、经常化，普及和增强国民的海洋意识，国家海洋局在全国范围内建成了26个全国海洋科普教育基地，通过开展海洋宣传日活动、举办专题临展、组织海洋论坛、委托课题研究等，加强海洋知识传播和海洋文化教育，普及和增强国民的海洋意识，积极为实施"海洋强国"战略和提高全民族的海洋意识服务。

全国海洋科普教育基地作为坚持海洋使命、推进海洋知识传播和海洋事业宣传的重要平台，其基本任务与功能是充分利用宣传教育资源，打造海洋科普教育的主阵地、主战场、主载体，使广大群众尤其是青少年进一步增强海洋意识，珍视海洋价值，传播和弘扬海洋文化，强化海洋教育，推进海洋事业，建设海洋强国。

3. 《全国海洋文化发展规划纲要》正在编制

为进一步建设和弘扬海洋文化，不断增强国民海洋意识，国家海洋局已联合中央宣传部、文化部、国家广播电影电视总局、新闻出版署、教育部等20多家部委共同启动了《全国海洋文化发展规划纲要》的编制工作。《全国海洋文化发展规划纲要》将涵括全国"十二五"期间海洋文化发展的指导思想、发展目标、主要任务及保障措施等，目前已经几易其稿，征求了20多家部委和相关单位、相关专家的意见，正在进一步修订完善。《全国海洋文化发展规划纲要》编制实施之后，将有力指导、规范和促进全国"十二五"期间的海洋文化发展。

4. 全国海洋文化建设专题调研正在进行

为推动海洋事业全面发展、实现建设海洋强国的伟大目标，国家海洋局组织开展了全国海洋文化建设专题调研工作。

全国海洋文化建设专题调研采用文献调研、实地考察、座谈研讨相结合的方式，调查我国海洋节庆、会展、文化论坛的举办现状，排查我国海洋博物馆、水族馆、海洋公园的建设现状，了解我国海洋类院校、海洋文化研究所的发展现状，全面总结当前我国海洋文化建设成就，客观分析海洋文化事业和产业发展现状和潜力，认真归纳当前我国海洋文化建设中存在的问题，从加强政府组织领导、建立健全政策法规、加强学科建设、增加政策资金投入、加大宣传力度、促进海洋人才队伍建设等方面，将有针对性地提出切实加强我国海洋文化建设的相关对策和建议。

5. "世界海洋日暨全国海洋宣传日"活动蓬勃开展

为贯彻落实党中央领导的重要指示精神，进一步弘扬海洋文化、提高全民族的海洋意识，国家海洋局已连续成功组织举办了五届一年一度的"世界海洋日暨全国海洋宣传日"系列活动，每届主场活动由沿海各地轮流承办，主办地同时根据本地情况积极开展丰富多彩的特色宣传活动，在全社会营造了关注海洋、热爱海洋、保护海洋的良好氛围。

"世界海洋日暨全国海洋宣传日"活动的开展，搭建起了海洋宣传平台，通过大力宣传海洋先进事迹，树立海洋先进典型，营造了全社会热爱海洋、歌颂海洋的良好舆论氛围，凝聚了海洋文化相关社会力量，推动了海洋文化作品的创作高潮，提高了海洋文化发展的自觉性，同时为我国提高公众海洋意识、应对国际社会海洋挑战提供了影响广泛的活动平台。

沿海各地结合"世界海洋日暨全国海洋宣传日"活动，根据地方实际和群众需求，组织开展了内容丰富、种类多样、特色鲜明、影响力强的系列海洋文化活动。如舟山的"中国海洋文化节"以民间谢洋仪式为特色，组织千帆归港、海龙飞舞踩街大巡游、祭海谢洋、休渔养海等活动；厦门的"国际海洋周"自创办以来，已发展成为一个公众广泛参与的海洋文化节日；象山"开渔节"作为中国著名民间节日之一，具有浓郁渔乡风情和海滨旅游特色。这些地方性特色凸显的系列海洋文化活动，对于促进海洋产业可持续发展，提高公众海洋意识，丰富群众精神文化生活，传播海洋文化知识，提高海洋意识，产生了多方面的重要作用。

6. 全国大中学生海洋知识竞赛连续举办

为贯彻落实党中央领导同志的重要指示精神，使更多的青少年了解海洋、认识海洋、热爱海洋、投身海洋事业，同时也吸引全社会更加关注海洋、合理开发利用海洋、保护海洋，国家海洋局与教育部、共青团中央等单位联合主办了2012年、2013年"全国大中学生海洋知识竞赛"。竞赛以引导大中学生树立现代海洋意识为目的，内容涵盖海洋政策法规与权益、海洋行政执法、海洋军事、海洋水文气象、海洋地质、海洋地理、海洋生物、海洋环境、海洋技术、海洋文化、海洋经济、海洋时事、中国海洋、海洋英语等广泛知识领域，全面培养、提高了全国大中学参赛选手们的海洋知识素养。竞赛吸引了数百所大中学校学生和众多青少年，已在全社会形成了广泛影响，对于推动海洋文化发展和海洋强国建设，起到了提升人气、扩大影响、提供智力、繁荣文化、培养人才、激励社会的作用。

7. 中小学海洋意识教育教材即将出版

为推进"海洋知识进学校、进教材、进课堂"工作,让中国学生从小更好地认识海洋、了解海洋、重视海洋,提高全民族海洋意识,普及海洋科学知识,树立正确的现代海洋观念,国家海洋局已正式启动我国首套中小学海洋意识教育系列教材编写工作,计划近期编写完成。本套教材分为小学、中学两个阶段,以普及海洋知识、提升海洋意识为宗旨,由一线海洋教育者编写,力求形成一套集知识性、趣味性、通用性于一体,适合中小学生认知特点的海洋特色系列教材,在全国海洋意识教育基地、中小学校、图书馆等海洋意识宣传教育公共服务平台中大力普及推广。

中小学海洋教育是国民海洋教育的基石。大力开展和推进学校海洋意识教育,特别是从中小学生抓起,是中国建设海洋强国必不可少的重要举措。中小学海洋意识教育系列教材的编写使用是加强海洋公共文化服务体系建设、推进我国海洋文化大发展大繁荣的重要举措,通过海洋科普和海洋文化进教材、进校园、进课堂,将有助于我国中小学生形成正确的海洋意识和海洋观念,成为国家海洋事业建设发展的强大新生力量。

8. 国家海洋博物馆即将建成

经国务院批准,国家海洋博物馆在天津滨海新区规划建设。这是我国首座也将是唯一一座以我国及世界海洋自然与历史文化为主题的综合性、公益性国家博物馆,它将成为我国作为一个海洋大国的重要文化标志,是展示我国海洋自然历史和人文历史、塑造中国海洋文明价值观、开展海洋文化宣传教育的重要举措。

国家海洋博物馆建成后,将展示海洋自然历史和人文历史,成为集收藏展示、宣传教育、科学研究、交流传播、参观鉴赏等功能于一体的国家标志性海洋文博设施,将填补我国海洋文化综合博物馆建设事业的空白,结束我国没有一座与海洋大国地位相匹配的综合性国家海洋博物馆的历史,对于保护海洋文物、增强全民族海洋意识、实现建设海洋强国战略目标,具有重要的国家公益文化建设意义。

9. "中华妈祖网"在福建莆田开通运行

两岸联手创办的"中华妈祖网",自 2012 年 12 月 28 日在妈祖故乡福建莆田正式开通，《中华妈祖手机报》同时开通。出席开通仪式的中华妈祖文化交流协会会长张克辉向中华妈祖网授牌，并向中华妈祖网主办单位台湾北港朝天宫和鹿港天后宫授编辑部匾额。两岸妈祖信众和各界人士 500 多人出席了开通仪式。

中华妈祖网（chinamazu. cn）是由中华妈祖文化交流协会、中华妈祖文化研究院、湄洲妈祖祖庙、台湾北港朝天宫、台湾鹿港天后宫、厦门博鼎智文传媒科技有限公司联合主办，以传播妈祖文化，弘扬妈祖精神为主要目标，报道世界各地妈祖传播资讯，提供妈祖信众交流平台，旨在成为妈祖文化交流第一门户。

这是海峡两岸首次联手创办的对外传播妈祖文化的专题网站。网站还以民间形式在台湾设立编辑部，开创了两岸妈祖文化交流互动的新形式。

中华妈祖网涵盖了世界各地妈祖新闻资讯、印象大爱、妈祖大观、妈祖研究、世界妈祖、妈祖分灵、在线朝拜等栏目，同时还推出妈祖 wap 移动网站、妈祖 APP 阅读终端、妈祖文化卡、妈祖文化屏系列传播媒介等。其中妈祖 APP 阅读终端为国内首款综合性妈祖 APP，不仅融合了在线求签功能，更拓展了妈祖资讯、宫庙建筑欣赏、妈祖文化大观等内容。

10. 世界最高妈祖像在天津滨海新区落成

2012 年 9 月 28 日，世界最高妈祖像在天津滨海新区落成。"两岸四地"相关各界人士和妈祖信众参加了妈祖圣像落成大典。妈祖像高 42.3 米，为目前世界最高，相当于矗立一座 14 层楼，采用大理石和钢筋混凝土铸造，由858 块巨石拼接而成，气势恢宏，雄伟壮观。

妈祖像坐落于天津滨海妈祖文化园，该园由天津与台湾妈祖联谊会、台湾大甲镇澜宫等共同投资兴建，位于滨海旅游区临海最东端，填海用地面积6.267 公顷。

天津民间至今流传着"先有娘娘宫，后有天津卫"之说。位于天津古文化街的天后宫俗称"娘娘宫"，为中国北方最大的妈祖庙。

图书在版编目（CIP）数据

中国海洋文化发展报告. 2013 年卷/曲金良主编. —北京：社会科学文献出版社，2014.5
ISBN 978 - 7 - 5097 - 5935 - 6

Ⅰ. ①中… Ⅱ. ①曲… Ⅲ. ①海洋 - 文化 - 研究报告 - 中国 - 2013 Ⅳ. ①P72

中国版本图书馆 CIP 数据核字（2014）第 078420 号

中国海洋文化发展报告（2013 年卷）

主　　编 / 曲金良

出 版 人 / 谢寿光
出 版 者 / 社会科学文献出版社
地　　址 / 北京市西城区北三环中路甲 29 号院 3 号楼华龙大厦
邮政编码 / 100029

责任部门 / 人文分社（010）59367215　　　　　　　责任编辑 / 张倩郢
电子信箱 / renwen@ ssap. cn　　　　　　　　　　责任校对 / 刘宏桥
项目统筹 / 张晓莉　　　　　　　　　　　　　　　责任印制 / 岳　阳
经　　销 / 社会科学文献出版社市场营销中心（010）59367081　59367089
读者服务 / 读者服务中心（010）59367028

印　　装 / 三河市尚艺印装有限公司
开　　本 / 787mm×1092mm　1/16　　　　　　　印　　张 / 24.25
版　　次 / 2014 年 5 月第 1 版　　　　　　　　　字　　数 / 450 千字
印　　次 / 2014 年 5 月第 1 次印刷
书　　号 / ISBN 978 - 7 - 5097 - 5935 - 6
定　　价 / 98.00 元